高等职业教育教材

化工机械基础

邹修敏 主 编
王志斌 副主编
高朝祥 主 审

化学工业出版社
·北京·

内容简介

《化工机械基础》是在研究高等职业教育化工类专业特征和教学计划，吸收相关教材优点，总结教学改革经验的基础上编写而成。全书包括工程材料、力学基础知识、常用机构、常用传动装置、常用机械零部件、压力容器基础、常用化工设备等内容，每章附有小结和同步练习。

本书有配套的PPT教案，请发电子邮件至cipedu@163.com获取，或登录www.cipedu.com.cn免费下载。

本书可作为高等职业教育化工类各专业的通用教材，也可作为成人教育化工及相关专业的教材，还可作为从事化工技术工作人员的参考书。

图书在版编目（CIP）数据

化工机械基础/邹修敏主编；王志斌副主编. —北京：化学工业出版社，2022.9（2025.3重印）
高等职业教育教材
ISBN 978-7-122-41477-9

Ⅰ.①化… Ⅱ.①邹… ②王… Ⅲ.①化工机械-高等职业教育-教材 Ⅳ.①TQ05

中国版本图书馆CIP数据核字（2022）第085881号

责任编辑：高　钰　　　文字编辑：徐　秀　师明远
责任校对：刘曦阳　　　装帧设计：刘丽华

出版发行：化学工业出版社（北京市东城区青年湖南街13号　邮政编码100011）
印　　装：北京盛通数码印刷有限公司
787mm×1092mm　1/16　印张13½　字数332千字　2025年3月北京第1版第2次印刷

购书咨询：010-64518888　　　售后服务：010-64518899
网　　址：http://www.cip.com.cn
凡购买本书，如有缺损质量问题，本社销售中心负责调换。

定　　价：46.00元

前言

工学结合、产教融合已逐渐成为高等职业教育人才培养模式，从而带动专业调整与建设，引导课程设置、教学内容和教学方法的改革。

本书紧密结合工程实践，注重跟踪相关新技术的发展，在遵循教学规律基础上，将“教、学、做”融为一体，在满足职业岗位需求的基础上，以“必须、够用”为度，突出实用性，强化技术应用和实践能力训练。

本书淡化了理论性强的学科内容和较复杂的设计计算，引导学生对标准、规范的正确理解；融入思政元素，培养学生严肃认真、遵守规范、遵章守纪、守正创新、安全生产和责任意识；引入最新教学研究与教学改革成果，加强对学生创新能力的培养。

本书可作为高等职业教育化工类各专业的通用教材，也可作为成人教育化工及相关专业的教材，还可作为从事化工技术工作人员的参考书。

本书的内容已制作成用于多媒体教学的 PPT 课件，如有需要，请发电子邮件至 cipedu@163.com 获取，或登录 www.cipedu.com.cn 免费下载。

本书由具有丰富教学经验的学校教师和具有丰富工程经验的企业技术人员共同编写。参加本书编写的人员有：邹修敏（绪论、第二章、第四章、第六章），邹贵群（第一章），李勇（第三章），高朝祥（第五章），王志斌（第七章）。本书由邹修敏担任主编并统稿，王志斌担任副主编，高朝祥担任主审。

由于编者水平有限，书中不足之处敬请广大读者批评指正。

编　者

2022 年 4 月

目录

第五章 常用机械零部件 / 111

第六章　压力容器基础 / 144

第七章　常用化工设备 / 179

绪论

化工机械是指用于化工生产的各种机械设备的统称。化工生产是以流程性物料（气体、液体、粉体）为原料，以物理处理和化学处理为手段，进而得到所需的新物质（产品）的生产过程。化工生产过程不仅取决于化学工艺过程，还取决于化工机械设备。

一、化工生产的特点

化工生产有别于其他工业生产，具有其自身的特点。

1. 生产的连续性较强

为提高生产效率，节约成本，化工生产过程一般采用连续的工艺流程。在连续性的生产过程中，每一生产环节都非常重要，若出现事故，将破坏连续性生产。

2. 生产的条件苛刻

① 介质腐蚀性强。化工生产过程中，有很多介质具有较强的腐蚀性。腐蚀生成物的沉积可能堵塞机器与设备的通道，破坏正常的工艺条件，影响生产的正常进行。

② 温度和压力变化大。根据不同的工艺条件要求，介质的温度和压力各不相同。温度和压力的不同，影响到设备的材料选择和工作条件。

③ 介质大多易燃易爆有毒性。化工生产过程中，易燃、易爆、有毒性的介质一旦泄漏，不仅会造成环境的污染，还可能造成人员伤亡和重大事故。

④ 生产原理的多样性。由于化工工艺过程的多样性，如工作压力、温度、介质特性及生产要求各不相同，导致在化工生产中应用的化工设备功能原理、结构特征多种多样。

⑤ 生产技术含量高。现代化工生产包含了先进的生产工艺、先进的生产设备、先进的控制与检测手段，因此，生产技术含量要求高，并呈现化、机、电一体化的发展势态。

3. 外壳多为压力容器

虽然不同类型的设备服务对象不同，形式多样，功能原理及内部构造也不同，但总体结构都是承受压力的容器。

4. 设备结构大型化

随着先进生产工艺的提出和设备设计、制造以及检测水平的不断提高，对产能大、设备大、高负荷的化工设备需求日趋增加。设备结构的大型化，增加了材料应用、设计制造、安装检修、使用维护等方面的难度，也对相关人员提出了更高的要求。

二、生产对化工设备的基本要求

1. 安全性能要求

① 足够的强度。化工设备主要由金属材料制成，其安全性与材料强度紧密相关。

② 良好的韧性。如果材料韧性差，可能因本身的缺陷或在波动载荷下发生脆性断裂。

③ 足够的刚度和抗失稳能力。刚度不足是化工设备过度变形的主要原因之一。

④ 良好的抗腐蚀性。材料必须具有较强的耐腐蚀性能。

⑤ 可靠的密封性。密封的可靠性是化工设备安全运行的必要条件。

2. 工艺性能要求

① 达到工艺指标。化工设备都有一定的工艺指标，以满足生产的需要。工艺指标达不到要求，将影响整个过程的生产效率，造成经济损失。

② 生产效率高，消耗低。设计时应从工艺、结构等方面考虑提高化工设备的生产效率和降低消耗。

3. 使用性能要求

① 结构合理、制造简单。化工设备的结构要紧凑、设计要合理、材料利用率要高。制造方法要有利于实现机械化、自动化，有利于成批生产，以降低生产成本。

② 运输与安装方便。化工设备一般由机械制造厂生产，再运输至使用单位安装。

③ 操作、控制、维护简便。化工设备的操作程序和方法要简单，最好能设有防止错误操作的报警装置。

4. 经济性能要求

在满足安全性、工艺性、使用性的前提下，应尽量减少化工设备的投资和日常维护、操作费用，并使设备在使用期内安全运行，以获得较好的经济效益。

三、本课程的任务、性质

化工工艺人员在工作中经常会遇到需要了解机器和设备的原理和构造，分析受力情况和工作能力，便于正确使用和维护这些机器或设备；或在技术改造中，为机器和设备选择合适的材料，按照标准正确选择机器和设备的通用零部件等问题。本教材主要讨论工程材料、力学基础、常用机构、机械传动装置、连接与支承零部件、常用化工设备等方面的基础知识。

本课程是一门专业技术基础课。学好这门课程，对于学习专业课程以及在工作中正确使用各种化工机器和设备具有重要意义。教学过程中将根据课程内容融入思政元素，以培养学生的爱国热情，树立正确的世界观、人生观、价值观。

第一章
工程材料

材料是机械的物质基础，它标志着人类文明的进步和发展水平。用来制作化工装备的材料可分为金属材料、非金属材料和复合材料。其中金属材料应用最广泛，占整个用材的80%～90%。因此，必须熟悉常用工程材料的性能、热处理工艺、特点及其应用，以便合理选择和使用材料。

第一节　金属材料的性能

金属材料的性能包括物理性能、化学性能、力学性能及加工工艺性能等。

一、金属材料的物理性能

金属材料的物理性能是指金属材料对各种物理现象所引起的反应，是金属材料固有的属性，它主要包括密度、熔点、导电性、导热性、热膨胀性等。

1. 密度

密度是指材料单位体积的质量，其单位为 g/cm^3 或 t/m^3。利用密度可以解决一系列实际问题，如计算材料的用量、区分轻金属、鉴别重金属等。

2. 熔点

熔点是指材料由固态变为液态时的熔化温度。掌握各种金属的熔点，对于材料的熔炼、铸造、焊接及配制合金等方面都很重要，如用高熔点的钨及其合金制造高温的电灯丝、电炉加热组件等，低熔点的金属及其合金用来制造焊锡、熔丝、铅字等。

3. 导电性

导电性是指材料传导电流的能力，常用电导率来描述，电导率越大，材料的导电性越好。各种金属的导电能力是不同的，通常银的导电性最好，其次是铜和铝。电气工程上的导体要用导电性能好的纯金属（纯铜或纯铝）制造，而电热丝、变阻器则用导电性差的金属材料来制造。

4. 导热性

导热性是指材料传导热量的性能，常用传热系数来描述，传热系数越大，材料的导热性越好。不同的金属具有不同的导热性，银的导热性最好，其次是铜和铝。在使用中需要大量传热或散热的零件，则要使用导热性好的材料，如热交换器中的换热管常用导热性好的铜合金来制造，以提高其换热效果。

5. 热膨胀性

热膨胀性是指材料受热时体积发生胀大的能力，常用线胀系数来描述，线胀系数越大，材料的尺寸或体积随温度变化而变化的程度就越大。在实际生产中，必须考虑热膨胀性能所产生的影响。例如，异种钢的焊接应考虑到它们的热膨胀性要接近；对于尺寸精度要求较高的精密机械和精密仪器的零件，要用线胀系数小的材料来制造。

6. 耐磨性

耐磨性是指材料抵抗磨损的性能，一般用磨损率来描述。磨损率是指单位时间内材料的磨损量。磨损率越小，材料的耐磨性越好。

二、金属材料的化学性能

金属材料的化学性能是指金属材料抵抗化学介质作用的能力，包括抗氧化性、耐腐蚀性等。

1. 抗氧化性

抗氧化性是指在高温时金属材料抵抗氧化作用的能力。除铂、金等少数贵金属外，绝大多数金属在空气中，特别是在高温气体中都会发生氧化。长期在高温下工作的锅炉的过热器、汽轮机，要用抗氧化性良好的材料制造。

2. 耐腐蚀性

耐腐蚀性是指金属材料抵抗周围介质（如大气、水、酸、碱、盐等）对其腐蚀的能力，常用腐蚀速度来描述。腐蚀速度越小，材料耐腐蚀性越好。一般认为介质对材料的腐蚀速度在 0.1mm/a 以下时，材料对这种介质是耐腐蚀的。

三、金属材料的力学性能

金属材料的力学性能是指材料在外力作用下所表现出的特性。包括强度、塑性、硬度、冲击韧性、疲劳强度等指标。

1. 强度

强度是指材料在外力作用下抵抗塑性变形和断裂的能力。抵抗外力的能力越大，则强度越高。常用的强度指标为在静拉伸试验条件下，材料抵抗塑性变形能力的屈服极限 σ_s 和抵抗断裂能力的强度极限 σ_b。

2. 塑性

塑性是指材料在外力作用下产生塑性变形的能力，常用的塑性指标有两个：断后伸长率 δ 和截面收缩率 Ψ。材料的 δ 或 Ψ 值越大，则材料的塑性越好，易变形。塑性直接影响到零件的成形加工及使用，例如，低碳钢的塑性良好，可以进行压力加工；而灰铸铁的塑性极差，不能进行压力加工。

3. 硬度

硬度是指金属材料抵抗其他物体压入其表面的能力。硬度是表征金属材料性能的一个综合物理量，是反映金属材料软硬程度的性能指标。硬度值越高，材料越硬。常用的硬度指标有布氏硬度和洛氏硬度。

① 布氏硬度：布氏硬度的测定是在布氏硬度机上进行的，其试验原理如图 1-1 所示，是用直径为 D 的淬硬钢球或硬质合金球，在规定压力 F 作用下压入被测金属表面至规定时间后，卸除压力，金属表面留有压痕，压力 F 与压痕表面积 A 的比值称为布氏硬度，用符

号 HBS（压头为淬硬钢球）或 HBW（压头为硬质合金球）表示，即

$$HBS(HBW)=\frac{F}{A}\times 0.102$$

式中　F——试验压力，N；

A——压痕表面积，mm^2。

布氏硬度所测定的数据准确、稳定、重复性强，但压痕较大时，对金属表面损伤大，不宜测定太薄零件及成品件的硬度，常用于测定退火、正火后的钢制零件，及铸铁和有色金属零件等的硬度。

② 洛氏硬度：洛氏硬度的测定是在洛氏硬度试验机上进行的，如图 1-2 所示，它是用一个顶角为 120°的金刚石圆锥，或直径为 1.5875mm 的淬火钢球为压头，在一定载荷下压入被测金属材料表面，根据压痕深度来确定硬度值。压痕深度越小，硬度值越高，材料越硬。实际测定时，可在洛氏硬度试验机的刻度盘上直接读出洛氏硬度值。洛氏硬度可分为 HRA（金刚石圆锥压头）、HRB（淬火钢球压头）、HRC（金刚石圆锥压头）三种，以 HRC 应用最多。

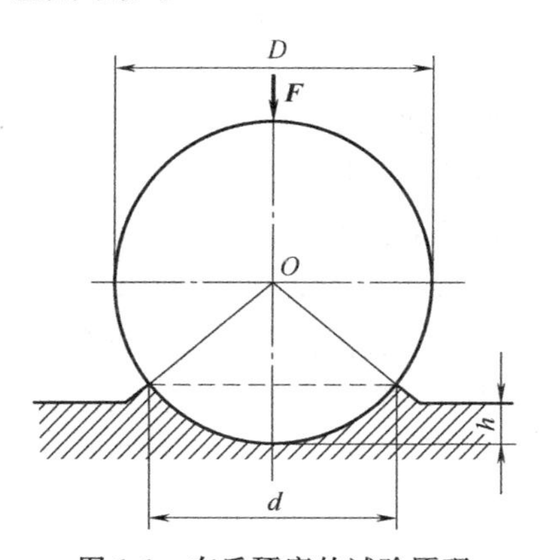

图 1-1　布氏硬度的试验原理

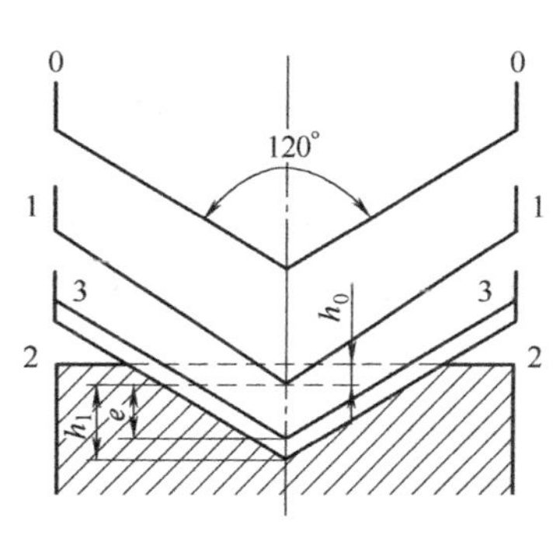

图 1-2　洛氏硬度试验原理

洛氏硬度试验操作简便、迅速，压痕小，不损伤零件表面，可用来测量薄片和成品件的硬度，常用来测定淬火钢、工具和模具等的硬度。

在常用范围内，洛氏硬度值 HRC 近似等于布氏硬度值 HBS 的 10 倍。

4. 冲击韧性

冲击韧性是指金属材料抵抗冲击载荷而不被破坏的能力，冲击韧件值用 α_k 表示。α_k 越大，表示材料的韧性越好，材料抗冲击能力越强，在受到冲击时越不容易断裂。冲击韧性高的材料在断裂前要发生明显的塑性变形，由可见的塑性变形到断裂要经过一段较长的时间，能引起人们注意，因此，一般不会造成严重事故。但冲击韧性低的材料，脆性大，材料断裂前没有明显的预兆，因此危险性大。

5. 疲劳强度

疲劳强度是指金属材料抵抗交变载荷作用而不产生破坏的能力。

① 疲劳现象：机器和工程结构中有很多零件，如内燃机的连杆、齿轮的轮齿、车辆的车轴，都受到随时间作周期性变化的应力作用，这种应力称为交变应力。构件在受到交变应力作用下的破坏时，构件内的最大应力远低于强度极限，甚至低于屈服极限，因此疲劳破坏

无明显的预兆，容易造成严重的后果。所以在设计零件选材时，要考虑金属材料对疲劳断裂的抗力。

② 疲劳强度：疲劳强度是通过试验所得到的，如图 1-3 所示，为钢铁材料在对称循环应力作用下的疲劳曲线示意图。从图 1-3 可以看出，当应力达到 σ_5 时，曲线与横坐标趋于平行，表示应力低于此值时，试样可以经受无数周期循环而不被破坏，此应力值即为材料的疲劳强度 σ_{-1}。

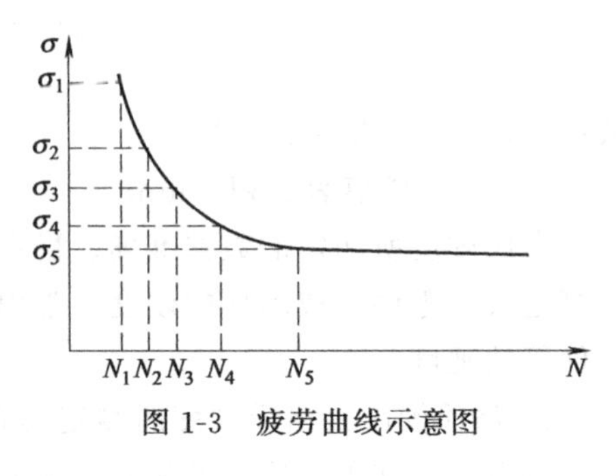

图 1-3 疲劳曲线示意图

实际上，金属材料不可能做无数次交变载荷试验。对于黑色金属，一般规定应力循环 10^7 周次而不断裂的最大应力为疲劳强度，有色金属、不锈钢等取 10^8 周次。

四、金属材料的工艺性能

金属材料的工艺性能是指金属材料所具有的能够适应各种加工工艺要求的能力。它标志着制成成品的难易程度，包括铸造性、锻造性、焊接性、切削加工性等。

1. 铸造性

把熔化金属浇入铸型，待其冷却凝固后，得到所需形状和尺寸的零件的加工方法称为铸造。金属材料能用铸造方法获得合格铸件的能力称为铸造性，包括液态流动性、冷却时的收缩性和偏析性等。流动性是指液态金属充满铸型的能力，流动性愈好，愈易铸造细薄精致的铸件；铸造收缩性是指金属在凝固时，体积收缩的程度，收缩愈小，铸件凝固时变形愈小，不易产生缩孔、缩松及变形等缺陷；偏析性是指铸件凝固后，其内部化学成分或金属组织的不均匀性。由于偏析，会造成金属材料各部分的机械性能不一致，影响材料使用性能。灰铸铁与青铜具有良好的铸造性。

2. 锻造性

利用冲击力或压力使金属产生变形的加工方法称为锻造。锻造性是指金属材料在锻造时，能改变形状而不产生裂纹的性能。锻造性好，表明该金属易于锻造成形。金属材料的塑性越好，变形抗力越小，则锻造性越好，反之，锻造性越差。低碳钢的锻造性比中碳钢、高碳钢好；普通非合金钢的锻造性比相同含碳量的合金钢好；铸铁则没有锻造性。

3. 焊接性

将两块分离的金属，通过加热或加压促使原子之间互相扩散与结合，从而牢固地连接成一个整体的加工方法称为焊接。焊接性是指金属材料对焊接加工的适应性能，主要是指在一定的焊接工艺条件下，获得优质焊接接头的难易程度。焊接性好的材料，可用一般的焊接方法和工艺获得没有气孔、裂纹等缺陷的焊缝，其强度与母材相近。低碳钢具有良好的焊接性，而高碳钢与铸铁的焊接性则较差。

4. 切削加工性

用切削刀具从毛坯上切除多余的部分，从而获得图纸要求的形状、尺寸和表面粗糙度的零件的加工方法称为切削加工。切削加工性是指金属材料被切削加工的难易程度。切削加工性好的金属材料，加工时刀具不易磨损，加工表面的粗糙度值较小。非合金钢（碳钢）硬度为 150～250HBS 时，具有较好的切削加工性；灰铸铁具有良好的切削加工性。

第二节　钢的热处理

一、热处理概述

钢的性能不仅取决于钢的化学成分，还取决于其内部组织结构。钢在高温下的溶碳能力比低温下大，因此，在高温钢的冷却过程中，不仅要进行晶格（表示原子在晶体中按一定次序有规则地排列的空间格子）转变，同时还伴随着碳原子的扩散。并且晶格发生转变的温度还受冷却速度的影响。冷却速度越快，晶格发生转变的温度越低，碳原子的扩散能力越弱。所以不同的冷却速度将改变钢的组织及组织的含碳量，从而改变钢的性能。

钢的热处理就是将钢在固态下通过加热、保温和不同的冷却方法，从而改变其组织结构，满足性能上的要求的一种加工工艺。

热处理在机械零件加工制造过程中具有重要意义。通过热处理可以改善机械零件的性能，充分发挥其潜力，提高产品的质量，延长使用寿命，节省金属材料，改善工件的加工工艺性，提高劳动生产率。

二、钢的整体热处理

钢的整体热处理是指对工件进行穿透性加热，以改善工件的整体组织和性能的热处理工艺。一般分为退火、正火、淬火、回火。

1. 退火

退火是把钢加热到工艺预定的某一温度，保温一段时间，随后在炉中或导热性较差的介质中缓慢冷却的热处理方法。

退火目的是降低钢的硬度、均匀成分、消除内应力、细化组织，从而改善钢的力学性能和加工性能，为后续的机械加工和淬火做好准备。对一般铸件、焊件以及性能要求不高的工件，可作为最终热处理。

常用的退火方法有完全退火、球化退火和去应力退火等。

2. 正火

正火是将钢加热到规定温度后，适当保温，从炉中取出，在静止的空气中冷却至室温的热处理方法。

正火与退火目的相似，明显不同的是正火冷却速度稍快，所得到的组织比退火细，强度、硬度有所提高，这种差别随钢的含碳量和合金元素的增多而增多。同时正火操作简便，生产周期短，能量耗费少。正火常用于改善材料的切削性能，有时也用于对一些性能要求不高的零件作为最终热处理。

退火和正火的加热温度如图 1-4 所示。

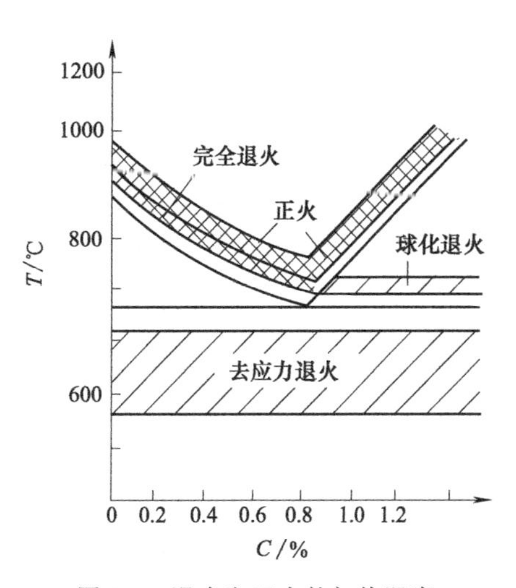

图 1-4　退火和正火的加热温度

3. 淬火

淬火是将钢加热到规定温度，保温一定时间后，在水、盐水或油中急剧冷却的一种热处理方法。

淬火目的是提高钢的硬度和耐磨性，但同时也变脆，应配以适当的回火温度，以获得多样的使用性能，通常作为最终热处理。

淬火时，工件表面容易散热、冷却、淬硬，心部不容易散热、淬硬。钢在淬火时获得淬硬层深度的能力称为淬透性。淬硬层越深，淬透性越好。一般情况下，含碳量多的钢比含碳量少的钢的淬透性好；合金钢比非合金钢淬透性好。钢经淬火后能达到的最高硬度称为淬硬性。淬硬性主要取决于钢的含碳量，低碳钢的淬硬性差，高碳钢的淬硬性好。

淬透性和淬硬性对钢的力学性能影响很大，是合理选材和确定热处理工艺的重要指标。

4. 回火

回火是把淬火后的钢加热到710℃以下的某一温度，保温一定时间，然后冷却到室温的热处理方法。淬火后工件的强度和硬度虽有了较大提高，但塑性和韧性却显著降低，并且存在较大内应力，如不及时处理，会进一步变形至开裂，为此，淬火后要及时回火。回火的主要目的是降低脆性，减少内应力，防止变形开裂；获得工件所要求的机械性能；稳定钢件的组织，保证工件的尺寸、形状稳定。

回火通常作为钢件热处理的最后一道工序。回火后的性能与回火的加热温度有关，一般情况下，随着回火温度的升高，其强度和硬度降低，塑性、韧性则升高。根据回火的温度不同，回火可分为低温回火、中温回火、高温回火。

① 低温回火：加热到150～250℃，保温后空冷到室温的热处理方法。其目的是降低淬火内应力和脆性，保证高硬度和耐磨性。主要用于刀具、量具、冲压模、滚动轴承等的处理。

② 中温回火：加热到350～450℃，保温后空冷到室温的热处理方法。中温回火后的组织具有高的弹性和屈服极限，有一定韧性和硬度，主要用于各种弹簧、发条和锻模等的处理。

③ 高温回火：加热到500～650℃，保温后空冷到室温的热处理方法。高温回火后的组织具有一定的强度和硬度，又有良好的塑性和韧性，主要用于处理各种重要的、受力复杂的中碳钢零件，如曲轴、连杆、齿轮、螺栓等。

通常把淬火再进行高温回火的热处理方法称为调质处理。

上述各种整体热处理的示意图如图1-5所示。

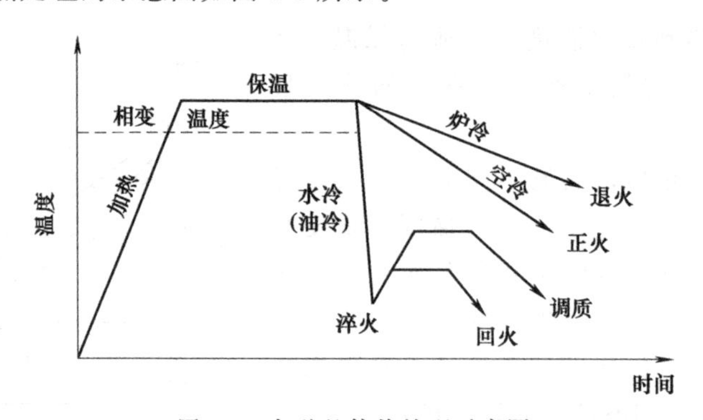

图1-5 各种整体热处理示意图

三、钢的表面热处理

在机械设备中，有许多零件是在交变载荷或冲击载荷及表面受摩擦条件下工作的，如齿轮、曲轴等，这些零件不仅要求表面具有高的硬度和耐磨性，而且要求心部具有足够塑性和韧性。要满足这些要求，采用整体热处理方法是难以达到的，而采用表面热处理则能达到。

钢常用的表面热处理包括表面淬火和化学热处理两种。

1. 表面淬火

利用快速加热的方法，使工件表面迅速加热至淬火温度，不等热量传到心部就立即冷却的热处理方法称为表面淬火。如图 1-6 所示为火焰加热表面淬火，是利用氧-乙炔或煤气-氧的混合气体燃烧产生的火焰，直接加热工件表面，当表面达到淬火温度后，立即喷水或用其他淬火介质进行冷却的淬火方法。

表面淬火后，工件表层获得硬而耐磨的马氏体组织，而心部仍保留原来的韧性和塑性较好的组织。表面淬火用钢一般为中碳或中碳合金钢，在表面淬火处理前须进行正火处理或调质处理，表面淬火后进行低温回火处理。

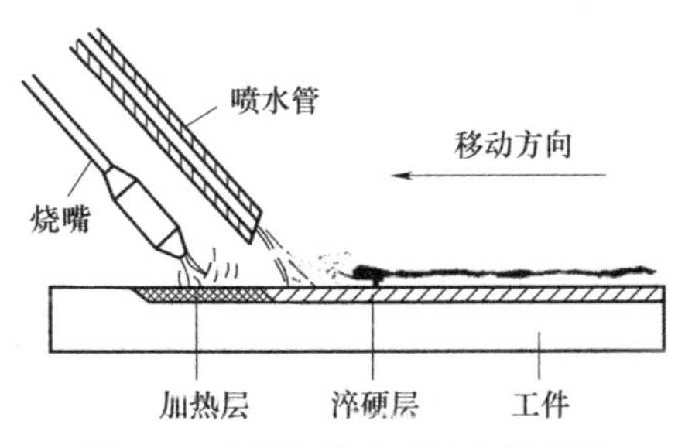

图 1-6　火焰加热表面淬火示意图

2. 化学热处理

化学热处理是将工件置于一定介质中加热和保温，使介质中的活性原子渗入工件表层，以改变表层的化学成分和组织，从而使工件表面具有某些特殊的机械或物理化学性能的一种热处理工艺。经过化学热处理后的工件，其表层不仅有组织的变化，而且有成分的变化。常见的化学热处理有渗碳、渗氮、碳氮共渗等。

① 渗碳：渗碳是向钢的表层渗入碳原子，提高钢表层含碳量的过程。渗碳主要用于低碳钢和低碳合金钢，渗碳后经过淬火、低温回火，材料表层具有较高的硬度、抗疲劳性和耐磨性，而心部仍保持良好的塑性和韧性。

按照采用的渗碳剂不同，渗碳方法可分为气体渗碳、固体渗碳和液体渗碳三种。气体渗碳法生产率高，劳动条件好，渗碳质量容易控制，易于实现机械化、自动化。故在生产中得到广泛的应用。

② 渗氮：渗氮是在工件表层渗入氮原子，形成一个富氮硬化层的过程。其目的是提高材料表面硬度、抗疲劳性、耐磨性和抗蚀能力，并且渗氮性能优于渗碳。渗氮主要用于耐磨性和精度要求很高的精密零件或承受交变载荷的重要零件，以及耐热、耐蚀、耐磨的零件，如各种高速传动精密齿轮、高精度机床主轴、高速柴油机曲轴、发动机的气缸、阀门等。

渗氮分为气体渗氮和液体渗氮，目前工业中广泛应用气体渗氮。气体渗氮用钢以中碳合金钢为主，使用最广泛的钢为 38CrMoAlA。

③ 碳氮共渗：碳氮共渗是指碳、氮同时渗入工件表层的过程。其目的是提高表面硬度、抗疲劳性、耐磨性和耐蚀能力，并兼具渗碳和渗氮的优点。碳氮共渗广泛应用于汽车、拖拉机变速箱齿轮。

第三节　常用工程材料

常用的工程材料可以分为两大类：金属材料和非金属材料。通常把铁、铬、锰以及它们的合金（主要是指钢和铸铁）称为黑色金属，而把其他金属及其合金称为有色金属。钢铁是工程中应用最广泛的金属材料，钢按其化学成分分为碳素钢和合金钢。

一、碳素钢

碳素钢（非合金钢）是指含碳量小于2.11%的铁碳合金。除了铁和碳之外，碳素钢中还含有少量的锰、硅、硫、磷等，它们是冶炼过程中不可避免的杂质元素。其中锰、硅是在炼钢后期为了防止氧化铁的危害，进行脱氧处理而有意加入的，能提高钢的强度和硬度，属有益元素。硫、磷属有害元素，是从原材料和燃料中带入的。硫具有热脆性，使钢在高温时易脆裂；磷具有冷脆性，使钢在低温时易脆裂。

碳素钢具有良好的力学性能和工艺性能，冶炼方便，价格低廉，在许多工业部门中得到广泛的应用。

1. 含碳量对碳素钢力学性能的影响

含碳量对碳素钢力学性能的影响如图1-7所示。从图可见，随着含碳量的增加，钢的强度和硬度增加，而塑性和韧性则降低。但当含碳量超过0.9%时，钢的强度反而降低。

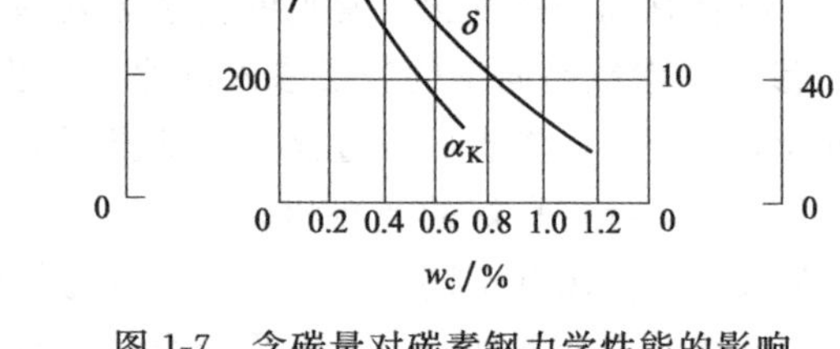

图1-7　含碳量对碳素钢力学性能的影响

2. 碳素钢的分类

（1）根据碳的质量分数分类

低碳钢：$w_c \leqslant 0.25\%$；

中碳钢：$0.25\% < w_c < 0.60\%$；

高碳钢：$w_c \geqslant 0.60\%$。

（2）根据品质分类

主要是根据钢中有害元素硫、磷含量分类。

普通钢：$w_s \leqslant 0.050\%$，$w_p \leqslant 0.045\%$；

优质钢：$w_s \leqslant 0.035\%$，$w_p \leqslant 0.035\%$；

高级优质钢：$w_s \leqslant 0.025\%$，$w_p \leqslant 0.025\%$。

（3）根据钢的用途分类

碳素结构钢：主要用于各种工程构件和机械零件的制造，其 $w_c < 0.70\%$；

碳素工具钢：主要用于各种刃具、模具和量具的制造，其 $w_c \geqslant 0.70\%$；

碳素铸钢：主要用于制造形状复杂、难以锻造成形的铸钢件。

3. 常用碳素钢的牌号、性能及用途

（1）碳素结构钢

① 普通碳素结构钢：普通碳素结构钢冶炼过程简单，价格较低。这类钢通常为热轧钢板、型钢、棒钢，主要保证钢的力学性能，一般不需热处理而直接在供应状态下使用。

普通碳素结构钢的牌号是由代表屈服极限的字母Q、屈服极限的数值（单位MPa）、质量等级符号、脱氧方法符号四部分组成。质量等级由高到低分为A、B、C、D四级；脱氧方法符号F、b、Z、TZ分别表示沸腾钢、半镇静钢、镇静钢、特殊镇静钢，表示镇静钢的Z一般省略不标。例如Q235AF，表示屈服极限为235MPa的A级质量碳素结构钢，脱氧不完全，属沸腾钢。

普通碳素结构钢的含碳量为0.06%～0.38%，属于中低碳钢，塑性、韧性好，有Q195、Q215（A、B）、Q235（A、B、C、D）、Q255（A、B）、Q275五个钢种。其中Q195、Q215、Q235用于制造受力不大的零件，如螺钉、螺母、垫圈等，以及焊接件、冲压件、桥梁建筑等金属结构件；Q255、Q275的强度较高，用于制造承受中等载荷的零件，如小轴、销子、连杆、农机零件等。

② 优质碳素结构钢：优质碳素结构钢冶炼工艺严格，组织均匀，供应时必须同时保证钢的化学成分和力学性能，可用于制造较重要的机械零件。

优质碳素结构钢的牌号是用平均含碳量万分数的前两位数字表示。若钢中含锰量较高，但又不是特意加入的，要在两位数字后加上Mn。例如45钢，表示平均含碳量为0.45%的优质碳素结构钢，而45Mn表示平均含碳量为0.45%且含锰量较高的优质非合金结构钢。

优质碳素结构钢有10、15、20、25、30、35、40、45、50、55、60、65、70等常用钢种。其性能主要取决于含碳量，含碳量越高，钢的强度、硬度越高，塑性、韧性越低。根据含碳量又可分为低碳钢、中碳钢和高碳钢。

① 低碳钢：常用牌号有10、15、20、25等。这类钢的强度较低，具有良好的塑性、韧性、冷冲压性和焊接性。主要用于制造受力不大的机械零件，如螺钉、螺栓、螺母、冲压件和焊接件等。

② 中碳钢：常用钢号有30、35、40、45、50、55、60。这类钢的强度与塑性适中，应用广泛。主要用于制造齿轮、丝杆和各种轴类零件等。

③ 高碳钢：常用牌号有65、70。这类钢的强度、硬度较高，塑性较差。常用于制造弹簧和易磨的零件。

（2）碳素工具钢

碳素工具钢牌号是用“碳”字的汉语拼音字首T加数字表示，数字表示钢中平均碳含量的千分数。例如T8表示平均碳含量为0.8%。锰含量较高者，在数字后标出Mn，例如T8Mn。高级优质碳素工具钢在牌号最后加注字母A，例如T8MnA。

碳素工具钢中含碳量为0.65%～1.35%，其生产成本低，切削加工性良好，热处理后可以获得高硬度和高耐磨性。随着含碳量的增加，其硬度和耐磨性逐渐增加，韧性逐渐下降，因此，不同牌号的非合金工具钢其用途不同。T7、T8一般用于韧性要求稍高的工具，如錾子、冲头、木工工具、简单模具等；T9、T10、T11一般用于要求中等韧性、高硬度的工具和要求不高的模具，如丝锥、板牙、手工锯条等；T12、T13用于制造量具、锉刀、钻头、刮刀等。

（3）碳素铸钢

碳素铸钢的牌号是用“铸钢”两字的汉语拼音首位字母ZG加两组数字表示。第一组数字表示最低屈服极限值（MPa），第二组数字表示最低抗拉强度值（MPa）。如ZG310-570，表示屈服极限不小于310 MPa，抗拉强度不小于570MPa的铸钢。

铸钢主要用于承受重载、强度和硬度要求较高而形状复杂的铸件，如大型齿轮、水压机机座等。

二、合金钢

合金钢是指在碳素钢的基础上，冶炼时有目的地加入一种或几种元素的钢。加入的元素称为合金元素。常用的合金元素有锰（Mn）、硅（Si）、铬（Cr）、镍（Ni）、铝（Al）、硼

(B)、钨（W)、钼（Mo)、钒（V)、钛（Ti)、铌（Nb）和稀有金属等。由于合金元素的加入，合金钢具有特殊的物理、化学性能，它比碳素钢具有更高的强度、韧性。

1. 合金钢的分类

(1) 根据合金元素总质量分数分类

低合金钢：合金元素总质量分数小于5%；

中合金钢：合金元素总质量分数为5%～10%；

高合金钢：合金元素的总质量分数大于10%。

(2) 根据用途分类

合金结构钢：用于制造机械零件和工程结构的钢；

合金工具钢：用于制造各种工具的钢；

特殊性能钢：主要指具有某种特殊的物理和化学性能的钢。

2. 常用合金钢的牌号、性能及用途

(1) 合金钢的牌号

合金钢的牌号是采用“数字＋化学元素符号＋数字”来表示（低合金钢除外)。在钢号后加A，表示高级优质钢。对一些特殊专用钢，为表示钢的用途在钢号前冠以汉语拼音，如滚动轴承钢在其钢号前冠以“滚”字的汉语拼音字首G。

前面的数字表示平均含碳量，若为两位数时则表示平均含碳量的万分数；若为一位数则表示平均含碳量的千分数；若为“0”时则表示平均含碳量≤0.08%；若为“00”时表示平均含碳量≤0.03%；若无数字则表示平均含碳量超过1%（高速钢除外)。

化学元素符号表示合金钢中含有该合金元素。

化学元素符号后面的数字表示合金元素的平均百分含量，当合金含量<1.5%时，一般不标出；当合金含量在1.5%～2.5%、2.5%～3.5%、3.5%～4.5%……时，则相应地用2、3、4……表示。但对滚动轴承钢，铬元素符号后面的数字表示铬含量的千分数，其他元素仍用百分数表示。

例如：60Si2Mn表示平均含碳量为0.6%、含硅量为2%、含锰量<1.5%的合金结构钢；Cr12MoV表示平均含碳量≥1%、含铬量为12%，含钼、钒量<1.5%的合金工具钢；00Cr18Ni10表示平均含碳量≤0.03%、含铬量为18%、含镍量为10%的不锈钢；GCr15SiMn表示铬的含量为1.5%，硅、锰含量<1.5%的滚动轴承钢。

(2) 合金结构钢

① 低合金结构钢：低合金结构钢中最常用的是低合金高强度结构钢。低合金高强度结构钢是指在低碳钢的基础上加入少量合金元素而形成的钢，其含碳量一般不超过0.2%，合金总含量不超过3%。这类钢的强度显著高于相同含碳量的非合金钢，具有良好的韧性、塑性、焊接性、耐蚀性、低温性能以及冷变形能力，成本与非合金钢接近。

低合金高强度结构钢的牌号与碳素结构钢的牌号表示方法基本相同，如Q345A，表示屈服极限为345MPa，质量等级为A级的低合金高强度结构钢。常用牌号有Q295、Q345、Q390、Q420、Q460等，最常用的是Q345（原牌号16Mn)。

低合金高强度结构钢通常在热轧、正火状态下使用，主要用于制造强度要求较高的工程构件，例如桥梁、大型钢结构、车辆、船舶、高压容器、管道等。

② 合金渗碳钢：合金渗碳钢是指用于制造渗碳零件的合金钢，其含碳量一般在0.10%～0.25%之间，加入的主要合金元素是锰、铬、硼、钛等元素。这类钢经渗碳、淬

火、低温回火处理，具有优良的耐磨性、耐疲劳性，又具有足够的韧性和强度。通常用来制造各种机械零件，如汽车、拖拉机中的变速齿轮，内燃机上凸轮轴和活塞销等。常用的合金渗碳钢有20Cr、20CrMnTi、20Mn2B、20MnVB等。

③ 合金调质钢：合金调质钢是指经过调质处理后使用的合金结构钢，其含碳量在0.25%～0.50%之间，加入的主要合金元素是锰、铬、硅、镍、硼、钒等。这类钢经调质处理后，具有高强度和高韧性相结合的良好综合力学性能。主要用于制造受重载荷、在冲击条件下工作的零件，如轴类、连杆、齿轮等零件。常用的合金调质钢有40Cr、35SiMn、35CrMo、40MnB等。

④ 合金弹簧钢：合金弹簧钢含碳量一般在0.5%～0.7%之间，加入的主要合金元素是锰、铬、硅、钒等。这类钢经过淬火、中温回火后，具有高弹性极限、高疲劳强度、足够的塑性和韧性。合金弹簧钢主要用于制造重要的或大断面的弹簧。常用的合金弹簧钢有50CrVA、50CrMn、60Si2Mn等。

⑤ 耐磨钢：通常是指在强烈冲击载荷作用下发生冲击硬化，从而获得高的耐磨性的高锰钢。这类钢含碳量为1.0%～1.3%，含锰量为11%～14%，经常采用铸造成型，故钢号写成ZGMn13（"Z""G"是"铸""钢"两字的汉语拼音字首）。高锰钢铸件的性质硬而脆，耐磨性差，必须水韧处理后才能出现最为良好的韧性和耐磨性。水韧处理是把钢加热至1000～1100℃，保温一段时间使其组织全部转变为奥氏体，然后迅速浸淬于水中冷却。水韧处理后，高锰钢组织全是单一奥氏体组织，其硬度并不高，但在受到强烈冲击载荷作用时将发生加工硬化现象，使硬度大大提高，获得高的耐磨性。高锰钢常用于制造铁路道岔、拖拉机履带、挖土机铲齿和球磨机衬板等。

⑥ 轴承钢：是指制造各种滚动轴承的滚动体和内、外圈的专用钢。在牌号前加"滚"字汉语拼音的首位字母G，Cr后面的数字表示铬含量的千分数，碳的质量分数不标出。如GCr15，表示铬含量为1.5%的滚动轴承钢。铬轴承钢中若含有除铬外的其他元素时，这些元素的表示方法同一般合金结构钢表示方法相同。滚动轴承钢都是高级优质钢，但牌号后不加A。应用最广泛的是高碳铬钢，其含碳量在0.95%～1.15%，铬的含量在0.6%～1.65%之间。这类钢的价格便宜，具有高强度、高耐磨性、良好的耐疲劳性和淬透性，以及良好的工艺性能。常用的滚动轴承钢有GCr6、GCr9、GCr15、GCr15SiMn等。

（3）合金工具钢

合金工具钢与碳素工具钢相比，合金工具钢具有较好的淬透性与回火稳定性，而且耐磨性与热硬性较高，热处理变形和开裂趋向小，广泛用于采用非合金工具钢不能满足性能要求的各种工具。按用途可以分为合金量具钢、合金刃具钢、合金模具钢和高速钢。

① 合金量具钢：合金量具钢是指用于制造测量工具（即量具）的合金钢，这类钢具有高硬度、高耐磨性、高的尺寸稳定性，用于制造高精度的量规和量块。常用的合金量具钢有Cr12、9Mn2V、CrWMn、GCr15SiMn等。其最终热处理为淬火后低温回火。

② 合金刃具钢：合金刃具钢是指主要用于制造金属切削刀具的合金钢，其含碳量一般在0.8%～1.4%之间。常用的合金刃具钢有9SiCr、9Mn2V、Cr2、CrMn、CrWMn和CrW5等。这类钢的预备热处理是球化退火，最终热处理为淬火后低温回火。主要用于制造铰刀、丝锥、板牙。

③ 合金模具钢：合金模具钢是指用于制造冲压、热锻、压铸等成形模具的合金钢。根据工作条件不同分为冷作模具钢和热作模具钢。

④ 高速钢：高速钢是一种含钨、铬、钒等多种元素的高合金刃具钢，加入的主要合金元素为钨、钼、钒等，其合金总含量达到10%～15%。用高速钢制成的刃具，在切削时显得比一般低合金刃具更加锋利，因此俗称为“锋钢”。高速钢具有较高的淬透性，经适当热处理后具有高的硬度、强度、耐磨性和热硬性，当切削刃的温度高达600℃时，高硬度和耐磨性仍无明显下降，能以比低合金刃具钢更高的切削速度进行切削，故称为高速钢。高速钢的牌号，钢中平均含碳量小于1.0%时，其含碳量不标出。

(4) 特殊性能钢

不锈钢与耐热钢均属于特殊性能钢，特殊性能钢的牌号由“数字＋元素符号＋数字”三部分组成，前面的数字代表平均含碳量的千分数。如3Cr13钢，表示平均碳含量为0.3%，平均铬的含量为13%。当碳的质量分数小于等于0.03%及小于等于0.08%时，则在牌号前面分别冠以“00”及“0”表示，如00Cr17Ni14Mo2、0Cr19Ni9钢等。

① 不锈钢：不锈钢是指在腐蚀介质中具有高的抗腐蚀能力的钢。常用的不锈钢有铬不锈钢和镍铬不锈钢。铬不锈钢中含铬量大于12.5%，铬使不锈钢生成一层十分致密的氧化膜，防止金属内部继续腐蚀。碳在不锈钢中容易和铬化合生成碳化铬，降低不锈钢中铬的有效含量，使不锈钢耐腐蚀性降低，因此不锈钢几乎都是低碳或微碳的。铬不锈钢可抗大气、海水和蒸汽等的锈蚀，常用钢号有1Cr13、2Cr13、3Cr13和4Cr13，主要用于制造汽轮机叶片、阀门、弹簧、医疗器械、量具和轴承等。

镍铬不锈钢中铬含量为18%，镍含量为8%～11%。镍与铬配合使用，经热处理形成单一奥氏体组织，减少电化学腐蚀。镍铬不锈钢可抗强腐蚀介质的腐蚀，主要用于制造强腐蚀介质（磷酸、硝酸及碱水等）中工作的设备。常用牌号有0Cr18Ni9、1Cr18Ni9和1Cr18Ni9Ti等。

② 耐热钢：耐热钢是指在高温下抗氧化并具有足够高温强度的钢。这类钢中常加入合金元素铬、硅、铝等以保证抗高温氧化性，加入合金钨、钼、钒等以保证高温强度。常用的耐热钢有4Cr9Si2、1Cr13SiAl、15CrMo、4Cr14Ni4WMo等，其中4Cr9Si2、1Cr13SiAl用于制造高温下长期工作的零件，如加热炉底板、渗碳箱等；15CrMo是典型的锅炉钢，用来制造在300～500℃下长期工作的零件；4Cr14Ni4WMo用于制造在600℃以下工作的零件，如大型发电机排气阀、汽轮机叶片等。

三、铸铁

铸铁是指含碳量大于2.11%的铁碳合金。含有较多锰、硫、磷等元素。工业上常用铸铁含碳量一般为2.5%～4.0%，含硅量为0.8%～3%，为改善铸铁的某些性能，有时也加入一定量的其他合金元素，从而获得合金铸铁。

铸铁具有良好的铸造性、耐磨性、吸振性和切削加工性，生产设备简单、价格低廉，并且经合金化后可以获得良好的耐热性或耐蚀性。但是，铸铁的塑性、韧性较差，不能用压力方法成形零件，只能用铸造方法成形零件。广泛地用于制作机器底座、箱体、缸套和轴承座等零件。

根据碳在铸铁中存在形式的不同，铸铁可以分为白口铸铁、灰铸铁、可锻铸铁、球墨铸铁和蠕墨铸铁。

1. 白口铸铁

碳在白口铸铁中几乎全部以渗碳体（Fe_3C）的形式存在，断口呈白亮色，故称为白口铸铁。由于渗碳体组织硬而脆，使得白口铸铁非常脆硬，切削加工极为困难。因此工业上很少直接用白口铸铁来制造机械零件，而主要用作炼钢的原料。

2. 灰铸铁

灰铸铁中碳主要以石墨形式存在，其断口呈暗灰色，故称灰铸铁。常用的热处理工艺有去应力退火，消除白口组织的退火和表面淬火。

灰铸铁中碳以片状石墨分布在基体组织上。因石墨的强度、硬度很低，塑性、韧性几乎为零。灰铸铁的抗拉强度、塑性和韧性都较差。但石墨对灰铸铁的抗压强度影响不大，所以灰铸铁的抗压强度与相同基体的钢差不多。由于石墨的存在，也使灰铸铁获得了良好的耐磨性、抗振性、切削加工性和铸造性能，因而灰铸铁广泛用于制作承受压力和要求消振的床身、机架、结构复杂的箱体、壳体，以及经常受摩擦的导轨、缸体等。

灰铸铁的牌号是用“灰铁”两字的汉语拼音的第一个字母 HT 和一组数字表示。数字表示其最低抗拉强度极限值。例如 HT200 表示最低抗拉强度极限 σ_b 为 200MPa 的灰铸铁。灰铸铁共分为 HT100、HT150、HT200、HT250、HT300、HT350 和 HT400 七种牌号。

3. 可锻铸铁

可锻铸铁是将一定成分的白口铸铁经长时间退火处理，使渗碳体分解，形成团絮状石墨的铸铁。由于石墨呈团絮状，对基体的割裂作用比片状石墨小。因此，与灰铸铁相比，可锻铸铁具有较高的强度和较好的塑性、韧性，并由此得名“可锻”，但实际上并不可锻。可锻铸铁可分为铁素体可锻铸铁（用 KTH 来表示）和珠光体可锻铸铁（用 KTZ 来表示）两种。

铁素体可锻铸铁的断口呈黑灰色，故又称为黑心可锻铸铁，其基体组织为铁素体，具有良好的塑性和韧性。铁素体可锻铸铁的牌号是用“可铁黑”的汉语拼音字首“KTH”与两组数字表示，前组数字表示最低抗拉强度极限 σ_b 值，后组数字表示最小延伸率。例如 KTH330-08 表示 $\sigma_b \geqslant 330$MPa、$\delta \geqslant 8\%$的铁素体可锻铸铁。

珠光体可锻铸铁的断口呈亮灰色，基体组织为珠光体，具有一定的塑性和较高的强度。珠光体可锻铸铁的牌号是用“可铁珠”的汉语拼音字首 KTZ 表示。例如 KTZ650-02 表示 $\sigma_b \geqslant 650$MPa、$\delta \geqslant 2\%$的珠光体可锻铸铁。

可锻铸铁用来制造承受冲击较大、强度或耐磨性要求较高的薄壁小型铸件，如汽车和拖拉机的后桥外壳、曲轴、连杆、齿轮、凸轮等。由于可锻铸铁的铸造性较灰铸铁差，生产效率低，工艺复杂并且成本高，故已逐渐被球墨铸铁取代。

4. 球墨铸铁

铁液经球化处理和孕育处理，使石墨全部或大部分呈球状的铸铁称为球墨铸铁。生产中球墨铸铁常用的热处理方式有退火、正火、调质及等温淬火。

球状石墨对铸铁基体的割裂作用及应力集中很小，球墨铸铁的基本性能可得到改善，即使得球墨铸铁有较高的抗拉强度和抗疲劳强度，塑性、韧性也比灰铸铁好得多，可与铸钢媲美。此外，球墨铸铁的铸造性能、耐磨性、切削加工性都比钢好。因此球墨铸铁常用于制造载荷较大且受磨损和冲击作用的重要零件，如汽车、拖拉机的曲轴，连杆和机床的蜗杆、蜗轮等。

球墨铸铁的牌号是用“球铁”两字的汉语拼音字首 QT 与两组数字表示，前组数字表示最低抗拉强度极限 σ_b 值，后组数字表示最小延伸率。如 QT450-10 表示 $\sigma_b \geqslant 450$MPa、$\delta \geqslant 10\%$的球墨铸铁。

5. 蠕墨铸铁

蠕墨铸铁是近代发展起来的一种新型结构材料，蠕墨铸铁的力学性能介于灰铸铁与球墨铸铁之间，其铸造性、切削加工性、吸振性、导热性和耐磨性接近于灰铸铁，抗拉强度和疲劳强度相当于铁素体球墨铸铁。常用于制造复杂的大型铸件、高强度耐压件和冲击件，如立柱、泵体、机床床身、阀体、气缸盖等。

蠕墨铸铁的牌号是用“蠕铁”两字的汉语拼音字首 RuT 与一组数字表示，数字表示最低抗拉强度极限 σ_b 值。例如 RuT420 表示最低抗拉强度极限为 420MPa 的蠕墨铸铁。

四、有色金属及其合金

有色金属具有某些独特性能和优点，是现代工业生产中不可缺少的重要材料，在国民经济中占有十分重要的地位。

1. 铜及铜合金

在金属材料中，铜及铜合金的应用范围仅次于钢铁，广泛用于工业和民用各部门。铜及铜合金习惯上分为纯铜、黄铜、青铜和白铜。

（1）纯铜

纯铜又称紫铜，通常呈紫红色，密度为 8.96g/cm^3，熔点为 1083℃。纯铜具有良好的导电性、导热性及抗大气腐蚀性能，其导电性和导热性仅次于金和银，是常用的导电、导热材料。纯铜还具有强度低，塑性好，便于冷热压力加工的优点。由于纯铜价格昂贵，不宜用来制造结构件，常用于制造导线、散热器、铜管、防磁器材及配制合金等。

工业纯铜的牌号有 T1、T2、T3、T4 四种。T 为“铜”字汉语拼音字首，编号越大，纯度越低。

（2）黄铜

黄铜是以锌为主要合金元素的铜合金，因其颜色呈黄色，故称黄铜。由于黄铜敲击声很响，故又称为响铜。按其化学成分不同可分为普通黄铜和特殊黄铜；按其生产方法不同分为压力加工黄铜和铸造黄铜。

① 普通黄铜：由铜与锌组成的合金称为普通黄铜。普通黄铜的机械性能与含锌量有着极为密切的关系。当含锌量小于 30%～32%的范围内，黄铜的强度和塑性随含锌量的增加而增加；继续增加含锌量时，黄铜的塑性开始下降，而强度继续升高；直到含锌量达到 45%～46%时，黄铜的强度才急剧下降。因此含锌量在 30%～38%范围内的黄铜，其强度和塑性最佳，含锌量在 39%～46%时，虽然强度提高，但塑性下降，这种黄铜只适宜热压力加工；含锌量高于 46%的黄铜，强度、塑性都很差，受冲击时很容易破裂，在工业上实用价值不大。

压力加工黄铜的牌号是用“黄”字的汉语拼音字首 H 加数字表示，数字表示平均含铜量的百分数。如 H70 表示含铜量为 70%、含锌量为 30%的黄铜。常用牌号 H96、H80、H70、H62。

② 特殊黄铜：特殊黄铜是指在普通黄铜基础上加入其他合金元素所组成的铜合金。常加入的合金元素有锡、硅、铅和铝等，分别称为锡黄铜、硅黄铜、铅黄铜和铝黄铜。加入合金元素目的在于改善黄铜的使用性能、工艺性能。例如，加入硅可以提高黄铜的力学性能、耐腐蚀性、铸造性和耐磨性；加入铅可以改善黄铜的切削加工性、提高耐磨性；加入铝可以提高黄铜的耐腐蚀性。压力加工特殊黄铜的编号方法是：H（黄）＋主加元素符号＋铜的百

分含量＋主加元素的百分含量。例如 HSn70-1 表示含铜量为 70%、含锡量为 1%的锡黄铜。

铸造黄铜的牌号依次由“铸”字的汉语拼音字首 Z、铜和合金元素符号、合金元素平均含量的百分数表示。例如 ZCuZn33Pb2 表示锌平均含量为 33%，铅平均含量为 2%的铸造黄铜。

（3）青铜

凡主加元素不是锌和镍，而是锡、铝、硅等其他元素的铜合金称为青铜。按其化学成分不同可以分为锡青铜（普通青铜）和无锡青铜（特殊青铜）；按其生产方法不同分为压力加工青铜和铸造青铜。

① 锡青铜：锡青铜是以锡为主加元素的铜合金，又称普通青铜。它是人类历史上应用最早的一种合金，如我国古代遗留下来的一些古镜、铜鼎等就是由锡青铜制成的。锡含量对锡青铜的性能有显著的影响。当锡含量小于 5%时，锡青铜的塑性很好，适合于冷变形加工；当锡含量为 5%～7%时，其热塑性较好，适合于热变形加工；锡含量为 10%～14%时，其塑性急剧下降，适合于铸造，称为铸造青铜。

锡青铜具有良好的耐磨性、耐腐蚀性和铸造性，主要用于制造耐磨零件和耐腐蚀零件，如蜗轮，滑动轴承的轴瓦、衬套等。

② 无锡青铜：无锡青铜是指除锡以外的其他元素与铜组成的青铜，又称特殊青铜，主要包括铝青铜、铍青铜和硅青铜等。无锡青铜的力学性能、耐磨性、耐蚀性，一般都优于普通青铜，铸造性不及普通青铜，常用于制造高强度的耐磨零件，如轴承、齿轮等。

压力加工青铜的牌号是用“青”字的汉语拼音字首 Q＋主加元素符号＋主加元素的百分含量＋其他加入元素的百分含量表示。例如 QSn4-3 表示锡平均含量为 4%、锌含量为 3%，其余为铜的锡青铜；QSi3-1 表示硅平均含量为 3%，锰含量为 1%的硅青铜。

铸造青铜的牌号依次由“铸”字的汉语拼音字首 Z、铜和合金元素符号、合金元素平均含量的百分数表示。例如，ZCuSn10Zn2 表示锡平均含量为 10%，锌平均含量为 2%的铸造锡青铜。

（4）白铜

白铜是以镍为主加元素的铜合金，因色白而得名。其表面很光亮，耐腐蚀性很好，常用于制造精密仪器仪表、医疗器械、高强度的耐腐蚀零件、电阻、热电偶等。

2. 铝及铝合金

在金属材料中，铝的产量仅次于钢铁，为有色金属材料之首，其应用领域十分广泛。

（1）纯铝

纯铝呈银白色，是一种密度仅为 2.72g/cm^3 的轻金属，熔点为 660.4℃，是自然界中储量最为丰富的金属元素，产量仅次于钢铁。具有良好的导电性、导热性和抗蚀性，导电性仅次于银、铜、金。纯铝还具有塑性好、强度低、硬度低的特性，易于铸造、切削和压力加工。因此纯铝主要用于制造电缆、导电体、耐腐蚀器皿和生活用具。

纯铝中含有的主要杂质是铁和硅，它们能提高铝的强度，但使其塑性、导电性等下降。纯铝有 L1、L2、L3、L4、L5、L6、L7 七个牌号，号数越大，纯度越低。

（2）铝合金

由于纯铝强度很低，不宜制作承受载荷的结构件。在铝中加入适量的硅、铜、镁、锰、锌等主加元素和铬、钛、硼、镍等辅加元素即构成了铝合金。它具有较高的强度，仍具有密度小、耐蚀性好、导热性好的特点，并且多数可以进行热处理强化。

根据其成分和加工成形特点，铝合金可分为形变铝合金和铸造铝合金两类。

① 形变铝合金：形变铝合金是指可以进行压力加工的一类铝合金。形变铝合金的牌号表示方法采用国际四位字符体系牌号（GB/T 16474—2011）。第一位数字表示铝合金的组别，如主加元素为铜的铝合金用 2 表示，主加元素为锰的铝合金用 3 表示，主加元素为硅的铝合金用 4 表示等。第二位大写字母表示铝合金的改型情况。第三、第四两位数字用以标识同一组中不同的铝合金。

形变铝合金可分为防锈铝合金、硬铝合金、超硬铝合金、锻铝合金。

防锈铝合金是一种铝-锰或铝-镁合金，如牌号为 3A21、5A02、5A05 的铝合金。其强度高于纯铝，有良好的塑性、焊接性、耐腐蚀性和低温性能，不能通过热处理强化，只能通过冷压加工来提高其强度。主要用于制造耐蚀性要求高的容器、防锈蒙皮及受力小的构件，如油管、导管、日用器具等。

硬铝合金是一种铝-铜-镁的合金，如牌号为 2A01、2A11、2A12、2A16 的铝合金。经适当的热处理后，其强度、硬度显著提高，具有良好的焊接性，但耐蚀性差。常用于制造受力不大的飞机零部件及仪表零件。

超硬铝合金是铝-铜-镁-锌的合金，如牌号为 7A04、2A09 的铝合金。经适当的热处理后，具有很高的强度，是铝合金中强度最高的一类，其切削件能良好，但耐蚀性较差，焊接性很差。常用于制造飞机上受力较大的结构件，如飞机大梁、起落架等。

锻铝合金是铝-铜-镁-硅的合金，如牌号为 2A50、2A14、2A70 的铝合金。其力学性能与硬铝相近，但具有较好的锻造性能。常用于制造航空仪表工业中形状复杂、要求强度高的锻件，如内燃机的活塞、叶轮等。

② 铸造铝合金：铸造铝合金是指宜用铸造工艺生产铸件的铝合金，具有良好的铸造性、耐磨性和耐蚀性，但塑性差，不宜进行压力加工。常用于制造轻质、耐蚀、形状复杂的零部件，如活塞、仪表外壳、发动机缸体等。根据化学成分不同铸造铝合金可分为铝-硅、铝-铜、铝-镁、铝-锌等合金，其中铝-硅铸造铝合金应用最广。

各种铸造铝合金的代号均以 ZL 加三位数字表示。第一位数字为铝合金类别（1 为铝-硅系，2 为铝-铜系，3 为铝-镁系，4 为铝-锌系），第二、三位数字是铝合金顺序号，如 ZL109 表示 9 号铝-硅铸造铝合金。

3. 轴承合金

轴承合金是指用来制造滑动轴承的轴瓦、轴承衬的合金。由于轴旋转时，轴颈与轴瓦之间有剧烈的摩擦，因此轴承合金必须具有足够的强度和硬度，以便承受载荷；具有足够的塑性和韧性，以便保证与轴配合良好并能抵抗冲击和振动；具有良好的磨合能力、减摩性和耐磨性；具有良好的导热性和耐蚀性；同时要容易制造，价格低廉。为此，轴瓦或轴承衬的材料应当是在软的基体组织上均匀分布着硬的质点，或在硬的基体组织上均匀分布着软的质点。

常用的轴承合金按其化学成分可分为锡基、铅基、铝基等轴承合金，它们各有其特点，只有在一定条件下使用才是合理的。

（1）锡基轴承合金

锡基轴承合金是以锡为基本元素加入适量的锑和铜等元素的合金，又称锡基巴氏合金。它具有优良的韧性、导热性和耐蚀性，较好的耐磨性、嵌藏性和减摩性，其热胀系数小，但疲劳极限较低，工作温度不宜大于 150℃。主要用于制造高速、重载机械的轴承和轴瓦，如汽车、拖拉机、汽轮机、发电机等的轴承。

锡基轴承合金的牌号是以“铸”字的汉语拼音字首 Z 和基本元素的元素符号 Sn，以及合金元素符号和百分含量表示，如 ZSnSb11Cu6 表示锑平均含量为 11%、铜平均含量为 6%的锡基轴承合金，常用牌号有 ZSnSb11Cu6、ZSnSbCu4。

(2) 铅基轴承合金

铅基轴承合金是以铅为基本元素加入适量的锑、锡和铜等元素的合金，又称铅基巴氏合金。铅基轴承合金的性能比锡基轴承合金低，但价格低廉，通常用于制造低速、低载荷的轴承和轴瓦，其工作温度不宜大于 120℃。

铅基轴承合金的牌号表示方法与锡基轴承合金相同，常用牌号为 ZPbSb10Sn16Cu2。

(3) 铝基轴承合金

铝基轴承合金是以铝为基本元素加入适量的锑或锡等而制成的合金。常用的铝基轴承合金有铝锑镁轴承合金和高锡铝基轴承合金。

铝锑镁轴承合金含有 3.5%～7.5%的锑、0.3%～0.7%的镁，其余为铝。与锡基轴承合金相比，铝基轴承合金具有高的强度和耐磨性，运转时易与轴咬合，承载能力不大，适合制造轻载轴承。

高锡铝基轴承合金是以铝为基础，加入 20%的锡和 1%的铜所组成的合金。高锡铝基轴承合金具有较好的抗咬合性能，但其力学性能较低，常与钢复合成双金属结构，广泛应用于汽车、拖拉机、内燃机车的轴承。

五、非金属材料

非金属材料由非金属元素或化合物构成的材料。自 19 世纪以来，随着生产和科学技术的进步，尤其是无机化学和有机化学工业的发展，人类以天然的矿物、植物、石油等为原料，制造和合成了许多新型非金属材料，如水泥、人造石墨、特种陶瓷、合成橡胶、合成树脂（塑料）、合成纤维等。这些非金属材料因具有各种优异的性能，为天然的非金属材料和某些金属材料所不及，从而在近代工业中的用途不断扩大，并迅速发展。

1. 塑料

塑料是以天然或合成树脂为主要成分，在一定温度、压力条件下制成一定形状，并在常温下能保持其形状不变的材料。一般塑料具有密度小、电绝缘性好、耐腐蚀、耐磨以及较好的消音和吸振性能。但塑料不耐高温，热胀系数大，导热差，易变形和老化。塑料按其热性能可分为热固性塑料和热塑性塑料。

(1) 热固性塑料

热固性塑料在加热时其化学结构发生变化，随着加热时间的增长，变化程度越深，最终成为硬固体，这种硬固体无论怎么加热都不会软化。热固性塑料不可反复成型，废品不能回收利用。热固性塑料耐热性高，抗蠕变性强，不易变形，但比较脆、强度不高，成型加工复杂，生产率低。

(2) 热塑性塑料

热塑性塑料在常温下是硬固体，加热时变软，冷却后变硬，再加热又变软，可反复加工，废品可回收利用。

2. 橡胶

橡胶是以生胶为主要原料，添加骨架材料以及适量的配合剂而制成的一种有机高分子弹性化合物。在使用温度范围内处于高弹性状态，即在外力作用下，能发生很大的变形，当外力除去又恢复到原来状态。橡胶具有较好的抗撕裂、耐疲劳特性，经多次拉伸、压缩、剪切和弯曲而不受损伤。也具有不渗水、不透气、耐酸碱和绝缘等特性，因而橡胶制品在工程中广泛应用于密封、防腐蚀、防渗漏、减振、耐磨、绝缘和安全防护等方面。其主要缺点是易老化，即橡胶制品长期存放或使用时，逐渐被氧化而产生硬化和脆性，甚至龟裂。

3. 粘接剂

粘接剂又称黏合剂或胶黏剂，是一种通过黏附作用，使同质或异质材料连接在一起，并在粘接面上有一定强度的物质。借助于粘接剂将被连接件连接在一起的方法称为粘接或胶接。

粘接剂是以具有黏性或弹性的天然产物或高分子化合物（无机粘接剂除外）为基料，添加固化剂、填料、稀释剂、附加剂等各种材料组成的混合物。

4. 陶瓷

陶瓷是以天然的硅酸盐矿物（如黏土、长石、石英等），或人工合成的粉状化合物（如氧化物、氮化物、硅化物、硼化物、氟化物等）为原料，经成型和高温烧结制成的无机物非金属元素多相固体材料。陶瓷耐高温，熔点高，大多在2000℃以上；抗氧化、耐腐蚀以及高温强度好，抗蠕变能力强；热胀系数较低；结构稳定，不易氧化，能抵抗酸、碱、盐的腐蚀；电绝缘性好，少数陶瓷具有半导体性质，可作电子元件；某些陶瓷具有特殊的光学性能，可用作激光器、光导纤维、光储存材料；某些陶瓷在动物体内没有排异性，可作人造器官，如人的牙齿、骨骼及关节等。但陶瓷的抗振能力差。

5. 石棉

石棉是一种可剥分为柔韧细长纤维的硅酸盐矿物的总称，也是天然纤维状矿物的集合体。石棉主要由二氧化硅、氧化镁、氧化铁、氧化钙和结晶水组成。按其成分和内部结构，通常分为蛇纹石石棉（又称温石棉）和角闪石石棉两大类。石棉纤维具有较强的抗拉强度，但是，纤维扭折后其强度显著降低；具有一定的耐热性能，高温下不燃烧，熔点高（1500℃左右），通常是以失去结构水的温度作为石棉纤维的耐热度，温石棉长时间耐热温度为550℃，短时间耐热温度为700℃，在各种石棉中，角闪石石棉的耐热性能最强，温度在900℃时其物化性能仍保持不变；石棉纤维几乎具有可以无限劈分的性质，能劈分成柔韧微细的纤维，在电子显微镜下可以观察到无数彼此平行的微细管状纤维，纤维直径约为2×10^{-5}mm；松懈或絮状纤维的石棉导热性很低，导热能力仅为钢材的1%，松解程度越好，导热能力越小，其热导率随温度增高而增大；石棉具有良好的电绝缘性；蛇纹石石棉耐碱性较好，耐酸性较差，而角闪石石棉类的耐酸、耐碱性以及防腐性能都很强。石棉的这些优良特性，可以满足许多特殊行业的需要。

6. 石墨

石墨是外观深灰色鳞片状固体，是碳的结晶矿物之一，其晶体属六方晶系，具有典型层状结构。石墨的硬度较软，导电性、导热性良好，常温下石墨具有良好的化学稳定性，能耐酸、耐碱、耐有机溶剂的腐蚀，但高温时易氧化。由于石墨具有许多优良的性能，因而在冶金、机械、电气、化工、纺织、国防等工业领域获得广泛应用。

由于石墨晶体的层与层间容易滑动，工业上可用石墨作固体润滑剂，其润滑性能随鳞片大小而变，鳞片愈大，摩擦系数愈小，润滑性能愈好。在高速、高温、高压的条件下，往往不能使用润滑油，而石墨耐磨材料可以在高温、滑动速度很高的条件使用。许多输送腐蚀介质的设备，广泛采用石墨材料制成活塞环、密封圈和轴承，它们运转时，不需加入润滑油。石墨乳也是许多金属加工（拔丝、拉管）时良好的润滑剂。

当温度升高时石墨的强度将会增大，在2500℃时石墨的抗拉强度反而比室温时提高一倍。石墨是目前已知的最耐高温的材料之一。石墨具有良好的抗热震性能，即当温度突然变化时，热胀系数小，因而具有良好的热稳定性，在温度急冷急热的变化时，不会产生裂纹。石墨具有良好的导热性，其导热性不仅超过钢、铁、铝等金属材料，而且随温度升高，热导率降低，这和一般金属材料不同，一般金属的热导率随着温度的升高而增大。在极高的温度下，石墨甚至趋于绝热状态，即具有隔热性。因此石墨可用作耐火砖、坩埚、连续铸造粉、铸模芯及铸模耐火材料。

石墨具有良好的导电性。虽然石墨的导电性不能与铜、铝等金属相匹敌，但与一般的材料比，其导热、导电性是相当高的。在电气工业中广泛用来作电极、电刷、碳棒、碳管、水银整流器的正极、石墨垫圈、电话零件、电视机显像管的涂层等。

石墨用作耐腐蚀材料而广泛用于制作热交换器、反应槽、凝缩器、燃烧塔、吸收塔、冷却器、加热器、过滤器、泵等设备，这些设备用于石油化工、湿法冶金、酸碱生产、合成纤维、造纸等工业领域。

第四节 金属材料的腐蚀与防护

一、腐蚀的基本概念及其危害

金属材料由于和环境作用而引起的破坏或变质称为材料的腐蚀。如铜发绿锈、铁生锈、铝生白斑点等。腐蚀危害到国民经济各部门，由腐蚀造成的危害是相当巨大的。

据统计，在化工生产强腐蚀的环境下，报废的化工设备中80%以上是因腐蚀破坏造成的。化工生产是在高温、高压下连续操作进行的，化工生产中的介质往往易燃、易爆、有毒性以及具有较强的腐蚀性，一旦某个设备出现腐蚀破坏，整个装置就将被迫停产，会造成严重的经济损失，而且由于腐蚀造成设备与管道的泄漏会污染人类生存环境，更严重的是某些腐蚀的发生难以预测，容易引起高温、高压化工设备的爆炸，火灾等突发性事故，危及工人人身安全。因此，化工生产中必须重视腐蚀与防腐问题。

二、腐蚀的类型

由于金属材料腐蚀机理较复杂，因此腐蚀的分类方法有很多。

1. 按腐蚀反应的机理分类

① 化学腐蚀：化学腐蚀是指金属材料与介质发生纯化学作用而引起的破坏。其反应过程的特点是，非电解质中的氧化剂直接与金属表面的原子相互作用，电子的传递是在它们之间进行的，没有电流产生。例如金属在铸造、锻造、热处理过程中发生的高温氧化，各种管式炉的炉管受高温氧化以及金属在苯、含硫石油、乙醇等非电解质中的腐蚀。化学腐蚀通常为干腐蚀，腐蚀速率较小。

化学腐蚀后若能形成致密、牢固的表面膜，则可阻止外部介质继续渗入，起到保护金属的作用。如铝与氧形成 Al_2O_3、铬与氧形成 Cr_2O_3 等都属于这种表面膜。

② 电化学腐蚀：电化学腐蚀是指金属与介质之间由于电化学作用而引起的破坏。其特

点是腐蚀过程中有电流产生，腐蚀速率比化学腐蚀大得多。如金属在酸、碱、盐溶液和土壤、海水中的腐蚀。

2. **按腐蚀形态分类**

① 全面腐蚀：如图 1-8 所示，全面腐蚀是材料表面较均匀地遭受腐蚀，也称为均匀腐蚀。如碳钢在强酸、强碱中发生的腐蚀。这是一种质量损失较大而危险性相对较小的腐蚀，可按腐蚀前后质量变化或腐蚀深度变化来计算腐蚀率。

② 局部腐蚀：局部腐蚀是指金属的局部区域产生的腐蚀，由于这种腐蚀的分布、深度很不均匀，常在整个设备较好的情况下，发生局部穿孔或破裂，且不易发现，所以危害性很大。常见的局部腐蚀形式如图 1-9 所示。

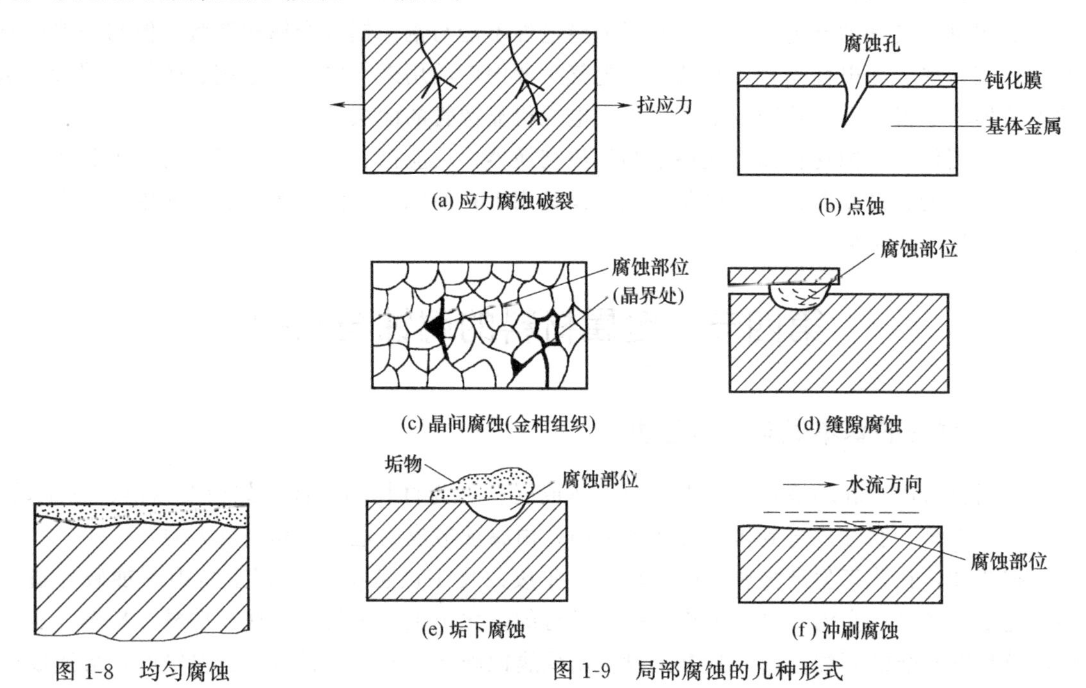

(a) 应力腐蚀破裂
(b) 点蚀
(c) 晶间腐蚀(金相组织)
(d) 缝隙腐蚀
(e) 垢下腐蚀
(f) 冲刷腐蚀

图 1-8 均匀腐蚀

图 1-9 局部腐蚀的几种形式

应力腐蚀是指金属材料在拉应力和特定腐蚀环境同时作用下，以裂纹形式产生的破裂。它是一种最危险的腐蚀形态，但它只是在一定条件下才能发生：一是有一定的拉应力；二是有能引起该金属发生应力腐蚀的介质；三是金属本身对应力腐蚀敏感。一般认为纯金属不会发生应力腐蚀的，含有杂质的金属或是合金才会发生应力腐蚀。

点蚀是指在点或孔穴类的小面积上的腐蚀。点蚀是一种高度局部的腐蚀形态，腐蚀孔的深度大于孔径。小而深的孔可能使金属板穿孔；孔蚀通常发生在表面有钝化膜或有保护膜的金属（如不锈钢、钛等）。

晶间腐蚀是指沿着合金晶界区发展的腐蚀。腐蚀由表面沿晶界深入内部，外表看不出迹象，但用金相显微镜观察可看出晶界呈现网状腐蚀。晶间腐蚀在表面上看不出有任何变化的情况下丧失强度，造成构件或设备的严重破坏。晶间腐蚀易发生在不锈钢、镍合金上。

缝隙腐蚀是指金属表面由于存在异物或结构上的原因而形成缝隙（如焊缝、铆缝、垫片或沉积物下面等），缝隙的存在使得缝隙内的溶液中与腐蚀有关的物质迁移困难，由此而引起的缝隙内金属的腐蚀。

垢下腐蚀是指在水垢或水渣下形成的腐蚀。垢下腐蚀可能是碱性腐蚀，也可能是酸性腐蚀。

冲刷腐蚀是指溶液流动时，溶液中含有能起研磨作用的固体颗粒破坏了金属表面的保护膜，使保护膜被除掉的地方发生腐蚀。其破坏形貌可以是局部的，也可以是均匀的。

三、防腐措施

为了防止和减轻金属材料的腐蚀，应采取一定的防腐措施。

1. 采用表面覆盖层保护

用耐蚀性良好的金属或非金属材料覆盖在耐蚀性较差的被保护材料表面，将被保护材料与腐蚀性介质隔开，以达到控制腐蚀的目的，这种保护方法称为覆盖层保护法。该方法是应用最普通、最重要的防腐方法，它不仅能大大提高被保护材料的耐蚀性能，而且能节约大量的贵重金属和合金。

表面覆盖层材料有金属材料和非金属材料两大类。

(1) 金属覆盖层

金属覆盖层一般有金属镀层和金属衬里。

① 金属镀层：金属镀层主要包括电镀、化学镀、热喷涂（喷镀）、热浸镀等。

电镀是利用直流电流或脉冲电流作用从电解质中析出金属，并在工件表面沉积而获得金属覆盖层的方法。主要用于细小、精密的仪器仪表零件的保护，抗磨蚀的轴类的修复等。因电镀层外表美观，故常用于装饰。

化学镀是利用化学反应使溶液中的金属离子析出，并在工件表面沉积而获得金属覆盖层的方法，应用最多的是化学镀镍磷合金。化学镀镍的工件，常用作抗强碱性溶液、氯化物、氟化物的腐蚀；由于镀层硬度较高，可用于耐磨的场合，如高级塑料模表面上的镀镍磷合金。

热喷涂是利用热源将金属或非金属材料熔化、半熔化或软化，并以一定速度喷射到被保护材料表面而形成镀层的方法，常用的热喷涂材料有铝、锌、铝锌合金及不锈钢。利用热喷涂可以大幅度提高产品的使用性能和延长使用寿命，已在工业各领域广泛应用。

热浸镀是将工件浸入比自身熔点更低的熔融金属槽中，或以一定速度通过熔融金属槽，使工件涂敷上低熔点金属覆盖层的方法。该方法只能用在被保护金属与镀层金属可以形成化合物或固溶体的场合，否则熔融金属不能黏附在工件表面。

② 金属衬里：金属衬里就是把耐蚀金属衬在被保护金属（一般为普通碳钢）上，如衬钛、衬铅、衬铝、衬不锈钢等。只要金属衬里施工合理，就可起到该材料应有的耐蚀作用。

(2) 非金属覆盖层

非金属覆盖层是指在金属设备上覆上一层有机或无机的非金属材料进行保护的一种方法。常用的有涂料覆盖层、玻璃钢衬里、橡胶衬里及砖板衬里等。

2. 采用电化学保护

电化学保护是指通过改变金属在电解质溶液中的电极电位，从而控制金属腐蚀的方法。有阴极保护和阳极保护两种方法。

① 阴极保护：阴极保护有牺牲阳极保护和外加电流保护两种。

牺牲阳极保护是将被保护金属与另一电极较低的金属（例如锌）连接起来，形成一个原电池，使被保护金属成为原电池的阴极而免遭腐蚀，电极电位较低的金属（护屏）成为原电池的阳极而被腐蚀，如图 1-10（a）所示。

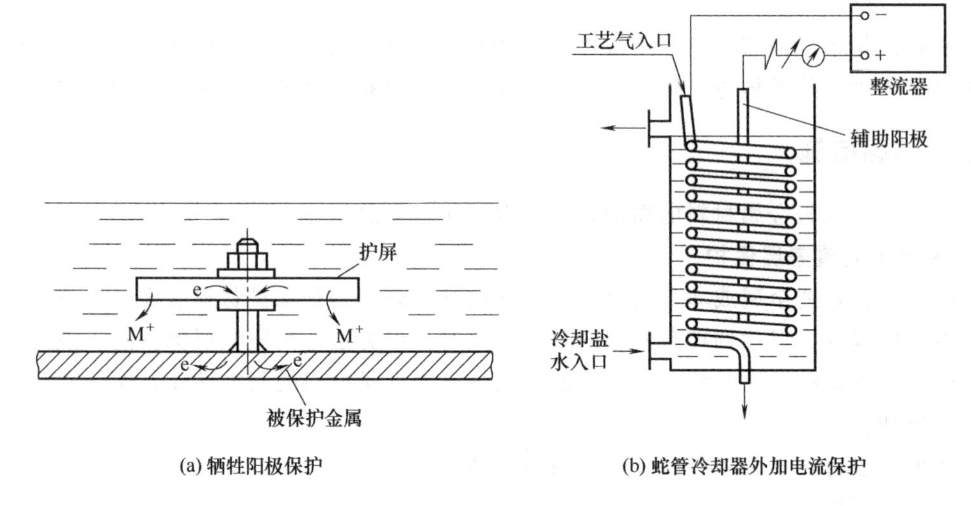

(a) 牺牲阳极保护　　(b) 蛇管冷却器外加电流保护

图 1-10　阴极保护

外加电流保护是将被保护的金属与外加直流电源的负极相连，而另一金属与被保护金属隔开，并与直流电源的阳极相连，从而达到防腐的目的，如图 1-10（b）所示。

阴极保护的应用已有一百多年历史，技术比较成熟，广泛应用于船舶、地下管道、海水冷却设备等的保护。

② 阳极保护：是将被保护的金属与外加直流电源的阳极相连，让金属表面生成钝化膜起保护作用。阳极保护只能适用于金属在介质中能钝化的场合，现已应用于硫酸生产中的结构，如碳钢储槽、换热器、三氧化硫发生器等，以及氨水和铵盐溶液中的碳化塔、氨水储槽等。

3. 采用缓冲剂保护

在腐蚀介质中，通过添加少量的能阻止或减缓金属腐蚀的物质使金属得到保护的方法，称为缓冲剂保护，该物质称为缓冲剂。缓冲剂有铬酸盐、硝酸盐等阳极型缓冲剂；锌、锰和钙的盐类等阴极型缓冲剂；胺盐类、醛（酮）类、杂环化合物、有机物等混合型缓冲剂。缓冲剂保护在酸洗操作和循环冷却水的水质处理中得到普遍应用。

小结

本章介绍了金属材料及非金属材料的分类、特点、牌号、用途、热处理等基本知识。

① 金属材料的性能包括物理性能、化学性能、力学性能及工艺性能等方面。

金属材料的物理性能主要指密度、熔点、导电性、导热性、热膨胀性等。金属材料的化学性能主要包括抗氧化性、耐腐蚀性等。金属材料的力学性能主要包括强度、塑性、硬度、冲击韧性、疲劳强度等指标。金属材料的工艺性能主要包括铸造性、锻造性、焊接性、切削加工性等。

② 钢的热处理一般分为退火、正火、淬火、回火。

退火是把钢加热到工艺预定的温度，保温一段时间，随后在炉中或导热性较差的介质中，使其缓慢冷却的热处理方法。退火的目的是降低硬度，改善塑性和韧性，去除残余应力。

正火是将钢加热到规定温度后，适当保温，从炉中取出，在静止的空气中冷却至室温的热处理方法，正火所得到的组织比退火细，强度、硬度有所提高。

淬火是将钢加热到规定温度，保温一定时间后，在水、盐水或油中急剧冷却的一种热处理方法。淬火目的在于提高钢的硬度和耐磨性，但同时也变脆。

回火是把淬火后的钢加热到710℃以下的某一温度，保温一定时间，然后冷却到室温的热处理方法。回火可分为低温回火、中温回火、高温回火。通常把淬火再进行高温回火的热处理方法称为调质处理。

③ 钢按其化学成分分为碳素钢、合金钢。

碳素钢（非合金钢）是指含碳量小于2.11%的铁碳合金。随着含碳量的增加，钢的强度和硬度增加，而塑性和韧性则降低。

普通碳素结构钢的牌号是由代表屈服极限的字母Q、屈服极限的数值（单位MPa）、质量等级符号、脱氧方法符号四部分组成。有Q195、Q215（A、B）、Q235（A、B、C、D）、Q255（A、B）、Q275五个钢种。

优质碳素结构钢的牌号是用平均含碳量万分数的前两位数字表示，有10、15、20、25、30、35、40、45、50、55、60、65、70等常用钢种，其应用广泛。

碳素工具钢牌号是用“碳”字的汉语拼音字首T加数字表示，数字表示钢中平均碳含量的千分数。

碳素铸钢的牌号是用“铸钢”两字的汉语拼音首位字母ZG加两组数字表示。第一组数字表示最低屈服极限值（MPa），第二组数字表示最低抗拉强度值（MPa）。

④ 低合金高强度结构钢是指在低碳钢的基础上加入少量合金元素而形成的钢，其牌号表示方法与普通质量非合金钢相同，常用牌号有Q295、Q345、Q390、Q420、Q460等。

⑤ 合金钢的牌号是采用“数字＋化学元素符号＋数字”来表示。前面的数字表示平均含碳量，化学元素符号后面的数字表示合金元素的平均百分含量。

⑥ 铸铁是指含碳量大于2.11%的铁碳合金。根据碳在铸铁中的存在形式不同，铸铁可以分为白口铸铁、灰铸铁、可锻铸铁、球墨铸铁、蠕墨铸铁。

⑦ 纯铜颜色又称紫铜，牌号有T1、T2、T3、T4。黄铜是以锌为主要合金元素的铜合金。

⑧ 纯铝有L1、L2、L3、L4、L5、L6、L7七个牌号，号数越大，纯度越低。

⑨ 轴承合金是指用来制造滑动轴承的轴瓦、轴承衬的合金，按其化学成分可分为锡基、铅基、铝基等轴承合金。

⑩ 非金属材料由非金属元素或化合物构成的材料。常见的有塑料、橡胶、粘接剂、陶瓷、石棉和石墨等材料。

⑪ 金属材料在周围介质作用下发生破坏称为腐蚀。按腐蚀形态分为均匀腐蚀和局部腐蚀。常见防腐措施有覆盖层保护、电化学保护 、缓冲剂保护等。

同步练习

一、填空题

1-1　金属材料的物理性能主要包括______、______、______、______、________等。

1-2　________是指材料在外力作用下抵抗塑性变形和断裂的能力，其常用的指标有______和______。

1-3　金属材料能用铸造方法获得合格铸件的能力称为______；金属材料在锻造时，能改变形状而不产生裂纹的性能称为______；______是指金属材料对焊接加工的适应性能；______是指金属材料被切削加工的难易程度。

1-4 根据碳在铸铁中存在形式的不同，铸铁可以分为______、______、______、______、______等。

二、判断题

1-5 布氏硬度试验可用来测量薄片和成品的硬度。(　　)

1-6 低碳钢的焊接性比高碳钢差。(　　)

1-7 20钢的强度、硬度比45钢高，塑性、韧性比45钢好。(　　)

1-8 Q345表示屈服极限为345MPa的普通质量非合金钢。(　　)

1-9 正火所得到的组织比退火细，强度、硬度有所提高。(　　)

1-10 通常把淬火再进行低温回火的热处理方法称为调质处理。(　　)

1-11 可锻铸铁可进行锻造加工(　　)。

三、简答题

1-12 试述含碳量对非合金钢组织和力学性能的影响。

1-13 说明下列钢号的含义及钢材的主要用途：Q235AF、45、60Mn、T12A、ZG200-400。

1-14 什么是热处理？为什么要对钢材进行热处理？

1-15 常用的热处理方法有哪些？试说明退火、正火、淬火、回火、表面淬火的作用。

1-16 什么是淬透性？为什么低碳钢一般不直接淬火？

1-17 什么是化学热处理？渗碳的目的是什么？

1-18 什么是合金钢？与碳素钢相比，合金钢具有哪些特点？

1-19 说明下列钢号的含义及钢材的主要用途：Q390、9Mn2、20Mn2B、40Cr、60Si2Mn、GCr15SiMn、9SiCr、W18Cr4V、W6Mo5Cr4V2、Cr12MoV。

1-20 简述腐蚀的危害。说明化学腐蚀与电化学腐蚀的含义及区别。金属材料的防腐措施有哪些？

第二章
力学基础知识

化工机器、设备及管路在工作时都要受到力的作用。为了解决它们在工作时的承载能力，必须对其组成构件及零件进行静力分析和变形分析。

第一节　静力学基础

一、基本概念与性质

1. 力的概念与性质

（1）力的概念

力是物体间相互的机械作用，这种作用使物体的运动状态发生改变（外效应），或使物体产生变形（内效应）。力对物体的作用效果取决于力的三要素：力的大小、方向和作用点。

力是矢量，通常用一个带箭头的线段表示，如图 2-1 所示。线段 AB 的长度按一定比例表示力的大小，线段的方位和箭头所指的方向表示力的方向，线段的起点 A 或终点 B 表示力的作用点。力的单位为“牛顿”(N) 或“千牛顿”(kN)。

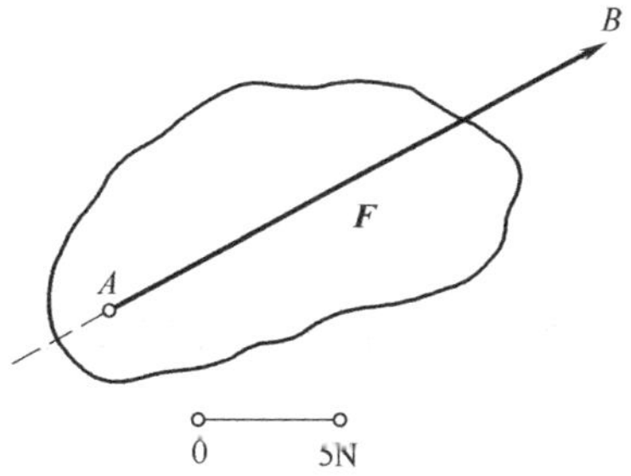

B
F
A
0　5N
图 2-1　力的图示

作用在物体上的一组力称为力系。如果两个力系对同一个物体的作用效果相同，则这两个力系彼此互称为等效力系。如果一个力 R 对物体的作用效果和一个力系对该物体的作用效果相同，则力 R 称为该力系的合力，力系中的每个力都称为合力 R 的分力。

作用在物体上的力，常有两种形式：

① 集中力：如果力的作用面积很小，可把它近似看成集中作用在某一点上，这种力称为集中力，如图 2-2（a）所示，重力 P、拉力 F_T 都可视为集中力。

② 分布力：连续分布在较大面积或体积上的力称为分布力，如图 2-2（b）所示。如果载荷的分布是大小均匀的，则称为均布力。例如匀质等截面杆的自重就是均布力，如图 2-2（c）所示。均布力的大小用载荷集度 q 表示，即单位长度上承受的力，其单位是牛顿/米 (N/m)。均布力的合力作用点在受载部分中点（图中的虚线表示合力 F_Q），方向与载荷集度 q 的方向一致，大小等于载荷集度 q 与受载部分长度 l 的乘积，即 $F_Q=ql$。

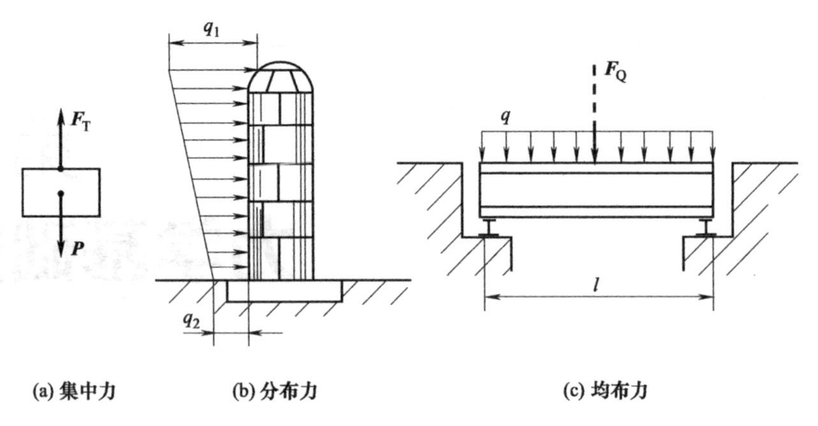

图 2-2　力的作用形式

（2）刚体与平衡的概念

任何物体在力的作用下都会产生变形，但在一般的工程问题中，物体的变形是极其微小的，对研究物体平衡影响很小，可以忽略不计。这种在力的作用下不发生变形的物体称为刚体。当然，刚体实际上是不存在的，但它是对实际物体经过科学的抽象和简化的一种理想模型，它抓住了问题的本质，是实际所许可的。

平衡是指物体相对于地球处于静止或匀速直线运动的状态。作用在刚体上使刚体处于平衡状态的力系称为平衡力系，平衡力系所满足的条件称为平衡条件。

应用力系的平衡条件，分析平衡物体的受力情况，判明物体上受哪些力的作用，确定未知力的大小、方向和作用点，这种分析称为静力分析。

（3）力的基本性质

人类经过长期实践，建立了力的概念，概括出力的基本性质，即静力学公理。

公理一　二力平衡公理　作用在同一刚体上的两个力，使刚体处于平衡状态的必要和充分条件是：这两个力的大小相等，方向相反，且作用在同一直线上，如图 2-3 所示。

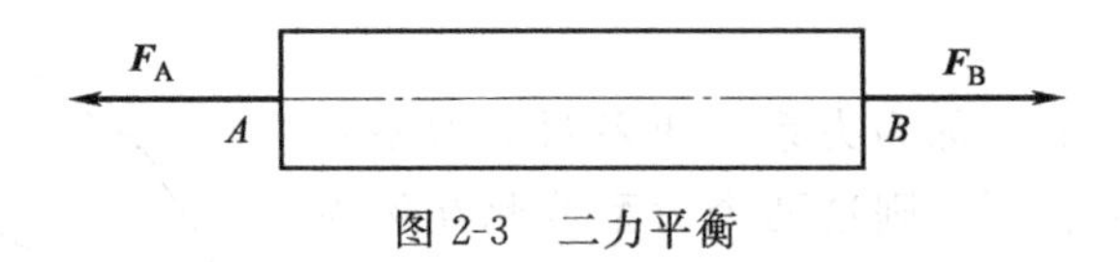

图 2-3　二力平衡

在不考虑重力的情况下，受两个力作用而处于平衡的物体称为二力构件。由二力平衡公理可知，作用在二力构件上的两个力，它们必定通过两个力作用点的连线，且大小相等、方向相反，与其形状无关。

二力平衡公理只适用于刚体，不适用于变形体。如一段绳索，在两端受到一对等值、反向、共线的压力作用时，并不能保持平衡。

公理二　加减平衡力系公理　在作用于刚体的一个力系上，加上或减去任何的平衡力系，并不会改变原力系对刚体的作用效果。

由公理一和公理二可以推出一个重要推论：作用在刚体上某点的力，可沿着它的作用线在刚体内任意移动，并不会改变此力对刚体的作用效果，这个推论称为力的可移性原理。如图 2-4 所示，用水平力 $\boldsymbol{F}$ 在 A 点推车，和用同样大小的水平力 $\boldsymbol{F}$ 在 B 点拉车，可以产生相同的效果。

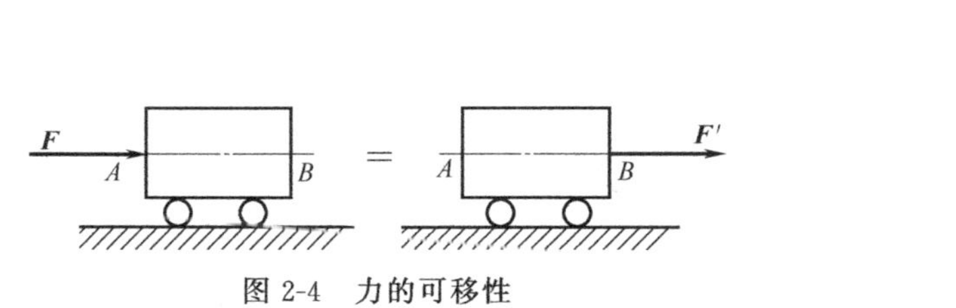

图 2-4　力的可移性

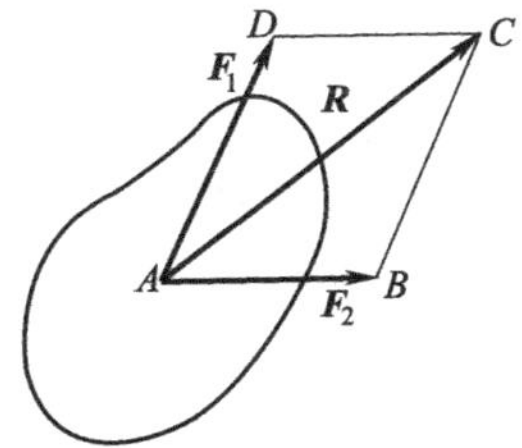

图 2-5　力的合成

作用于刚体上的力，其三要素可引申为：力的大小、方向和作用线。

公理三　力的平行四边形公理　作用在物体上某点的两个力，其合力也作用在该点上，合力的大小和方向由以这两个力为邻边所构成的平行四边形的对角线决定，如图 2-5 所示。用矢量等式表示为

$$\boldsymbol{R}=\boldsymbol{F}_1+\boldsymbol{F}_2$$

利用力的平行四边形法则，也可以将一个力分解成相互垂直的两个分力，这种分解称为力的正交分解。

公理四　作用与反作用公理　两物体间的作用力与反作用力总是大小相等、方向相反、作用线共线，分别作用在两个不同的物体上。

应当注意，作用力与反作用力和二力平衡公理中的一对力是有区别的。作用力与反作用力是分别作用在两个不同的物体上，而二力平衡公理中的一对力是作用在同一物体上的。

2. 力在坐标轴上的投影

(1) 力在坐标轴上的投影

如图 2-6 所示，设力 $\boldsymbol{F}$ 作用于 A 点，在力 $\boldsymbol{F}$ 所在的平面内取直角坐标系 oxy，过力 $\boldsymbol{F}$ 的两端 A 和 B 分别向坐标轴 x 作垂线，得垂足 a 和 b。线段 ab 称为力 $\boldsymbol{F}$ 在 x 轴上的投影，用 F_x 表示。力在坐标轴上的投影，其大小等于此力沿该轴方向分力的大小。力在坐标轴上的投影是代数量，其正负号规定如下：由投影的起点 a 到终点 b 的方向与 x 轴的正方向一致时，则力在坐标轴上的投影为正；反之为负。同理，过力 $\boldsymbol{F}$ 的两端 A 和 B 分别向坐标轴 y 作垂线，可求得力 $\boldsymbol{F}$ 在 y 轴上的投影 F_y，即线段 $a'b'$，显然

$$\left.\begin{aligned}F_x&=F\cos\alpha\\F_y&=F\sin\alpha\end{aligned}\right\}\tag{2-1}$$

(2) 合力投影定理

可以论证，合力在坐标轴上的投影，等于力系中各个分力在同一坐标轴上投影的代数和，这个关系称为合力投影定理，即

$$\left.\begin{aligned}R_x&=F_{1x}+F_{2x}+\cdots+F_{nx}=\sum F_x\\R_y&=F_{1y}+F_{2y}+\cdots+F_{ny}=\sum F_y\end{aligned}\right\}\tag{2-2}$$

上式中的“Σ”是个缩写记号，表示“代数和”的意思。

(3) 平面汇交力系的合力

如果作用在物体上的各力作用线都在同一平面内，这样的力系称为平面力系。在平面力系中，如果各力作用线都汇交于一点，则这种力系称为平面汇交力系，如图 2-7 所示。平面汇交力系合成结果为一个过汇交点的合力。

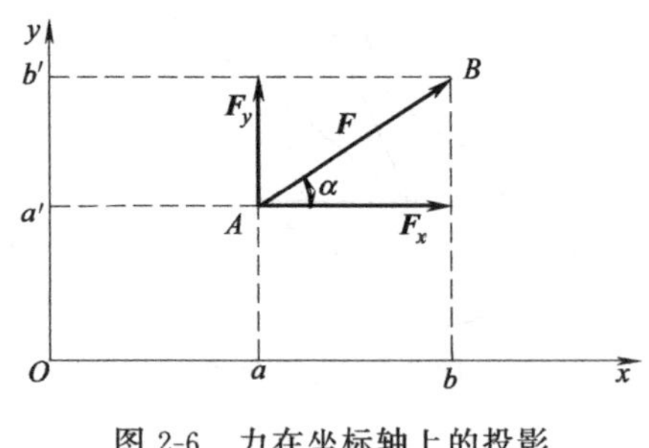

图 2-6　力在坐标轴上的投影

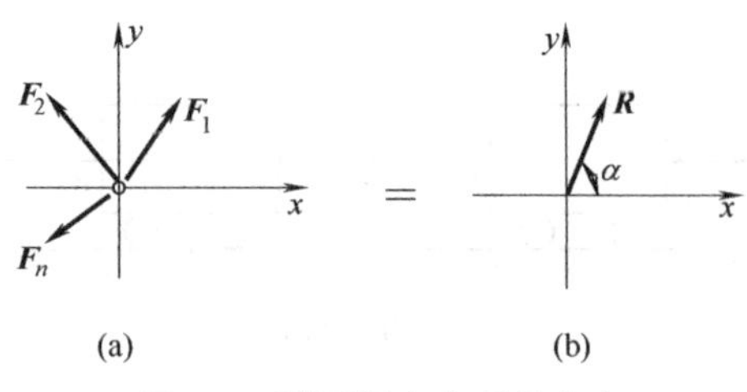

图 2-7　平面汇交力系的合力

设有一平面汇交力系 F_1、F_2、…、F_n，由合力投影定理，合力 $\boldsymbol{R}$ 在坐标轴上的投影为

$$R_x = F_{1x} + F_{2x} + \cdots + F_{nx} = \sum F_x$$
$$R_y = F_{1y} + F_{2y} + \cdots + F_{ny} = \sum F_y$$

根据合力在 x、y 轴上的两个投影，就可以计算出合力 $\boldsymbol{R}$ 的大小与方向。

合力 $\boldsymbol{R}$ 的大小：
$$R = \sqrt{(\sum F_x)^2 + (\sum F_y)^2} \tag{2-3}$$

合力 $\boldsymbol{R}$ 的方向：
$$\tan\alpha = \left| \frac{\sum F_y}{\sum F_x} \right| \tag{2-4}$$

式中，α 是合力 $\boldsymbol{R}$ 与 x 轴所夹的锐角，合力 $\boldsymbol{R}$ 的具体指向由 $\sum F_x$、$\sum F_y$ 的正负决定。

3. 力矩与力偶

(1) 力矩

① 力对点之矩：如图 2-8 所示，用扳手拧螺母时，力 $\boldsymbol{F}$ 使扳手和螺母绕 O 点转动，由经验知道，螺母转动的强弱，不仅与力 $\boldsymbol{F}$ 的大小有关，还与 O 点到力 $\boldsymbol{F}$ 作用线的垂直距离 d 有关，点 O 称为矩心（即物体的转动中心），点 O 到力 $\boldsymbol{F}$ 作用线的垂直距离 d 称为力臂，力 $\boldsymbol{F}$ 的大小与力臂 d 的乘积称为力矩，记为

$$M_O(\boldsymbol{F}) = \pm Fd \tag{2-5}$$

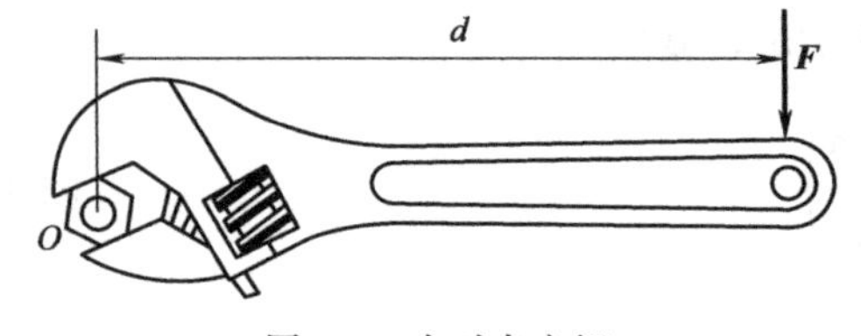

图 2-8　力对点之矩

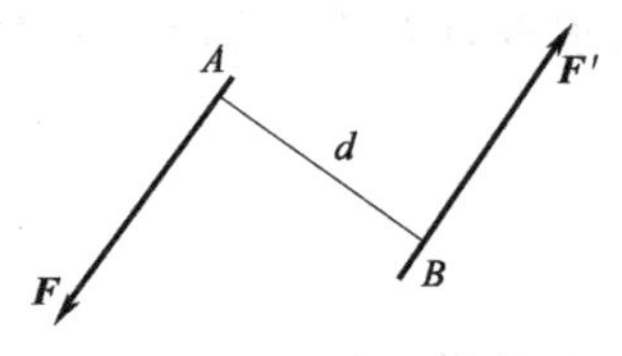

图 2-9　力偶

力矩用来描述力对物体的转动效应。在平面内，力使物体转动时，有两种不同的转向，为了区分这两种转向，对力矩的正负号规定如下：力使物体逆时针转动时，力矩为正，反之为负。

力矩的单位取决于力和力臂的单位，常用的单位为牛顿·米（N·m）或千牛顿·米（kN·m）。

② 合力矩定理：设一平面力系由 F_1、F_2、…、F_n 组成，其合力为 R，根据合力的定义，合力对物体的作用效果等于力系中各分力对物体作用效果的总和，因此力对物体的转动效果亦等于力系中各分力对物体转动效果的总和。而力对物体的转动效应是用力矩来度量的，所以合力对平面内某点的力矩，等于力系中各分力对该点力矩的代数和。这一结论称为

合力矩定理，写成表达式为

$$M_O(R)=M_O(F_1)+M_O(F_2)+\cdots+M_O(F_n)=\sum M_O(F) \tag{2-6}$$

（2）力偶

① 力偶的概念：如图 2-9 所示，由大小相等、方向相反、作用线平行但不重合的两个力组成的力系，称为力偶，常用（$\boldsymbol{F}$、$\boldsymbol{F}'$）表示。力偶中两个力所在的平面称为力偶作用面，力偶中两力作用线之间的垂直距离 d 称为力偶臂。

力偶对物体只产生转动效应。力偶对物体的转动效应，可用力偶矩来度量。将力偶中一个力的大小与力偶臂的乘积定义为力偶矩，记作 $M(\boldsymbol{F},\boldsymbol{F}')$ 或简单地用 M 表示，即

$$M=M(\boldsymbol{F},\boldsymbol{F}')=\pm Fd \tag{2-7}$$

上式中的正负号规定如下：力偶使物体逆时针转动时，力偶矩为正，反之为负。力偶矩的单位与力矩的单位相同，也是牛顿·米（N·m）或千牛顿·米（kN·m）。

力偶对物体的转动效应，由力偶矩的大小、力偶的转向、力偶的作用面这三个要素决定，称为力偶三要素。力偶的表示方法如图 2-10 所示。

图 2-10　力偶的图示

② 力偶的性质：根据力偶的概念，可以论证力偶具有如下性质：

a. 力偶无合力，力偶只能与力偶平衡。

b. 力偶在任何坐标轴上的投影都为零，因此力偶对物体不会产生移动效应，只能产生转动效应。

c. 力偶对其作用面内任一点的力矩都为常数，恒等于力偶矩的大小，与矩心的位置无关。

③ 平面力偶系的合成：作用在同一物体上的几个力偶组成一个力偶系。作用在同一平面内的力偶系称为平面力偶系。平面力偶系可以合成为一个合力偶，合力偶的力偶矩等于各分力偶矩的代数和。即

$$M=m_1+m_2+\cdots+m_n=\sum m \tag{2-8}$$

二、物体的受力分析与受力图

1. 约束及约束反力

在日常生活和工程实际中，不受任何限制能在空间作任意运动的物体称为自由体。如果物体受到其他物体的限制，而在某些方向不能自由运动时，这种物体就称为非自由体。限制非自由体运动的周围其他物体，称为非自由体的约束。如图 2-11 中，电灯由于受到绳的限制，因而不能向下运动，电灯就是非自由体，绳就是电灯的约束。

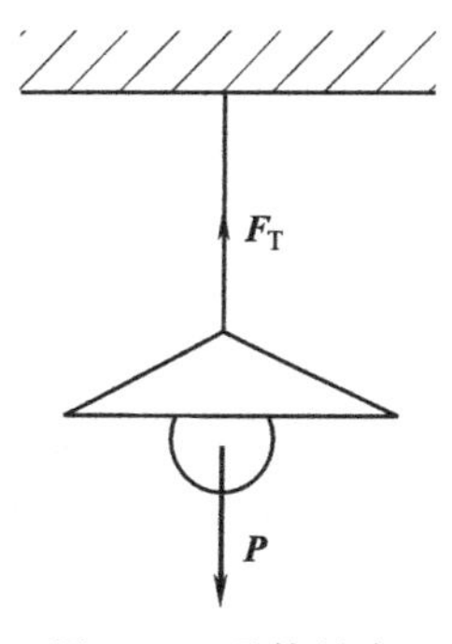

图 2-11　柔体约束

由于约束限制了非自由体在某些方向的运动，因而它对非自由

体就有力的作用。约束作用在非自由体上的力，称为约束反力。

物体受到的力一般可分为两类：一类是能使物体产生运动或有运动趋势的力，称为主动力，例如重力、水压力、风压力和某些作用在物体上的载荷等，主动力通常是已知的；另一类是限制物体运动的力，称为约束反力，约束反力通常是未知的。由于约束反力起着限制非自由体运动的作用，所以它的作用点应在约束与被约束物体接触处，它的方向总是与约束所能限制的运动方向相反，这是确定约束反力作用点和方向的基本原则。

在工程实际中，物体的形状多种多样，它们的接触形式也多种多样，因此约束的形式很多，但有些是具有共同特征的，可以归纳为一类。下面介绍几种工程中常见的约束类型。

① 柔体约束：由柔软的绳索、皮带、链条等构成的约束称为柔体约束。由于柔体只能承受拉力，不能承受压力，即柔体只能限制非自由体沿柔体中心线伸长方向的运动，而不能限制其他方向的运动。因此，柔体约束反力作用在与非自由体的接触点处，作用线沿柔体背离非自由体，用 $\boldsymbol{F}_T$ 表示，如图 2-11、图 2-12 所示。

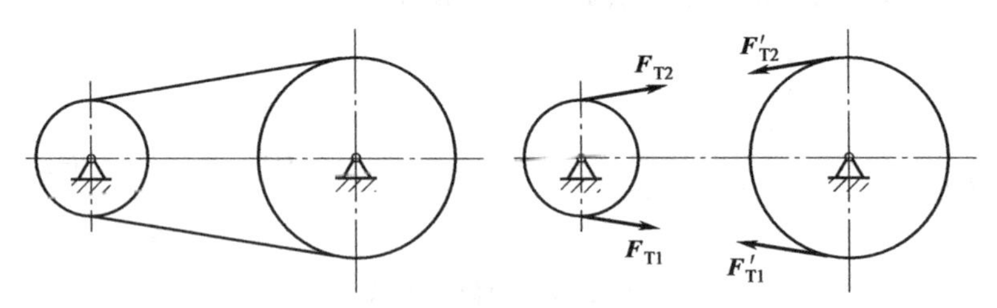

图 2-12　柔体约束

② 光滑面约束：若两物体接触面间摩擦力很小，可忽略不计，两表面构成的约束称为光滑面约束。光滑面约束只能限制非自由体向着接触面公法线方向的运动，而不能限制物体沿接触面切线方向的运动。因此光滑面约束反力沿接触点的公法线指向非自由体，常用 $\boldsymbol{F}_N$ 表示，如图 2-13 所示。

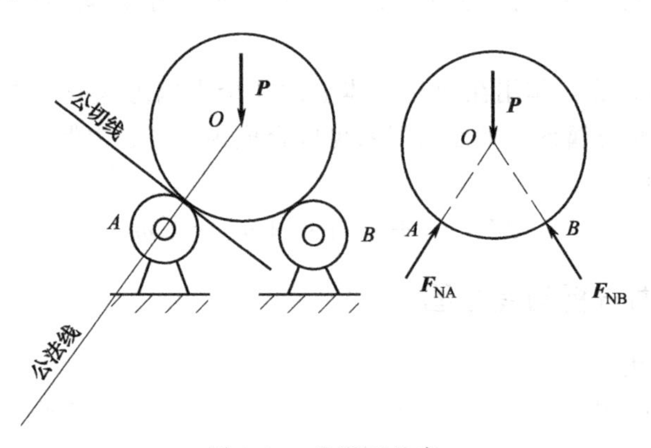

图 2-13　光滑面约束

③ 固定铰链约束：铰链支座的典型构造如图 2-14（a）所示，两物体有相同的圆孔，中间用圆柱销钉连接起来，销钉限制了两物体的相对移动，但不限制两物体的相对转动，这种约束称为铰链约束，在铰链连接的两个物体中，如将其中一个物体固定，称为固定铰链，其简化画法如图 2-14（b）或（c）所示。

固定铰链约束反力的作用线一定通过铰链中心，但方向是未知的，通常用一对正交的分

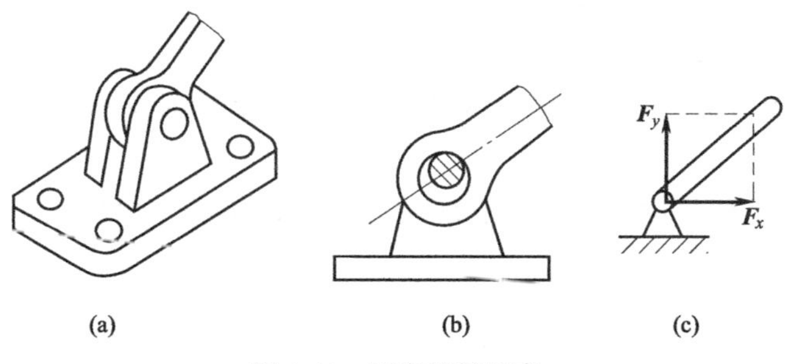

图 2-14　固定铰链约束

力 $\boldsymbol{F}_x$ 和 $\boldsymbol{F}_y$ 表示，如图 2-14（c）所示。但二力构件上的固定铰链约束反力（以及二力构件的反作用力）的作用线沿着两个铰链中心的连线，如图 2-15 所示。

④ 活动铰链约束：工程上，为了适应某些构件变形的需要，在铰链支座下面安装几个辊轴，就构成了活动铰链支座，如图 2-16（a）。这种支座只能限制物体垂直于支承面的运动，不能限制物体沿支承面切线方向的运动和绕销钉的转动。因此，活动铰链约束反力通过铰链中心并且与支承面垂直，常用 F、F_{N} 表示，如图 2-16（b）所示。

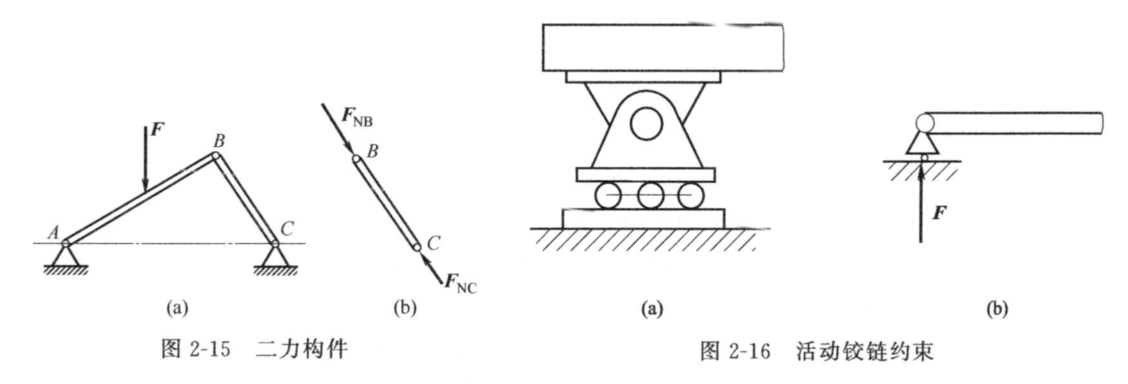

图 2-15　二力构件

图 2-16　活动铰链约束

⑤ 固定端约束：如图 2-17（a）所示，物体的一部分固嵌于另一物体所构成的约束，称为固定端约束，例如，插入地面的电线杆、夹在卡盘上的工件以及建筑物中的阳台等。固定端约束不仅限制了物体的移动，还限制物体的转动，因此其约束反力常用两个正交的分力 $\boldsymbol{F}_x$、$\boldsymbol{F}_y$ 及一个约束反力偶矩 M 来表示，如图 2-17（b）所示。

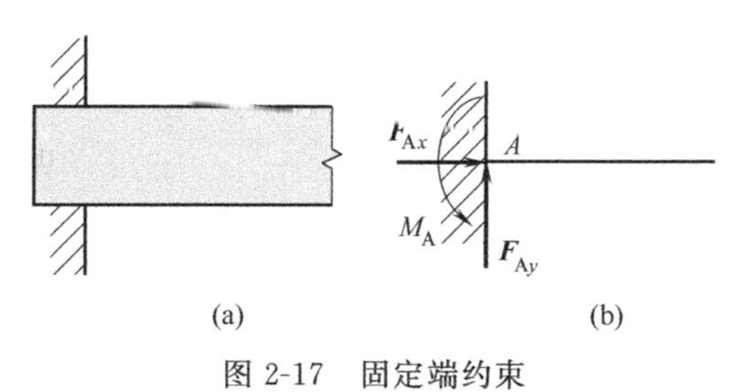

图 2-17　固定端约束

2. 受力图

为了清楚地表示物体的受力情况，把要研究的物体从周围物体中分离出来，这种解除约束后的物体称为分离体。画出分离体所受全部作用力（包括主动力和约束反力）的图称为受力图。画受力图的步骤如下：

① 取分离体　根据题意明确研究对象，按原有方位和形状单独画出分离体。

② 画主动力　主动力一般是已知的，只需按已知条件画在分离体上即可。

③ 画约束反力　研究对象往往同时受到多个约束，为了不漏画约束反力，应先判明存在几处约束，各处约束属于什么类型，然后根据约束类型画出相应的约束反力，不能随意画。

【例 2-1】 一重为 $\boldsymbol{P}$ 的球体，用绳子系在光滑的斜面上，如图 2-18（a）所示。试画出球体的受力图。

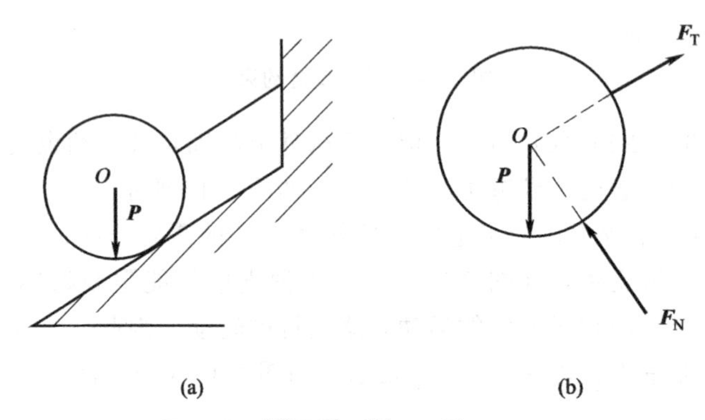

图 2-18　例 2-1 图

解： ① 取球体为研究对象，画出其分离体。

② 画主动力。小球受到的主动力为重力 $\boldsymbol{P}$，作用点在球心 O 点，方向铅垂向下。

③ 画约束反力。小球受到的约束有两处：一个是绳构成的柔体约束，其约束反力作用在绳与小球的连接点，方向沿着绳的方向并且背离小球。另一个是墙壁构成的光滑面约束，其约束反力作用在斜面与小球的接触点，方向沿着斜面与小球的公法线方向（即与斜面垂直并指向球心 O 点）。球体的受力图如图 2-18（b）所示。

【例 2-2】 如图 2-19 所示，梁 AB 上作用有均布载荷 $\boldsymbol{q}$ 和集中力 $\boldsymbol{F}$。A 端为固定铰链支座，B 端为活动铰链支座，梁重不计，试画梁 AB 的受力图。

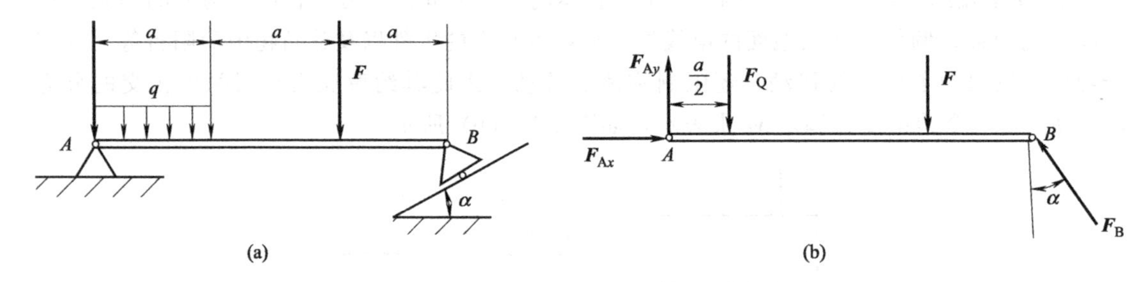

图 2-19　水平梁的受力

解： ① 取梁 AB 为研究对象，画出其分离体。

② 画主动力。作用在梁 AB 上的主动力有集中力 F 和均布载荷 q，均布载荷的合力大小为 $F_Q=qa$，作用在距 A 点的 $a/2$ 处。

③ 画约束反力。A 处为固定铰链约束，约束反力用一对正交分力 $\boldsymbol{F}_{Ax}$、$\boldsymbol{F}_{Ay}$ 表示，B 处为活动铰链约束，约束反力垂直于支承面并通过铰链中心，用 $\boldsymbol{F}_B$ 表示。其受力图如图 2-19（b）所示。

【例 2-3】 如图 2-20 所示为三铰拱桥，由左、右两半拱铰接而成。设半拱自重不计，在

半拱 AB 上作用有载荷 $\boldsymbol{F}$，试画出左半拱片 AB 的受力图。

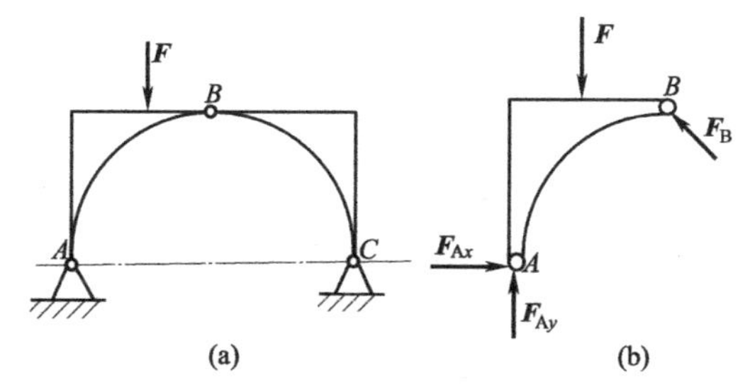

图 2-20　例 2-3 图

解： ① 取半拱片 AB 为研究对象，画出其分离体。

② 画主动力。画出半拱片 AB 受到的主动力 F。

③ 画约束反力。半拱片 AB 受到的约束有两个：一个是为固定铰链约束 A，其约束反力过铰链中心 A，用两个相互垂直的分力 $\boldsymbol{F}_{Ax}$ 和 $\boldsymbol{F}_{Ay}$ 来表示。另一个是固定铰链约束 B，由于右半拱片 BC 是二力构件，铰链约束 B 又在其上，故其约束反力过 B、C 两点的连线，其受力图如图 2-20（b）所示。

三、平面力系的平衡

1. 力的平移定理

如图 2-21（a）所示，设有一力 $\boldsymbol{F}$ 作用在刚体上的 A 点，在刚体上任取一点 O，欲将 $\boldsymbol{F}$ 平移到 O 点，在 O 点加上两个大小相等、方向相反的力 $\boldsymbol{F}'$、$\boldsymbol{F}''$，并且使它们的大小与 $\boldsymbol{F}$ 相等，作用线与 $\boldsymbol{F}$ 平行，如图 2-21（b）所示。在 $\boldsymbol{F}$、$\boldsymbol{F}'$、$\boldsymbol{F}''$ 三个力中，$\boldsymbol{F}$ 和 $\boldsymbol{F}''$ 组成力偶，称为附加力偶，其力偶矩 $M=Fd$，也等于 $\boldsymbol{F}$ 对 O 点的力矩 $M_o(\boldsymbol{F})$。

而剩下的力 $\boldsymbol{F}'$ 与 $\boldsymbol{F}$ 的大小和方向都相同，因此，可以把力 $\boldsymbol{F}'$ 看成是力 $\boldsymbol{F}$ 平移的结果。如图 2-21（c）所示，力 $\boldsymbol{F}'$ 和力偶 $\boldsymbol{m}$ 的联合作用效果与原力 $\boldsymbol{F}$ 对物体的作用效果相同。

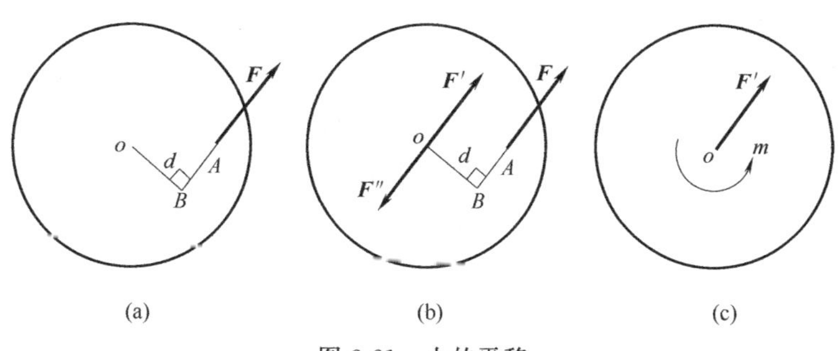

图 2-21　力的平移

由此可见，作用在刚体上的力，可以平移到刚体内任意一点，但平移后必须附加一个力偶，其力偶矩等于原力对新作用点的力矩，这就是力的平移定理。力的平移定理只适用于刚体，它是一般力系简化的理论依据。

2. 平面一般力系的简化

在平面力系中，如果各力作用线任意分布，这样的力系称为平面一般力系。

如图 2-22（a）所示，在刚体上作用有一平面一般力系 $\boldsymbol{F}_1$、$\boldsymbol{F}_2$、…、$\boldsymbol{F}_n$，在力系所在平面内任选一点 O，称为简化中心。根据力的平移定理，将力系中的各力向 O 点平移，得到一平面汇交力系（$\boldsymbol{F}_1'$、$\boldsymbol{F}_2'$、…、$\boldsymbol{F}_n'$）和一平面力偶系（M_1、M_2、…、M_n），如图 2-22（b）所示。

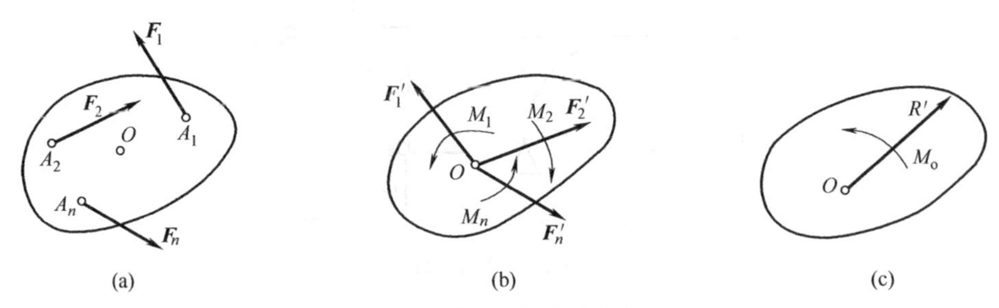

图 2-22 平面一般力系的简化

平面汇交力系（$\boldsymbol{F}_1'$、$\boldsymbol{F}_2'$、…、$\boldsymbol{F}_n'$）可合成一个合力 $\boldsymbol{R}'$，如图 2-22（c）所示，$\boldsymbol{R}'$称为平面一般力系的主矢，其大小可由下式计算：

$$\boldsymbol{R}'=\sqrt{(\sum \boldsymbol{F}_x')^2+(\sum \boldsymbol{F}_y')^2}$$

由于各力平移后并不改变它们在坐标轴上的投影，因此可按各力在平移前的投影来计算主矢，故上式可写为

$$\boldsymbol{R}'=\sqrt{(\sum \boldsymbol{F}_x)^2+(\sum \boldsymbol{F}_y)^2}$$

平面力偶系（M_1、M_2、…、M_n）可合成为一个合力偶，其合力偶矩 M_o 称为平面一般力系的主矩，主矩的大小可由下式计算：

$$M_o=M_1+M_2+\cdots+M_n$$

式中，各力偶矩的大小等于原力系中各力对简化中心的力矩，即

$$M_1=M_o(\boldsymbol{F}_1),\quad M_2=M_o(\boldsymbol{F}_2),\quad M_n=M_o(\boldsymbol{F}_n)$$

所以主矩的计算公式可写为

$$M_o=M_o(\boldsymbol{F}_1)+M_o(\boldsymbol{F}_2)+\cdots+M_o(\boldsymbol{F}_n)=\sum M_o(\boldsymbol{F})$$

此式表明，主矩等于原力系中各力对简化中心之矩的代数和。

3. 平面一般力系的平衡

由上述分析可知，平面一般力系可以简化为一个主矢 $\boldsymbol{R}'$和一个主矩 M_o，如主矢和主矩都为零，说明力系不会使物体产生任何方向的移动和转动，物体处于平衡状态，因此，平面一般力系的平衡条件是简化所得的主矢和主矩同时为零。即

$$\boldsymbol{R}'=0$$

$$M_o=\sum M_o(\boldsymbol{F})=0$$

由此可得平面一般力系的平衡方程为

$$\left.\begin{aligned}\sum \boldsymbol{F}_x&=0\\ \sum \boldsymbol{F}_y&=0\\ \sum M_o(\boldsymbol{F})&=0\end{aligned}\right\} \tag{2-9}$$

该平衡方程的意义是：平面一般力系平衡时，力系中所有各力在任选的两个直角坐标轴上投影的代数和分别等于零；同时力系中所有各力对平面内任一点力矩的代数和也等于零。

平面一般力系独立的平衡方程数有三个，应用平面一般力系的平衡方程可以求解三个未知量。

【例 2-4】 某工厂自行设计的简易起重吊车如图 2-23（a）所示。横梁采用 22a 工字钢，

长为3m，重量 $P=0.99\text{kN}$ 作用于横梁的中点 C，$\alpha=20°$。电动机与起吊工件共重 $F_P=10\text{kN}$，试求吊车运行到图示位置时，拉杆 DE（自重不计）所受的力及销钉 A 处的约束反力。

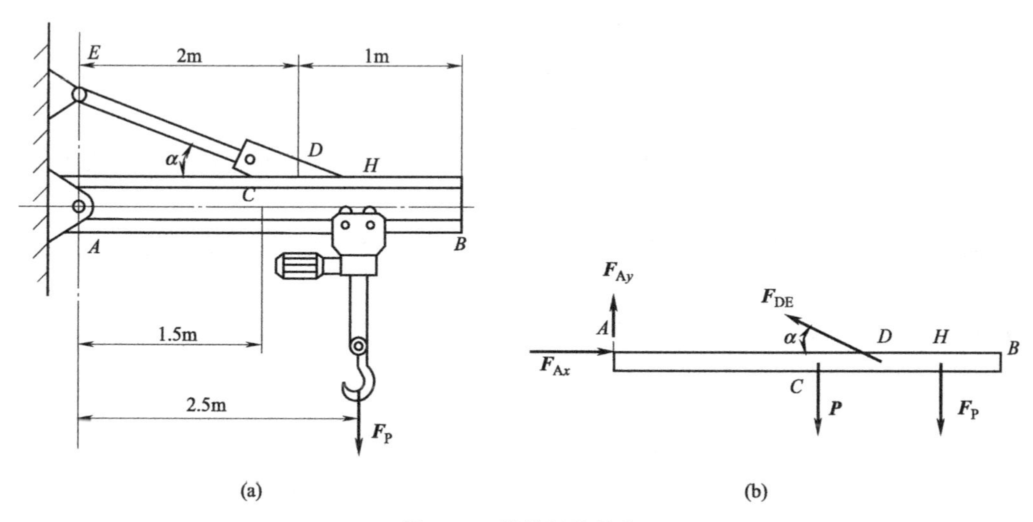

图 2-23 简易起重吊车

解：① 取横梁 AB 为研究对象，画出受力图，如图 2-23（b）所示。

由于拉杆 DE 分别在 D、E 两点用销钉连接，所以 DE 为二力杆，受力沿杆的轴线，销钉处 A 的约束反力用一对正交分力 $\boldsymbol{F}_{Ax}$、$\boldsymbol{F}_{Ay}$ 表示。

② 建立直角坐标系，如图 2-23（b）所示。

③ 列平衡方程，求未知量。

$\sum m_A(F)=0 \quad F_{DE}\cdot AD\sin\alpha-P\cdot AC-F_P\cdot AH=0$

$\sum F_x=0 \quad F_{Ax}-F_{DE}\cos\alpha=0$

$\sum F_y=0 \quad F_{Ay}+F_{DE}\sin\alpha-P-F_P=0$

解方程组并将有关数据代入得：$F_{DE}=38.72\text{kN}$

$\boldsymbol{F}_{Ax}=36.38\text{kN}$

$\boldsymbol{F}_{Ay}=-2.25\text{kN}$

负号说明 $\boldsymbol{F}_{Ay}$ 的实际指向与图示假设方向相反。

通过此例，可归纳出用平衡方程解题的一般步骤：

① 选择研究对象。所选的研究对象尽量是既受已知力作用又受未知力作用的物体。

② 画出研究对象的受力图。

③ 建立直角坐标系。所建坐标系应与各力的几何关系要清楚，并尽可能让坐标轴与未知力垂直。

④ 列出平衡方程，求解未知力。矩心应尽可能选在未知力的交点处，以便解题。如求出某未知力为负值，则表示该力的实际方向与假设方向相反。在这种情况下，不必修改受力图中该力的方向，只需在答案中加以说明即可。如以后用到该力的数值，应将负号一并代入即可。

4. 平面汇交力系的平衡

当平面汇交力系的合力 $\boldsymbol{R}$ 等于零时，该力系不会引起物体运动状态改变，即该力系平衡。所以，平面汇交力系平衡的充分必要条件是合力等于零。由式（2-3）可知，平面汇交力系合力 $\boldsymbol{R}$ 的大小为

$$\boldsymbol{R}=\sqrt{(\sum \boldsymbol{F}_x)^2+(\sum \boldsymbol{F}_y)^2}$$

由此可得平面汇交力系的平衡方程为

$$\left.\begin{array}{l}\sum F_x=0\\ \sum F_y=0\end{array}\right\} \qquad (2\text{-}10)$$

即平面汇交力系平衡时，力系中所有力在任选的两个直角坐标轴上投影的代数和分别等于零。

平面汇交力系独立的平衡方程数有二个，应用平面汇交力系的平衡方程可以求解二个未知量。

【例 2-5】 圆筒形容器重 $P=15\text{kN}$，置于托轮 A、B 上，如图 2-24（a）所示。试求托轮对容器的约束反力。

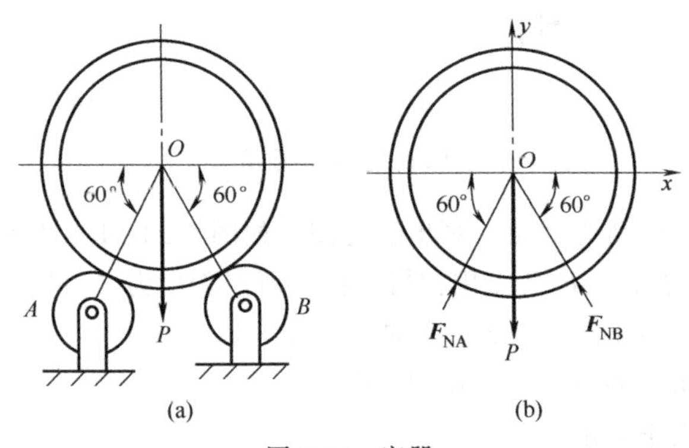

图 2-24　容器

解： ① 选容器为研究对象，其受力图如图 2-24（b）所示，显然为一平面汇交力系。

② 建立直角坐标系 xOy，如图 2-24（b）所示。

③ 列平衡方程，求解未知力。

$$\sum F_x=0 \qquad F_{NA}\cos60°+F_{NB}\cos60°=0$$

$$\sum F_y=0 \qquad F_{NA}\sin60°+F_{NB}\sin60°-P=0$$

解方程组并将有关数据代入得：$F_{NA}=F_{NB}=P/(2\sin60°)=8.66\text{kN}$

5. 平面力偶系的平衡

平面力偶系合成的结果为一个合力偶，其合力偶矩 $M=\sum m$。当合力偶矩等于零时，物体处于平衡状态，因此，平面力偶系的平衡条件为：各分力偶的力偶矩的代数和为零。即

$$\sum m=0 \qquad (2\text{-}11)$$

这个表达式（2-11）称为平面力偶系的平衡方程。

【例 2-6】 用四轴钻床加工一工件上的四个孔，如图 2-25（a）所示，每个钻头作用于工件的切削力偶矩为 10N·m，固定工件的两螺栓 A、B 与工件光滑接触，且 $AB=0.2\text{m}$。求两螺栓所受的力。

解： ① 选工件为研究对象，其受力如图 2-25（b）所示。

② 工件所受的外力为四个力偶，因力偶只能用力偶平衡，所以两个螺栓对工件的约束反力必组成一个力偶与这四个外力偶平衡，由平面力偶系的平衡条件得：

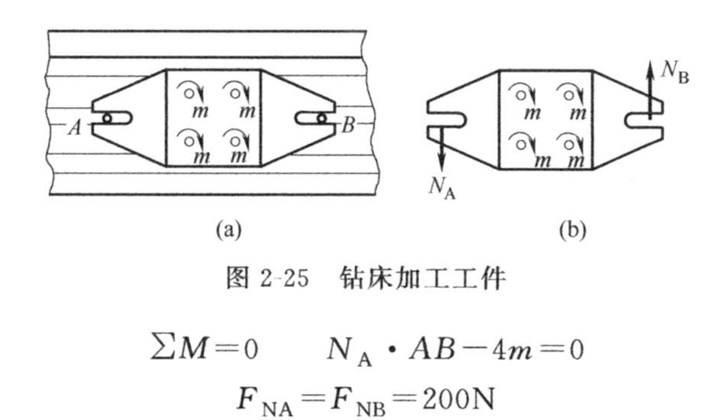

图 2-25　钻床加工工件

$$\sum M=0 \qquad N_{\mathrm{A}} \cdot AB-4m=0$$

$$F_{\mathrm{NA}}=F_{\mathrm{NB}}=200\mathrm{N}$$

第二节　材料力学基础知识

在工程实际中，广泛地使用各种机械和工程结构。组成这些机械的零件和工程结构的元件，统称为构件。构件的几何形状是多种多样的，但杆件是最常见、最基本的一种构件。所谓杆件，就是指其长度尺寸远大于其他两个方向尺寸的构件。大量的工程构件都可以简化为杆件，如工程结构中的柱、梁，机器中的传动轴。杆件的各个截面形心的连线称为轴线，垂直于轴线的截面称为横截面。

构件在工作时所受载荷情况是各不相同的，受载后产生的变形也随之而异。对于杆件来说，其受载后产生的基本变形形式有轴向拉伸与压缩、剪切与挤压、扭转、弯曲。

一、拉伸与压缩

1. 拉伸与压缩的概念

在工程实际中，产生轴向拉伸与压缩变形的杆件有很多，虽然这些杆件外形各有差异，加载方式也各不相同，但它们都具有共同的特点：作用于杆件上的外力（或外力的合力）与杆件的轴线重合，杆件产生沿轴线方向的伸长或缩短的变形，这种变形称为轴向拉伸或轴向压缩。如图 2-26 所示螺栓产生轴向拉伸变形，图 2-27 所示支架中的 AB 杆产生轴向拉伸变形，AC 杆产生轴向压缩变形。

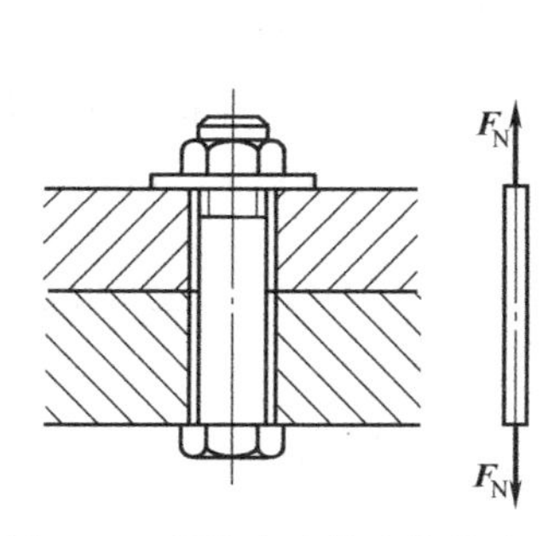

图 2-26　螺栓产生轴向拉伸变形

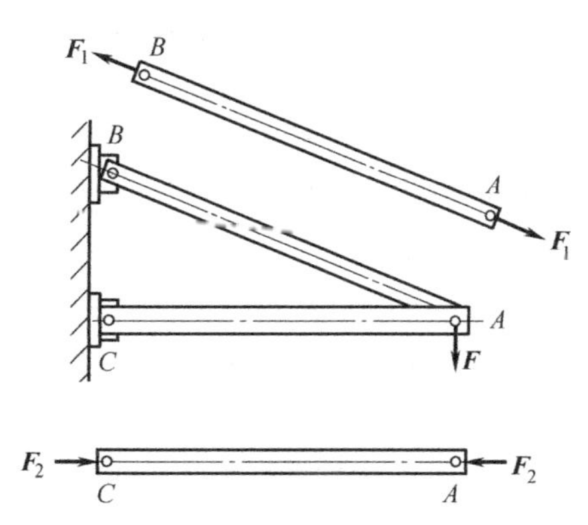

图 2-27　支架产生轴向拉伸与压缩变形

2. 轴向拉伸与压缩时横截面上的内力

① 作用在构件上的载荷和约束反力统称外力。构件不受外力作用时，材料内部质点之间保持一定的相互作用力，使构件具有固体形状。当构件受外力作用产生变形时，其内部质

点之间相互位置改变，原有内力也发生变化。这种由外力作用而引起的构件内部质点之间相互作用力的改变量称为附加内力，简称内力。内力随着外力的增大而增大，但内力的增加是有一定限度的，如果超过这个限度，构件就会发生破坏。

② 轴向拉伸与压缩时横截面上的内力。如图 2-28（a）所示，欲求杆件某一横截面 m—m 上的内力，可假想用一平面沿该横截面 m—m 将杆件截开，任取其中一部分（如左半部分）作为研究对象，弃去另一部分（如右半部分），如图 2-28（b）所示，并将移去部分对保留部分的作用以内力代替，设其合力为 F_N。由于整个杆件原来处于平衡状态，故截开后的任一部分仍保持平衡。由平衡方程

$$\sum F_X=0 \qquad F_N-F=0$$

求得

$$F_N=F$$

若取截面右半部分为研究对象，如图 2-28（c）所示，同理可得 $F'_N=F$。

轴向拉伸或压缩杆件，因外力 F 作用线与杆件的轴线重合，所以内力 F_N 的作用线必然沿杆件的轴线方向，这种内力称为轴力，常用符号 F_N 表示。

通过分析可归纳出求轴力的另一计算方法：某截面上的轴力等于截面一侧所有外力的代数和。外力的代数和为正，则轴力为正，杆件受拉；反之，外力的代数和为负，轴力为负，杆件受压，即

$$F_N=\sum F_{截面一侧} \tag{2-12}$$

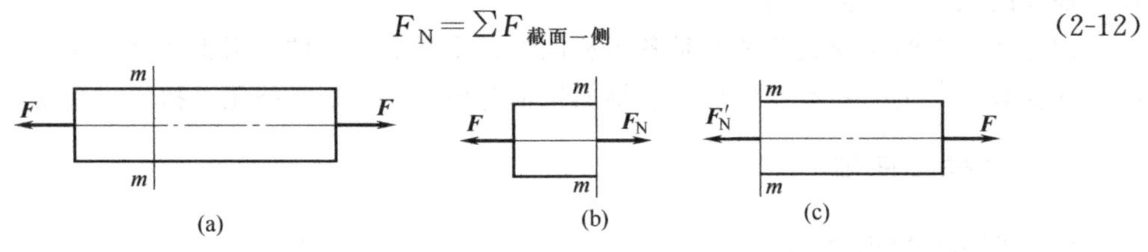

图 2-28 拉压变形的内力

3. 轴向拉伸与压缩的强度

① 应力的概念：杆件是否因强度不足而破坏，不仅取决于内力，而且还与横截面的尺寸有关。例如由粗细不同的两段组成的阶梯杆，在相同的拉力作用下，它们的内力是相同的。随着拉力的增加，细段必然先被拉断。这说明，虽然两段截面上的内力相同，但由于横截面尺寸不同致使内力分布集度并不相同，细段截面上的内力分布集度比粗段的内力集度大。所以，在材料相同的情况下，判断杆件破坏的依据不是内力的大小，而是内力分布集度，即内力在截面上各点处分布的密集程度。内力的集度即单位截面面积上的内力称为应力，应力表示了截面上某点受力的强弱程度，应力达到一定程度时，杆件就发生破坏。

应力是矢量，通常可分解为垂直于截面的分量 σ 和切于截面的分量 τ。这种垂直于截面的分量 σ 称为正应力，切于截面的分量 τ 称为切应力。

在我国法定计量单位中，应力的单位为 $1N/m^2$（Pa，帕），在工程实际中，常用 N/mm^2（MPa，兆帕）或 GPa（吉帕），$1GPa=10^3MPa=10^9Pa$。

② 轴向拉、压杆横截面上的应力：根据杆件变形的平面假设和材料均匀连续性假设可推知，轴力在横截面上的分布是均匀的，且方向垂直于横截面。即轴向拉伸与压缩杆横截面上各点处的应力大小相等，其方向与轴力一致，垂直于横截面，故称为正应力，如图 2-29 所示。其计算公式为

$$\sigma=\frac{F_N}{A} \tag{2-13}$$

式中　A——横截面面积，mm^2；

F_N——横截面上的轴力，N；

σ——横截面上的正应力，MPa。

正应力的正负号与轴力对应，即拉应力为正，压应力为负。

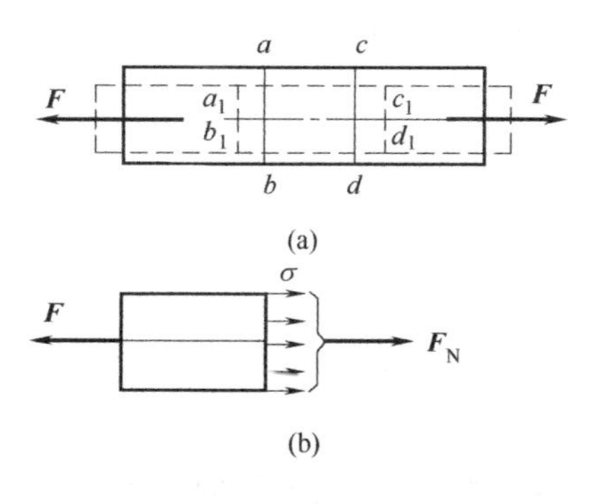

图 2-29　横截面上的正应力

③ 许用应力和强度条件。材料所能承受的应力是有限度的，且不同的材料，承受应力的限度也不同。杆件丧失正常工作能力时的应力，称为极限应力，用 σ^0 表示。

为了确保构件在外力作用下安全可靠地工作，考虑到由于构件承受的载荷难以估计精确、计算方法的近似性和实际材料的不均匀性等因素，当构件中的应力接近极限应力时，构件就处于危险状态。为此，必须给构件工作时留有足够的强度储备。即将极限应力除以一个大于 1 的系数作为安全工作时允许产生的最大应力，这个应力称为材料的许用应力，常用符号 [σ] 表示。

$$[\sigma]=\frac{\sigma^0}{n}$$

式中　σ^0——材料的极限应力；

n——安全系数。

为确保轴向拉、压杆具有足够的强度，要求杆件中最大正应力 σ_{max}（称为工作应力）不超过材料在拉伸（压缩）时的许用应力 [σ]。即

$$\sigma_{max}=\frac{F_{N\max}}{A}\leqslant[\sigma] \tag{2-14}$$

上式称为拉（压）的强度条件，是拉（压）强度计算的依据。

根据强度条件可以解决强度校核、设计截面尺寸及确定承载能力三方面的问题。

【例 2-7】 在工程实际中，有很多构件在工作时会发生拉伸或压缩变形。如图 2-30（a）所示的装载车自卸装置，车头下面的活塞杆在工作时的受力简图如图 2-30（b）所示，活塞杆是承受压缩的。假如装载车的额定载重量是 12t，活塞杆选用钢件，直径为 50mm，$F_1=$

(a)

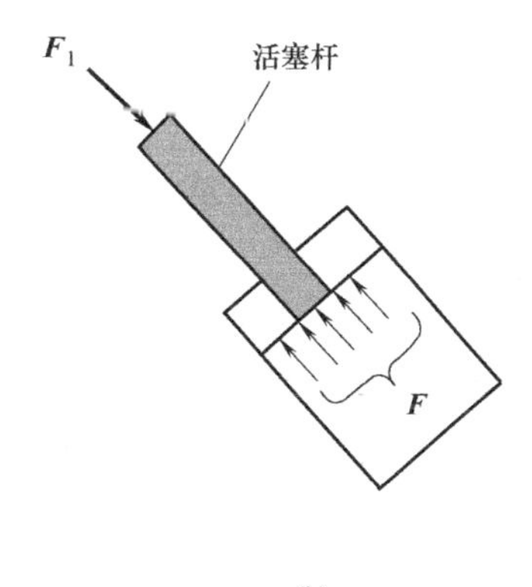

(b)

图 2-30　装载车自卸装置及活塞杆受力简图

235kN，活塞杆的许用应力 $[\sigma]=120\text{MPa}$。试求校核活塞杆的强度。

解： ① 求活塞杆的内力　　　$F_N=F_1=235\text{kN}$

② 求活塞杆的应力

$$\sigma=\frac{F_N}{A}=\frac{235\times10^3}{\frac{\pi\times50^2}{4}}=119.75\ (\text{MPa})$$

③ 强度校核

$$\sigma=119.75\text{MPa}<120\text{MPa}$$

4. 轴向拉伸与压缩的变形

① 变形与应变：试验表明：轴向拉伸时杆件沿轴向伸长，其横向尺寸缩短；轴向压缩时，杆件沿轴向缩短，其横向尺寸增加，如图 2-31 所示。杆件沿轴线方向的变形称为纵向变形，垂直于轴线方向的变形称为横向变形。

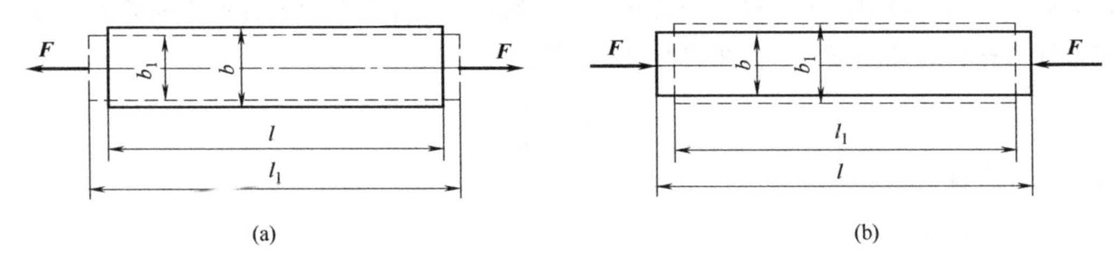

图 2-31　拉压变形

杆件总的伸长或缩短量称为绝对变形。设等截面直杆原长为 l，横向尺寸为 b。受轴向力后，杆长变为 l_1，横向尺寸变为 b_1，则杆的轴向绝对变形为

$$\Delta l=l_1-l$$

横向绝对变形为

$$\Delta b=b_1-b$$

绝对变形只表示了杆件变形的大小，不能反映杆件的变形程度。杆件变形程度用单位长度内杆件的变形量来度量。单位长度内杆件的变形量称为相对变形，又称线应变，用 ε 表示，即

纵向线应变　　$$\varepsilon=\frac{\Delta l}{l}=\frac{l_1-l}{l}$$

横向线应变　　$$\varepsilon'=\frac{\Delta b}{b}=\frac{b_1-b}{b}$$

显然，线应变是一个无量纲的量。拉伸时 $\Delta l>0$，$\Delta b<0$，因此 $\varepsilon>0$，$\varepsilon'<0$。压缩时则相反，$\varepsilon<0$，$\varepsilon'>0$。总之，ε 与 ε' 具有相反的符号。

② 胡克定律：杆件在载荷作用下产生变形与载荷之间具有一定的关系。试验表明，当轴向拉伸或压缩杆件的正应力不超过某一极限时，其轴向绝对变形 Δl 与轴力 N 及杆长 l 成正比，与杆件的横截面面积 A 成反比。引入与材料有关的比例常数 E，得

$$\Delta l=\frac{Nl}{EA}\tag{2-15}$$

上式称为胡克定律。

上式可改写为

$$\frac{\Delta l}{l}=\frac{1}{E}\cdot\frac{N}{A}$$

即

$$\varepsilon=\frac{\sigma}{E}\quad 或\quad \sigma=E\varepsilon \tag{2-16}$$

此式为胡克定律的另一表达式。由此，胡克定律又可简述为：若应力未超过某一极限时，则应力与应变成正比。上述这个应力极限称为材料的比例极限 σ_P。各种材料的比例极限是不同的，可由试验测得。

比例常数 E 称为材料的弹性模量。当其他条件不变时，弹性模量 E 越大，杆件的绝对变形 Δl 就越小，说明 E 值的大小表示在拉、压时材料抵抗弹性变形的能力，它是材料的刚度指标。由于应变 ε 是一个无量纲的量，所以弹性模量 E 的单位与应力 σ 相同，常用 GPa（吉帕）。工程上常用材料的弹性模量列于表 2-1 中。

表 2-1　常用材料 E 值

材料名称	$E/(\times10^2\text{GPa})$	材料名称	$E/(\times10^2\text{GPa})$
低碳钢 合金钢 灰铸铁	2～2.2 1.9～2.0 1.15～1.6	铜及其合金 橡胶	0.74～1.30 0.00008

5. 材料拉伸与压缩时的力学性能

分析构件的强度时，除了计算应力外，还需要了解材料的力学性能。材料的力学性能是指材料在外力作用下表现出的强度、变形等方面的各种特性，包括弹性模量 E 以及极限应力等。研究材料的力学性能，通常是做静载荷（载荷缓慢平稳地增加）试验。本处主要介绍低碳钢和铸铁在常温、静载荷下的轴向拉伸和压缩试验。

（1）低碳钢的拉伸试验

试验时，将低碳钢标准拉伸试件安装在拉伸试验机夹头中，然后对试件缓慢施加拉伸载荷，直至把试件拉断。自动绘图仪自动绘出载荷 F 和标距内的伸长量 Δl 的关系曲线，称为拉伸图或 F-Δl 曲线，如图 2-32（a）所示。F-Δl 曲线的纵、横坐标都与试件的尺寸有关，为了消除试件尺寸的影响，将其纵坐标除以试件的横截面面积，横坐标除以标距（试件中部等直径部分取长度 l），得应力与应变的关系曲线，即应力-应变图（σ-ε 曲线），如图 2-32（b）所示。从图中可以看出，整个拉伸过程大致可以分为四个阶段。

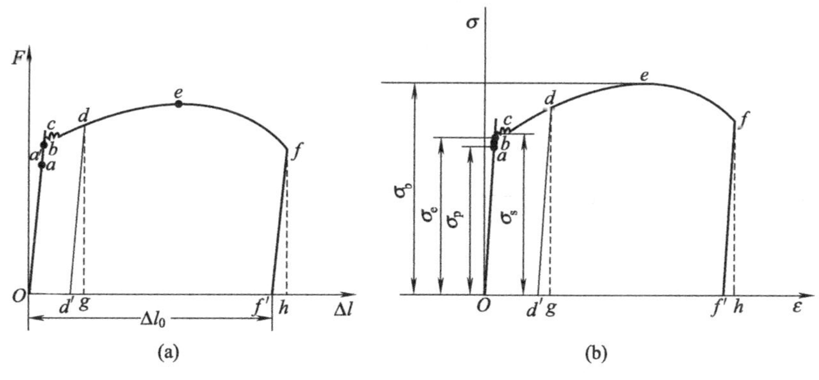

图 2-32　低碳钢的 F-Δl 和 σ-ε 曲线

① 弹性阶段：在拉伸的初始阶段为一直线 oa 段，说明在这一阶段内 σ 与 ε 成正比。直线的斜率

$$\tan\alpha=\frac{\sigma}{\varepsilon}=E$$

上式可以看出，材料的弹性模量即为直线的斜率。直线 oa 的最高点 a 对应的应力，即为应力与应变成正比的最大应力，称为材料的比例极限 σ_p。Q235A 钢的 $\sigma_p=200\text{MPa}$。

超过比例极限 σ_p 后，从 a 点到 a'点，σ 与 ε 关系不再是直线，但变形仍是弹性的，即解除拉力后变形能完全消失。a'点所对应的应力是产生弹性变形的最大极限值，称为弹性极限，用 σ_e 表示。由于 a、a'两点非常接近，工程上对弹性极限和比例极限并不严格区分。

② 屈服阶段：超过 b 点后，σ-ε 曲线上出现一段接近水平线的小锯齿形曲线 bc，说明这一阶段应力几乎没有增加，而应变却依然在增加，好像材料丧失了抵抗变形的能力。这种应力不增加而应变显著增加的现象，称为材料的屈服现象或流动。图形上 bc 段称为屈服阶段。屈服阶段曲线最低点所对应的应力称为屈服极限（屈服点），用 σ_s 表示。Q235A 钢的 $\sigma_s=235\text{MPa}$。

当应力达到屈服极限时，材料将出现显著的塑性变形。由于零件的塑性变形将影响机器的正常工作，所以屈服极限 σ_s 是衡量材料强度的重要指标。

③ 强化阶段：经过屈服阶段之后，从 c 点开始曲线逐渐上升，这表明应变要继续增加，必须增加应力，说明材料重新产生了抵抗能力，这种现象称为强化。cd 段称为强化阶段。曲线最高点 d 对应的应力，称为抗拉强度（或强度极限），用 σ_b 表示。Q235A 钢的强度极限 $\sigma_b=400\text{MPa}$。强度极限 σ_b 是试件断裂前材料能承受的最大应力值，故是衡量材料强度的另一重要指标。

④ 局部颈缩阶段：在强度极限前，试件的变形是均匀的。过 d 点后，在试件比较薄弱的某一局部（材质不均匀或有缺陷处），纵向变形显著增加，横截面面积急剧缩小，形成颈缩现象。试件出现颈缩现象后将迅速被拉断，所以 de 段称为颈缩断裂阶段。

低碳钢的上述拉伸过程，经历了弹性、屈服、强化、局部颈缩四个阶段，存在四个特征点，其相应的应力依次为比例极限、弹性极限、屈服极限、强度极限。

（2）材料的塑性度量

试件拉断后，弹性变形消失，但塑性变形仍保留下来。工程上常用试件断后残留的塑性变形表示材料的塑性，常用的塑性指标有两个：伸长率和截面收缩率。

① 伸长率：试件断裂后的相对伸长量的百分率称为伸长率，用 δ 表示，即

$$\delta=\frac{l_1-l_0}{l}\times100\% \tag{2-17}$$

式中 l_0——试件标距的原长；

l_1——试件拉断后标距的长度。

② 断面收缩率：试件断裂后横截面面积相对收缩的百分率，用 Ψ 表示，即

$$\Psi=\frac{A_0-A_1}{A_0}\times100\% \tag{2-18}$$

式中 A_0——试件的横截面原始面积；

A_1——试件拉断后断口处的最小横截面面积。

δ、Ψ 值越大，则材料的塑性越好。低碳钢的伸长率在 20%～30%间，其塑性很好。在工程中，经常将伸长率 $\delta\geqslant5\%$的材料称为塑性材料；$\delta<5\%$的材料称为脆性材料。

（3）低碳钢的压缩试验

低碳钢压缩时的 σ-ε 曲线如图 2-33 所示，与图中虚线所示的拉伸时的 σ-ε 曲线相比，在屈服以前，二者大致重合。这表明低碳钢压缩时的弹性模量 E、比例极限和屈服极限都与拉伸时基本相同。因此，低碳钢的抗拉性能与抗压性能是相同的。屈服阶段以后，试件产生显著的塑性变形，越压越扁，先是压成鼓形，最后变成饼状，故不能得到压缩时的强度极限。因此，对于低碳钢一般不作压缩试验。

(4) 铸铁的拉伸试验

铸铁是脆性材料的典型代表，其拉伸时的应力-应变图是一微弯曲线，如图 2-34 所示。图中没有明显的直线部分，应力与应变的关系不符合胡克定律。但由于铸铁总是在较小的应力下工作的，且变形很小，故可近似地认为符合胡克定律。铸铁在拉伸时，没有屈服和颈缩现象，在较小的拉应力下就被突然拉断，断口平齐并与轴线垂直，断裂时变形很小，应变通常只有 0.4%～0.5%。铸铁拉断时的最大应力，即为其抗拉强度极限 σ_b，是衡量铸铁强度的唯一指标。

(5) 铸铁的压缩试验

铸铁压缩时的 σ-ε 曲线如图 2-35 所示，与其拉伸时的 σ-ε 曲线（虚线）相似。整个曲线没有直线段，无屈服极限，只有强度极限。不同的是铸铁的抗压强度极限远高于其抗拉强度极限（略为 3～4 倍）。所以，工程中常将铸铁用作受压构件，而不用作受拉构件。此外，其破裂端口与轴线约成 45°～50°的倾角。

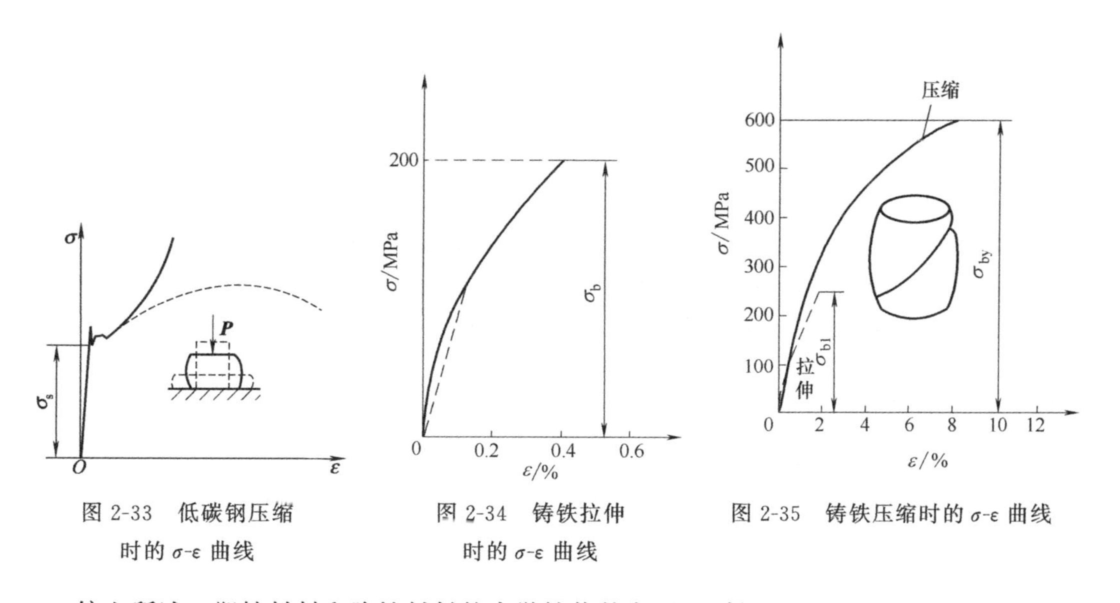

图 2-33　低碳钢压缩时的 σ-ε 曲线

图 2-34　铸铁拉伸时的 σ-ε 曲线

图 2-35　铸铁压缩时的 σ-ε 曲线

综上所述，塑性材料和脆性材料的力学性能的主要区别是：

① 塑性材料破坏时有显著的塑性变形，断裂前有的出现屈服现象；而脆性材料在变形很小时突然断裂，无屈服现象。

② 塑性材料拉伸时的比例极限、屈服极限和弹性模量与压缩时相同。由于塑性材料一般不允许达到屈服极限，所以在拉伸和压缩时具有相同的强度；而脆性材料则不相同，其压缩时的强度都大于拉伸时的强度，且抗压强度远远大于抗拉强度。

6. 应力集中

产生轴向拉伸或压缩变形的等截面直杆，其横截面上的应力是均匀分布的。但对截面尺寸有急剧变化的杆件来说，通过实验和理论分析证明，在杆件截面发生突然改变的部位，其上的应力就不再均匀分布了。这种因截面突然改变而引起应力局部增高的现象，称为应力集中。如图 2-36 所示，在杆件上开有孔、槽、切口处，将产生应力集中，离开该区域，应力迅速减小并趋于平均。截面改变越剧烈，应力集中越严重，局部区域出现的最大应力就越大。

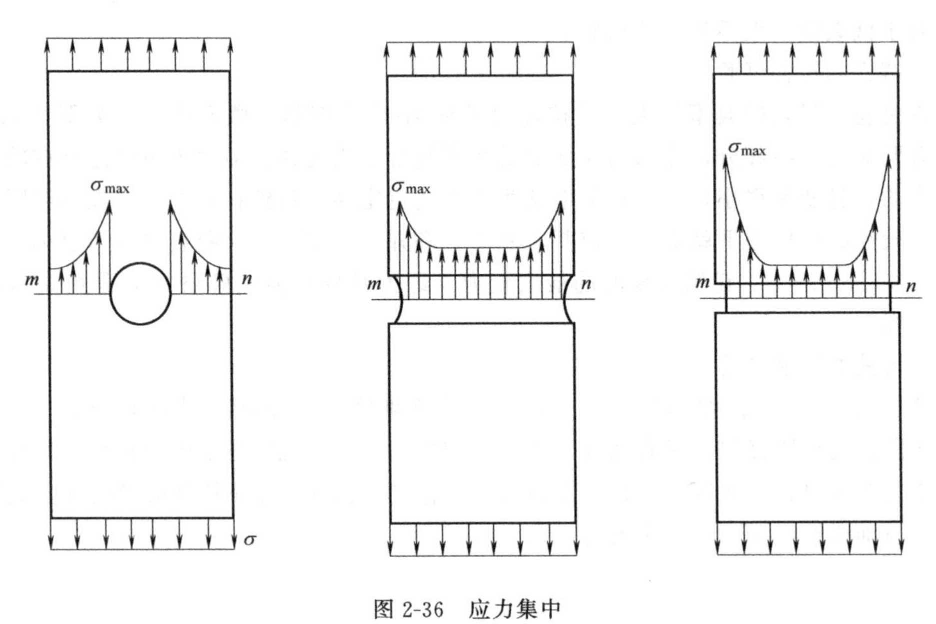

图 2-36 应力集中

截面突变的局部区域的最大应力与平均应力的比值，称为应力集中系数，通常用 α 表示，即

$$\alpha=\frac{\sigma_{max}}{\sigma}$$

应力集中系数 α 表示了应力集中程度，α 越大，应力集中越严重。

为了减少应力集中程度，在截面发生突变的地方，尽量过渡得缓和一些。为此，杆件上应尽可能避免用带尖角的槽和孔，圆轴的轴肩部分用圆角过渡。

二、剪切与挤压

1. 剪切

① 剪切的概念：如图 2-37 所示，用剪床剪钢板时，剪床的上下刀刃以大小相等、方向

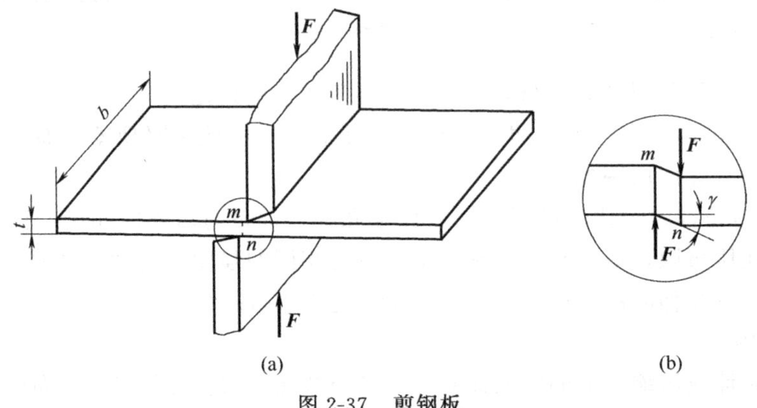

图 2-37 剪钢板

相反、作用线平行且相距很近的两个力 F 作用于钢板上，使钢板在两力作用线间的各个截面发生相对错动，直至最后被剪断。这种截面发生相对错动的变形称为剪切变形。产生相对错动的截面称为剪切面，剪切面总是位于两个反向外力之间并且与外力作用线平行。

机械中常用的连接件，如铆钉、销钉、螺栓与键等，都是承受剪切的零件。

② 切应力与剪切强度条件：图 2-38 为两块用螺栓连接起来的钢板，当钢板受外力 F 作用时，则螺栓两侧也受到外力 F 作用，螺栓产生剪切变形。假想沿截面 $m—m$ 处将螺栓截成两段，任选一段为研究对象。因为外力 F 平行于截面，所以截面上的内力 F_Q 也一定平行于截面，这个平行于截面的内力称为剪力。

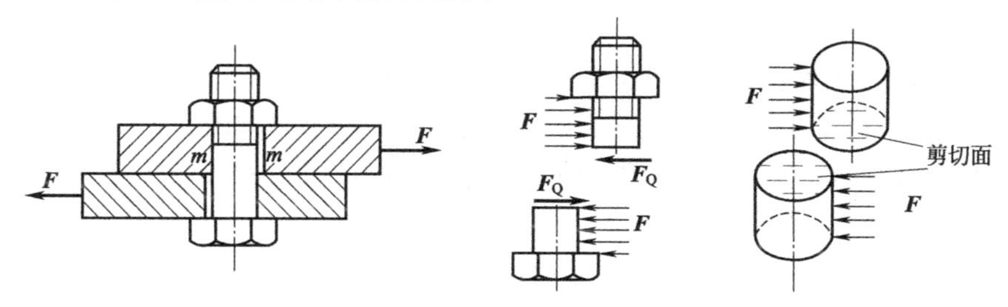

图 2-38　螺栓连接

由平衡条件得剪力的大小　　　　$F_Q=F$

构件受剪切时，其剪切面上单位面积的剪力称为切应力 τ。

切应力在剪切面上的实际分布规律比较复杂，工程上通常采用实用计算法，即假定它在剪切面上是均匀分布的，其计算公式为

$$\tau=\frac{F_Q}{A} \tag{2-19}$$

式中　τ——切应力，MPa；

F_Q——剪切面上的剪力，N；

A——剪切面面积，mm^2。

为了保证构件工作时安全可靠，则剪切的强度条件为

$$\tau=\frac{F_Q}{A}\leqslant[\tau] \tag{2-20}$$

式中，$[\tau]$ 是材料的许用切应力，其数值由试验测得，亦可从有关手册中查取。

2. 挤压

① 挤压的概念：螺栓、铆钉、销钉、键等连接件，除了承受剪切外，在连接件和被连接件的接触面上相互压紧，这种接触面之间相互压紧的变形称为挤压。如图 2-39 所示的螺栓连接，上面钢板孔左侧与螺栓上部左侧，下面钢板孔右侧与螺栓下部右侧产生的相互挤压。

② 挤压应力及挤压强度条件：构件产生挤压变形时，其相互挤压的接触面称为挤压面。挤压面是两物体的接触面，一般垂直于外力方向。作用于挤压面上的压力称为挤压力，用符号 F_{jy} 表示。单位挤压面上的挤压力称为挤压应力，用符号 σ_{jy} 表示。挤压应力的分布也比较复杂，在工程中，也近似认为挤压应力在挤压面上的分布是均匀的，则挤压应力可按下式计算

$$\sigma_{jy}=\frac{F_{jy}}{A_{jy}} \tag{2-21}$$

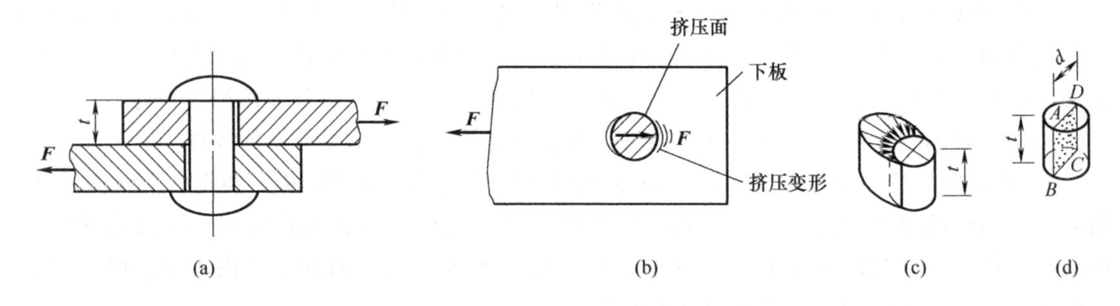

图 2-39 挤压面分析

式中，A_{jy} 是挤压面面积。当接触面是平面时，接触面积就是挤压面面积；当挤压面为圆柱面时，通常以接触柱面在直径平面上的投影面积 dt 作为挤压面积，如图 2-39（d）所示。

为了保证构件局部不发生挤压塑性变形，必须使构件的工作挤压应力小于或等于材料的许用挤压应力，即挤压的强度条件为

$$\sigma_{jy}=\frac{F_{jy}}{A_{jy}}\leqslant[\sigma_{jy}] \tag{2-22}$$

式中，$[\sigma_{jy}]$ 是材料的许用挤压应力，其数值由试验测得，亦可从有关手册中查取。

【例 2-8】 如图 2-38 所示，两块厚 $\delta=8\text{mm}$ 的钢板，用一个螺栓连接，受载荷 $F=10\text{kN}$。螺栓的许用切应力 $[\tau]=60\text{MPa}$；钢板与螺栓的许用挤压应力 $[\sigma_{jy}]=180\text{MPa}$。求螺栓的直径 d。

解： 螺栓在载荷 $\boldsymbol{F}$ 的作用下，发生剪切和挤压变形。

① 按剪切强度条件计算螺栓直径。

如图 2-38 所示，沿截面 $m—m$ 将螺栓切开。用截面法求得剪力为

$$F_Q=F=10\text{kN}$$

剪切面面积

$$A=\frac{\pi d^2}{4}$$

由剪切强度条件可得

$$d\geqslant\sqrt{\frac{4F}{\pi[\tau]}}=\sqrt{\frac{4\times10\times10^3}{3.14\times60}}=14.6\ (\text{mm})$$

取 $d=15\text{mm}$，并按螺栓标准选择螺栓直径为 M16。

② 按挤压强度条件计算螺栓直径。

挤压力为 $F_{jy}=F$，挤压面面积为 $A_{jy}=d\delta$

由挤压强度条件可得

$$d\geqslant\frac{F}{\delta[\sigma_{jy}]}=\frac{10\times10^3}{8\times180}=7\ (\text{mm})$$

为了保证螺栓能安全工作，必须同时满足剪切和挤压强度条件，故按螺栓标准选择螺栓直径为 M16。

三、扭转变形

1. 扭转的概念

工程中有许多构件工作时将会发生扭转变形。例如，在操纵阀门时，两手所加的外力偶

作用在阀杆 A 端，阀门的反力偶作用在阀杆 B 端，使得阀杆产生扭转变形（图 2-40）。又如，攻螺纹的丝锥、搅拌轴以及传动轴等都是受扭转的杆件，都可简化为图 2-41 所示的计算简图。杆件受到垂直于轴线的平面内的一对大小相等，转向相反的外力偶作用时，杆件任意两横截面都将发生绕杆件轴线的相对转动，这种变形称为扭转变形。工程上发生扭转变形的杆件，大多是圆形或圆环形截面，因此这里仅讨论等截面圆轴的扭转问题。

2. 外力偶矩的计算

工程中，作用在轴上的外力偶很少直接给出。通常给出的是轴所传递的功率和轴的转速，它们之间的关系为

$$M=9549\frac{P}{n} \tag{2-23}$$

式中　M——作用在轴上的外力偶矩，N · m；

P——轴传递的功率，kW；

n——轴的转速，r/min。

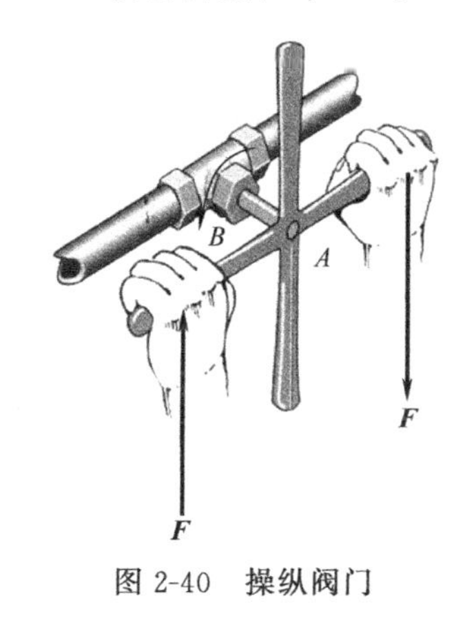

图 2-40　操纵阀门

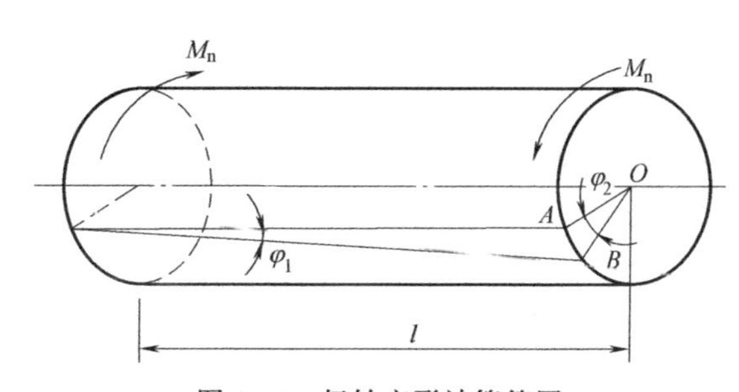

图 2-41　扭转变形计算简图

由式（2-23）可以看出，在功率一定的情况下，外力偶矩与转速成反比。因此，在同一传动系统中，高速轴的直径要比低速轴的直径小一些。

3. 扭转内力

用一个假想截面 n—n 将圆轴截成两段，取左段研究，如图 2-42 所示。由于整个圆轴处于平衡状态，故截开后左段也必然平衡。又因为外力偶的作用面垂直于轴线，所以在 m—n 截面上的内力也是作用面垂直于轴线的力偶，此内力偶的力偶矩称为扭矩，用符号 M_n 表示。

通过分析可以推知，某截面上的扭矩，等于该截面任意一侧所有外力偶矩的代数和，即

$$M_n=\sum M_{截面一侧} \tag{2-24}$$

扭矩的正负按右手螺旋法则确定，即在截面处，用右手握住轴，并让四指弯曲方向与扭矩的转向一致，若大拇指的指向离开该截面，扭矩取正，反之取负。

4. 圆轴扭转的强度

① 圆轴扭转时的应力：根据理论和实验可以推出，圆轴扭转时横截面上只有切应力，而且各点的切应力方向与该点所在半径垂直，各点的切应力大小与该点到圆心的距离成正比，圆心处切应力为零，轴表面处切应力最大，其分布情况如图 2-43 所示。

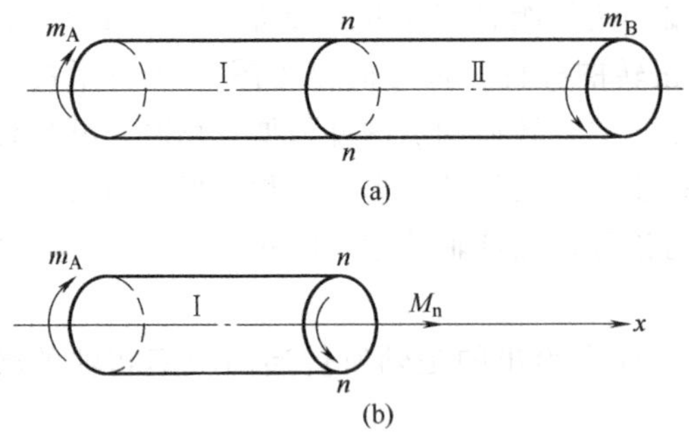

图 2-42 扭转的内力

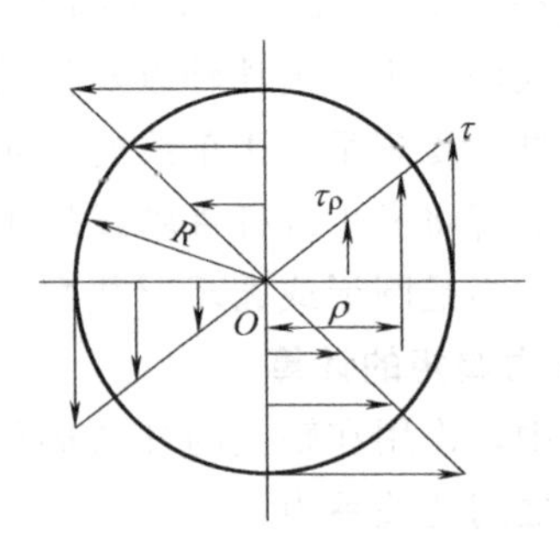

图 2-43 圆轴扭转的应力分布

圆轴扭转时横截面上最大切应力为

$$\tau_{max}=\frac{M_n}{W_n} \tag{2-25}$$

式中 τ_{max}——横截面上的最大切应力，MPa；

M_n——横截面上的扭矩，N · mm；

W_n——抗扭截面模量，仅与截面形状和尺寸有关的几何量，mm^3。

实心圆轴的抗扭截面模量计算公式为

$$W_n=\frac{\pi D^3}{16}\approx 0.2D^3$$

空心圆轴的抗扭截面模量计算公式为

$$W_n=\frac{\pi D^3(1-\alpha^4)}{16}\approx 0.2D^3(1-\alpha^4)$$

式中 α——空心圆轴内外径之比，即 $\alpha=\frac{d}{D}$。

② 圆轴扭转时的强度条件：圆轴扭转时，产生最大切应力的截面，称为危险截面。为了保证圆轴受扭时能安全工作，就应限制轴内的最大切应力不超过材料的许用切应力。因此，等截面圆轴扭转时的强度条件为

$$\tau_{max}=\frac{M_{nmax}}{W_n}\leqslant[\tau] \tag{2-26}$$

式中 M_{nmax}——危险截面上的扭矩，N · mm；

W_n——抗扭截面模量，mm^3；

$[\tau]$——材料的许用切应力，MPa。

对于阶梯轴，因为抗扭截面模量 W_n 不是常量，最大工作应力不一定发生在最大扭矩所在的截面上。要综合考虑扭矩和抗扭截面模量 W_n，按这两个因素来确定最大切应力。

【例 2-9】 某传动轴的转速 $n=200$r/min，传递的功率为 6kW，若轴的直径 $D=40$mm，试校核此传动轴的强度，轴的许用剪切强度为 $[\tau]=40$MPa。

解： ① 计算外力偶矩和扭矩。

$$M=9549\frac{P}{n}=9549\times\frac{6}{200}=287\ (\mathrm{N\cdot m})$$

扭矩 $M_{nmax}=287$N · m。

② 校核传动轴的强度。

$$\tau_{max}=M_{nmax}/W_n=M_{nmax}/(\pi d^3/16)=287\times10^3\div(3.14\times40^3\div16)$$
$$=22.9\text{MPa}<[\tau]=40\text{MPa}$$

故传动轴的强度足够。

四、弯曲变形

1. 平面弯曲的概念

弯曲变形是工程实际中很常见的一种基本变形。弯曲变形的受力特点是：在通过杆件轴线的平面内，受到垂直于轴线的力或力偶作用。其变形特点是：杆的轴线由直线变成了曲线。例如受车厢载荷作用的火车车轮轴（图 2-44）；高大的塔设备受到风载荷的作用（图 2-45）；桥式吊车的大梁（图 2-46）等。工程上将以弯曲变形为主或者只发生弯曲变形的杆件称为梁。

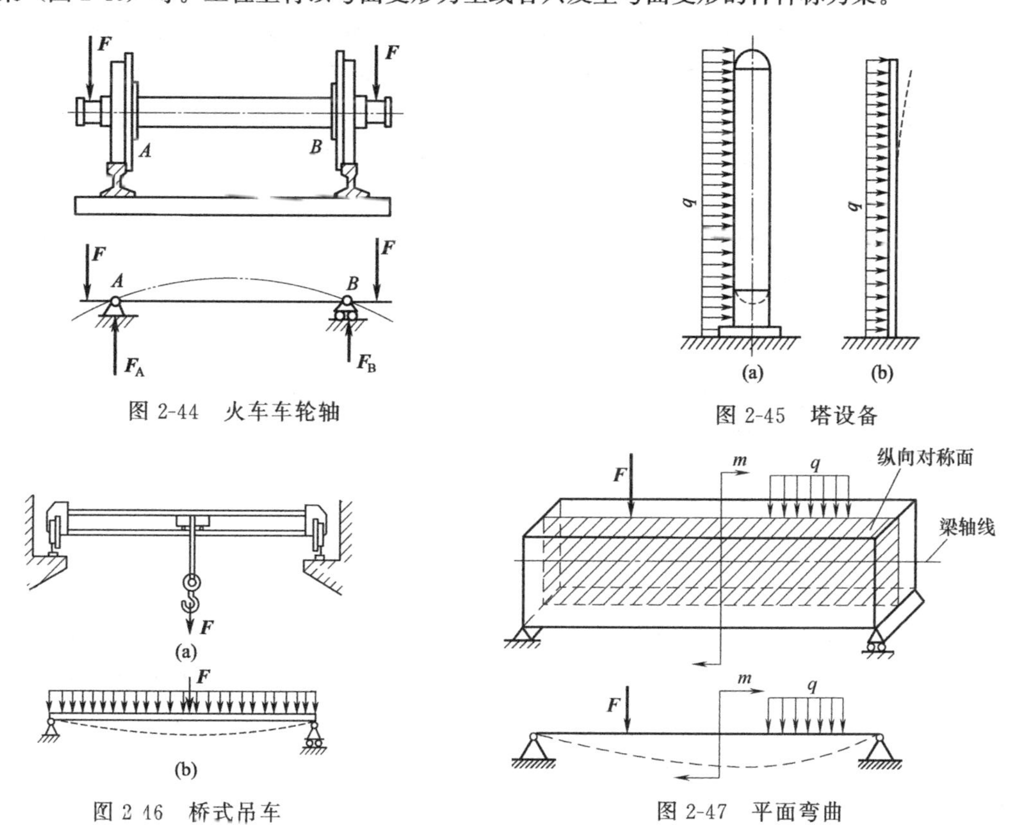

图 2-44　火车车轮轴

图 2-45　塔设备

图 2-46　桥式吊车

图 2-47　平面弯曲

① 平面弯曲：工程中使用的梁，其横截面往往具有对称轴。由横截面的对称轴与梁的轴线所构成的平面称为纵向对称面，如图 2-47 所示。如果作用在梁上的外力（包括力偶）都位于纵向对称面内，且外力垂直于梁的轴线，则梁的轴线将在纵向平面内变成一条平面曲线，这种弯曲就称为平面弯曲。本处仅研究平面弯曲问题。

② 梁的种类：按照梁的支座情况将梁分为三种基本形式，如图 2-48 所示。

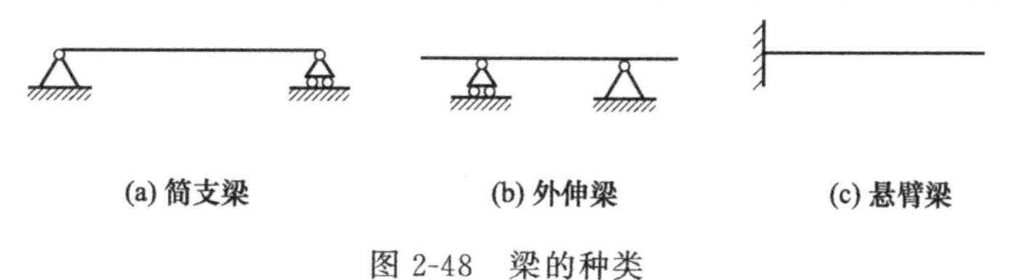

图 2-48　梁的种类

a. 简支梁　梁的一端为固定铰链支座，另一端为活动铰链支座。

b. 外伸梁　其支座与简支梁相同，但梁的一端（或两端）伸出支座以外。

c. 悬臂梁　梁的一端固定，另一端自由。

梁两个支座之间的距离称为跨度。

2. 弯曲的内力和弯矩图

① 剪力和弯矩：当梁在外力作用下时，其内部将产生内力。如图 2-49 所示，假想将梁截成两段，取左段为研究对象。由于整个梁处于平衡，因此截开后的左段也必然平衡。由于外力垂直于梁的轴线，所以在截面 $m—m$ 上必有一沿截面的内力 F_Q 来与外力平衡。这种作用线切于截面的内力 F_Q 称为剪力。同时，由于外力在纵向对称面内对截面还要产生力矩，所以，在纵向对称面内，截面 $m—m$ 上一定还有内力偶来与外力矩平衡。这种作用在纵向对称面内的内力偶矩称为弯矩，用符号 M 表示。通常梁的跨度比较大，在这种情况下，弯矩对梁的强度影响较大，剪力对梁的强度影响较小。因此本节只讨论弯矩对梁的作用。

通过分析可以得知，某截面上的弯矩，等于该截面任意一侧所有外力（包括外力偶）对截面中心取矩的代数和，即

$$\boldsymbol{M}=\sum M_o(\boldsymbol{F}) \tag{2-27}$$

力矩的正负规定：力引起的弯矩，向上的外力引起正弯矩，反之为负；力偶引起的弯矩，左顺右逆引起正弯矩，反之为负。

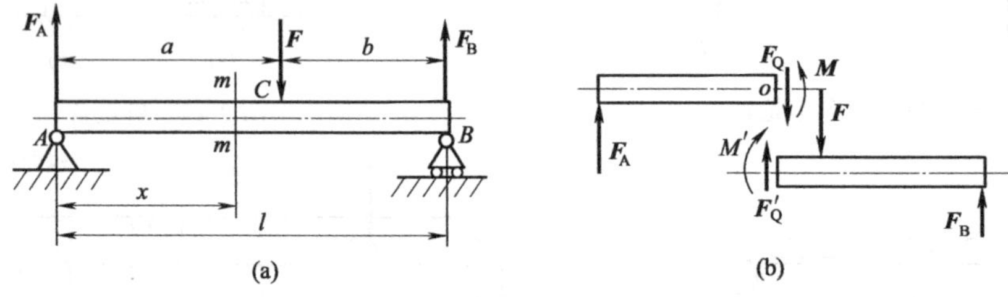

图 2-49　弯曲变形的内力

② 弯矩图：梁横截面上的弯矩一般随横截面的位置而变化，若以坐标 x 表示横截面在梁轴线上的位置，则各截面上的弯矩可以表示为 x 的函数，$M=M(x)$，即弯矩方程。用横坐标表示各截面的位置，用纵坐标表示相应截面上的弯矩值，绘出弯矩 M 随截面位置变化的图形称为弯矩图。正的扭矩值画在横坐标上方，负值则画在下方。

【例 2-10】 试作出图 2-50（a）所示的简支梁的弯矩图。

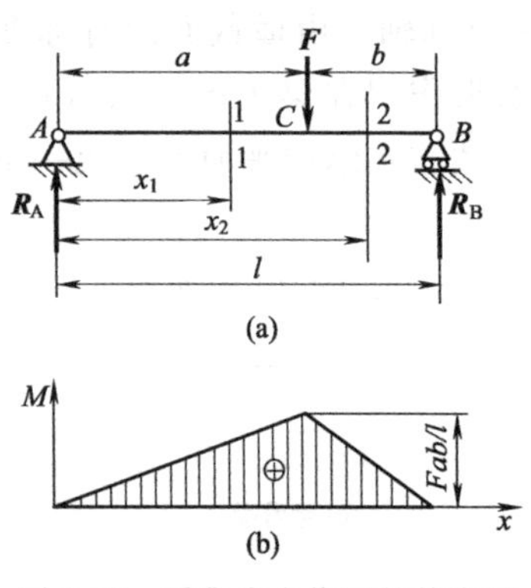

图 2-50　受集中力作用的简支梁

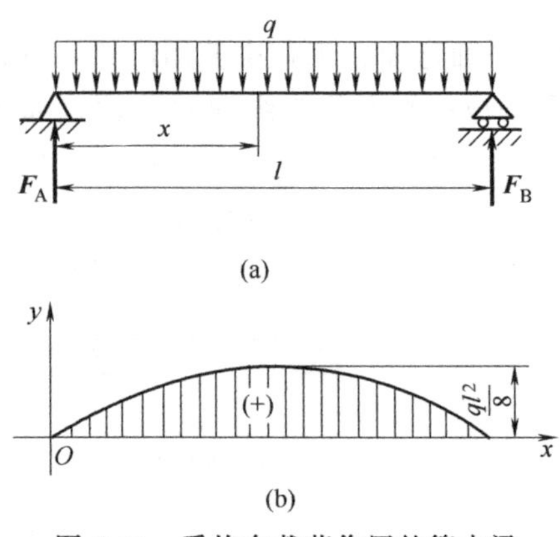

图 2-51　受均布载荷作用的简支梁

解：① 求支座反力：由静力平衡方程可解得 $R_A=\frac{Fb}{l}$，$R_B=\frac{Fa}{l}$。

② 列弯矩方程：AC 段的弯矩方程为

$$M_1=R_A x_1=\frac{Fb}{l}x_1 \quad (0\leqslant x_1\leqslant a)$$

CB 段的弯矩方程为

$$M_2=R_B(1-x_2)=\frac{Fa}{l}(1-x_2) \quad (a\leqslant x_2\leqslant l)$$

③ 画弯矩图：由弯矩方程可知，AC、CB 段梁的弯矩均为 x 的一次函数，故弯矩图均为斜直线，只需求出该直线两端点就可作图。作出的弯矩图如图 2-50（b）所示。

【例 2-11】 如图 2-51 所示，简支梁自重为均布载荷，载荷集度为 q，梁长 l，试画出弯矩图。

解：① 计算梁的支座反力。

$$F_A=F_B=\frac{ql}{2}$$

② 列弯矩方程。

$$M(x)=F_A x-qx\ \frac{x}{2}=\frac{ql}{2}x-\frac{qx^2}{2}(0\leqslant x\leqslant l)$$

③ 画弯矩图。

由弯矩方程可知，弯矩为 x 的二次函数，故弯矩图均为抛物线。由于二次项系数为负，所以抛物线开口向下。利用求导方法可知，其极值点在 $x=l/2$ 处。为此，求出下列三点的弯矩：

$$x=0,\ M=0$$

$$x=\frac{l}{2},\ M=\frac{ql^2}{8}$$

$$x=l,\ M=0$$

作出的弯矩图如图 2-51（b）所示。

3. 直梁弯曲的强度

① 弯曲正应力：梁横截面上既有剪力又有弯矩的弯曲变形称为横力弯曲。梁横截面上只有弯矩的弯曲变形称为纯弯曲。本处只讨论纯弯曲时的应力，但其应力计算公式对横力弯曲的弯矩产生的应力仍适用。

如图 2-52 所示为一矩形截面梁，设想梁由许多纵向纤维组成。通过试验观察可知，梁凸出一侧的纤维伸长，梁凹进一侧的纤维缩短。由于变形是连续的，中间必有一层纤维既不伸长也不缩短，这一层纤维称为中性层，它是梁上缩短区与伸长区的分界面。中性层与横截面的交线称为中性轴，中性轴通过横截面中心并垂直于外力所在的纵向对称面。

由试验观察、理论分析可推得，梁纯弯曲时，其横截面上只有正应力，中性轴一侧为拉应力，另一侧为压应力，并且横截面上各点的正应力与该点到中性轴 z 的距离 y 成正比。横截面上到中性轴 z 距离相等的各点，其正应力相同；沿截面高度方向正应力按直线规律变化，中性轴上各点正应力为零，离中性轴最远的点正应力最大，如图 2-53 所示。横截面上最大正应力计算公式为

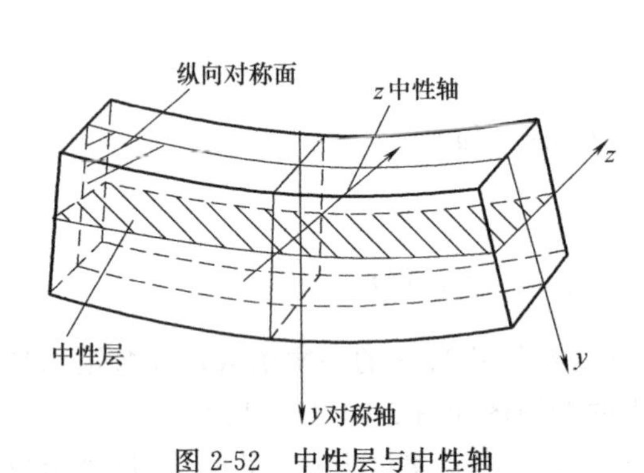

图 2-52　中性层与中性轴

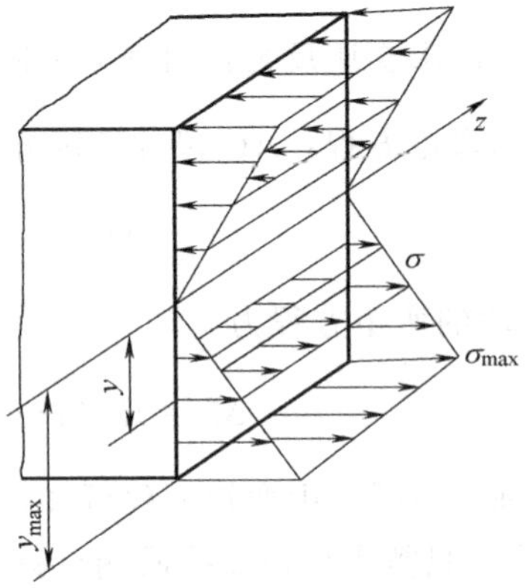

图 2-53　纯弯曲时应力分布规律

$$\sigma_{\max}=\frac{M}{W_z} \tag{2-28}$$

式中　$\sigma_{\max}$——横截面上最大正应力，MPa；

M——横截面上的弯矩，N·mm；

W_z——横截面对中性轴 z 的抗弯截面模量，它是与截面形状、大小有关的几何量，单位为 mm^3。常见截面的抗弯截面模量如表 2-2 所示。工程上常用的各种型钢的抗弯截面模量可查有关手册。

② 梁的正应力强度：对于等截面梁，各横截面的抗弯截面模量相同，弯矩最大的横截面就是危险截面。因此，为了确保梁安全工作，应限制危险截面的最大应力不超过材料的许用弯曲应力 {σ}。因此，梁的正应力强度条件为

$$\sigma_{\max}=\frac{M_{\max}}{W_z}\leqslant[\sigma] \tag{2-29}$$

表 2-2　常见截面的抗弯截面模量 W_z

截面	矩形截面	圆形截面	圆环截面	大口径的设备或管道
W_z	$\frac{bh^2}{6}$	$\frac{\pi d^3}{32}\approx 0.1d^3$	$\frac{\pi(D^4-d^4)}{32D}$	$\frac{\pi d^2\delta}{4}$

【例 2-12】　火车车轮轴如图 2-54（a）所示，承受重力 $F=35$kN，材料的许用应力 $[\sigma]=80$MPa。试设计轴的直径 d。

解：① 求最大弯矩：绘制弯矩图如图 2-54（b）所示。其最大弯矩值为

$$M_{\max}=8.4\text{kN}\cdot\text{m}$$

② 计算抗弯截面模量 W_z：

由 $\sigma_{\max}=\frac{M}{W_z}\leqslant[\sigma]$ 得

$$W_z\geqslant\frac{M_{\max}}{[\sigma]}=\frac{8.4\times10^6}{80}=1.05\times10^5(\text{mm}^3)$$

③ 计算轴的直径 d：

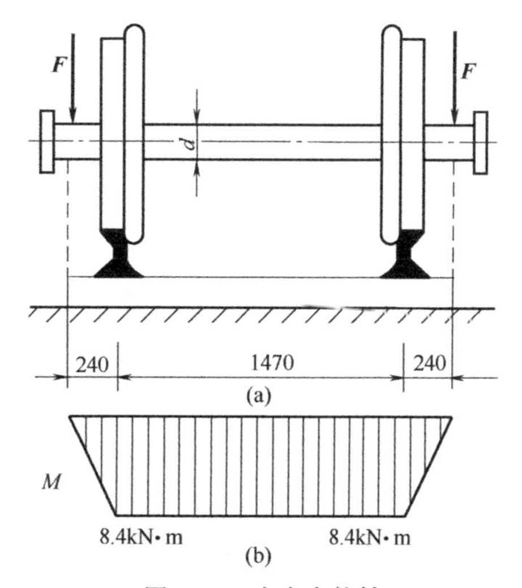

图 2-54　火车车轮轴

由 $W_z=0.1d^3$ 得

$$d \geqslant \sqrt[3]{\frac{W_z}{0.1}}=\sqrt[3]{\frac{1.05\times10^5}{0.1}}=102\ (\mathrm{mm})$$

取轴的直径 $d=105\mathrm{mm}$。

4. 提高梁弯曲强度的主要措施

提高梁的弯曲强度就是指在材料消耗最少的前提下，提高梁的承载能力。从弯曲强度条件可以看出，提高梁的弯曲强度，应从两方面考虑。一方面是在截面面积不变的情况下，采用合理的截面形状，以提高抗弯截面模量 W_z；另一方面则在载荷不变的情况下，合理安排梁的受力，以降低最大弯矩 $M_{\max}$ 值。

① 选择合理的截面形状。从梁横截面的正应力分布情况（图 2-53）来看，应尽可能使材料远离中性轴，以充分利用材料的性能。因此同样大小的截面积，截面形状做成工字形、箱形和槽形比做成圆形和矩形的抗弯能力强，例如汽车的大梁由槽钢制作，铁路的钢轨制成工字形都是应用这个原理。

② 降低最大弯矩 $M_{\max}$。

a. 合理安排梁的支座　如图 2-55 所示，在均布载荷作用下的简支梁。

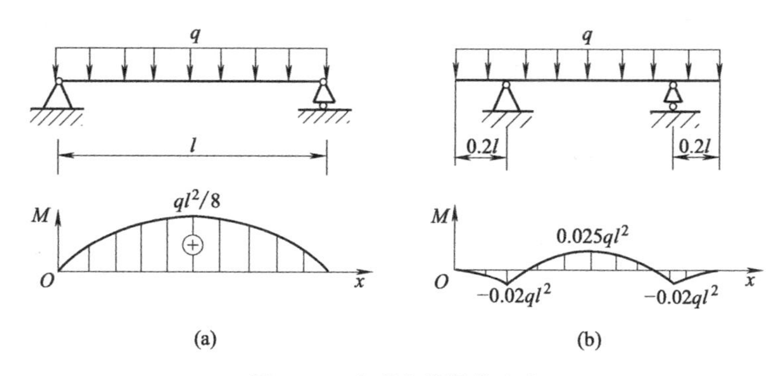

图 2-55　合理安排梁的支座

其最大弯矩为

$$M_{\max}=\frac{1}{8}ql^2$$

若将支座各自向里移动 $0.2l$，则最大弯矩减小为

$$M_{\max}=\frac{1}{40}ql^2$$

后者只是前者的 1/5，故其弯曲强度得以提高。化工厂的卧式容器和龙门吊车大梁的支承不在两端，而向里移动一定的距离，就是利用这个原理。

b. 合理布置载荷。

如图 2-56 所示，其最大弯矩为

$$M_{\max}=\frac{1}{4}FL$$

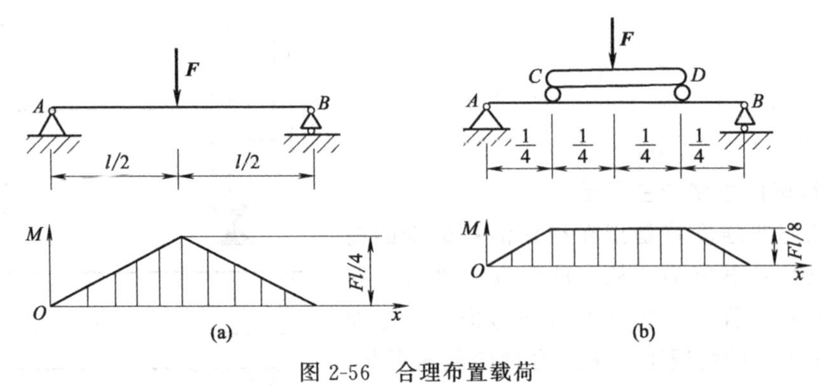

图 2-56 合理布置载荷

如图 2-56（b）所示比前者的最大弯矩减少了近一半，故其弯曲强度得以提高。例如传动轴上的齿轮靠近轴承安装就是利用了这个原理。

比较图 2-55（a）和图 2-56（a）可知，将集中力分散作用，亦可明显降低最大弯矩值。例如吊车增加副梁，运输大型设备的多轮平板车都是将集中力分散作用的实例。

小结

本章讨论了静力学基础知识和材料力学。

① 力是物体间相互的机械作用，力使物体的运动状态发生改变，或使物体产生变形。力对物体的作用效应取决于力的大小、方向和作用点三要素。力对物体的转动效应用力矩描述。力矩大小等于力 $\boldsymbol{F}$ 的大小与力臂 d 的乘积。力使物体逆时针转动时，力矩为正，反之为负。合力对平面内某点的力矩，等于力系中各分力对该点力矩的代数和。

② 约束限制了非自由体运动的力称为约束反力。约束反力的方向总是与约束所限制的非自由体的运动方向相反。

③ 平面汇交力系平衡的充分必要条件是合力等于零，平面力偶系的平衡条件为各分力偶矩的代数和为零。平面一般力系的平衡方程为

$$\sum F_x=0$$
$$\sum F_y=0$$
$$\sum M_o(\boldsymbol{F})=0$$

④ 杆件受到作用线与其轴线重合的外力（或外力的合力）作用时，将产生沿轴线方向的伸长或缩短的变形。轴向拉伸或压缩杆件某截面上的轴力等于截面一侧所有外力的代数和。

⑤ 截面发生相对错动的变形称为剪切变形，产生相对错动的截面称为剪切面。挤压是指接触面之间相互压紧的变形，单位面上的挤压力称为挤压应力 σ_{jy}。扭转变形是指杆件受到作用面垂直于轴线的力偶时，杆件任意两横截面发生绕杆件轴线相对转动的变形。其横截面上的内力是作用面垂直于轴线的力偶，其力偶矩称为扭矩 M_n。

⑥ 弯曲变形是指杆件受到垂直于轴线的力或力偶时，杆的轴线由直线变成微弯的曲线，其内力有剪力和弯矩。中性层是指梁中间既不伸长也不缩短的一层纤维，梁纯弯曲时，其横截面上只有正应力，横截面上各点的正应力与该点到中性轴 z 的距离 y 成正比。选择合理的截面形状、合理安排梁的支座、合理布置载荷可提高梁的弯曲强度。

同步练习

一、判断题

2-1 只受两个力作用的物体，若这两个力的大小相等、方向相反且作用在同一直线上，则该物体一定处于平衡。( )

2-2 力可沿着它的作用线在刚体内任意移动，并不会改变此力对刚体的作用效果。( )

2-3 力可在刚体内任意平移，平移并不会改变此力对刚体的作用效果。( )

2-4 如果力的作用线通过矩心，则其力矩等于零。( )

2-5 力偶不仅对物体产生移动效应，而且还产生转动效应。( )

2-6 约束反力的方向总是与约束所限制的非自由体的运动方向相反。( )

2-7 挤压面面积等于两物体接触面积。( )

二、简答题

2-8 什么是均布载荷？如何确定其合力？

2-9 什么是二力构件？其受力有何特点？

2-10 简述在外载荷作用下，杆件的基本变形形式及其受力特点和变形特点。

2-11 什么是应力集中现象？如何减小应力集中的程度？

三、作图题

2-12 试画出图 2-57 中每个标注符号的物体的受力图。设各接触面均为光滑面，未标注重力的不计重力。

四、计算题

2-13 求图 2-58 所示平面共点力系的合力。已知：$F_1=200\text{N}$，$F_2=300\text{N}$，$F_3=100\text{N}$，$F_4=250\text{N}$。

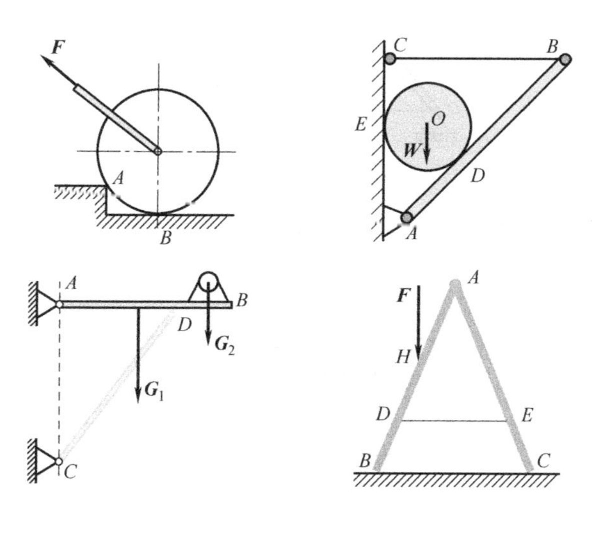

图 2-57 题 2-12 图

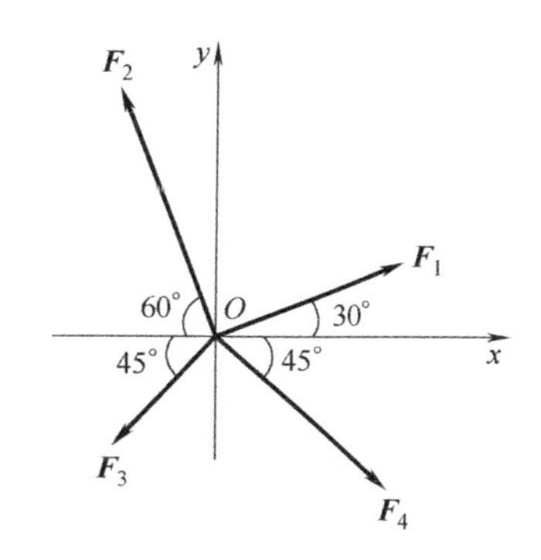

图 2-58 题 2-13 图

2-14 试计算图 2-59 中力 F 对点 O 之矩。

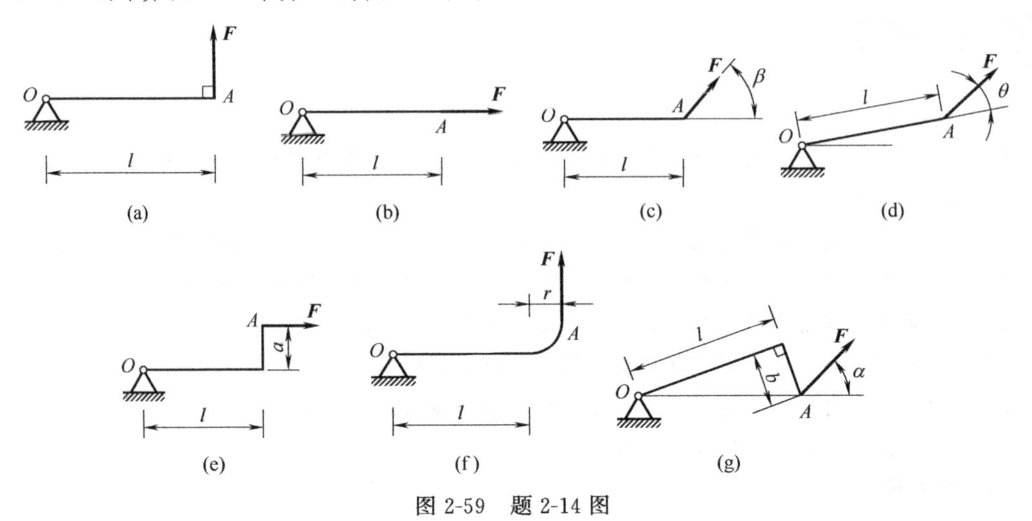

图 2-59 题 2-14 图

2-15 如图 2-60 所示，支架的横梁 AB 与斜杆 DC 彼此以铰链 C 连接，并各以铰链 A、D 连接于铅直墙上。已知杆 $AC=CB$；杆 DC 与水平线成 45°角；铅直载荷 $F=10\text{kN}$，作用于 B 处。设梁和杆的重量忽略不计，求铰链 A 的约束反力和杆 DC 所受的力。

2-16 如图 2-61 所示，横梁 AB 长 l，A 端用铰链杆支撑，B 端为固定铰支座。梁上受到一力偶的作用，其力偶矩为 m，如图所示。不计梁和支杆的自重，求 A 和 B 端的约束反力。

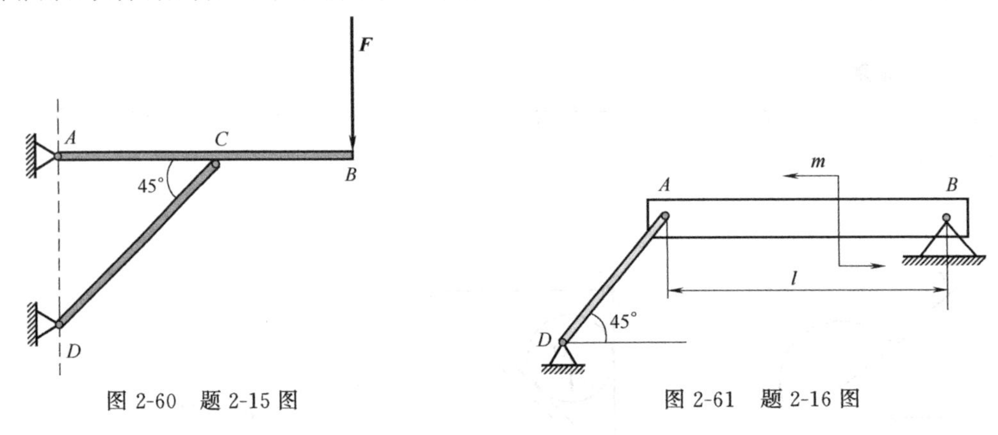

图 2-60 题 2-15 图 图 2-61 题 2-16 图

2-17 求图 2-62 中各梁支座的约束反力。已知 $F=6\text{kN}$，$q=2\text{kN/m}$，$M=2\text{kN}\cdot\text{m}$。

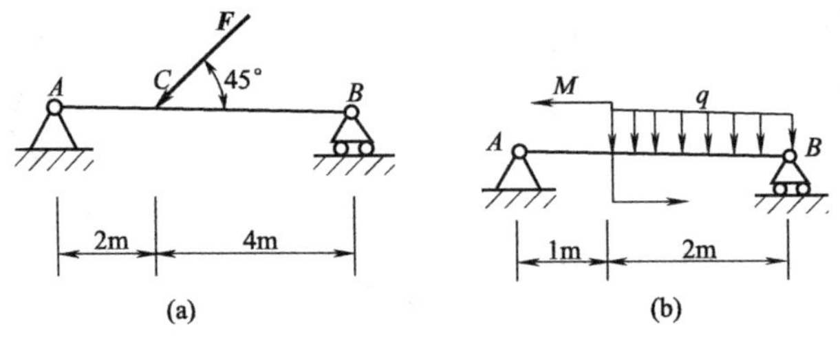

图 2-62 题 2-17 图

2-18 如图 2-63 中一直杆受轴向外力作用如图所示，用截面法求各段杆的轴力，并画轴力图。

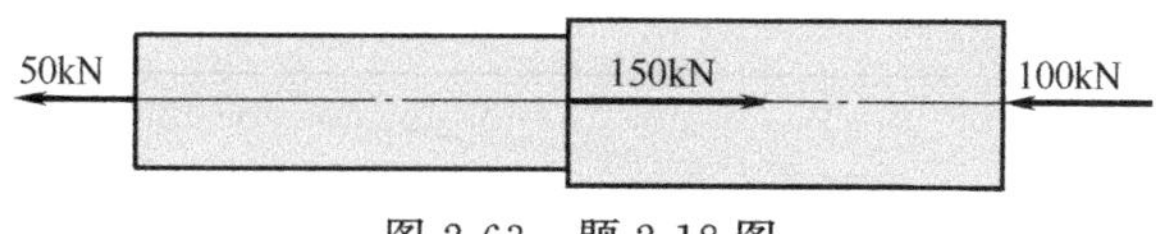

图 2-63　题 2-18 图

2-19　三角架由 AB 与 BC 两根材料相同的圆截面杆构成，如图 2-64 所示。已知材料的许用应力 $[\sigma]=100\text{MPa}$，载荷 $F=10\text{kN}$。试设计两杆的直径。

2-20　某钢轴，转速 $n=60\text{r/min}$，所传递的功率 $P=20\text{kW}$，采用轴径为 $d=85\text{mm}$ 的实心轴，许用切应力 $[\tau]=60\text{MPa}$，试校核轴的强度。

2-21　如图 2-65 所示，两块厚度为 8mm 的钢板，用 3 个直径为 16mm 的铆钉搭接在一起，钢板受拉力 $F=100\text{kN}$。设两个铆钉受力相同。已知：$[\tau]=140\text{MPa}$，$[\sigma_{jy}]=340\text{MPa}$，试校核铆钉的强度。

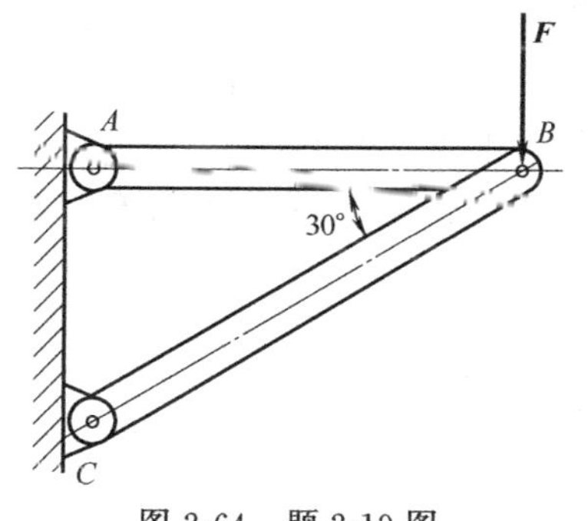

图 2-64　题 2-19 图

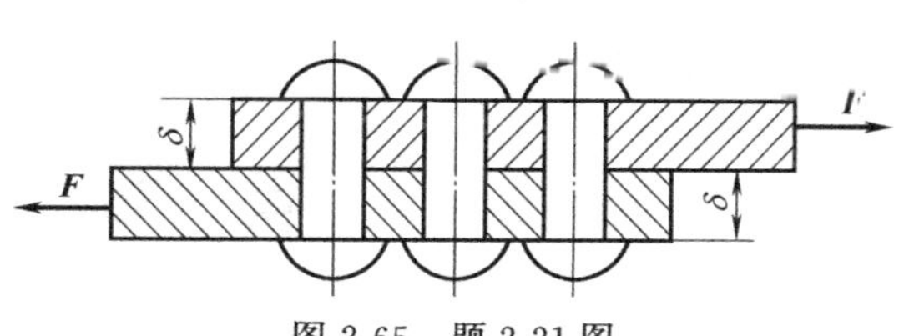

图 2-65　题 2-21 图

第三章
常用机构

机械是人类在长期的生产实践中创造出来的技术装置，在现代生产和日常生活中，机械都起着非常重要的作用。在各种机械中，原动机输出的运动一般以匀速转动和往复直线运动为主，但实际生产中机械的各种执行部件要求的运动形式却是千变万化的，为此人们在实践中创造了平面连杆机构、凸轮机构等常用机构。本章对这些常用机构的工作原理、类型、运动特性及其应用作介绍。

第一节　平面机构

机构是由若干个构件组合而成的，组成机构的所有构件都在同一平面内运动或在相互平行的平面中运动，则称为平面机构，否则称为空间机构。本章只讨论平面机构。

一、平面机构的组成

1. 机器与机构

在人们生产和生活的各个领域中广泛使用着各种各样的机器。机器种类繁多，结构、性能和用途各异，但它们有着共同之处：

① 都是人为的实物组合；

② 各实体之间具有确定的相对运动；

③ 能代替或减轻人们的劳动，完成有用的机械功或实现能量的转换。

同时具备这三个特征的称为机器，只具备前两个特征的实物组合体称为机构。从运动观点来看，机器与机构并无区别，故将二者统称为机械。

2. 构件与零件

组成机械的各个相对运动的独立整体称为构件，是机械运动单元。机械中的制造单元称为零件。构件可以是单一的零件，也可以由若干个零件刚性组成，如图 3-1 所示，内燃机中的连杆就是由连杆体、连杆盖、轴瓦、螺栓、螺母以及开口销等组成的构件，形成一个运动整体。

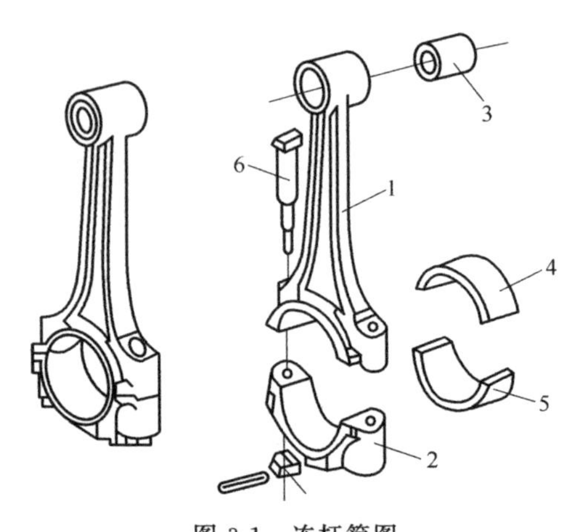

图 3-1　连杆简图

1—连杆体；2—连杆盖；3～5—轴瓦；6—螺栓

3. **平面机构的组成**

根据机构工作时构件的运动情况不同，可将构件分为机架、主动件、从动件三类。机构中相对固定的构件称为机架，它的作用是支撑和安装其他活动构件，一个机构只有一个机架。驱动力或驱动力矩所作用的构件称为原动件或主动件，它是按给定的已知运动规律作独立运动的活动构件。除主动件和机架以外的其余活动构件称为从动件，它随主动件运动而运动，它的运动规律取决于主动件的运动规律和机构的结构。

平面机构是由机架、主动件、从动件三部分通过平面运动副连接而成。

4. **运动副**

机构是由许多构件组成，各构件都以一定方式与其他构件连接并保持相对运动，这种两构件之间直接接触所形成的可动连接称为运动副，机构中各构件之间的运动和动力的传递都是通过运动副来实现的。构件上参与接触的点、线、面称为运动副元素。

两构件组成运动副后，就限制了两构件间的相对运动，这种限制称为约束。根据组成运动副的两构件间的接触性质，运动副可分为低副和高副。

① 平面低副：在平面机构中，两构件通过面接触组成的运动副称为低副。根据两构件的相对运动形式，低副又可分为转动副和移动副。如果组成运动副的两构件只能绕某一轴线作相对转动，这种运动副称为转动副，也称为铰链，如图 3-2（a）所示。例如轴与轴承构成转动副。如果组成运动副的两构件只能沿某一轴线作相对移动，这种运动副称为移动副，如图 3-2（b）所示。例如滑块与导路构成移动副，活塞与气缸也构成移动副。

由于低副中两构件之间的接触为面接触，因此，承受相同载荷时，压强较低，不易磨损。

② 平面高副：两构件之间通过点或线接触组成的运动副称为高副，如图 3-3 所示，两者既可以沿接触点切线方向相互移动，又可以绕通过接触点垂直运动平面的轴线转动。高副结构复杂，压强高，易磨损。

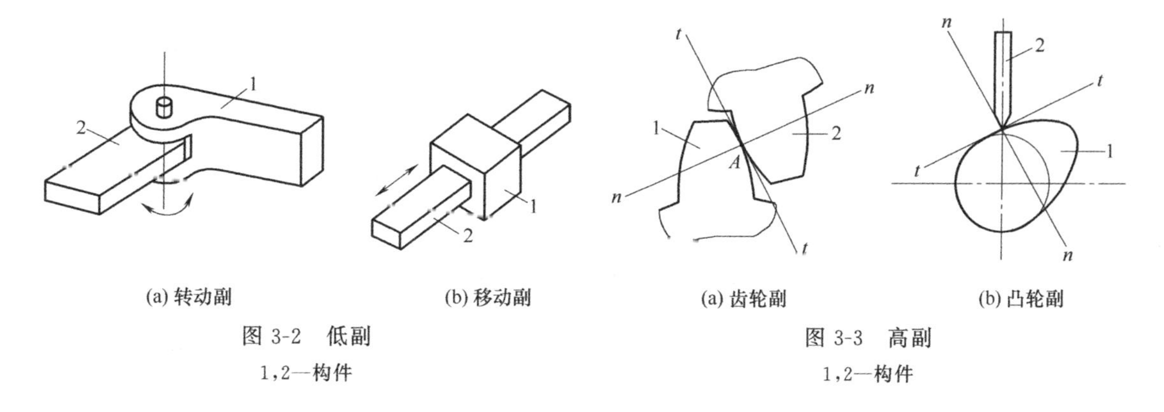

(a) 转动副　(b) 移动副

图 3-2 低副

1,2—构件

(a) 齿轮副　(b) 凸轮副

图 3-3 高副

1,2—构件

二、平面机构运动简图的绘制

1. **平面机构运动简图**

实际的机器或机构比较复杂，构件的外形和结构也各不相同。但有些外形结构和尺寸等因素与机构的运动无关，在研究机器或机构的运动时，为使问题简化，不考虑这些与运动无关的因素，而用线条表示构件，用简单符号表示运动副的类型，按一定比例确定各运动副之间的相对位置，这种表示机构的组成和各构件之间相对运动关系的简图称为机构运动简图。表 3-1 为机构运动简图的常用符号。

2. 绘制平面机构运动简图

绘制平面机构运动简图的步骤如下：

① 分析机构，观察相对运动，找出机架、原动件、从动件。

② 循着运动传递路线，确定运动副的类型、数量。

③ 测量各个运动副的相对位置尺寸。

④ 恰当选择投影面和适当比例尺，$\mu_1=\dfrac{\text{实际尺寸（m）}}{\text{图上尺寸（mm）}}$。

⑤ 用规定的符号和线条绘制成简图（从原动件开始画）。

表 3-1 机构运动简图常用符号

名称		简图称号	名称		简图称号
构件	杆、轴		机架	基本符号	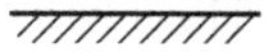
	三副元构件	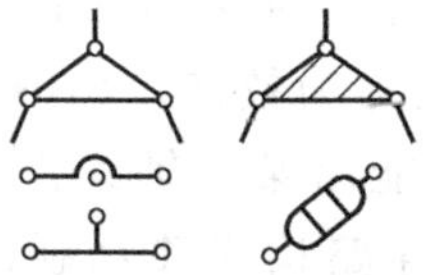		机架是转动副的一部分	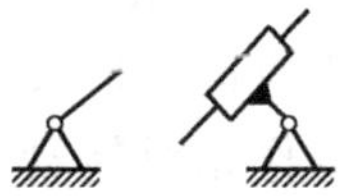
	构件的永久连接	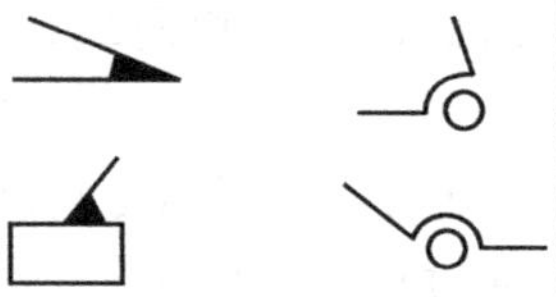		机架是移动副的一部分	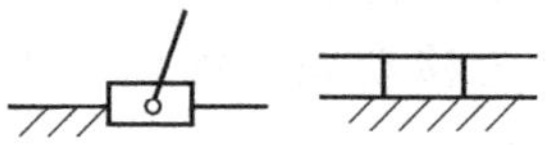
平面低副	转动副	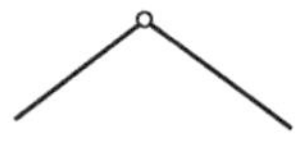	平面高副	齿轮副外啮合 齿轮副内啮合	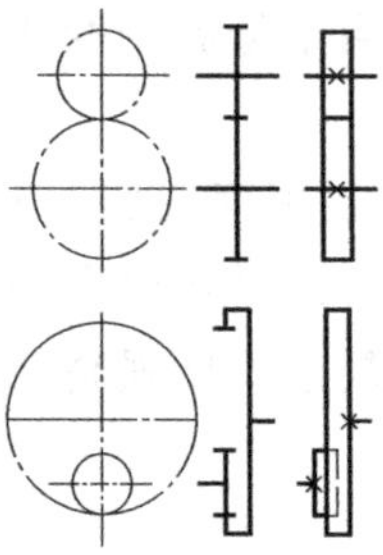
	移动副	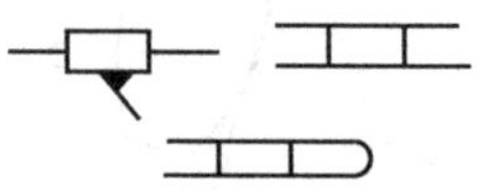		凸轮副	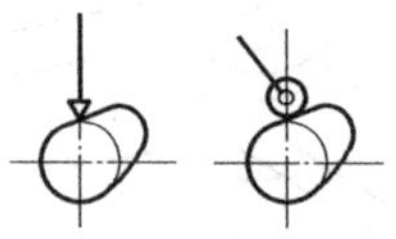

【例 3-1】 绘制图 3-4 所示手动唧筒的机构运动简图。

解：① 分析唧筒组成和运动情况。该机构中构件 1 是主动件，3 是机架，2、4 是从动件，共有 3 个活动构件，一个机架，其中，构件 1 作摇动，带动构件 4 作上下往复移动，构件 3 围绕机架摆动。

② 确定运动副的类型和数量。

构件 1 与构件 4、构件 1 与构件 2 分别组成转动副，构件 4 与构件 3（机架）组成移动副。

③ 测量各个运动副的相对位置尺寸。

④ 恰当选择投影面和适当比例尺，$\mu_1=\dfrac{\text{实际尺寸（m）}}{\text{图上尺寸（mm）}}$。

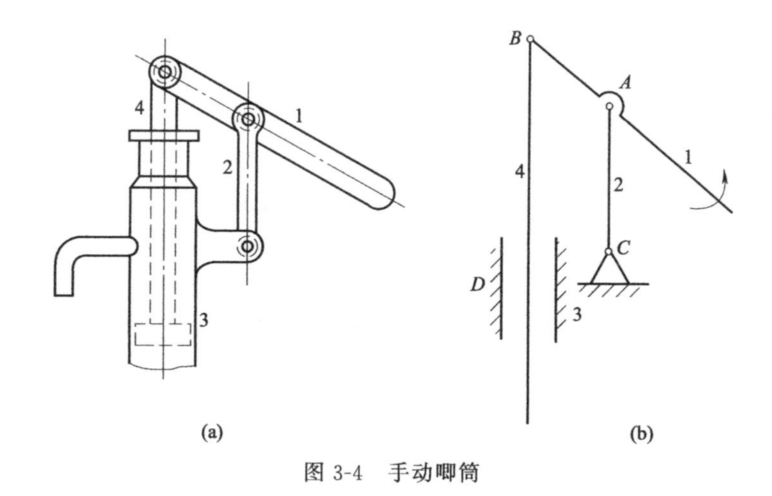

图 3-4 手动唧筒

⑤ 用规定的符号和线条绘制出机构运动简图，如图 3-4（b）所示。

三、计算平面机构的自由度

机构要实现预期的运动，就必须具有唯一确定的运动，也就是具有运动的可能性和确定性。需要多少个原动件才可以使机构具有唯一确定的运动，取决于机构的自由度。

1. 平面机构的自由度

构件作独立运动的可能性称为构件的自由度。如图 3-5（a）所示，构件 AB 在 xOy 平面内有三个独立运动的可能性，它可沿 x 方向和 y 方向移动以及绕点 A 在 xOy 平面内转动。因此，作平面运动的自由构件有三个自由度（即 x、y、ϕ）。

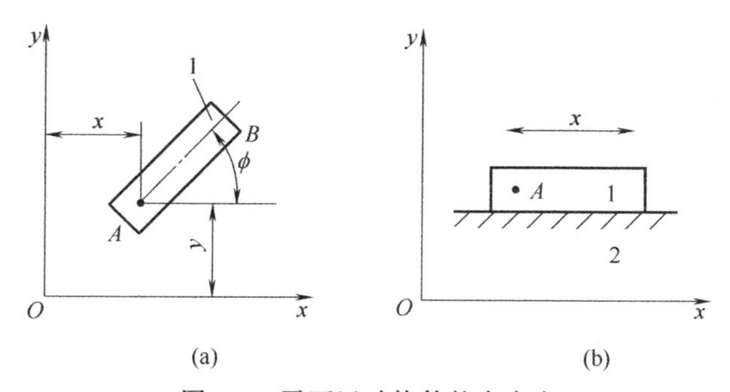

图 3-5 平面运动构件的自由度

两构件通过运动副连接以后，相对运动受到限制。如图 3-5（b）所示，构件 1 与机架 2 直接接触形成移动副后，则只能沿 x 方向移动，而不能沿 y 方向移动，也不能在 xOy 平面内绕某点转动。运动副对成副的两构件间的相对运动所加的限制称为约束。每增加一个约束，将减少 1 个自由度。约束数目的多少以及约束的特点取决于运动副的形式。平面低副（移动副、转动副）引入 2 个约束，保留一个自由度；而平面高副只引入 1 个约束，保留两个自由度。

设一个平面机构包含 N 个构件，其中一个为机架，则有 $n=N-1$ 个活动构件。构件之间尚未构成运动副时，共有 $3n$ 个自由度。每构成 P_L 个低副，便引入 $2P_L$ 约束；每构成 P_H 个高副，便引入 $2P_H$ 约束。因此，平面机构所具有独立运动的可能性，即平面机构的自由度 F 应为：全体活动构件在自由状态时的自由度总数与全部运动副所引入的约束总数

之差，即

$$F=3n-2P_{\mathrm{L}}-P_{\mathrm{H}} \tag{3-1}$$

2. 平面机构具有确定相对运动的条件

只有原动件才能独立运动，通常每个原动件只有一个独立运动。因此，要使各构件之间具有确定的相对运动，必须使原动件数等于构件系统的自由度数。当机构自由度大于 0 时，如果原动件数少于自由度数，那么机构就会出现运动不确定现象，如图 3-6 所示；如果原动件数大于自由度数，则机构中最薄弱的构件或运动副可能被破坏，如图 3-7 所示。因此，机构具有确定相对运动的条件为：机构的原动件数 W 应等于机构自由度数，且大于零，即

$$W=F>0 \tag{3-2}$$

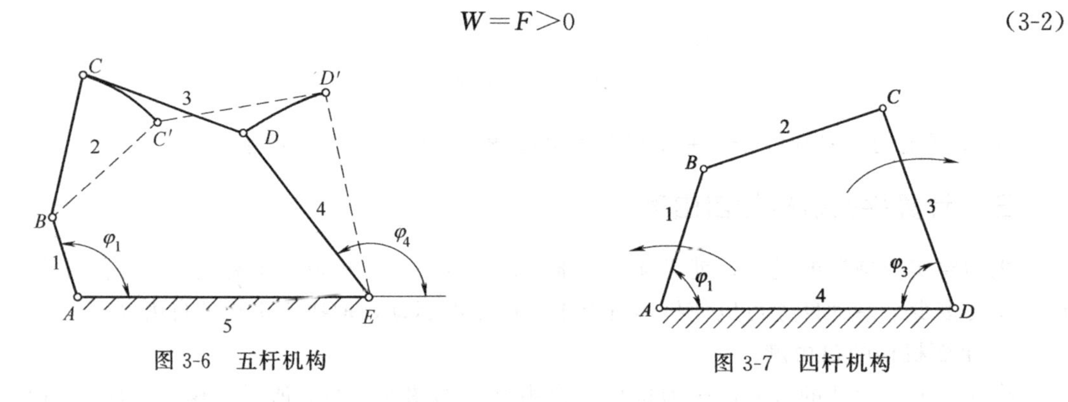

图 3-6 五杆机构　　图 3-7 四杆机构

3. 平面机构自由度计算的注意事项

① 复合铰链：两个以上的构件在同一处以转动副连接，则构成复合铰链。若 m 个构件在同一处构成复合铰链，则该处的实际转动副数目为 $(m-1)$ 个，如图 3-8 所示。

② 局部自由度：在某些机构中，不影响其他构件运动的自由度称为局部自由度，在计算机构自由度时应除去不计，如图 3-9 所示。

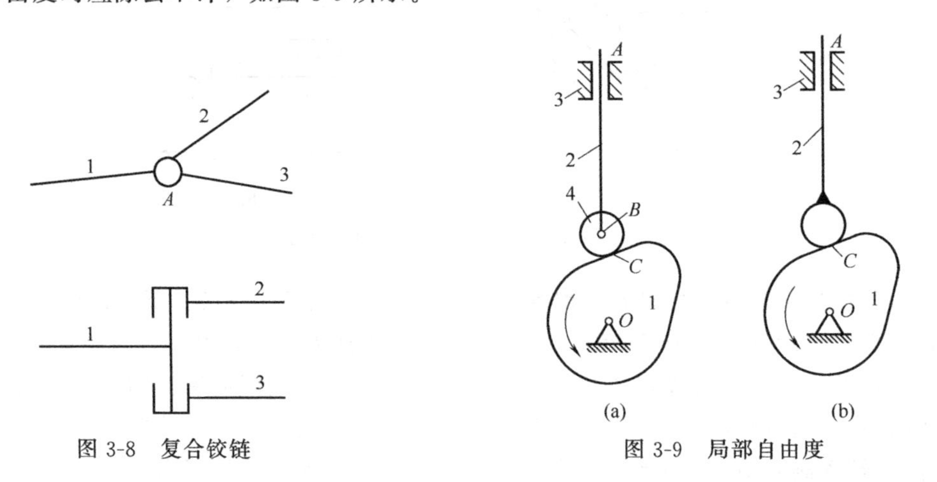

图 3-8 复合铰链　　图 3-9 局部自由度

对机构运动实际上不起限制作用的约束称为虚约束，在计算机构自由度时应除去不计。平面机构的虚约束常出现下列情况：

① 重复运动副，如图 3-10 所示。

② 重复轨迹，如图 3-11 所示。

③ 对称结构，如图 3-12 所示。

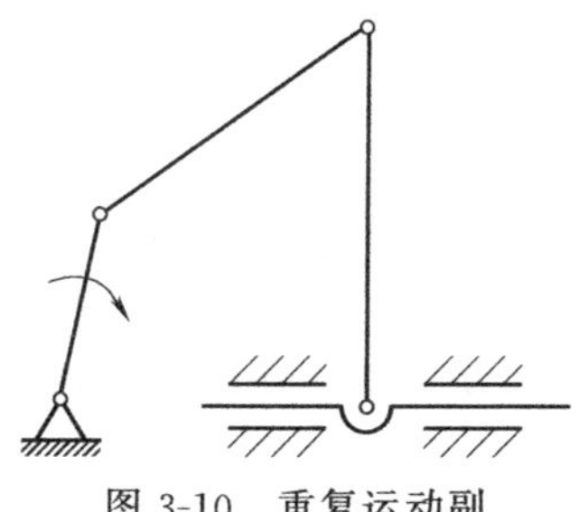
图 3-10　重复运动副

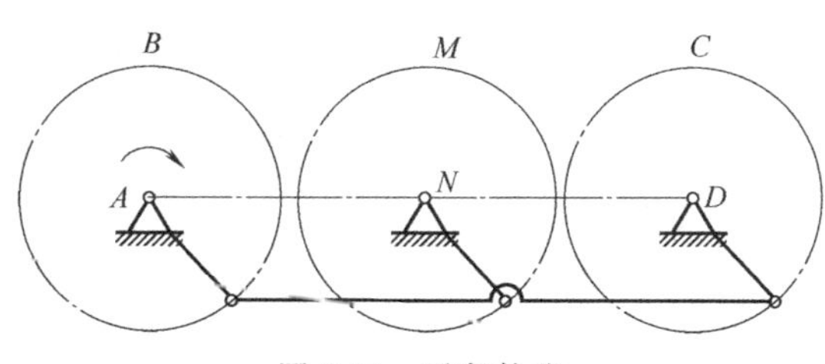

图 3-11　重复轨迹

虚约束的作用是：

① 改善构件的受力情况；

② 增加机构的刚度；

③ 使机构运动顺利，避免运动不确定性。

需要说明的是：如果几何条件不满足，虚约束将变为实际约束，从而对机构运动起到限制作用，使机构失去运动的可能性。所以，含有虚约束的机构对机构的加工工艺精度要求较高。

【例 3-2】 计算如图 3-13 所示大筛机构的自由度，判断是否具有确定的运动。

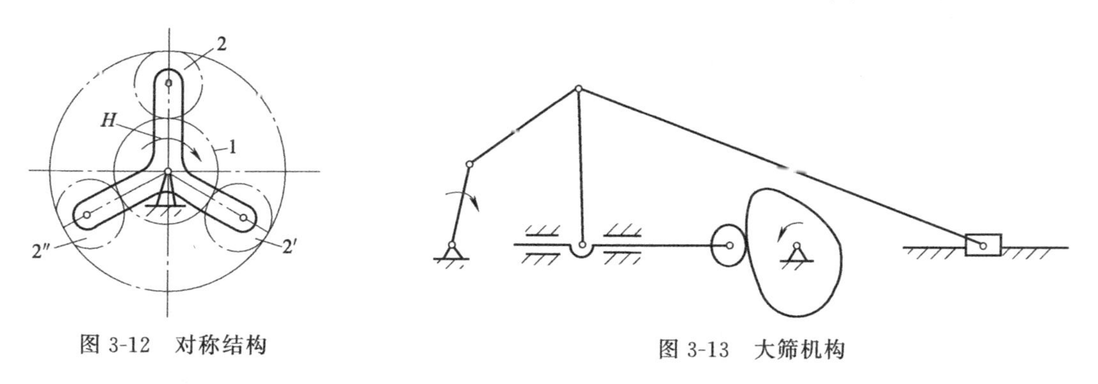

图 3-12　对称结构　　　图 3-13　大筛机构

解： 机构有 7 各活动构件，9 个低副（7 个转动副，2 个移动副，一处是复合铰链，一处有局部自由度），1 个高副。

$$
\begin{aligned}
F &= 3n - 2P_{L} + P_{H} \\
&= 3\times7-2\times9-1 \\
&= 2
\end{aligned}
$$

因为 $F=W$，所以机构具有确定的运动。

第二节　平面连杆机构

平面连杆机构是由若干个构件用低副连接组成的平面机构，也称平面低副机构。由于低副连接压强低，磨损小，而接触表面是圆柱面或平面，制造简便，容易获得较高的制造精度。又由于这类机构容易实现转动、摆动、移动等基本运动形式及其转换，所以平面连杆机构在一般机械和仪表中获得广泛应用。连杆机构的缺点是低副中存在的间隙不易消除，会引起运动误差，不易精确地实现复杂的运动规律。平面连杆机构中最基本的机构是由四个构件组成的平面四杆机构，本模块主要研究四杆机构及其演化形式。

一、平面四杆机构的类型及应用

平面四杆机构按其运动副不同分为铰链四杆机构和含有移动副的四杆机构。

1. 铰链四杆机构

如图 3-14 所示，由四个构件用转动副连接构成的机构，称为铰链四杆机构。在铰链四杆机构中，固定不动的杆 4 为机架，与机架相连的杆 1 与杆 3，称为连架杆，连接两连架杆的杆 2 称为连杆。连架杆 1 与 3 通常绕自身的回转中心 A 和 D 回转，杆 2 作平面运动；能作整周回转的连架杆称为曲柄，不能作整周回转的连架杆称为摇杆。根据两连架杆是否成为曲柄或摇杆，铰链四杆机构分为曲柄摇杆机构、双曲柄机构、双摇杆机构三种形式。

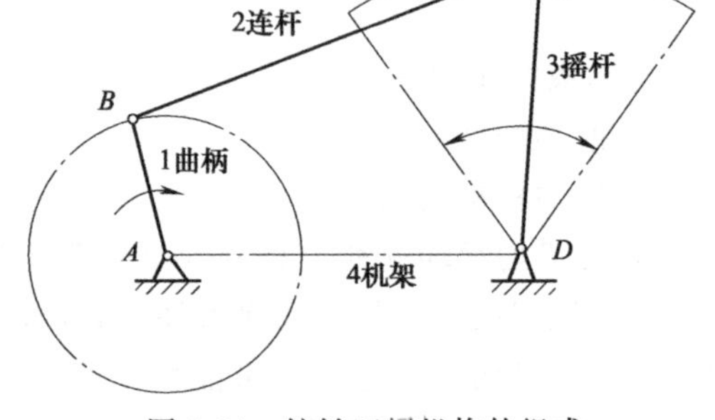

图 3-14 铰链四杆机构的组成

（1）铰链四杆机构的基本形式及其应用

① 曲柄摇杆机构：两连架杆分别为曲柄和摇杆的铰链四杆机构，称为曲柄摇杆机构，如图 3-14 所示。它可将主动曲柄的连续转动，转换为从动摇杆的往复摆动。也可以将摇杆的往复摆动转变为曲柄的连续转动。图 3-15（a）是雷达遥感器的曲柄摇杆机构；图 3-15（b）是缝纫机用曲柄摇杆机构；图 3-15（c）是要求实现一定轨迹的搅拌器用曲柄摇杆机构。

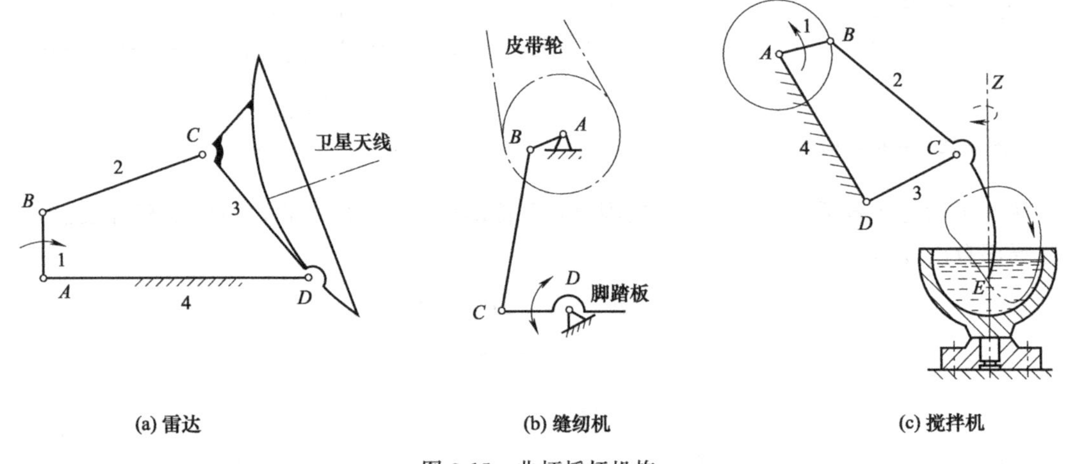

图 3-15 曲柄摇杆机构

② 双曲柄机构：两连架杆均为曲柄的铰链四杆机构称为双曲柄机构，一般主动曲柄匀速转动时，从动曲柄为变速运动。在如图 3-16 所示的惯性筛机构中，当主动曲柄 1 匀速转动时，从动曲柄 3 变速旋转，使筛子作变速往复移动而产生惯性力，以达到筛分的目的。

在双曲柄机构中，如果对边两构件长度分别相等且相互平行，则两曲柄的转向、角速度在任何瞬时都相同，这种机构称为平行四边形机构，如图 3-17 所示。图 3-18 所示的铲斗机构，即利用了平行四边形机构，铲斗与连杆固接作平动，可使铲斗中的物料在运行时不致泼出。

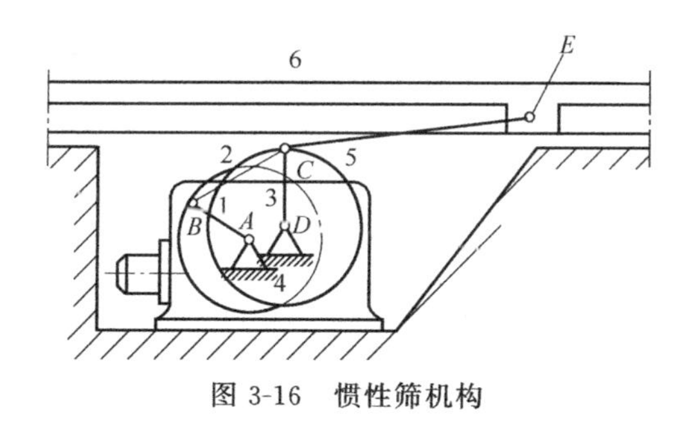

图 3-16　惯性筛机构

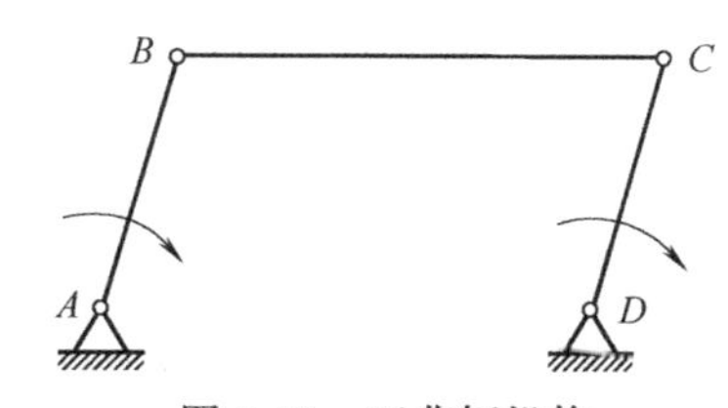

图 3-17　双曲柄机构

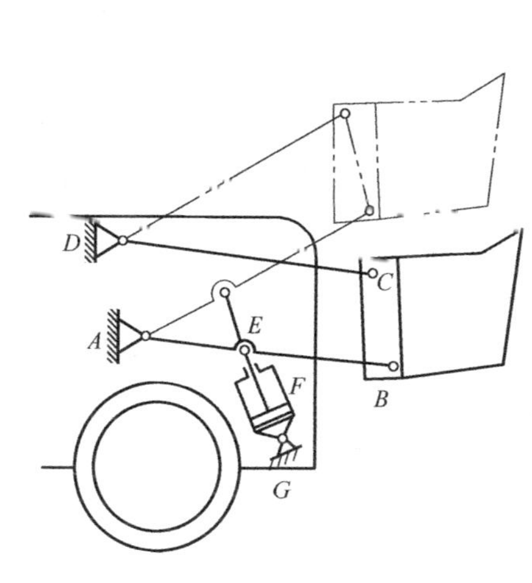

图 3-18　铲斗机构

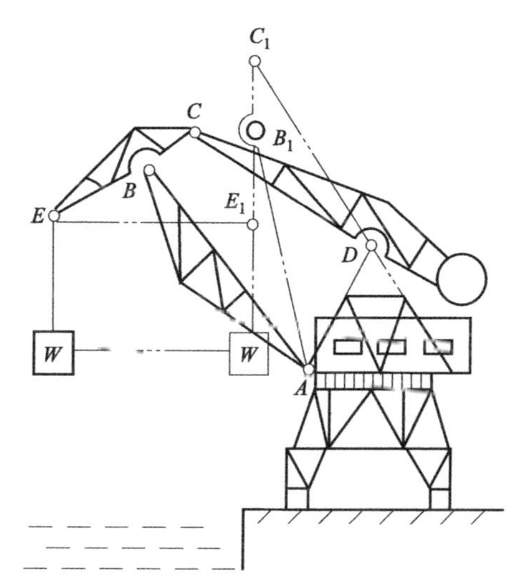

图 3-19　起重机示意图

③ 双摇杆机构：两连架杆都为摇杆的铰链四杆机构称为双摇杆机构。双摇杆机构可将主动摇杆的往复摆动转变为从动杆的往复摆动。如图 3-19 所示为港口起重机示意图，其中 $ABCD$ 为双摇杆机构，当摇杆 AB 摆动时，连杆 CD 也随之摆动并使 E 点作近似水平的直线移动，避免重物不必要的上升而消耗能量。图 3-19 中实线和点画线位置表示机构所处的两个位置。

(2) 铰链四杆机构类型的判别

铰链四杆机构的类型与机构中的连架杆是否成为曲柄有关。可以论证，连架杆成为曲柄条件是：

① 最短杆件与最长杆件长度之和小于或等于其余两杆件长度之和；

② 连架杆与机架必有一个是最短杆。

由此，可得如下结论：

① 铰链四杆机构中，如果最短杆件与最长杆件长度之和小于或等于其余两杆件长度之和，则：取与最短杆件相邻的杆件作机架时，该机构为曲柄摇杆机构［图 3-20 (a)］；取最短杆件为机架时，该机构为双曲柄机构［图 3-20 (b)］；取与最短杆件相对的杆件为机架时，该机构为双摇杆机构［图 3-20 (c)］。

② 铰链四杆机构中，如果最短杆件与最长杆件长度之和大于其余两杆件长度之和，则该机构为双摇杆机构［图 3-20 (d)］。

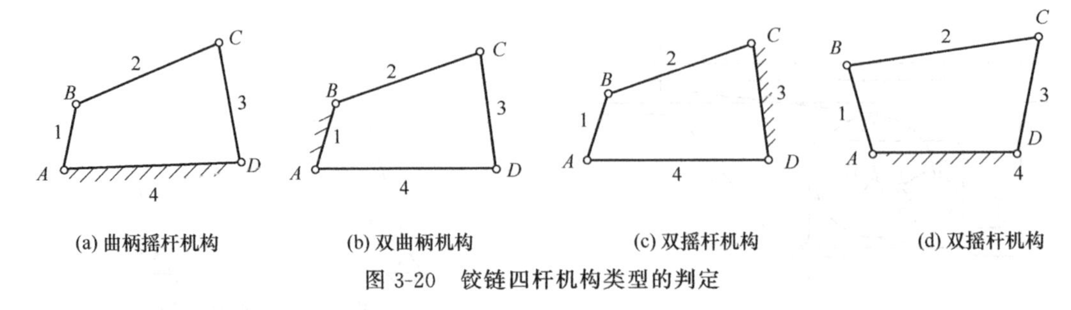

图 3-20 铰链四杆机构类型的判定

2. 含有移动副的四杆机构

① 曲柄滑块机构：在各种机器中，还广泛应用着其他多种形式的四杆机构。这些形式的四杆机构，可以认为是通过改变构件的形状、构件的相对尺寸或以不同的构件为机架等方法，由铰链四杆机构的基本形式演化而成的。

曲柄滑块机构就是采用移动副取代曲柄摇杆机构中的转动副而演化得到的，如图 3-21 所示。曲柄滑块机构的运动特点是可以将曲柄的连续转动转变为滑块的往复移动，或由往复运动转化为连续转动。

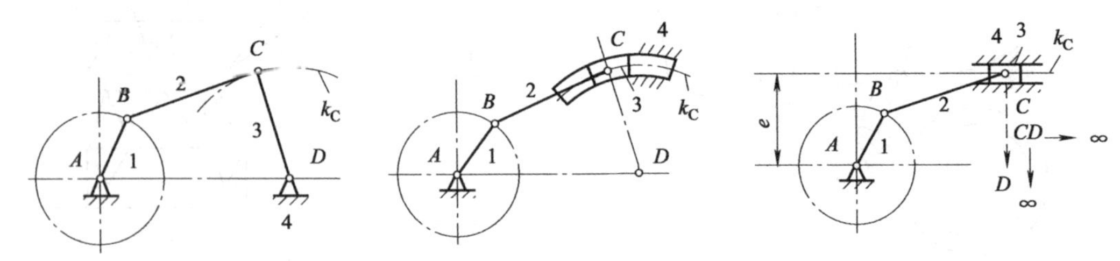

图 3-21 曲柄滑块机构的形成过程

根据曲柄转动中心和滑块轨道的相对位置，曲柄滑块机构分为对心曲柄滑块机构，如图 3-22（a）所示；不对心（偏置）曲柄滑块机构，如图 3-22（b）所示。在偏置曲柄滑块机构中，曲柄转动中心到滑块移动中心线之间的距离称作偏心距，滑块在两个极限位置间的距离称为机构的行程或冲程。曲柄滑块机构在内燃机、冲床、剪床、空气压缩机、往复真空泵等机械中都得到了广泛的应用。

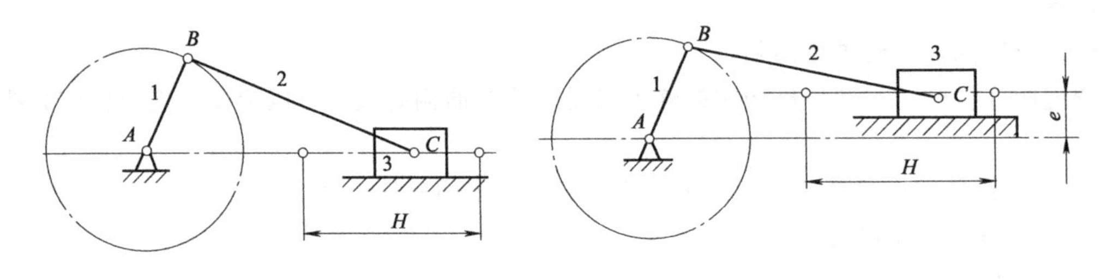

(a) 对心曲柄滑块机构　　(b) 偏置曲柄滑块机构

图 3-22 曲柄滑块机构

1—曲柄；2—连杆；3—滑块；H—行程

② 曲柄导杆机构：导杆机构可以视为改变曲柄滑块机构中的机架演变而成。如图 3-23（a）所示的曲柄滑块机构中，如果把杆件 1 固定为机架，此时构件 4 起引导滑块移动的作用，称为导杆。若杆长 $l_1<l_2$，如图 3-23（b）所示，则杆件 2 和杆件 4 都能作整周转动，

这种机构称为曲柄转动导杆机构，该机构可将曲柄 2 的等速转动转换为导杆 4 的变速转动；若杆长 $l_1 > l_2$，如图 3-23（c）所示，杆件 2 能作整周转动，杆件 4 只能绕 A 点往复摆动，这种机构称为曲柄摆动导杆机构，该机构可将曲柄 2 的等速转动转换为导杆 4 的摆动。导杆机构广泛应用于牛头刨床、插床等工作机构，如图 3-24 所示。

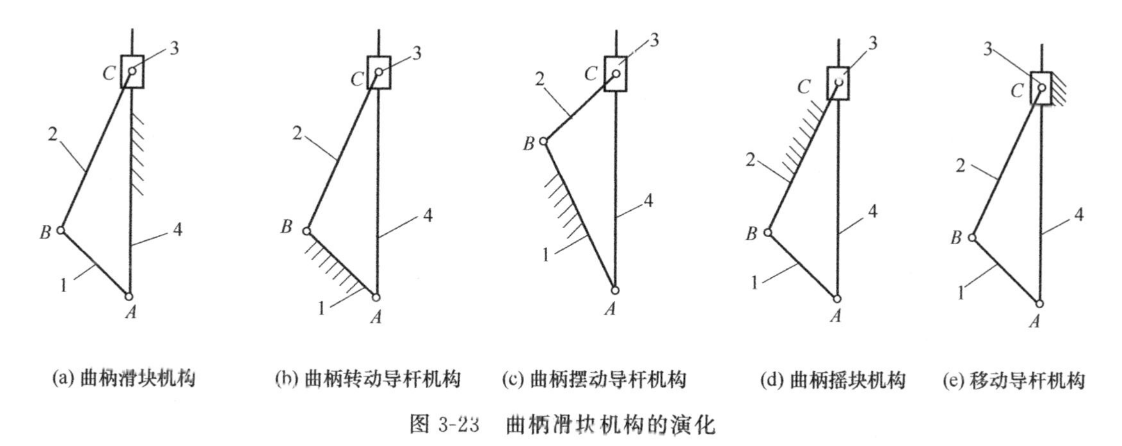

图 3-23　曲柄滑块机构的演化

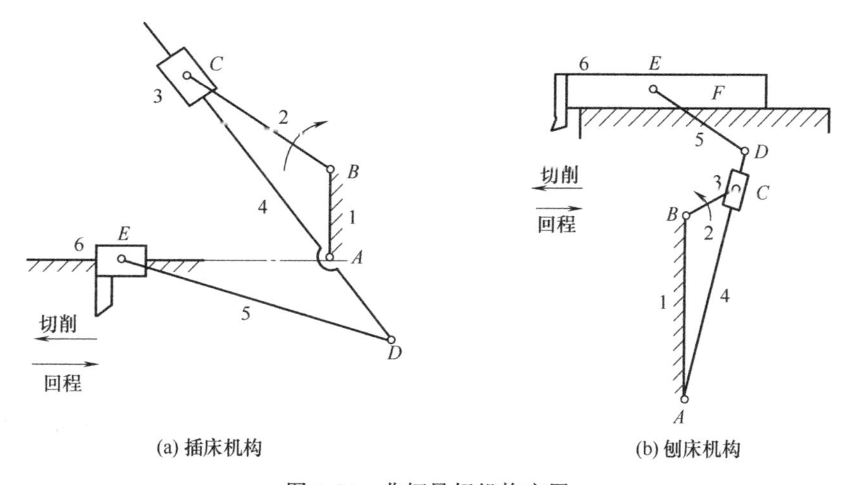

图 3-24　曲柄导杆机构应用

③ 曲柄摇块机构：如图 3-23（d）所示，取与滑块铰接的杆件 2 作为机架，当杆件 1 的长度小于杆件 2（机架）的长度时，则杆件 1 能绕 B 点作整周转动，滑块 3 与机架组成转动副而绕 C 点转动，故该机构称为曲柄摇块机构。图 3-25 所示的卡车自动卸料机构，就是曲柄摇块机构的应用实例。

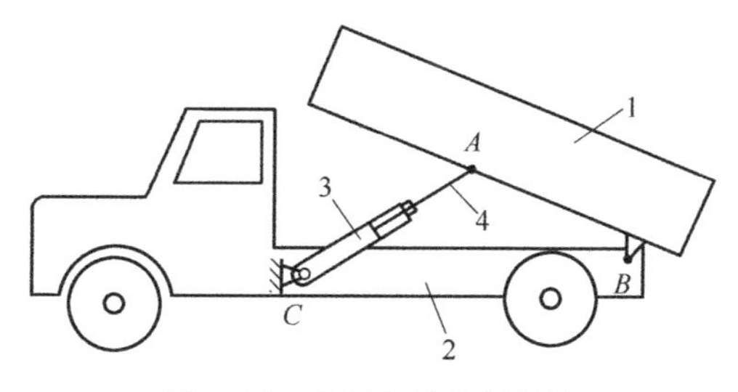

图 3-25　卡车自动卸料机构

④ 移动导杆机构：如图 3-23（e）所示的四杆机构，取滑块 3 作为机架，称为定块，导杆 4 相对于定块 3 作往复的直线运动，故称为移动导杆机构或定块机构，一般取杆件 1 为主动件。图 3-26 所示的手动抽水机就是移动导杆机构的应用实例。

二、平面四杆机构的工作特性

1. 急回特性

如图 3-27 所示的曲柄摇杆机构，取曲柄 AB 为原动件，从动摇杆 CD 为工作件。在原动曲柄 AB 转动一周的过程中，曲柄 AB 与连杆 BC 有两次共线的位置 AB_1、AB_2，这时从动件摇杆分别位于两极限位置 C_1D 和 C_2D，其夹角 ψ 称为摇杆摆角或行程。当摇杆位于两极限位置时，原动曲柄相应两位置 AB_1、AB_2 所夹的锐角 θ，称为极位夹角。

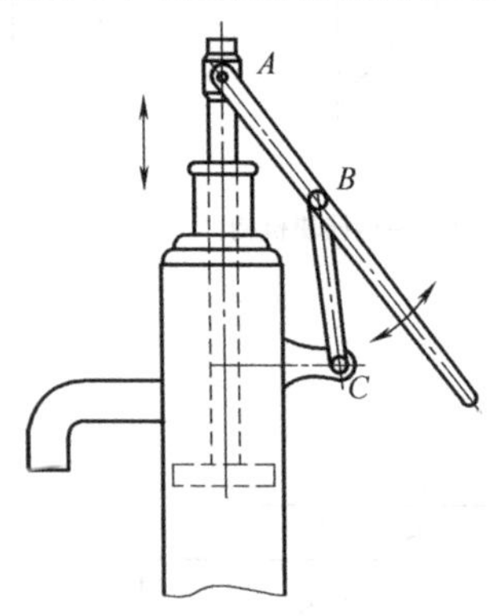

图 3-26　手动抽水机

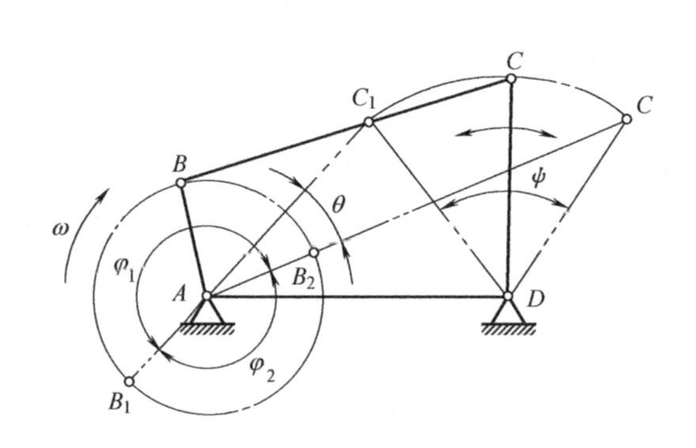

图 3-27　铰链四杆机构的急回运动

当原动曲柄沿顺时针方向以等角速度 ω 从 AB_1 转到 AB_2 时，其转角为 $\varphi_1=180°+\theta$，所用时间为 $t_1=(180°+\theta)/\omega$，从动摇杆则由左极限位置 C_1D 向右摆过 ψ 到达右极限位置 C_2D，取此过程作为做功的工作行程，C 点的平均速度为 $v_1=C_1C_2/t_1$；当曲柄继续由 AB_2 转到 AB_1 时，其转角 $\varphi_2=180°-\theta$，所用时间为 $t_2=(180°-\theta)/\omega$，摇杆从 C_2D 向左摆过 ψ 回到 C_1D，取此过程为不做功的空回行程，C 点的平均速度为 $v_2=C_2C_1/t_2$。由于 $\varphi_1>\varphi_2$，则 $t_1>t_2$，$v_2>v_1$。由此可见，当原动件曲柄作等速转动时，从动件摇杆往复摆动的平均速度不同，且摇杆在空回行程中的平均速度大于工作行程的平均速度，这一性质称为连杆机构的急回特性。利用这一特性，可很好地满足某些机械的工作要求，如牛头刨床和插床，工作行程要求速度慢而均匀以提高加工质量，空回行程要求速度快以缩短非生产时间，提高生产效率。

机构的急回特性，可用从动件在空回行程中的平均速度与工作行程中的平均速度之比值 K 来衡量，即

$$K=\frac{v_2}{v_1}=\frac{C_2C_1/t_2}{C_1C_2/t_1}=\frac{t_1}{t_2}=\frac{\varphi_1}{\varphi_2}=\frac{180°+\theta}{180°-\theta} \tag{3-3}$$

式中，K 为行程速度变化系数（或称行程速比系数）。上式表明，当极位夹角 $\theta>0$ 时，$K>1$，说明机构具有急回特性；当 $\theta=0$ 时，$K=1$，机构不具有急回特性。极位夹角 θ 越大，K 值越大，机构的急回程度也越大，但机构运动的平稳性也越差。因此在设计时，应根据其工作要求，恰当地选择 K 值。在一般机械中，K 取 1.1～1.3。

由式（3-3）可得

$$\theta=180°\frac{K-1}{K+1} \tag{3-4}$$

在设计新机械时，通常可根据该机械的急回要求先给出 K 值，然后由式（3-4）算出极位夹角 θ，再确定各构件的尺寸。

综上所述，可得连杆机构从动件具有急回特性的条件为：

① 原动件等速整周转动；

② 从动件往复运动；

③ 极位夹角 $\theta>0°$。

2. 压力角和传动角

作用于从动件上的力与该力作用点的速度方向所夹的锐角 α 称为压力角。压力角的余角 γ 称为传动角。

如图 3-28 所示的曲柄摇杆机构，取曲柄 AB 为主动件，摇杆 CD 为从动件。若不计构件质量、摩擦力，则连杆 BC 为二力杆件。因此，连杆 BC 传递到从动摇杆上的力 $\boldsymbol{F}$ 必沿连杆的轴线而作用于 C 点。因摇杆绕 D 点作摆动（定轴转动），故其上 C 点的速度 v_c 方向垂直于摇杆 CD。力 $\boldsymbol{F}$ 与速度 v_c 方向所夹锐角即为压力角 α。将力 $\boldsymbol{F}$ 分解为沿 v_c 方向的分力 $F_t=F\cos\alpha$ 和沿 CD 方向的分力 $F_n=F\sin\alpha$。F_t 是推动从动摇杆的有效分力；而 F_n 是铰链的正压力，产生摩擦消耗动力，是有害力。显然，压力角 α 越小，传动角 γ 越大，则有害分力 F_n 越小，有效分力 F_t 越大，机构的传力性能越好。因此，压力角 α、传动角 γ 是判断机构传力性能的重要参数。

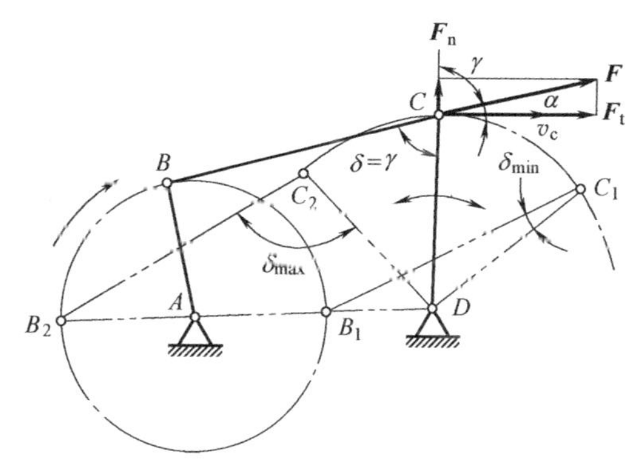

图 3-28　压力角和传动角

机构在运行时，其压力角、传动角都随从动件的位置变化而变化，为保证机构有较好的传力性能，必须限制工作行程的最大压力角 α_{max} 或最小传动角 γ_{min}。对于一般机械 $\alpha_{max}\leqslant 50°$ 或 $\gamma_{min}\geqslant 40°$；对于高速重载机械 $\alpha_{max}\leqslant 40°$，$\gamma_{min}\geqslant 50°$。

3. 死点位置

如图 3-29（a）所示的曲柄摇杆机构中，若以摇杆 CD 为主动件，则当连杆 BC 与从动曲柄 AB 共线的两个位置时，机构的传动角为零，即连杆作用于从动曲柄的力通过了曲柄的回转中心 A，不能推动曲柄转动。机构的这种位置称为死点位置。

当四杆机构的从动件与连杆共线时，机构一般都处于死点位置。如图 3-29（b）所示的

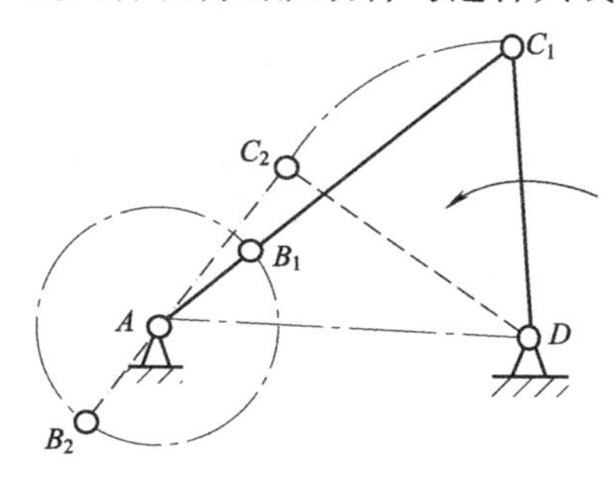

(a) 曲柄摇杆机构的死点位置

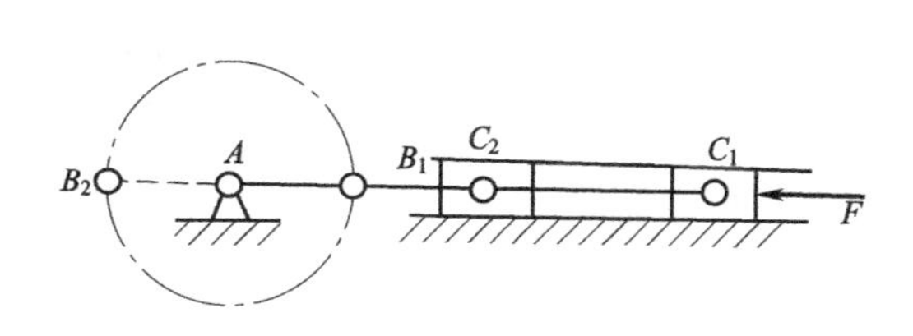

(b) 曲柄滑块机构的死点位置

图 3-29　死点位置

曲柄滑块机构，若以滑块为主动件时，则从动曲柄 AB 与连杆 BC 共线的两个位置为死点位置。

传动机构出现死点位置是不利的，为了能顺利渡过机构的死点位置而连续正常工作，通常采取以下措施：

① 利用从动件的惯性通过死点位置。例如家用缝纫机的踏板机构中，利用大带轮的惯性通过死点位置，当运转速度很慢时惯性小，就会在死点位置停下来，这时要靠转动手轮启动旋转。

② 采用机构错位排列方式通过死点位置。例如用V型发动机，当一列处于死点位置时，另一列给机构施加驱动力使机构连续运转。

夹紧、压紧机构出现死点位置是有利的，如图3-30所示的夹具，当夹紧工件后机构处于死点位置，即使反力 F_N 很大也不会松开，使工件夹紧牢固可靠。

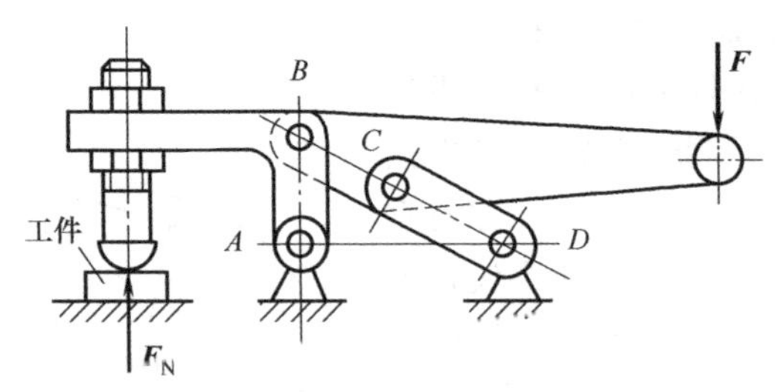

图 3-30 钻床夹具

第三节 凸轮机构

凸轮机构由凸轮、从动件和机架组成，能将凸轮的连续转动或移动转换为从动件的往复移动或往复摆动。在凸轮机构中，只要适当地设计凸轮的轮廓曲线，便可使从动件获得任意预定的运动规律。凸轮机构的构件数目少，结构简单紧凑，由于凸轮与从动件之间形成高副，易于磨损，所以凸轮机构一般用于受力不大的场合。另外，由于凸轮尺寸的限制，也不适用于要求从动件行程较大的场合。

一、凸轮机构的分类及应用

凸轮机构的类型很多，通常按凸轮和从动件的形状、运动形式分类。

1. 按凸轮的形状分类

① 盘形凸轮：又称平板凸轮，是一个绕固定轴线回转并具有变化向径的盘形构件，从动件在垂直于凸轮轴线的平面内运动，如图3-31所示的内燃机配气机构中的凸轮就是盘形凸轮。盘形凸轮是凸轮的最基本形式，但从动件的行程不能太大，否则，其结构庞大。

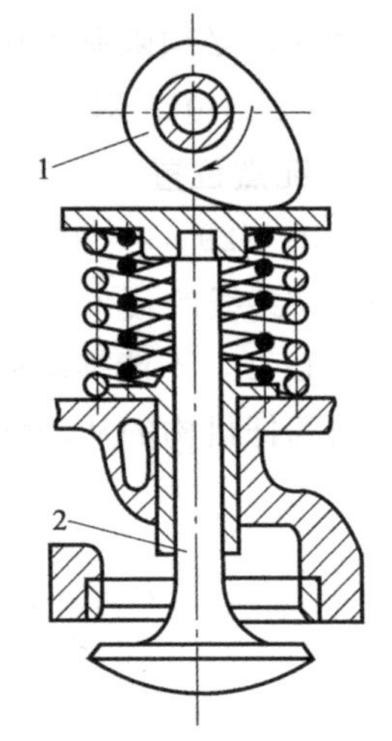

图 3-31 内燃机配气机构

1—凸轮；2—阀杆

② 移动凸轮：这种凸轮是一个具有曲线轮廓并作往复直线运动的构件，如图3-32所示。有时也将凸轮固定，而使从动件连同其导路相对凸轮运动。

③ 圆柱凸轮：这种凸轮是一个在圆柱表面上开有曲线凹槽并绕圆柱轴线旋转的构件，

如图 3-33 所示。从动件可以获得较大的行程。

2. 按从动件的形状分类

① 尖顶从动件：如图 3-34（a）所示，这种从动件结构简单，尖顶能与任意复杂的凸轮轮廓保持接触，故可使从动件实现复杂的运动规律。但因尖顶易于磨损，所以只适用于传力不大的低速场合。

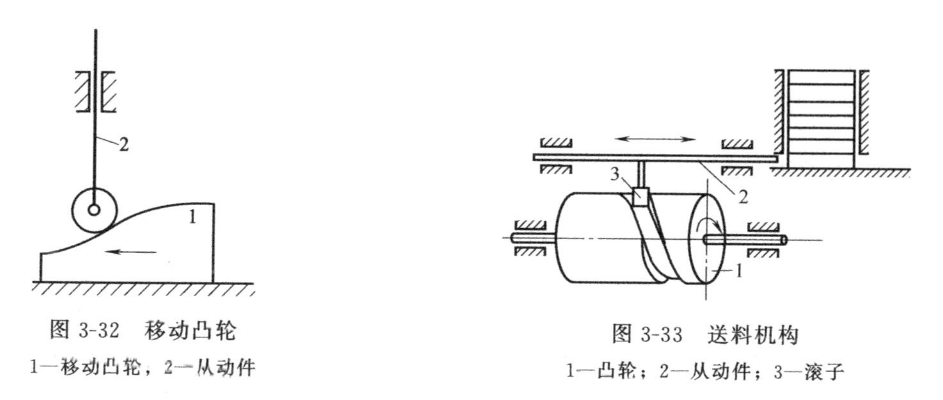

图 3-32 移动凸轮
1—移动凸轮，2—从动件

图 3-33 送料机构
1—凸轮；2—从动件；3—滚子

② 滚子从动件：如图 3-34（（b）所示，这种从动件的一端铰接一个可自由转动的滚子，滚子和凸轮轮廓之间为滚动摩擦，因而磨损较小，可传递较大的动力，应用较普遍。

③ 平底从动件：如图 3-34（c）所示，凸轮与从动件以平底接触，受力平稳可靠，有利于润滑，但平底从动件不能与凹形凸轮的轮廓接触。平底从动件主要用于高速重载的凸轮机构上。

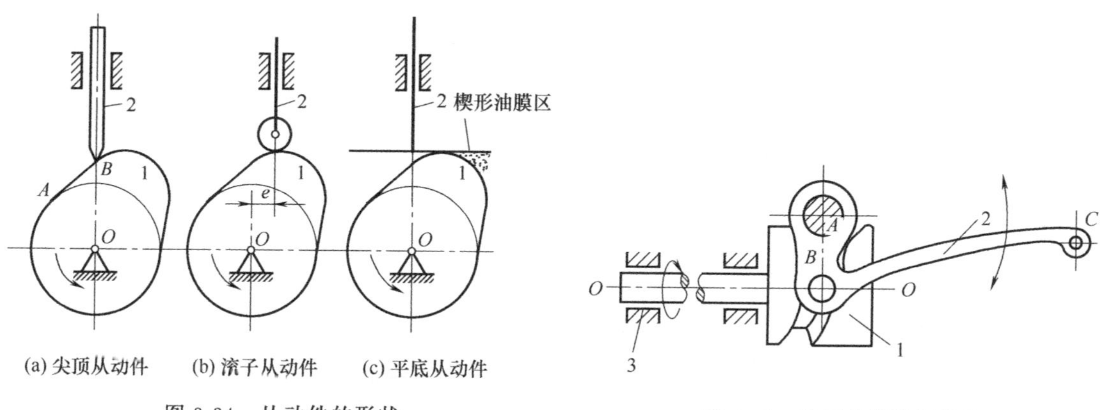

(a) 尖顶从动件 (b) 滚子从动件 (c) 平底从动件

图 3-34 从动件的形状
1—凸轮；2—从动件

图 3-35 缝纫机挑线杆机构
1—凸轮；2—挑线杆；3—机架

3. 按从动件的运动形式分类

① 移动从动件：从动件相对机架作往复直线运动。若从动件导路通过盘形凸轮回转中心，称为对心移动从动件，如图 3-34（a）所示。若从动件导路不通过盘形凸轮回转中心，则称为偏置移动从动件，如图 3-34（b）所示，从动件导路与凸轮回转中心的距离称为偏距，用 e 表示。

② 摆动从动件：从动件相对机架作往复摆动。如图 3-35 所示的缝纫机挑线杆机构，当圆柱凸轮 1 转动时，利用其上凹槽的侧面迫使从动挑线杆 2 绕其转轴往复摆动，完成挑线动作。

4. 按凸轮与从动件保持接触的方式分类

凸轮机构是一种高副机构，需采取一定的措施来保持从动件与凸轮的接触，这种保持接触的方式称为封闭（锁合）。常见的封闭方式有：

① 力封闭：力封闭主要是利用弹簧力、从动件自重等外力使从动件与凸轮始终保持接触，如图 3-31 所示。

② 几何封闭：几何封闭是利用凸轮和从动件的特殊几何结构使两者始终保持接触，如图 3-35 所示。

将不同类型的凸轮和从动件组合起来，就可得到各种不同型式的凸轮机构。

二、凸轮机构的工作过程及运动参数

如图 3-36（a）所示，一对心尖顶从动件凸轮机构，其中以凸轮轮廓曲线的最小向径为半径所作的圆称为凸轮的基圆，基圆半径用 r_b 表示，此时从动件处于最近位置。当凸轮以等角速度 ω_1 顺时针转动时，从动件被凸轮推动以一定运动规律从最近位置到达最远位置，这一过程称为推程。从动件在这一过程中经过的距离 h 称为行程（升程），对应的凸轮转角 δ_0 称为推程（升程）运动角。当凸轮继续回转时，从动件在最远位置停留不动，此时凸轮转过的角度 δ_s 称为远休止角。凸轮再继续回转，从动件以一定运动规律从最远位置回到最近位置，这段行程称为回程，对应的凸轮转角 δ_h 称为回程运动角。当凸轮继续回转时，从动件在最近位置停留不动，此时凸轮转过的角度 δ'_s称为近休止角。凸轮转角与从动件升程间的关系曲线称为凸轮机构的位移曲线，也称 s-δ 曲线，如图 3-36（b）所示。

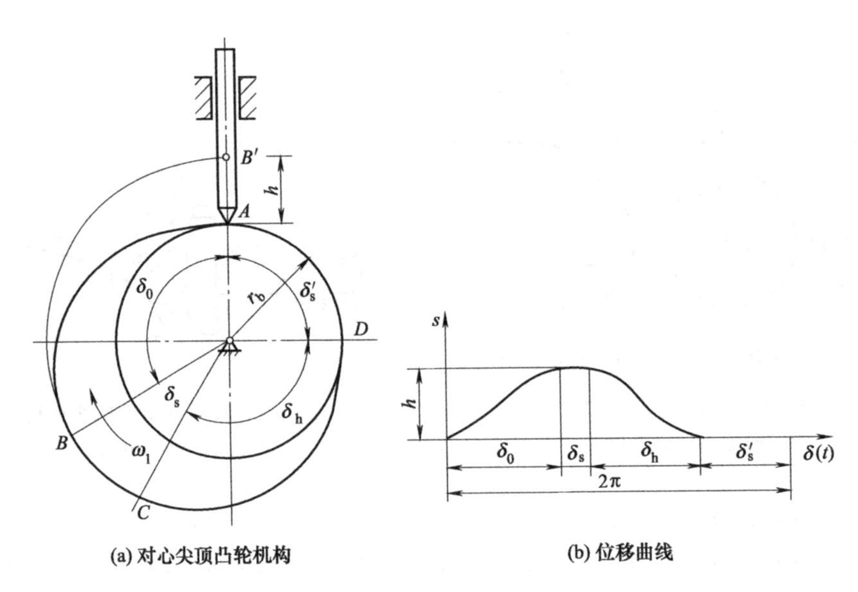

(a) 对心尖顶凸轮机构　　(b) 位移曲线

图 3-36　对心尖顶凸轮机构

三、凸轮机构的材料与结构

1. 凸轮和滚子的材料

凸轮和滚子的工作表面要有足够的硬度、耐磨性和接触强度，有冲击的凸轮机构还要求凸轮芯部有较好的韧性。凸轮和滚子常用材料为 15、45、20Cr、40Cr、20CrMnTi 等，经渗碳或调质等热处理后可满足不同要求。

2. **凸轮的结构**

① 凸轮轴：当凸轮尺寸小且接近轴径时，可将凸轮与轴做成一体，称为凸轮轴，如图 3-37 所示。

② 整体式凸轮：当凸轮尺寸较小又无特殊要求或不需经常装拆时，一般采用整体式凸轮，如图 3-38 所示。其轮毂直径 d_H 约为轴径的 1.5～1.7 倍，轮毂长度 b 约为轴径的 1.2～1.6 倍。轴毂连接常采用平键连接。

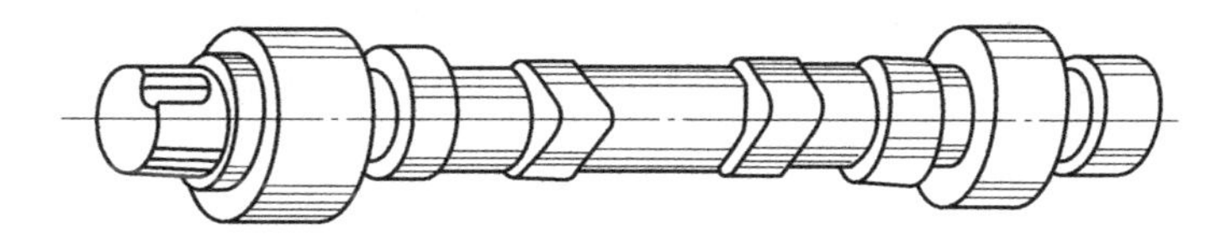

图 3-37　凸轮轴

③ 组合式凸轮：图 3-39 所示为凸轮片与轮毂分开的结构，利用凸轮片上的三个圆弧形槽来调节凸轮片与轮毂间的相对角度，以达到调整凸轮推动从动件的起始位置。可调式凸轮的形式很多，其他结构参阅有关资料。

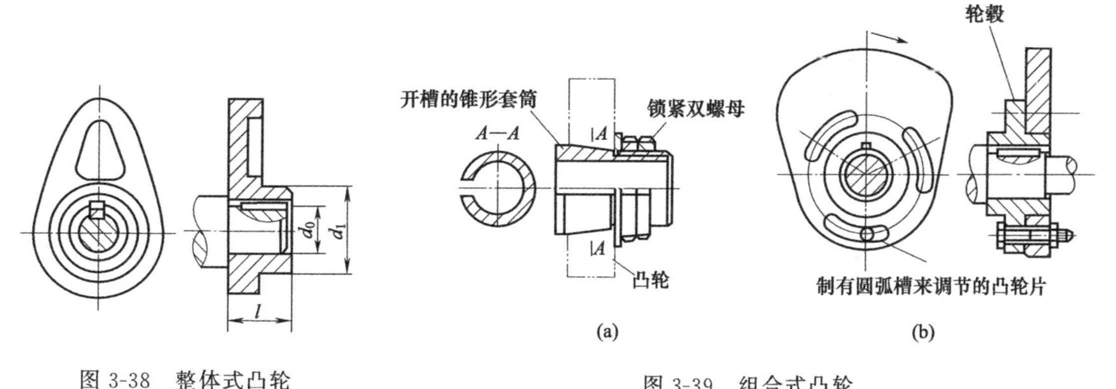

图 3-38　整体式凸轮

图 3-39　组合式凸轮

小结

本章简要介绍了平面机构的组成、平面四杆机构及凸轮机构的工作原理、类型、运动特性及其应用等内容。

① 机构是指具有确定相对运动的实物组合体。机构由原动件、从动件和机架组成。

② 两个构件直接接触又能产生一定相对运动的连接称为运动副。分为低副和高副。低副包括转动副和移动副。高副包括齿轮副和凸轮副。

③ 各个构件之间全部用转动副连接的四杆机构称为铰链四杆机构。分为曲柄摇杆机构、双曲柄机构、双摇杆机构。

④ 一个连架杆绕相邻机架作整周转动，另一连架杆在移动副中沿机架导路滑动的四杆机构

称为曲柄滑块机构。取不同杆为机架，曲柄滑块机构可以演化为曲柄导杆机构、曲柄摇块机构和移动导杆机构。

⑤ 工作件作往复运动时，空回行程的速度比工作行程的速度大的特性称为机构的急回特性，当极位夹角 $\theta>0$ 时，机构具有急回特性；当 $\theta=0$ 时，机构不具有急回特性。θ 越大，急回特性越显著。

作用于从动件上的力与该力作用点的速度方向所夹的锐角 α 称为压力角，压力角的余角 γ 称为传动角。压力角 α 越小，传动角 γ 越大，机构的传力性能越好。

当四杆机构的从动件与连杆共线时，机构一般都处于死点位置。一般采用在从动轴上安装质量较大的飞轮，利用其惯性来渡过死点位置。

⑥ 凸轮机构主要由凸轮、从动件和机架组成。凸轮是一个具有特殊曲线轮廓或凹槽的构件，一般以凸轮作为主动件，通过凸轮与从动件的直接接触，驱使从动件作往复直线运动或摆动。

同步练习

一、填空题

3-1 运动副是指能使两构件之间既保持________接触。而又能产生一定形式相对运动的________。

3-2 两构件通过________接触而组成的运动副称为低副，通过________的形式相接触而组成的运动副称为高副。

3-3 平面机构是由________、________、________三部分通过________连接而成。

3-4 根据两连架杆是否成为曲柄或摇杆，铰链四杆机构分为________、________、________三种形式。

3-5 机构的压力角 α 越________，传动角 γ 越________，则机构的传力性能越好。

3-6 凸轮机构按从动件的形状可分为________、________、________，其中磨损较小，可传递较大的动力，应用较普遍的是________。

二、判断题

3-7 运动副是连接，连接也是运动副。(　　)

3-8 两构件通过内表面和外表面直接接触而组成的低副，都是回转副。(　　)

3-9 组成移动副的两构件之间的接触形式，只有平面接触。(　　)

3-10 铰链四杆机构中，如果最短杆件与最长杆件长度之和大于其余两杆件长度之和，则该机构为双摇杆机构。(　　)

3-11 极位夹角 θ 越大，则机构急回特性越显著。(　　)

三、简答题

3-12 什么是机构的自由度？计算自由度应注意哪些问题？

3-13 含有移动副的四杆机构有哪几种类型？各类型的功能有何区别？

3-14 连杆机构的急回特性指什么？什么条件下连杆机构才具有急回特性？

3-15 什么是压力角？什么是传动角？它们对机构的传力特性有何影响？

3-16 什么是死点位置？怎样使机构顺利通过死点位置？举例说明死点位置在工程中的应用。

3-17 凸轮机构的工作特点是什么？凸轮与从动件的关系如何？

3-18　根据图 3-40 所示各机构的尺寸判断机构的类型。

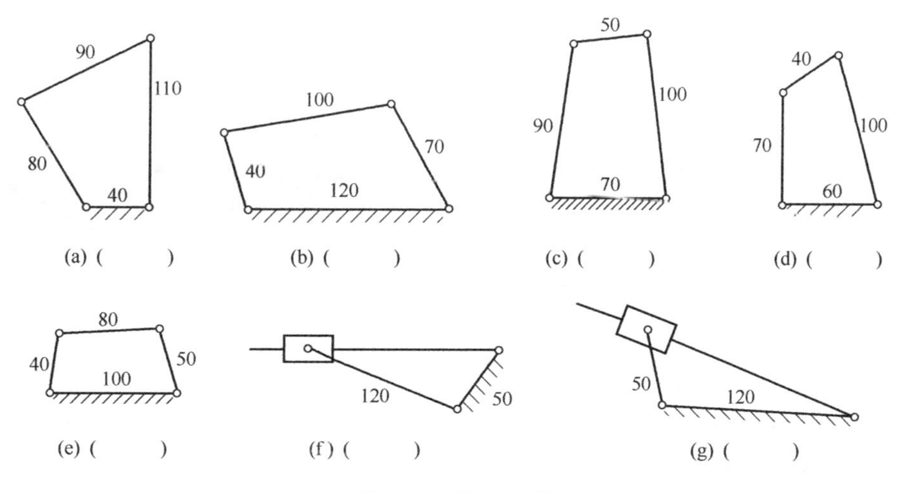

图 3-40　题 3-18 图

3-19　分析图 3-41 中所示的夹具工作原理。

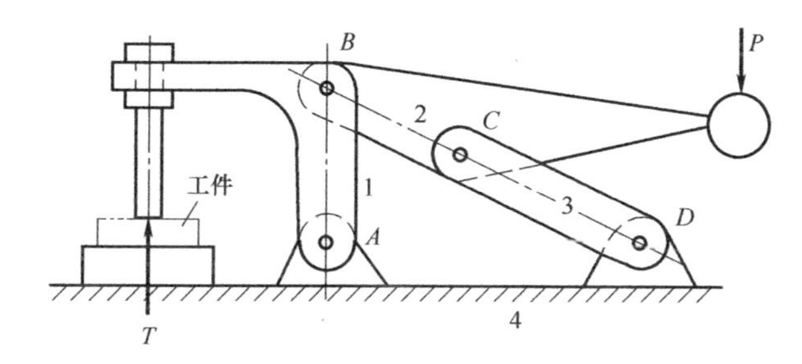

图 3-41　题 3-19 图

3-20　试分析图 3-42 所示的自动送料机构的工作原理。

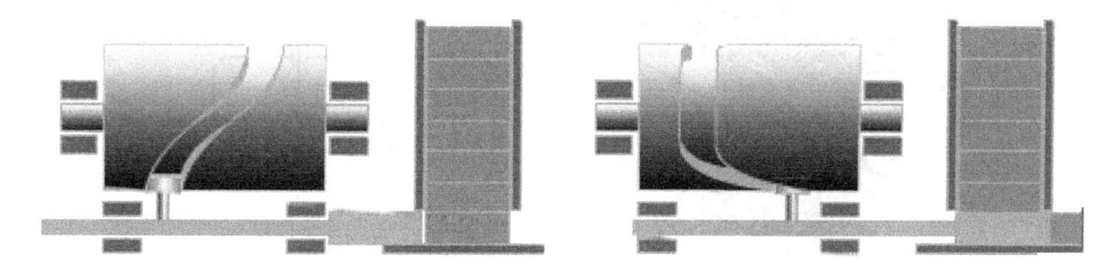

图 3-42　题 3-20 图

第四章
常用传动装置

无论人们在日常生活中，还是在工业各领域，都离不开机械。传动装置是机械的重要组成部分。本章将对常用机械传动和液压传动的基础知识作介绍。

第一节　传动的分类和功用

一、传动的概念

如图 4-1 所示的带式运输机，在电动机的驱动下，通过联轴器和减速器将运动和动力传递给运输机，实现自动输送物料的功能。

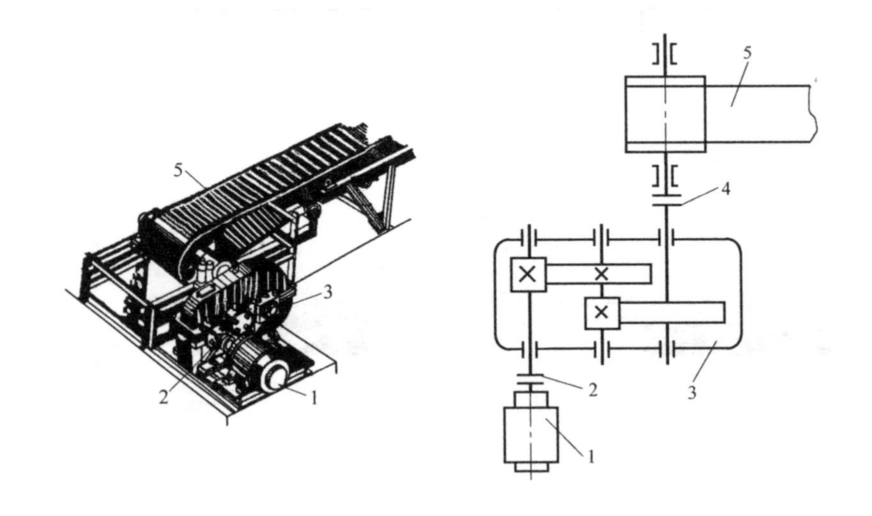

图 4-1　带式运输机

1—电动机；2,4—联轴器；3—齿轮减速器；5—运输机

在带式运输机中，电动机提供机械能，是机器的动力来源，称为原动机部分；运输机直接完成输送物料的任务，是执行部分；联轴器 2、齿轮减速器 3 等是将原动机输出的运动和动力传递给执行机件的中间环节，称为传动部分，简称传动；电动机开关等起操纵作用，是操纵或控制部分。

机器主要由原动机部分、传动部分、执行部分和操纵或控制部分组成。传动部分在机器中占有重要地位，对机器的结构、外形有重大影响。

二、传动的类型及功用

1. 传动的类型

① 机械传动：采用机械零件组成的传动装置来传递运动和动力，如带传动、链传动及齿轮传动等。

② 液压传动：采用液压元件，利用液体作为工作介质，以其压力来传递运动和动力。

③ 气压传动：采用气压元件，利用气体作为工作介质，以其压力来传递运动和动力。

④ 电气传动：采用电力设备、电气元件，利用调整其电参数来传递运动和动力。

四种传动中，应用最多的是机械传动。常用的机械传动有带传动、链传动、齿轮传动、螺旋传动等。

2. 传动的功用

① 传递动力：通过传动部分，把原动机部分的机械能传递给执行部分，使执行部分获得动力，从而完成任务。

② 改变运动形式：可将原动机的运动形式转变为执行部分所需要的运动形式，如将直线运动改变为旋转运动。

③ 实现运动的合成与分解。

④ 改变运动速度：可把原动机输出速度降低或增高，以满足执行部分的需要。

3. 机械传动的传动比和效率

① 传动比：当机械传动传递回转运动时，主动件的转速 n_1 与从动件转速 n_2 的比值，称为传动比，用 i 表示，即

$$i=\frac{n_1}{n_2} \tag{4-1}$$

当传动比 $i<1$ 时，$n_1<n_2$，为增速传动，i 值越小，机械传动增大转速的能力越强；当传动比 $i>1$ 时，$n_1>n_2$，为减速传动，i 值越大，机械传动降低转速的能力越强。

② 效率：由于摩擦等原因，机械传动中有能量损耗，使传动输出功率 P_2 小于输入功率 P_1，二者的比值称为机械传动的效率，用 η 表示，即

$$\eta=\frac{P_2}{P_1} \tag{4-2}$$

机械传动的效率显示动力机驱动功率的有效利用程度，是反映机械传动装置性能的指标。

第二节　带　传　动

带传动是由主动带轮 1、从动带轮 2 和套在带轮上的挠性传动带 3 组成，如图 4-2 所示。根据工作原理不同可分为啮合带传动和摩擦带传动。

一、啮合带传动

啮合带传动是利用带内侧的齿或孔与带轮表面上的齿相互啮合来传递运动和动力的。

有同步齿形带传动和齿孔带传动两种形式（图 4-3）。由于是啮合传动，带与带轮之间无相对滑动，因此能保证准确传动比，能适应的速度、功率范围大，传动效率较高。常用于传动比要求较准确的中、小功率的传动，如电影放映机、打印机、录音机、磨床及医用机械中。

二、摩擦带传动

摩擦带传动中的带紧套在主、从动带轮上（图 4-2 所示），使带与带轮的接触面间产生一定正压力，当主动轮转动时，依靠带与带轮接触面间产生的摩擦力来驱动从动轮转动，从而将主动轴的运动和动力传递给从动轴。

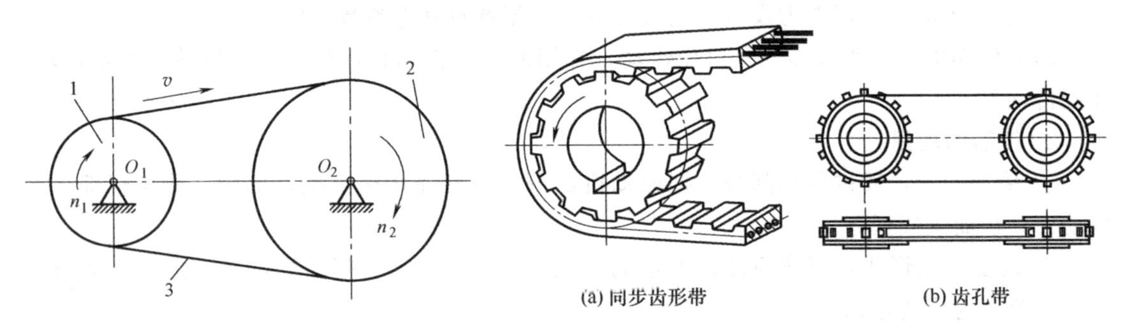

图 4-2 带传动

1—主动带轮；2—从动带轮；3—传动带

(a) 同步齿形带 (b) 齿孔带

图 4-3 啮合带传动

1. 摩擦带传动的类型

根据带的横截面形状不同，可分为平带传动、V 带传动、圆带传动及多楔带传动等，如图 4-4 所示。

(a) 平带传动 (b) V带传动 (c) 圆带传动 (d) 多楔带传动

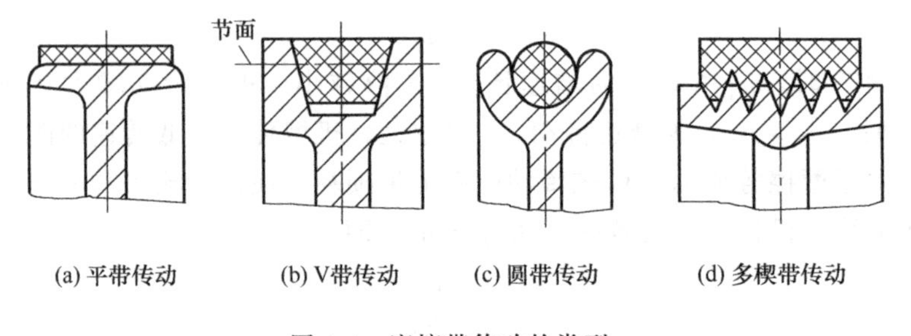

图 4-4 摩擦带传动的类型

① 平带传动：如图 4-4（a）所示，平带的横截面为矩形，带的内表面为工作面。其结构简单、带轮制造容易，平带比较薄，挠曲性好，可形成开口传动和交叉传动。通常用于传递功率在 30kW 以下、带速不超过 30m/s、传动比 $i<5$ 的场合。传动效率通常为 0.92～0.98。

② V 带传动：如图 4-4（b）所示，V 带的横截面为梯形，是没有接头的环形带；带轮的轮缘具有与 V 带横截面相匹配的梯形槽。V 带紧套在带轮的梯形槽内，两侧面为工作面。在相同条件下，V 带传动的摩擦力比平带传动约大三倍，因而传递功率较大，应用广泛。通常用于传递功率在 40～75kW 以下、带速在 5～25m/s、传动比 $i<7$～15 的场合。传动效率通常为 0.90～0.96。

③ 圆带传动：如图 4-4（c）所示，圆带的截面为圆形，一般用皮革或绵绳制成，其结构简单，传递功率小，柔韧性好，常用于低速轻载场合。

④ 多楔带传动：如图 4-4（d）所示，多楔带是以平带为基体并且内表面具有等距的纵向楔的传动带，楔侧面为工作面，兼有平带与 V 带的优点，其柔韧性好，工作接触面数多，传递功率大，效率高，带速范围（20～40）m/s，传动比大，主要用于要求结构紧凑、传动平稳、传递功率较大的场合。

2. 摩擦带传动的打滑与弹性滑动

① 打滑：如图 4-5 所示，摩擦带传动工作时，带两边的拉力发生了变化，摩擦力进入主动轮的一边被进一步拉紧，称为紧边，其拉力将增大；摩擦力离开主动轮的一边被放松，称为松边，其拉力将减小。松、紧边的拉力差称为有效圆周力，有效圆周力在数值上应等于带与带轮间摩擦力的总和，当传递的圆周力超过该极限摩擦力时，带就会沿带轮表面上发生全面滑动，这种现象称为打滑。打滑时，传动带的速度下降，使带传动失效。

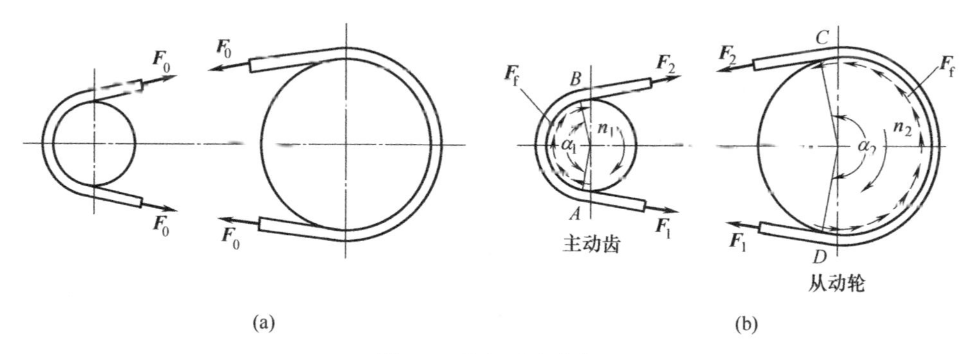

图 4-5　带的受力分析

② 弹性滑动：带具有一定弹性，受拉后产生弹性变形，拉力大则伸长量也大。因带的弹性以及松、紧边的拉力差致使带与带轮间产生很小的相对滑动，这种现象称为带的弹性滑动。弹性滑动是不可避免的。弹性滑动使传动效率降低，磨损加剧，并导致从动轮的圆周速度小于主动轮的圆周速度，使传动比不准确。

③ 传动比：虽然弹性滑动将导致从动轮的圆周速度小于主动轮圆周速度，使传动比不准确。但弹性滑动很微小，可认为两带轮的圆周速度 v_1、v_2 近似相等，即

$$v_1 \approx v_2$$

而

$$v_1 = \frac{\pi d_1 n_1}{60 \times 1000} \quad v_2 = \frac{\pi d_2 n_2}{60 \times 1000}$$

故摩擦带传动的传动比为

$$i = \frac{n_1}{n_2} \approx \frac{d_2}{d_1} \tag{4-3}$$

式中　n_1、n_2——主动轮、从动轮的转速，r/min；

　　d_1、d_2——主动轮、从动轮的基准直径，mm。

当主动轮的基准直径 d_1 小于从动轮的基准直径 d_2 时，传动比 $i>1$，$n_1>n_2$，为减速传动。反之，$i<1$，$n_1<n_2$，为增速传动。

3. 摩擦带传动的特点

① 由于传动带有良好的弹性，所以能缓和冲击，吸收振动，传动平稳无噪声。

② 由于传动带与带轮是通过摩擦力来传递运动和动力的，因此当传递的动力超过许用负荷时，传动带会在带轮上打滑，从而避免其他零件的损坏，起到过载保护作用。

③ 带传动可以用在中心距较大的场合。其结构简单、制造容易、成本低廉、维护方便。

④ 带传动因存在弹性滑动，不能保证恒定的传动比，传动效率较低，寿命较短。

⑤ 带传动外廓尺寸较大，轴向压力较大。带传动不适宜用在高温、易燃和易爆的场合。

由此可知，摩擦带传动通常用于要求传动比不十分准确、结构不紧凑的中小功率传动。一般多用于原动机部分至执行部分的高速传动。

三、普通V带和V带轮

1. 普通V带

当V带绕过V带轮时将产生弯曲变形，其上层受拉而变窄，下层受压而变宽，其间有宽度不变的一层称为节面，节面的宽度称为节宽 b_p，如表4-1所示，与之对应的带轮直径称为带轮的基准直径，V带轮的基准直径见表4-2所示。在节面位置处V带的周长称为带的基准长度，其近似计算式为

$$L_{d0}=2a_0+\frac{\pi}{2}(d_{d1}+d_{d2})+\frac{(d_{d2}-d_{d1})^2}{4a_0} \tag{4-4}$$

L_{d0} 值按标准（见表4-3）选取带的基准长度 L_d。

式中　a——主、从动带轮的中心距；

d_{d1}，d_{d2}——主、从动带轮的基准直径。

普通V带已实现标准化，国家标准是GB/T 11544—2012，按截面尺寸由小到大分为Y、Z、A、B、C、D、E七种型号，各型号的截面尺寸如表4-1所示，其基准长度系列如表4-3所示。V带标记内容和顺序为型号、基准长度和标准号。例如标记为“B2500 GB/T 11544—2012”表示B型V带，基准长度为2500mm。V带标记通常压印在带的顶面上。

表4-1　普通V带的截面尺寸

型号	Y	Z	A	B	C	D	E	
节宽 b_p/mm	5.3	8.5	11.0	14.0	19.0	27.0	32.0	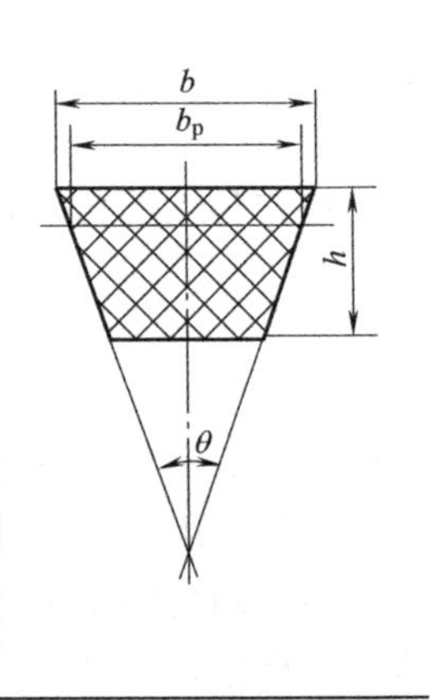
顶宽 b/mm	6.0	10.0	13.0	17.0	22.0	32.0	38.0	
高度 h/mm	4.0	6.0	8.0	11	14	19.0	23	
楔角 θ	40°							
截面面积 A/mm²	47	81	138	230	470	682	1170	
每米长质量 q/kg·m⁻¹	0.02	0.06	0.10	0.17	0.30	0.62	0.90	

表 4-2　V 带轮的最小直径及基准直径系列　　单位：mm

带型	Y	Z	A	B	C	D	E
d_{dmin}	20	50	75	125	200	355	500
d_d 系列	20　22.4　25　28　31.5　35.5　40　45　50　56　63　71　75　80　85　90　95　100　106　112　118　125　132　140　150　160　170　180　200　212　224　236　250　265　280　300　315　335　355　375　400　425　450　475　500　530　560　600　630　670　710　750　800　900　1000　1060　1120　1250　1400　1500　1600　1800　1900　2000　2240　2500						

表 4-3　普通 V 带的基准长度　　单位：mm

带的型号	Y	Z	A	B	C	D	E
基准长度 L_d	200～500	406～1540	630～2700	930～6070	1565～10700	2740～15200	4660～16800
基准长度系列	200　224　250　280　315　355　400　450　500　560　630　710　800　1000　1120　1250　1400　1600　1800　2000　2240　2500　2800　3150　3550　4000　4500　5000　5600　7100　8000　9000　10000　11200　12500　14000　16000						

2. 普通 V 带轮

普通 V 带轮外圈环形部分称为轮缘，在其表面制有与带的根数、型号相对应的轮槽，轮槽尺寸均已标准化（GB/T 13575.1—2008），各型号的轮槽尺寸如表 4-4 所示。由于轮槽尺寸与带的型号相对应，因此，可通过测量轮槽的尺寸来推测带的型号。槽侧面的表面粗糙度值 Rz 不应大于 3.2～1.6μm，以减少带的磨损。为使带轮自身惯性力尽可能平衡，高速带轮的轮缘内表面也应加工。

表 4-4　普通 V 带轮轮槽尺寸　　单位：mm

型号		Y	Z	A	B	C	D	E
轮槽顶宽 b		6.3	10.1	13.2	17.2	23	32.7	38.7
基准线上槽深 h_{amin}		1.6	2.0	2.75	3.5	4.8	8.1	9.6
基准线下槽深 h_{fmin}		4.7	7.0	8.70	10.8	14.3	19.9	23.4
槽间距 e		8±0.3	12±0.3	15±0.3	19±0.4	25.5±0.5	37±0.6	44.5±0.7
槽中心至轮端面距离 f_{min}		6	7	9	11.5	16	23	28
槽底至轮缘厚度 δ_{min}		5	5.5	6	7.5	10	12	15
轮缘宽度 B		$B=(Z-1)e+2f$　Z—轮槽数						
$\phi=32°$	对应基准直径 d	≤60	—	—	—	—	—	—
$\phi=34°$		—	≤80	≤118	≤190	≤315	—	—
$\phi=36°$		>60	—	—	—	—	≤475	≤600
$\phi=38°$		—	>80	>118	>190	>315	>475	>600

普通 V 带轮的结构形式如图 4-6 所示。

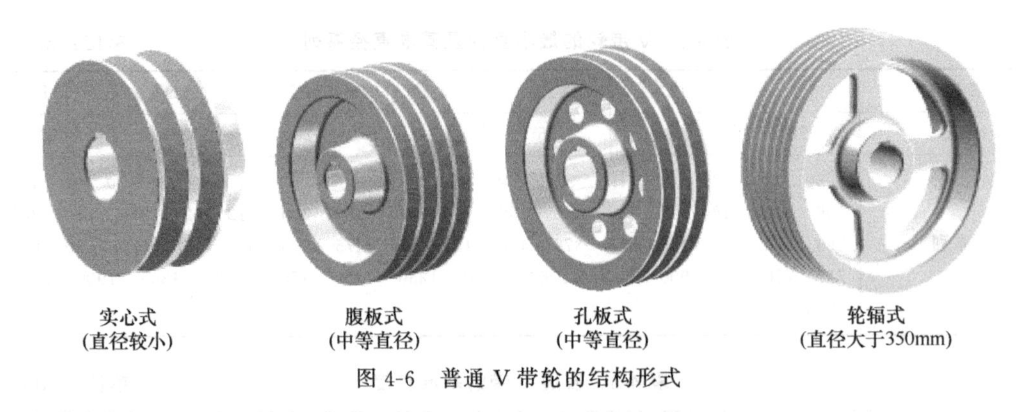

图 4-6 普通 V 带轮的结构形式

当 $v \leqslant 30\mathrm{m/s}$ 时，用灰铸铁 HT150 或 HT200 制造带轮；当 $v \geqslant 25 \sim 45\mathrm{m/s}$ 时，则宜采用铸钢或用板冲压焊接带轮；小功率传动可以用铸铝或塑料，以减轻带轮重量。

四、普通 V 带传动的安装与维护

为保证传动的正常运行，延长带的使用寿命，应正确安装、使用和维护带传动。

① 选用 V 带时要注意型号应和带轮轮槽尺寸相符合。

② 新旧不同的 V 带不能混用，一根带损坏后应更换同组的所有 V 带。

③ 两带轮轴线应平行，为避免带侧面磨损加剧，相对应轮槽的中心线应重合误差不得超过 20′，如图 4-7 所示。

④ 装拆时不能硬撬带，应先缩小中心距，套上带后再增大中心距，将带张紧到合适的程度，对于中等中心距的带传动，可凭经验判断带的张紧程度，即以大拇指能将带按下 15mm 为宜，如图 4-8 所示。

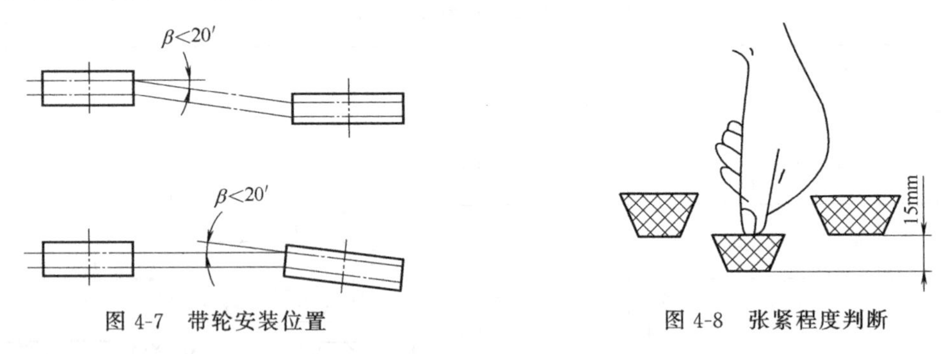

图 4-7 带轮安装位置

图 4-8 张紧程度判断

⑤ 在水平或接近水平的同向传动中，一般应保证带的松边在上，紧边在下。

⑥ 使用时，V 带应注意防日晒雨淋，工作温度不应超过 60℃，避免与酸、碱、油等接触。带传动装置应设防护罩，以保护带传动的工作环境和防止意外事故发生。

⑦ 带的存放应注意避免受压变形。

第三节 链 传 动

链传动由装在两平行轴上的主动链轮、从动链轮和绕在链轮上的链条所组成，如图 4-9 所示。工作时，主动链轮转动，依靠链条的链节与链轮齿的啮合把运动和动力传递给从动链轮。

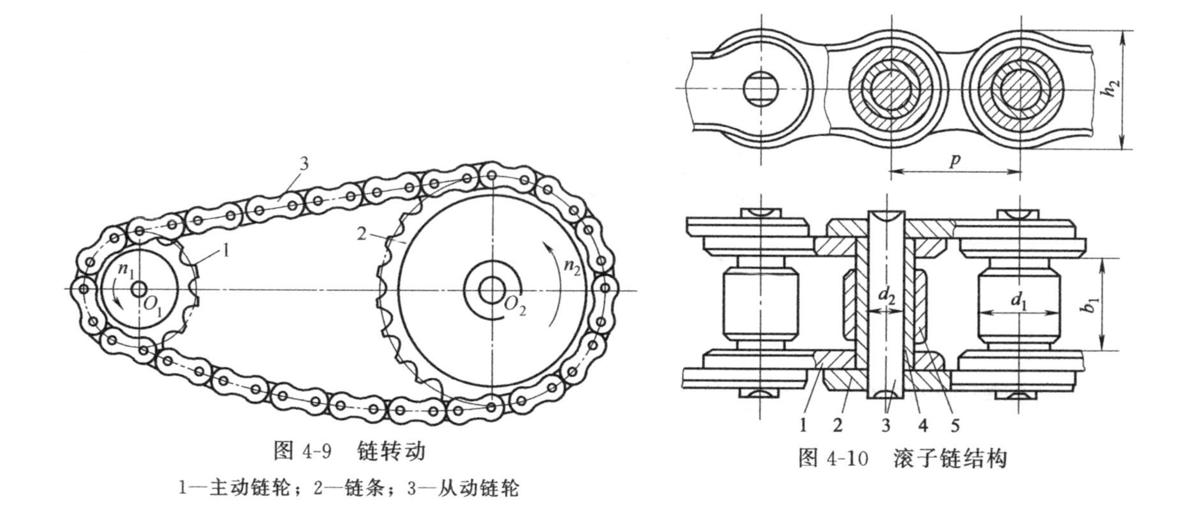

图 4-9 链转动

1—主动链轮；2—链条；3—从动链轮

图 4-10 滚子链结构

一、链传动的特点和应用

1. 链传动的特点

① 无弹性滑动和打滑现象，平均传动比准确。

② 属于啮合传动，传动效率较高。

③ 无需很大的张紧力，对轴的作用力较小。

④ 对环境的适应性强，能在恶劣环境条件下工作。

⑤ 瞬时传动比不为常数，所以传动平稳性差，有一定的冲击和噪声。

2. 链传动的应用

链传动主要用于工作可靠，两轴平行且相距较远的传动，特别适合环境恶劣的场合以及大载荷的低速传动，或具有良好润滑的高速传动等场合，如汽车、摩托车、自行车，建筑机械、农业机械、运输机械、石油化工机械等机械传动。

通常链传动的传递功率 $P\leqslant100\text{kW}$；链速 $v\leqslant5\text{m/s}$；传动比 $i\leqslant8$；中心距 $a\leqslant6\text{m}$；传动效率 $\eta=95\%\sim98\%$。

二、链传动的类型

机械中传递动力的传动链主要有齿形链和滚子链两种。

1. 滚子链

滚子链的结构如图 4-10 所示，两片内链板 1 与套筒 2 用过盈配合连接，构成内链节；两片外链板 4 与销轴 5 用过盈配合连接，构成外链节；销轴穿过套筒，将内、外链节交替连接成链条。销轴与套筒之间为间隙配合，所以内、外链节可相对转动。滚子 3 与套筒之间为间隙配合，使链条和链轮啮合时形成滚动摩擦，减轻磨损。为了减轻重量，使链板各截面强度接近相等，链板制成“8”字形。

链条相邻两销轴中心之间的距离称为节距，是链传动的主要参数。节距越大，链条的各零件尺寸越大，承载能力越大。滚子链已标准化，其国家标准为 GB/T 1243—2006，分为 A、B 两种系列。

2. 齿形链

如图 4-11 所示，齿形链由许多齿形链板通过铰链连接而成，链板两侧为直边，夹角

60°，齿形链传动平稳、噪声小，承受冲击性能好，但质量大、结构复杂、价格较高。一般用于速度较高（$v \leqslant 30\mathrm{m/s}$）或运动精度较高的传动中。

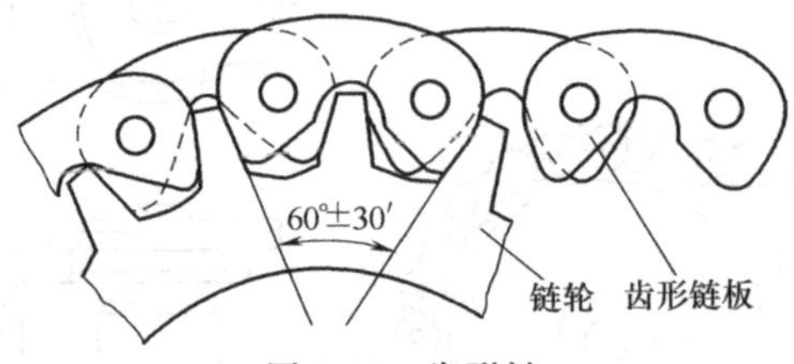

图 4-11　齿形链

三、链传动的布置、张紧与润滑

1. 链传动的布置

① 两轮轴线应平行，两轮运转平面应处于同一平面，两轮中心连线尽量水平布置，需要倾斜时，中心线与水平线夹角≤45°。

② 为了保证良好啮合，传动链应紧边在上，松边在下。

2. 链传动的张紧

链传动需适当张紧，以防止松边垂度过大而引起啮合不良、松边颤动和跳齿等现象。一般将其中心距设计成可调形式，通过调整中心距来张紧链轮。也可采用张紧轮来张紧，如图 4-12 所示，张紧轮一般设在松边。

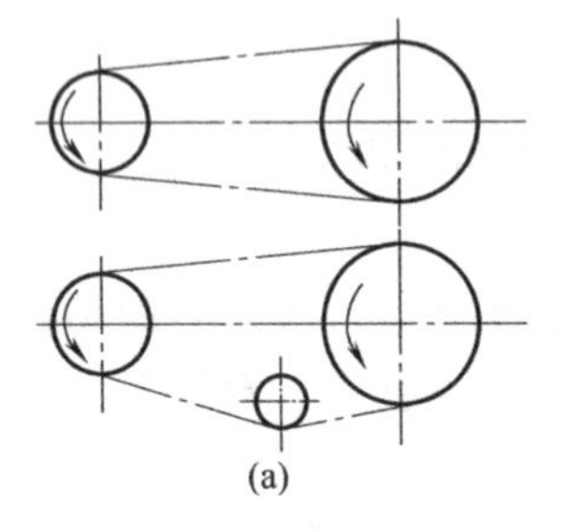
(a)

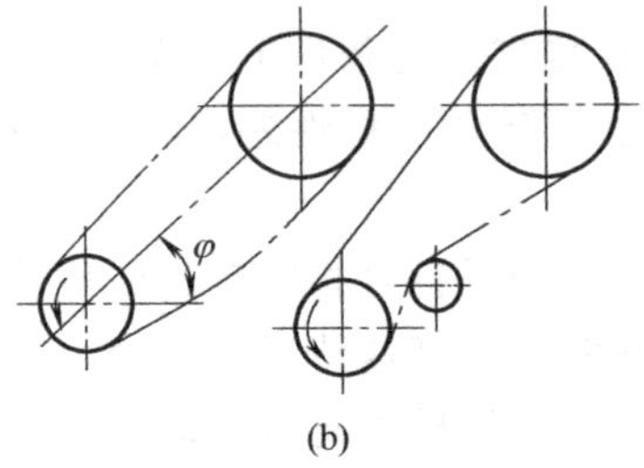

(b)

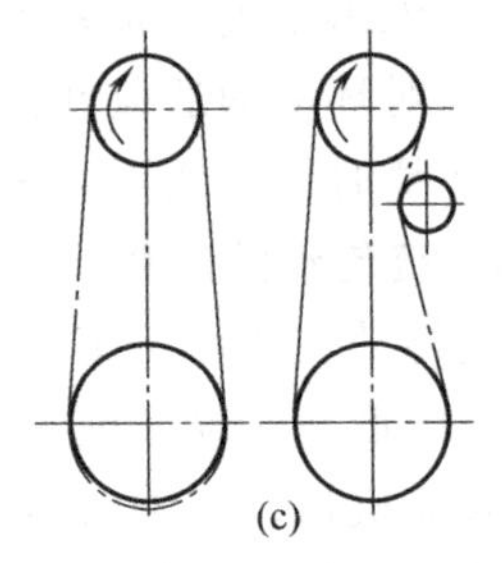
(c)

图 4-12　链传动的张紧

3. 链传动的润滑

润滑对链传动影响很大，良好的润滑将减少磨损，缓和冲击，延长链条的使用寿命。润滑油可选用 L—AN32、L—AN46、L—AN68 油，为使润滑油能渗入各运动接触面，润滑油应加在松边。对于工作条件恶劣及低速、重载的链传动，当难以采用油润滑时，可采用脂润滑，但应经常清洗并加脂。润滑方式如图 4-13 所示。

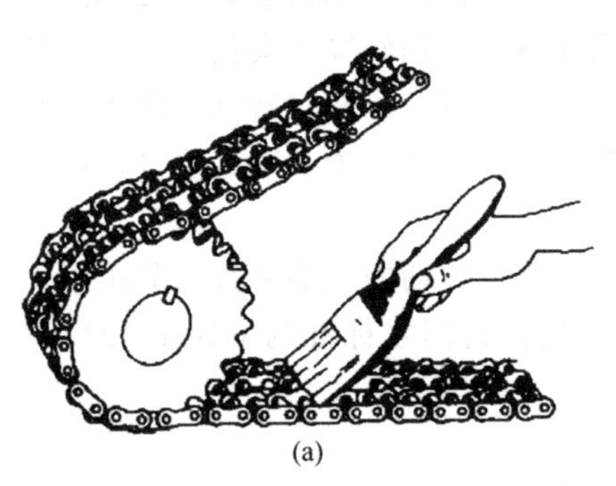
(a)

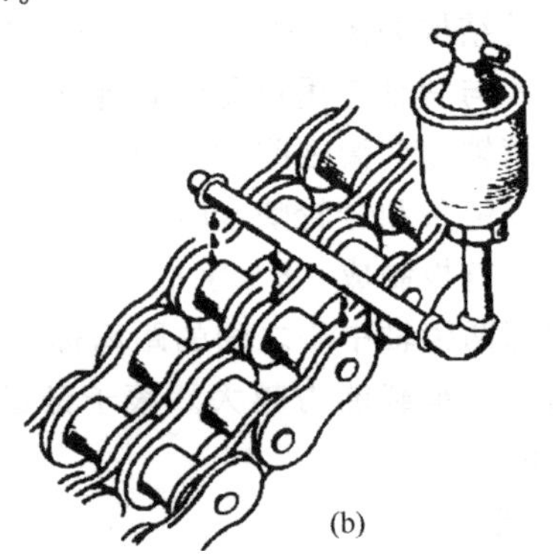
(b)

图 4-13

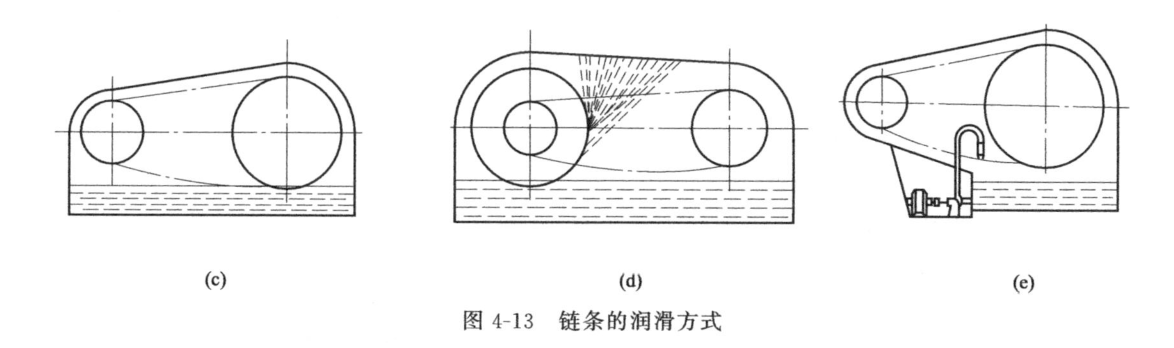

图 4-13 链条的润滑方式

第四节 齿轮传动

齿轮传动是机械传动中应用最广泛的一种传动，是由主动齿轮 1、从动齿轮 2 及机架组成，如图 4-14 所示。当主动齿轮转动时，通过主、从动齿轮的轮齿直接接触（啮合）产生法向反力来推动从动轮转动，从而传递运动和动力。齿轮传动机构是现代机械中应用最广泛的传动机构之一。

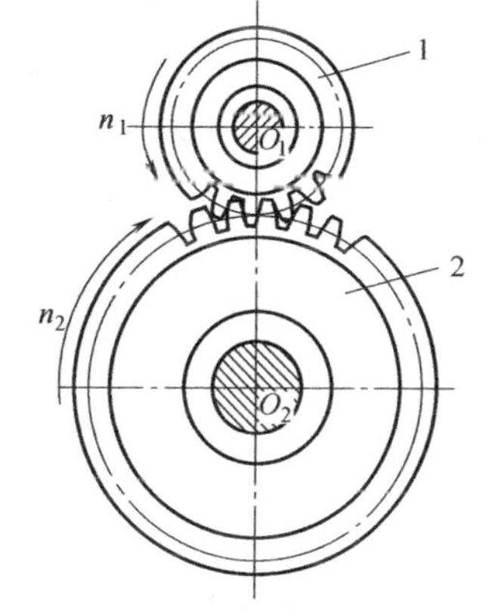

图 4-14 齿轮传动

1—主动齿轮；2—从动齿轮

一、齿轮传动的特点和类型

1. 齿轮传动的特点

① 适用的圆周速度和功率范围大，其圆周速度可达 300m/s，传递功率可达 10^5kW，齿轮直径可从 1mm～150m 以上。

② 能保证恒定的瞬时传动比，传递运动准确可靠。

③ 具有中心距可分性，即由于制造、安装或轴承磨损等原因，造成中心距有偏差，但渐开线齿轮传动的传动比仍然保持不变的特性，这一特性对渐开线齿轮的制造和安装十分有利。

④ 结构紧凑，体积小，使用寿命长，能实现两轴平行、相交、交叉的各种运动。

⑤ 传动效率较高，一般为 0.92～0.98，最高可达 0.99。

⑥ 制造、安装精度要求高，成本高，对冲击和振动比较敏感，没有过载保护作用，不适合两轴距离较远的传动。

2. 齿轮传动的类型

（1）按齿轮形状分类

① 圆柱齿轮传动：当用于两平行轴间的传动时，可采用如图 4-15（a）～（d）所示的齿轮传动。如果要求传动平稳、承载能力较大时，则采用如图 4-15（b）所示的圆柱斜齿轮传动和图 4-15（c）所示的人字齿轮传动，如果要求结构紧凑时，则采用如图 4-15（d）所示的内啮合传动；当需要将直线运动变为回转运动（或反之）时，可采用图 4-15（e）所示的齿轮齿条传动。

② 圆锥齿轮传动：常用于两轴相交的传动，如图 4-15（f）所示。

（2）按齿轮传动的工作条件分类

① 开式齿轮传动：指暴露在箱体之外的齿轮传动，工作时易落入灰尘杂质，不能保证良好的润滑，轮齿容易磨损。多用于低速或不太重要的场合。

② 闭式齿轮传动：指安装在封闭的箱体内的齿轮传动，润滑和维护条件良好，安装精确。重要的齿轮传动都采用闭式齿轮传动。

(3) 按齿面硬度不同可分类

① 软齿面齿轮：HB≤350。

② 硬齿面齿轮：HB>350。

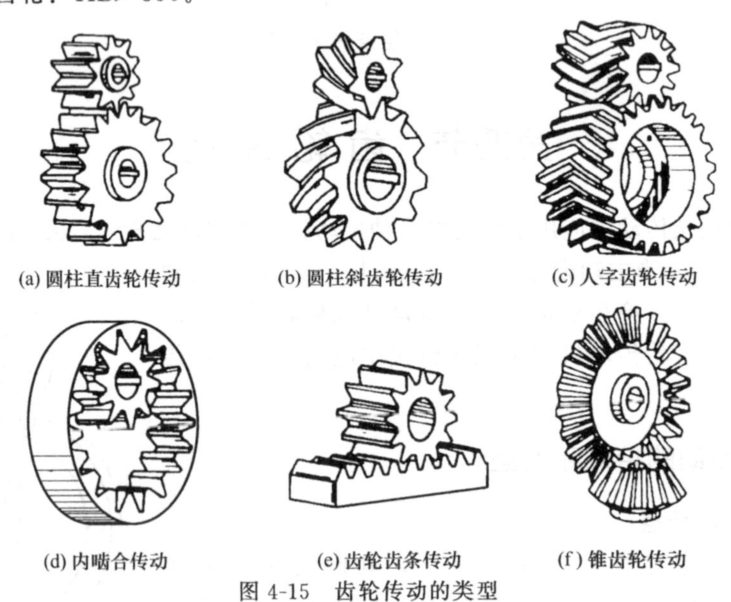

(a) 圆柱直齿轮传动　(b) 圆柱斜齿轮传动　(c) 人字齿轮传动

(d) 内啮合传动　(e) 齿轮齿条传动　(f) 锥齿轮传动

图 4-15　齿轮传动的类型

二、渐开线标准直齿圆柱齿轮

1. 渐开线标准直齿圆柱齿轮的几何要素

如图 4-16 所示，直齿圆柱齿轮的几何要素有：齿顶圆 d_a、齿根圆 d_f、分度圆 d、齿距 p、齿厚 s、齿槽宽 e、齿顶高 h_a、齿根高 h_f、全齿高 h、齿宽 b。

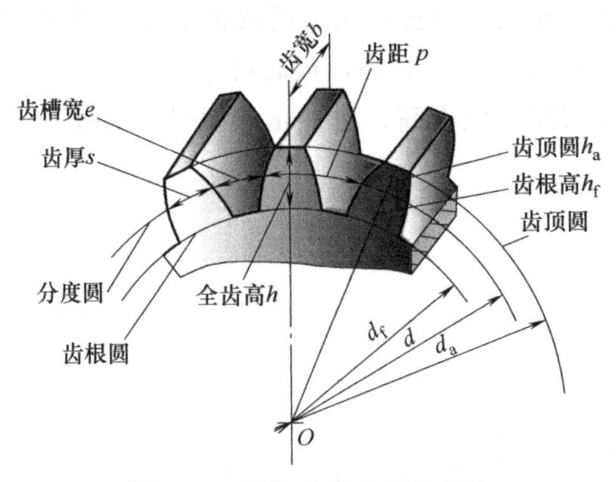

图 4-16　圆柱齿轮各部分名称

2. 渐开线标准直齿圆柱齿轮的基本参数

① 齿数 z：齿数是齿轮上轮齿的个数。一般 $z \geq z_{min}=17$，推荐 $z_1=24 \sim 40$。z_1、z_2

应互为质数。

② 模数 m：分度圆上有 $\pi d = pz$，则分度圆直径 $d = pz/\pi$，令 $m = p/\pi$，单位为 mm，称为模数。

模数反映轮齿的大小。模数越大，轮齿越大，承载能力越大，表 4-5 为国标 GB/T 1357—2008 规定的标准模数系列。

分度圆直径可写成：$d = mz$。

③ 压力角 α：渐开线齿轮啮合时，啮合点的速度方向与啮合点的受力方向之间所夹的锐角，称为渐开线在该点的压力角。通常所说的压力角是指分度圆上的压力角，用 α 表示，国标规定 $\alpha = 20°$。

表 4-5　标准模数系列　　单位：mm

第一系列	1　1.25　1.5　2　2.5　3　4　5　6　8　10　12　16　20　25　32　40　50
第二系列	1.75　2.25　2.75　(3.25)　3.5　(3.75)　4.5　5.5　(6.5)　7　9　(11)　14　18　22　28　(30)　36　45

注：优先采用第一系列，括号内的模数尽可能不用。

④ 齿顶高系数 h_a^* 和顶隙系数 c^*：这两个系数已标准化，国标规定：正常齿 $h_a^* = 1$，$c^* = 0.25$；短齿 $h_a^* = 0.8$，$c^* = 0.3$。

将模数 m、压力角 α、齿顶高系数 h_a^* 和顶隙系数 c^* 皆为标准值的齿轮称为标准齿轮。

3. 渐开线标准直齿圆柱齿轮几何尺寸计算

齿轮各部分名称和几何尺寸计算见表 4-6。

表 4-6　渐开线标准直齿圆柱齿轮主要几何尺寸的计算公式

名称	符号	计算公式
齿顶高	h_a	$h_a = h_a^* m$
齿根高	h_f	$h_f = (h_a^* + c^*)m$
全齿高	h	$h = h_f + h_a = (2h_a^* + c^*)m$
顶隙	c	$c = c^* m$
齿距	p	$p = \pi m$
齿厚	s	$s = p/2 = \pi m/2$
齿槽宽	e	$e = p/2 = \pi m/2$
分度圆直径	d	$d = mz$
基圆直径	d_b	$d_b = d\cos\alpha$
齿顶圆直径	d_a	$d_a = d \pm 2h_a = m(z \pm 2h_a^*)$
齿根圆直径	d_f	$d_f = d \mp 2h_f = m(z \mp 2h_a^* \mp 2c^*)$
标准中心距	a	$a = r_1' \pm r_2' = r_1 \pm r_2 = \frac{1}{2}(d_2 \pm d_1) = \frac{1}{2}m(z_2 \pm z_1)$

注：式中上边算符适用于外齿轮、外啮合，下边算符适用于内齿轮、内啮合。

4. 渐开线标准直齿圆柱齿轮的传动比计算

设主动齿轮、从动齿轮的齿数分别为 z_1、z_2，转速分别为 n_1、n_2，则齿轮的平均传动比为

$$i=\frac{n_1}{n_2}=\frac{z_2}{z_1} \tag{4-5}$$

说明齿轮传动的平均传动比等于两齿轮齿数的反比。当主动齿轮齿数 z_1 小于从动齿轮的齿数 z_2 时，$i>1$，为减速传动；反之，为增速传动。

5. 渐开线标准直齿圆柱齿轮传动的正确啮合条件

可以论证，直齿圆柱齿轮传动的正确啮合条件为两齿轮的模数、压力角分别相等，即

$$m_1=m_2=m, \alpha_1=\alpha_2=\alpha$$

三、齿轮传动的失效形式

齿轮在传动过程中，由于某种原因而不能正常工作，从而失去了正常的工作能力，称为失效。齿轮传动的失效主要是指轮齿的失效。由于存在各种类型的齿轮传动，而各种传动的工作状况、所用材料、加工精度等因素各不相同，所以造成齿轮轮齿出现不同的失效形式。

1. 轮齿折断

齿轮的轮齿沿齿根整体折断或局部折断。轮齿在重复变化的弯曲应力作用下或齿根处的应力集中导致轮齿疲劳折断；当轮齿受到短时过载或意外冲击而产生过载折断，如图 4-17 所示。轮齿折断是闭式硬齿面齿轮传动的主要失效形式。

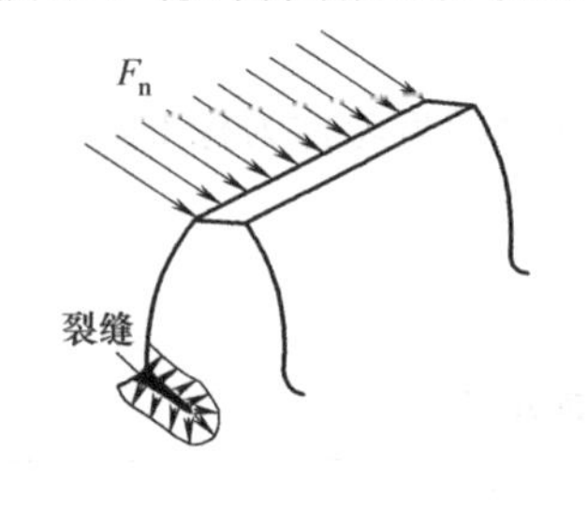

(a) 轮齿受力

(b) 全齿折断

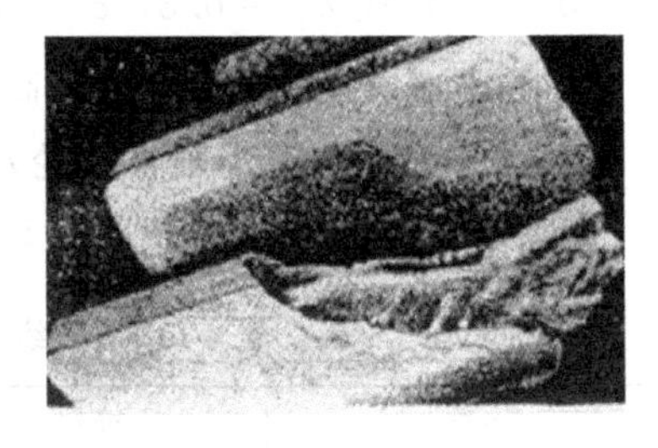

(c) 局部齿折断

图 4-17 轮齿折断

防止轮齿折断的方法是选择恰当的模数和齿宽，采用合适的材料和热处理工艺，增大齿根圆角半径并减小齿面的粗糙度，使齿根弯曲应力不超过许用值等，均能有效地避免轮齿折断。

2. 齿面点蚀

齿面接触应力是交变的，应力经多次重复后，靠近齿根一侧的节线附近出现细小裂纹，裂纹逐渐扩展，导致表层小片金属剥落而形成麻点状凹坑，称为齿面疲劳点蚀，如图 4-18 所示。齿面点蚀是闭式软齿面齿轮传动的主要失效形式。出现点蚀的轮齿，产生强烈的振动和噪声，导致齿轮失效。

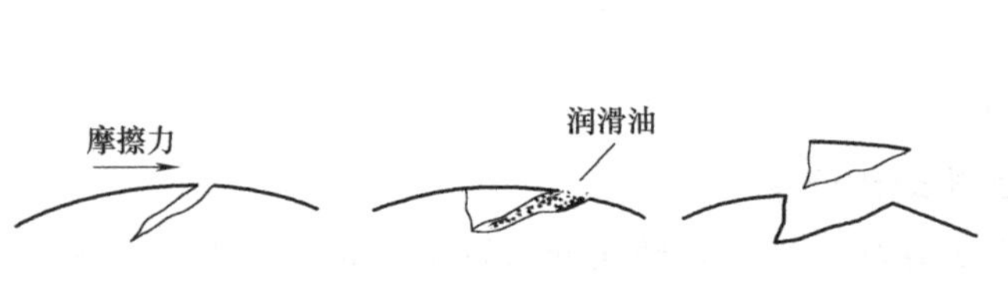

图 4-18 齿面点蚀

防止齿面点蚀的方法是提高齿面硬度，采用黏度高的润滑油，选择正变位齿轮等，均可减缓或防止点蚀产生。

3. 齿面磨损

灰尘、金属屑等杂质进入轮齿的啮合区，由于两齿面产生相对滑动引起摩擦磨损，如图4-19所示。齿面磨损是开式齿轮传动的主要失效形式，磨损后，正确的齿形遭到破坏，齿厚减薄，最后导致轮齿因强度不足而折断。润滑油不清洁的闭式传动也可能出现齿面磨损。

防止齿面磨损的方法是提高齿面的硬度，降低齿面粗糙度，保持润滑油的清洁，尽量采用闭式传动等均能有效地减轻齿面的磨损。

4. 齿面胶合

在高速重载的传动中，由于啮合区的压力很大，润滑油膜因温度升高容易破裂，造成两金属表面直接接触，产生瞬时高温，使齿面接触区熔化并粘接在一起。当齿面相对滑动时，将较软的金属表面沿滑动方向撕下一部分，形成沟纹，这种现象称为胶合，如图4-20所示。

防止齿面胶合的方法是采用黏度较大或有添加剂的抗胶合润滑油；加强散热措施；提高齿面硬度和改善粗糙度；尽可能采用不同成分的材料制造配对的齿轮等，均有助于防止齿面的胶合。

5. 齿面塑性变形

未经硬化的软齿面齿轮在啮合过程中，沿摩擦力方向发生塑性变形，导致主动轮节线附近出现凹沟，从动轮节线附近出现凸棱，这种现象称为齿面塑性变形，如图4-21所示。由于轮齿的塑性变形，破坏了渐开线齿形，造成传动失效。齿面塑性变形常在低速重载、启动频繁、严重过载的传动中出现。

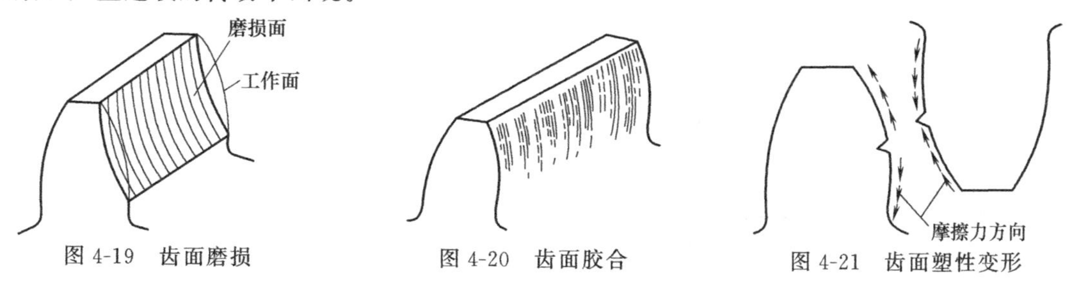

图4-19　齿面磨损　　图4-20　齿面胶合　　图4-21　齿面塑性变形

防止齿面塑性变形的方法是提高齿面硬度，采用黏度大的润滑油，可以减轻或防止齿面塑性流动。

四、齿轮的材料

由失效形式分析可知，对齿轮材料的基本要求为：齿面应具有较高硬度，以抵抗齿面磨损、点蚀、胶合以及抗塑性变形等；齿芯应具有足够的强度和冲击韧性，以抵抗齿根的折断和冲击载荷；应具有良好的加工工艺性能和热处理性能，以便于加工，提高其综合力学性能。小齿轮齿根厚度较薄、应力循环次数多及磨损大等，选择材料时，小齿轮优于大齿轮的材料，当齿面硬度≤350HBS时，应使小齿轮的齿面硬度比大齿轮的齿面硬度高出30～50HBS或更多。

齿轮常用材料是锻钢，其次是铸钢和铸铁，有时也采用一些非金属材料制造齿轮。锻钢强度高、韧性好、利于加工和热处理等，大多数齿轮都采用锻钢制造。软齿面齿轮材料常用中碳钢（45、50）和中碳合金钢（40Cr、42SiMn），其齿坯经调质或正火处理后再切齿。软齿面齿轮适用于强度、精度要求不高的场合，其加工工艺简单，生产便利，成本较低。硬齿面齿轮材料常用中碳钢和中碳合金钢，齿轮切齿制造后进行表面淬火处理；或采用低碳钢和低碳合金钢（20Cr、20CrMnTi）渗碳淬火处理，热处理后须磨齿。不便磨齿时可采用热处理变形较小的表面渗氮齿轮。硬齿面齿轮适用于结构尺寸要求紧凑、强度和精度要求高的场合，生产成本较高。

五、齿轮传动的润滑与维护

1. 齿轮传动的润滑

齿轮传动润滑的目的是减少摩擦、减轻磨损，延缓齿轮传动的寿命，保证齿轮传动的工作能力。闭式齿轮传动的润滑方式有浸油润滑和喷油润滑两种，一般可根据齿轮的圆周速度进行选择。

① 浸油润滑：当齿轮的圆周速度 $v\leqslant 12\mathrm{m/s}$ 时，通常采用浸油润滑方式，如图 4-22（a）所示。大齿轮浸油深度通常为 10～30mm，转速低时可浸深一些，但浸油过深会增大运动阻力并使油温升高。在多级齿轮传动中，对于未浸入油池内的齿轮，可采用带油轮将油带到未浸入油池内的齿轮齿面上，如图 4-22（b）所示。浸油齿轮可将油甩到齿轮箱壁上，有利于冷却。注意浸油齿轮的齿顶至油箱底面的距离≥30～50mm，以免搅起油泥，且储油太少不利于散热。

② 喷油润滑：当齿轮的圆周速度 $v>12\mathrm{m/s}$ 时，由于圆周速度大，齿轮搅油剧烈，且黏附在齿廓面上的油易被甩掉，不宜采用浸油润滑，而应采用喷油润滑，如图 4-22（c）所示。喷油润滑是用油泵将具有一定压力的润滑油经喷嘴喷到啮合的齿面上。

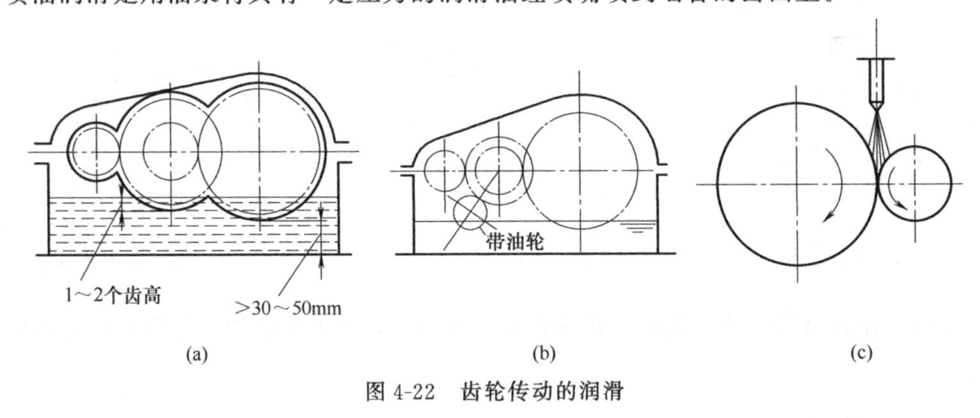

图 4-22 齿轮传动的润滑

对于开式齿轮传动，由于其传动速度较低，通常采用人工定期加油的润滑方式。

2. 齿轮传动的维护

齿轮传动设备的维护很重要，维护不当，将影响设备的正常运行、缩短使用寿命，且可能引发意外事故等。要求定点、定质、定量、定期、定人检查齿轮传动的润滑系统。对浸油齿轮润滑应定期检查油面高度，油面过低则润滑不良，油面过高会增加搅油功率的损失；对于压力喷油润滑系统还须检查油压状况，油压过低会造成供油不足，油压过高则可能是因为油路不畅通，须及时调整油压；闭式齿轮应防尘、防酸、防碱等侵入，保持良好的工作环境；要遵守工作规程，不允许过载使用；齿轮失效一般会产生冲击、振动和噪声，胶合破坏会使油温升高等，因此，对齿轮传动应定期进行检查，及时发现故障，防止突然损坏，避免影响生产和发生事故。

第五节 蜗杆传动

蜗杆传动主要由蜗杆和蜗轮组成，如图 4-23 所示。其中蜗杆形如螺杆，有左旋和右旋、单头和多头之分。蜗轮形如斜齿轮，蜗轮沿齿宽方向包在蜗杆的圆柱面上。一般以蜗杆为主动件，蜗轮为从动件，用以传递空间交错的两轴之间的回转运动和动力。通常两轴交错角为 90°。

一、蜗杆传动的特点和类型

1. 蜗杆传动的特点

（1）传动比大，结构紧凑

蜗杆传动能保证准确的传动比。蜗杆线数一般取 $z_1=1$、2、4、6，蜗轮齿数通常在 $z_2=29\sim80$ 范围内，所以，在动力传动中单级蜗杆传动比 i 可达 80；分度机构中传动比 i 可达 1000。

（2）传动平稳，噪声小

由于蜗杆上的齿是连续的螺旋齿，它与蜗轮轮齿的啮合是连续的，所以传动平稳、噪声小、冲击振动小。

（3）可制作具有自锁性蜗杆

当蜗杆的螺旋线升角小于啮合面的当量摩擦角时，只有蜗杆能驱动蜗轮，而蜗轮不能驱动蜗杆，这种特性称为蜗杆传动的自锁性。

（4）蜗杆传动效率低

具有自锁性的蜗杆传动，效率在 0.5 以下，一般蜗杆传动的效率只有 0.7、0.9，所以，蜗杆传动不适宜大功率和连续传动的场合。

（5）加工制造成本高

当蜗杆蜗轮啮合时，相对滑动速度较大，摩擦磨损严重，为了减轻磨损，防止胶合，常用青铜等贵重金属制造蜗轮，因此蜗杆传动制造成本较高。

2. 蜗杆传动的类型

按蜗杆的外形不同，蜗杆传动可分为圆柱面蜗杆传动、环面蜗杆传动和锥面蜗杆传动，如图 4-24 所示。根据蜗杆齿面形状不同，圆柱蜗杆又可分为阿基米德蜗杆、渐开线蜗杆和法向直齿蜗杆等。其中阿基米德蜗杆应用最广，可在车床上用成形车刀加工。如图 4-25 所示，其加工方法与加工普通梯形螺纹相同，加工时刀具的切削刃的顶面通过蜗杆的轴线。阿基米德蜗杆端面齿廓是阿基米德螺旋线，轴向齿廓是直线。

图 4-23 蜗杆传动

(a) 圆柱面蜗杆传动

(b) 环面蜗杆传动

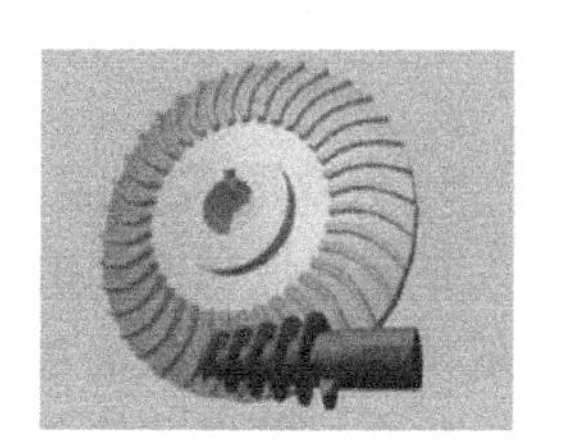

(c) 锥面蜗杆传动

图 4-24 蜗杆传动的类型

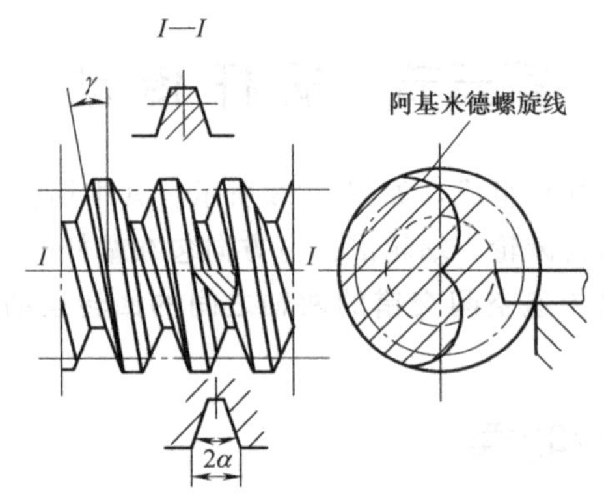

图 4-25 阿基米德蜗杆

二、蜗杆传动的传动比与失效形式

1. 蜗杆传动的传动比

头数为 z_1（螺旋线的数目）的蜗杆与齿数为 z_2 的蜗轮组成的蜗杆传动，当蜗杆转一周时，蜗轮将转 z_1 个齿，即 z_1/z_2 周。所以，蜗杆传动的传动比为

$$i=\frac{n_1}{n_2}=\frac{z_2}{z_1} \tag{4-6}$$

常取蜗杆的头数为 $z_1=1\sim4$，蜗轮为 $z_2=28\sim80$，因此蜗杆传动的传动比比齿轮传动大得多。

2. 蜗轮转向的判定

蜗杆与蜗轮的转向可用左手、右手定则判定。即当蜗杆为右旋时使用右手；左旋时用左手。半握拳，四指弯曲方向与蜗杆的转向一致，则大拇指指向的反方向就是蜗轮在啮合点的圆周速度的方向，根据蜗轮在啮合点的圆周速度的方向即可判定蜗轮的转向。如图 4-26 所示。

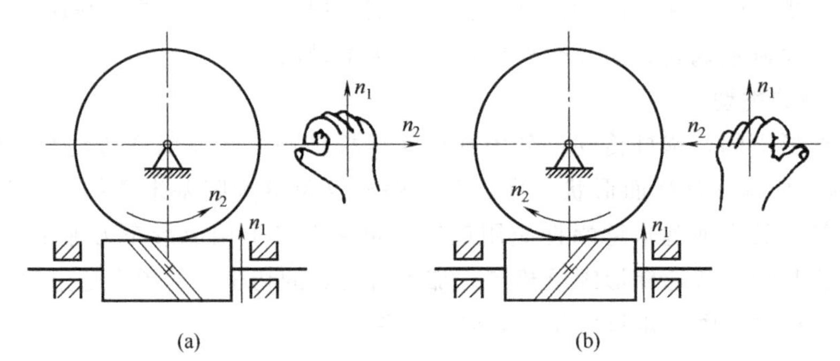

图 4-26 蜗轮的转向判定

3. 失效形式

在蜗杆传动中，由于材料及结构等原因，蜗杆轮齿的强度高于蜗轮轮齿的强度，所以在一般情况下，失效常常发生于蜗轮的轮齿上。其轮齿的失效形式和齿轮传动类似，有齿面点蚀、胶合、磨损和轮齿折断等。但由于蜗杆、蜗轮齿面间相对滑动速度较大，发热量大而效率低，当润滑条件差及散热不良时，闭式蜗杆传动极易出现胶合。开式蜗杆传动以及润滑油不清洁的闭式蜗杆传动中，其主要失效形式是轮齿磨损。

三、蜗杆传动的材料与结构

1. 常用材料

由蜗杆传动的失效形式可知，蜗杆、蜗轮的材料不仅要求具有足够的强度，还需要有良好的减摩性、耐磨性和抗胶合能力。为此常采用青铜做蜗轮齿圈与淬硬磨削的钢制蜗杆相配。

蜗杆一般用碳钢或合金钢制造，常用材料有 45、42SiMn、15CrMn、20CrMn 及 20Cr 等。要求蜗杆的表面粗糙度值小并具有较高的硬度。

蜗轮常用材料为铸锡青铜、铝青铜、灰铸铁等。蜗轮常用材料有 ZCuSn10P1、ZCuSn5Pb5Zn5、ZCuAl10Fe3 、ZCuAl10Fe3Mn2 及 HT200 等。

2. 蜗杆与蜗轮的结构

(1) 蜗杆的结构

由于蜗杆的直径较小，通常和轴做成一个整体，如图 4-27 所示。螺旋部分常用车削加工，也可用铣削加工。车削加工时需有退刀槽，因此，刚性较差。

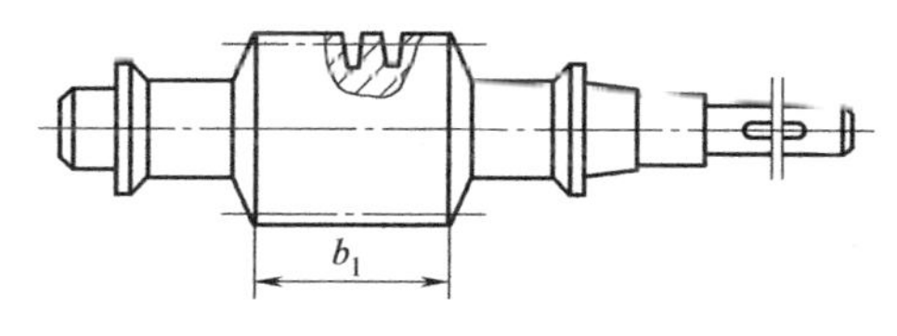

图 4-27 蜗杆轴

(2) 蜗轮的结构

蜗轮的结构可做成整体式或组合式。

① 整体式蜗轮：整体式蜗轮主要用于铸铁蜗轮或直径小于 100mm 的青铜蜗轮，如图 4-28 (a) 所示。

② 组合式蜗轮：为了节约贵重金属，直径较大的蜗轮常采用组合式结构，齿圈用青铜材料制造，而轮芯用铸铁或铸钢制造。其组合形式有齿圈压配式、螺栓连接式、镶铸式蜗轮，如图 4-28 所示。

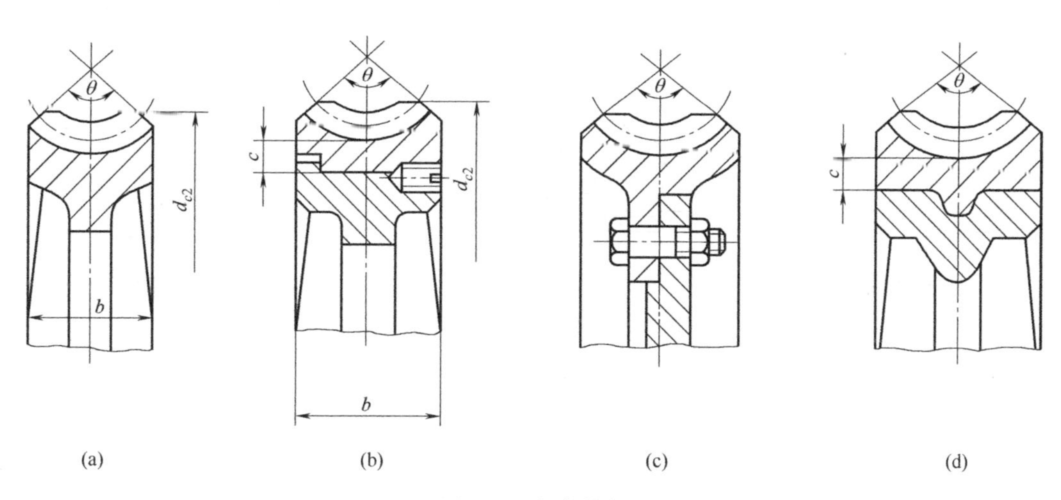

图 4-28 蜗轮结构

四、蜗杆传动的润滑与维护

1. 润滑

为了提高蜗杆传动的效率，降低齿面工作温度，避免胶合和减少磨损，对蜗杆传动进行润滑显得十分重要。通常采用黏度较大的润滑油，以防止金属直接接触，有利于形成动压油膜，从而减小磨损、缓和冲击，使传动平稳，提高传动效率和蜗杆传动的寿命。

闭式蜗杆传动的润滑方式有浸油润滑和喷油润滑两种。采用浸油润滑时，在搅油损失不致过大的情况下，应使油池保持适当的油量，以利蜗杆传动的散热。一般情况下，上置式蜗杆传动的浸油深度约为蜗轮外径的 1/3，下置式蜗杆传动的浸油深度为蜗杆的一个齿高。

对于开式蜗杆传动的润滑采用手工周期性润滑。

2. 蜗杆传动跑合

为保证蜗杆传动齿面接触良好，装配后应进行跑合。跑合时采用低速运转（通常 $n_1=50\sim100\text{r/min}$)，逐步加载至额定载荷后跑合 1～5h。如果发现有青铜粘在蜗杆齿面上，应立即停车，用细砂纸打去后再继续跑合。跑合完毕后应清洗全部零件，更换润滑油。

3. 蜗杆传动的降温措施

由于蜗杆传动的效率低，因而发热量大，如果不及时散热，将使润滑油温度升高，黏度降低，油膜破坏而引起润滑失效，加剧齿面磨损，甚至引起齿面胶合。因工作温度超过允许的范围（大于 75～85℃）时，可采取下列方法提高散热能力：

① 在箱体外表面设置散热片以增加散热面积；

② 在蜗杆轴上安装风扇以提高表面散热系数，如图 4-29（a）所示；

③ 在箱体油池内装蛇形冷却水管，如图 4-29（b）所示；

④ 采用循环油冷却，如图 4-29（c）所示。

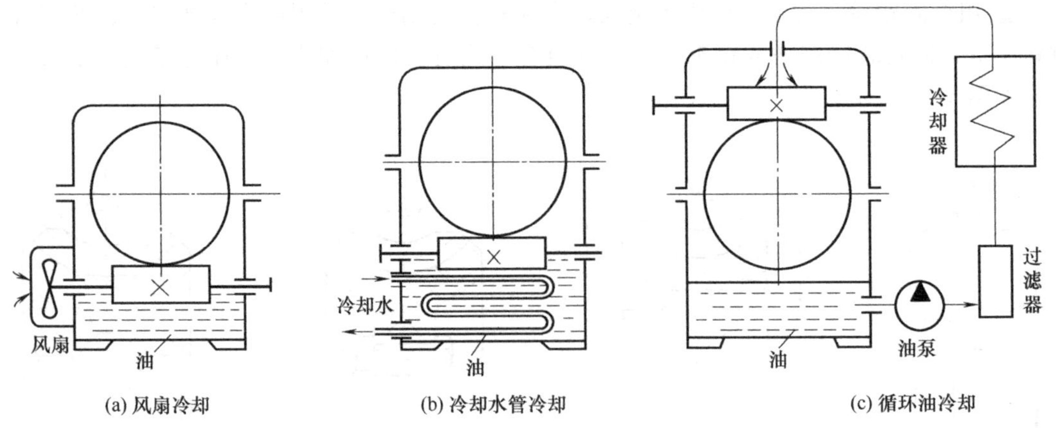

图 4-29 蜗杆传动的散热方式

第六节 齿 轮 系

在机械和仪表中，仅用一对齿轮传动往往不能满足实际工作要求，如图 4-30 所示，在

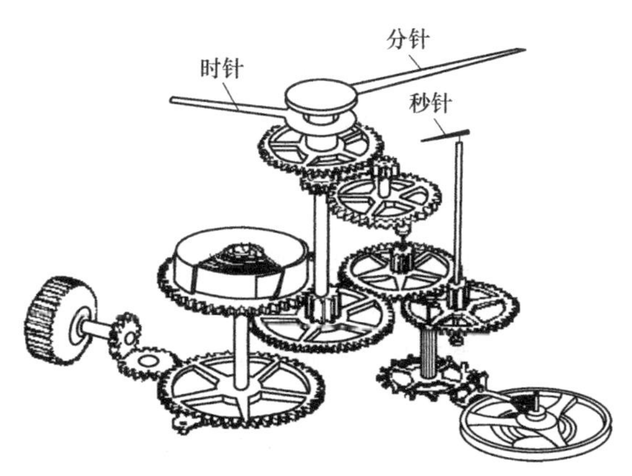

图 4-30 机械钟表中的轮系

钟表中，为了使时针、分针和秒针具有一定的传动比关系，需要由一系列齿轮组成的齿轮机构来传动。这种由一系列齿轮（含蜗杆、蜗轮）组成的传动系统称为齿轮系。

一、轮系的分类

根据齿轮系运转时齿轮的几何轴线位置相对于机架是否固定，可将齿轮系分为定轴齿轮系和行星齿轮系。

1. 定轴轮系

定轴轮系是指轮系运转时各齿轮的几何轴线相对于机架的位置保持固定的轮系，如图 4-31 所示。

2. 行星轮系

行星轮系是指齿轮系运转时至少有一个齿轮的几何轴线绕另一齿轮的几何轴线回转的轮系，如图 4-32 所示。在行星齿轮系中，绕固定几何轴线转动的齿轮称为太阳轮或中心轮。几何轴线运动的齿轮称为行星轮。支撑行星轮的构件称为系杆或行星架。

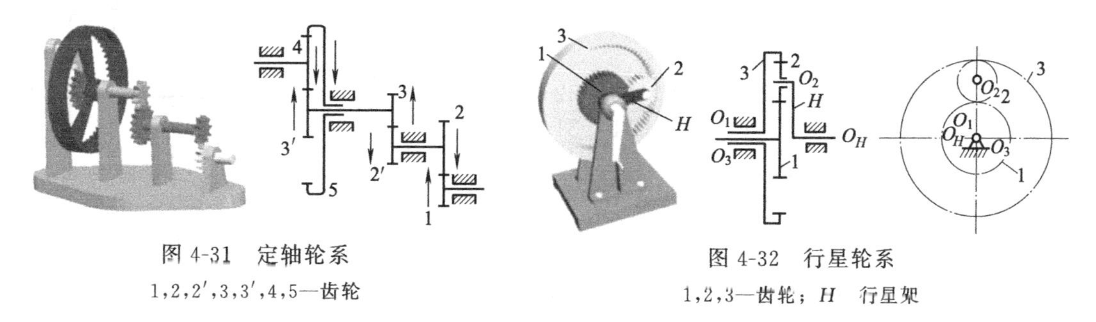

图 4-31 定轴轮系
1,2,2′,3,3′,4,5—齿轮

图 4-32 行星轮系
1,2,3—齿轮；H 行星架

由此可知，行星齿轮系是由行星轮、行星架以及与行星轮相啮合的太阳轮组成。

二、定轴轮系

在轮系中，输入、输出两轮（或两轴）的角速度或转速之比，称为轮系的传动比，用 i_{1N} 表示，下标 1 和 N 分别为输入和输出两轮的代号。计算轮系的传动比，不仅要确定其大小，还要确定两轮（轴）的相对转向。

1. 定轴轮系传动比大小的计算

经分析推得，定轴轮系的传动比等于各对啮合齿轮中从动轮齿数的连乘积与主动轮齿数

的连乘积之比，即

$$i_{1n}=\frac{n_1}{n_N}=\frac{\text{从 }1\sim N\text{ 各从动轮齿数的连乘积}}{\text{从 }1\sim N\text{ 各主动轮齿数的连乘积}} \tag{4-7}$$

2. 输出轮转向的确定

（1）箭头法（适合各种定轴轮系）

在轮系运动简图中，用箭头来标明齿轮可见侧的圆周速度方向。一对外啮合圆柱齿轮传动，两轮转向相反，箭头反向；一对内啮合圆柱齿轮传动，两轮转向相同，箭头同向；一对圆锥齿轮传动，箭头相背或相向；蜗杆传动要借助左手、右手定则判定。

（2）公式法（只适合平面定轴轮系）

对于平面定轴轮系（各齿轮轴线相互平行的轮系），各轮的转向不相同则相反，故可用更简单的公式法来判定首末两轮转向关系。因外啮合齿轮传动才会改变从动轮的转向，若轮系中有 m 对外啮合齿轮，则平面定轴轮系传动比计算式为

$$i_{1N}=\frac{n_1}{n_N}=(-1)^m\frac{\text{从 }1\sim N\text{ 各从动轮齿数的连乘积}}{\text{从 }1\sim N\text{ 各主动轮齿数的连乘积}} \tag{4-8}$$

显然，m 为偶数，传动比 i_{1N} 为正，则输入轮与输出轮的转向相同；m 为奇数，传动比 i_{1N} 为负，则输入轮与输出轮的转向相反。

【例 4-1】 如图 4-33 所示为一汽车变速箱，主动轴Ⅰ的转速 $n_{\text{Ⅰ}}=1000\text{r/min}$，当两半离合器 x、y 接合时，Ⅰ轴直接驱动从动轴Ⅲ，此时为高速前进；两半离合器脱开，滑移齿轮 4 与齿轮 3 啮合时为中速前进；滑移齿轮 6 与齿轮 5 啮合时为低速前进；滑移齿轮 6 与齿轮 8 啮合时为倒车。已知各轮齿数为 $z_1=19$，$z_2=38$，$z_3=31$，$z_4=26$，$z_5=21$，$z_6=36$，$z_7=14$，$z_8=12$。试求从动轴Ⅲ的四种转速。

解：该轮系为一平面定轴轮系。

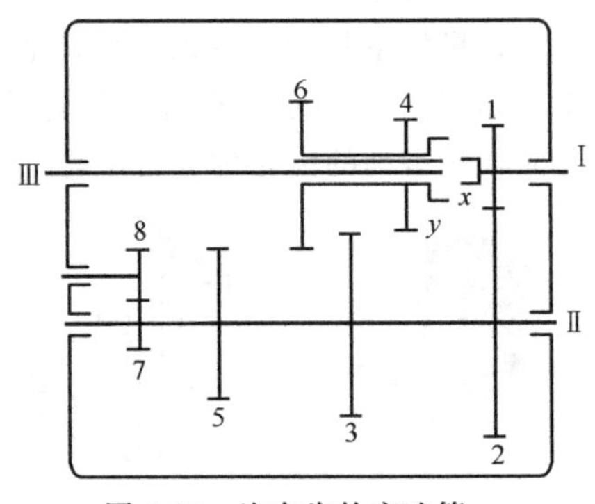

图 4-33 汽车齿轮变速箱

① 高速前进时，$n_{\text{Ⅲ}}=n_{\text{Ⅰ}}=1000\text{r/min}$。

② 中速前进时，其啮合关系线图为

$$\text{Ⅰ}=z_1—z_2=z_3—z_4=\text{Ⅲ}$$

故 $n_{\text{Ⅲ}}=n_4$，$n_{\text{Ⅰ}}=n_1$

$$i_{14}=\frac{n_1}{n_4}=(-1)^2\frac{z_2z_4}{z_1z_3}=\frac{38\times26}{19\times31}=\frac{52}{31}$$

$$n_{\text{Ⅲ}}=n_4=\frac{n_1}{i_{14}}=\frac{1000\times31}{52}=596\ (\text{r/min})$$

③ 低速前进时，其啮合关系线图为 $\text{Ⅰ}=z_1—z_2=z_5—z_6=\text{Ⅲ}$

故

$$n_{\text{Ⅲ}}=n_6$$

$$i_{16}=\frac{n_1}{n_6}=(-1)^2\frac{z_2z_6}{z_1z_5}=\frac{38\times36}{19\times21}=\frac{24}{7}$$

$$n_{\text{Ⅲ}}=n_6=\frac{n_1}{i_{16}}=\frac{1000\times7}{24}=292\ (\text{r/min})$$

④ 倒车时，其啮合关系线图为 $\text{Ⅰ}=z_1—z_2=z_7—z_8—z_6=\text{Ⅲ}$

故

$$n_{\text{Ⅲ}}=n_6$$

$$i_{16}=\frac{n_1}{n_6}=(-1)^3\frac{z_2z_8z_6}{z_1z_7z_8}=\frac{38\times12\times36}{19\times14\times12}=-\frac{36}{7}$$

$$n_Ⅲ = n_6 = \frac{n_1}{i_{16}} = -\frac{1000 \times 7}{36} = -194\ (\mathrm{r/min})$$

【例 4-2】 如图 4-34 所示空间定轴轮系中，已知各轮的齿数为 $z_1=15$，$z_2=25$，$z_3=14$，$z_4=20$，$z_5=14$，$z_6=20$，$z_7=30$，$z_8=40$，$z_9=2$（右旋），$z_{10}=60$。试求：

① 传动比 i_{17} 和 i_{110}；

② 若 $n_1=200\mathrm{r/min}$，从 A 向看去，齿轮 1 顺时针转动，求 n_7 和 n_{10}。

解： 该轮系啮合关系线图为

$z_1—z_2=z_3—z_4—z_5=z_6—z_7—z_8=z_9—z_{10}$

① 求传动比 i_{17} 和 i_{110}

$$i_{17} = \frac{n_1}{n_7} = \frac{z_2 z_4 z_5 z_7}{z_1 z_3 z_4 z_6} = \frac{25 \times 20 \times 14 \times 30}{15 \times 14 \times 20 \times 20} = 2.5$$

$$i_{110} = \frac{n_1}{n_{10}} = \frac{z_2 z_4 z_5 z_7 z_8 z_{10}}{z_1 z_3 z_4 z_6 z_7 z_9} = \frac{25 \times 20 \times 14 \times 30 \times 40 \times 60}{15 \times 14 \times 20 \times 20 \times 30 \times 2} = 100$$

② 求 n_7 和 n_{10}

$$i_{17} = \frac{n_1}{n_7} = 2.5$$

$$n_7 = \frac{n_1}{i_{17}} = \frac{200}{2.5} = 80(\mathrm{r/min})$$

$$i_{110} = \frac{n_1}{n_{10}} = 100$$

$$n_{10} = \frac{n_1}{i_{110}} = \frac{200}{100} = 2\ (\mathrm{r/min})$$

用画箭头的方法表示各轮的转向，如图 4-34 所示。

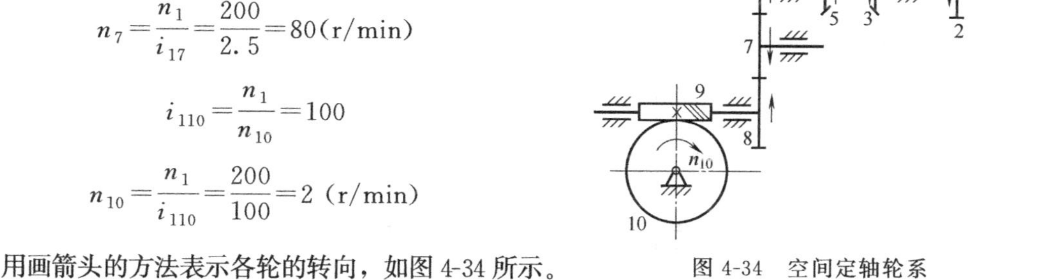

图 4-34 空间定轴轮系

三、轮系的功用

1. 获得较大的传动比

当传动比较大时，若仅用一对齿轮传动，两齿轮的齿数和寿命则相差很大，且导致结构尺寸庞大。若采用轮系和行星轮系则可以很容易获得大的传动比。

2. 实现远距离传动

当两轴相距较远时，若仅采用一对齿轮来传动（图 4-35 中虚线所示），则齿轮的尺寸会很大，致使机构的重量和结构尺寸增大。若改用轮系来传动（图 4-35 中实线所示），则可以大大减小齿轮的尺寸，而且制造、安装也比较方便。

3. 实现换向、变速传动

如图 4-33 所示，汽车齿轮变速箱所示的汽车变速箱传动系统，就是利用定轴轮系得到不同的输出速度，可使汽车以不同的速度前进或倒退，实现换向、变速传动。

4. 实现分路传动

利用轮系，可用一个主动轴带动若干从动轴同时转动，从而将运动从不同的传动路线传递给执行机构，实现运动的分路传动。如图 4-36 所示为动力头传动系统，动力头的主动轴通过定轴轮系将运动分成三路传出，带动钻头和铣刀同时切削工件。

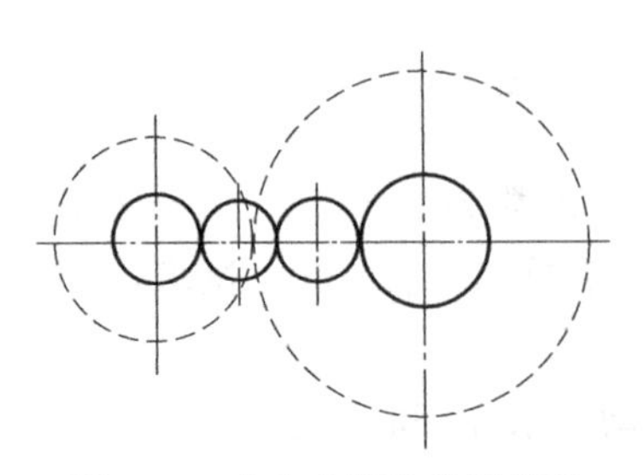

图 4-35 大中心距的齿轮传动

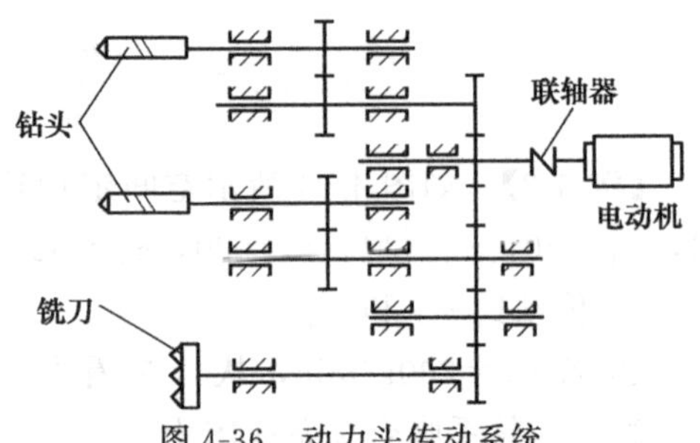

图 4-36 动力头传动系统

5. **实现运动的合成与分解**

具有两个自由度的行星齿轮系可以用作实现运动的合成和分解。即将两个输入运动合成为一个输出运动，或将一个输入运动分解为两个输出运动。如图 4-37 和图 4-38 所示。

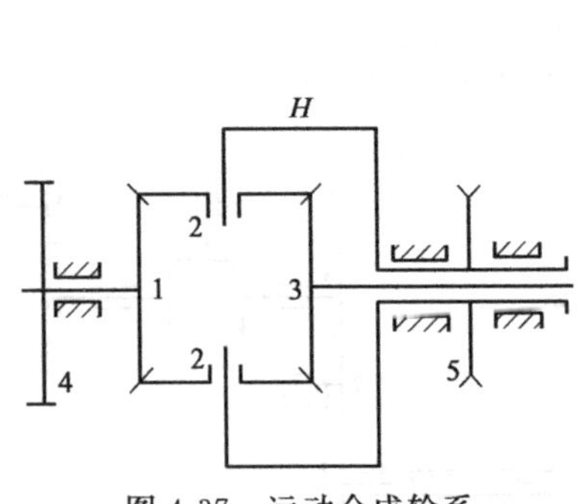

图 4-37 运动合成轮系

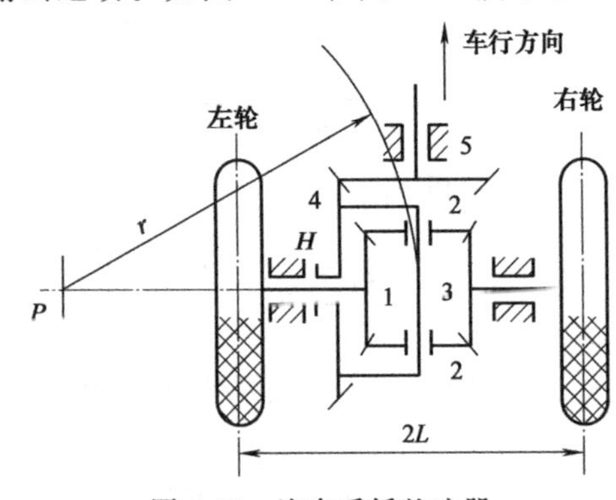

图 4-38 汽车手桥差速器

第七节 液压传动

一、液压传动的工作原理

液压传动装置本质上是一种能量转换装置，它以液体作为工作介质，通过动力元件液压泵将原动机（如电动机）的机械能转换为液体的压力能，然后通过管道、控制元件（液压阀）把有压液体输往执行元件（液压缸或液压马达），将液体的压力能又转换为机械能，以驱动负载实现直线或回转运动，完成动力传递。

图 4-39 是常见的液压千斤顶的工作原理图，它是由大、小液压缸和必要的辅助设备组成。液压缸 3 和 8 分别装有活塞 4 和 7，由于配合良好，两个活塞不仅能在缸内滑动，而且能实现可靠的密封。当用力向上提杠杆手柄 6 时，小活塞 7 被带动向上移动，于是小液压缸下腔的密封容积就增大，形成部分真空，此时在大气压力作用下，

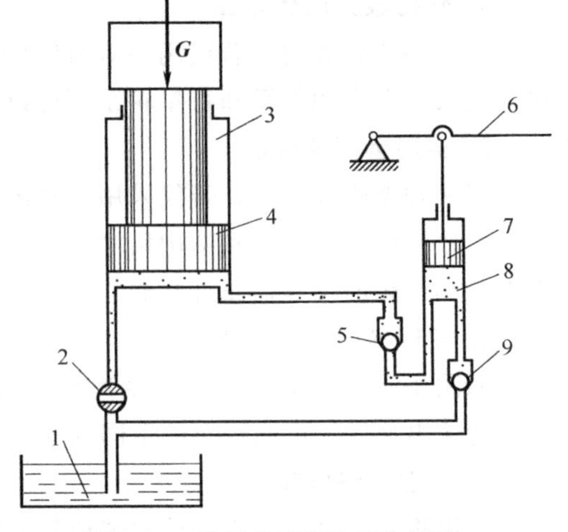

图 4-39 液压千斤顶的工作原理

1—油箱；2—放油阀；3—大液压缸；4—大活塞；5,9—单向阀；6—杠杆手柄；7—小活塞；8—小液压缸

单向阀 9 被打开，油箱 1 中的油液沿吸油管经单向阀 9 进入小液压缸的下腔，完成一次吸油动作。当用力向下压杠杆手柄时，小活塞下移，小液压缸下腔容积就减小，压力增大，迫使单向阀 9 关闭，单向阀 5 打开，油液便经两缸之间的连通管道进入大液压缸 3 的下腔，迫使其密封容积增大，从而驱动大活塞 4 上升使重物 G 向上顶起一段距离，完成一次压油动作。再次提起杠杆手柄时，大液压缸下腔内的压力油试图倒流进小液压缸，但在压力差作用下单向阀 5 自动关闭，使油液不能倒流，故保证了重物不会自行下落。反复提压杠杆手柄，油液就不断被压入大液压缸，使大活塞与重物不断上升。

工作完比，拧开放油阀 2，大液压缸的油液就经过管道流回油箱，在外力和自重作用下大活塞下移而脱离重物，便可取出千斤顶。

二、液压传动的特点及应用

1. 液压传动的特点

与机械传动相比较，液压传动有如下特点：

① 易于在较大范围内实现无级调速。在传递相同的功率的情况下，液压传动装置的体积小、重量轻、结构紧凑。

② 运动比较平稳，反应快，惯性小，冲击小，能快速启动、制动和频繁换向。易于实现过载保护，元件的自润滑性好，使用寿命长。调整控制方便，易于自动化。

③ 液压元件易于实现系列化、标准化和通用化。

④ 对温度的变化比较敏感，不宜在高温和低温下工作。由于存在液体的泄漏和可压缩性等，使得传动比不准确，效率低。

⑤ 液压元件的制造精度高，系统安装、调整和维护要求较高，出现故障时，不易查找原因。

2. 液压传动的应用

由于液压传动具有许多独特的特点，因此在机械设备中应用非常广泛。有的设备利用它操纵方便的优点，如起重机械、轻工机械、金属切削机械等；有的利用它能传递大动力的优点，如冶金机械、矿山机械、工程机械等。

三、液压传动系统的组成

液压传动系统由动力元件（液压泵）、执行元件（液压缸、液压马达）、控制元件（各种阀）及辅助元件（油箱、油管、压力表、过滤器等）四部分组成。

1. 动力元件

液压泵是液压系统的动力元件，其作用是将原动机的机械能转换成液体的压力能，向整个液压系统提供动力，推动整个系统工作。

① 齿轮泵：齿轮泵按结构不同分为外啮合齿轮泵和内啮合齿轮泵。

如图 4-40 所示为外啮合齿轮泵，它是由一对齿数完全相等的外啮合齿轮、泵体、端盖和传动轴等组成。泵体的内部类似“8”字形，两个齿轮装在里面，齿轮的外径及两侧与泵体紧密配合，在齿轮的各个齿间形成了密封腔，两齿轮的齿顶和啮合线将密封腔分为互不相通的两个油腔。泵体有两个油口，一个吸油口（入口），另一个是压油口（出口）。当电动机驱动主动齿轮转动时，两齿轮按图示方向转动。这时吸油腔的轮齿逐渐分离，由齿间所形成的密封容积逐渐增大，形成真空，因此，油箱中的油液在大气压力作用下进入吸油腔。吸入到齿间的油液随齿轮的旋转带到压油腔，这时压油腔侧轮齿逐渐进入啮合，齿间密封容积逐渐缩小，油液受挤压从压油腔中挤出，完成压油过程。主动齿轮连续旋转，吸油腔的轮齿连续脱离啮合不断吸油，压油腔侧轮齿连续进入啮合不断压油，从而实现油泵的连续供油。

齿轮泵结构简单紧凑、制造容易、维护方便、价格便宜、有自吸能力，但流量、压力脉动较大，且噪声大，流量不可调，一般用在低压轻载系统。

② 叶片泵：叶片泵可分为单作用叶片泵和双作用叶片泵。当转子旋转一周，单作用叶片泵完成一次吸、排油液，双作用叶片泵则完成两次吸、排油液。

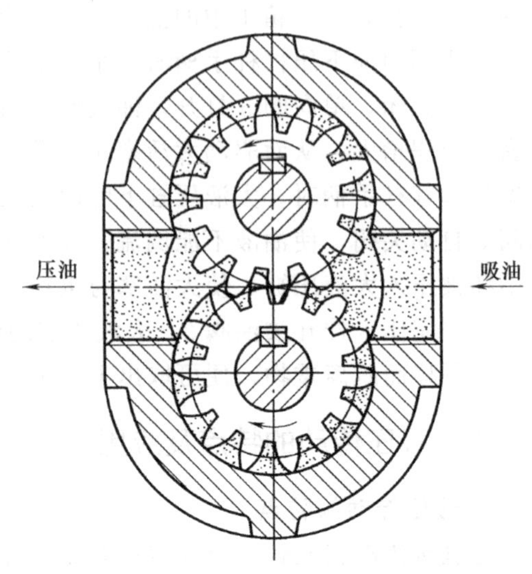

图 4-40　外啮合齿轮泵工作原理

单作用叶片泵是由转子、定子、叶片、端盖和泵体等组成。定子具有圆柱形内表面，定子和转子间有偏心距。叶片装在转子槽中，并可在槽内滑动。当转子回转时，由于离心力的作用，使叶片紧靠在定子内壁，这样在定子、转子、每两个叶片和两侧配油盘间就形成若干个密封的工作空间。当转子按图 4-40 所示的方向转动时，在图的右部，叶片逐渐伸出，叶片间的工作空间逐渐增大，形成真空，从吸油口吸油；在图的左部，叶片被定子内壁逐渐压进槽内，工作空间逐渐缩小，腔内油液受压通过压油口压出。在吸油区和压油区之间，各有一段封油区将它们互相隔开，以保证正常工作。这种叶片泵在转子每转一周，每个工作空间完成一次吸油和压油，因此，称为单作用叶片泵。转子不停地旋转，泵就不断地吸油和排油。

叶片泵的结构较齿轮泵复杂，吸油特性不太好，对油液的污染也比较敏感。但其工作压力较高，且流量脉动小，工作平稳，噪声较小，寿命较长。所以它被广泛应用于机械制造中的专用机床、自动线等中低液压系统中。

③ 柱塞泵：柱塞泵是靠柱塞在缸体中作往复运动造成密封容积的变化来实现吸油与压油的液压泵，按柱塞的排列和运动方向不同，可分为径向柱塞泵和轴向柱塞泵两大类。

与齿轮泵和叶片泵相比，柱塞泵压力高，结构紧凑，效率高，流量调节方便，故在需要高压、大流量、大功率的系统中和流量需要调节的场合。

2. 执行元件

执行元件的作用是将液压泵输入的液压能转换为工作部件运动的机械能，并输出直线运动或回转运动。液压系统的执行元件有液压缸、液压马达。

(1) 液压缸

液压缸结构简单、工作可靠。按作用方式可分为单作用式和双作用式液压缸。在单作用式液压缸中，压力油只能供入液压缸的一腔，使缸实现单方向的运动，返程必须依靠外力(如弹力、自重力等)。在双作用式液压缸中，压力油则交替供入液压缸的两腔，使缸实现正反两个方向的运动。

按结构形式可分为活塞式、柱塞式、摆动式和组合式液压缸等。活塞式和柱塞式液压缸实现往复直线运动，输出速度和推力；摆动式液压缸实现往复摆动，输出角速度和转矩；组合式液压缸实现往复直线运动、旋转运动，以及直线运动和旋转运动的复合运动。

① 双杆活塞式液压缸：特点是被活塞分隔开的液压缸两腔都有活塞杆伸出，且两活塞杆直径相等。当两腔相继供油且压力和流量不变时，活塞（或缸体）往返运动的速度和推力相等。

如图 4-41 所示为实心双杆活塞式液压缸的结构，主要由缸体 4、活塞 5、端盖 3、两根活塞杆 1 等组成。缸体是固定的，当液压缸左腔进油、右腔回油时，活塞向右移动；反之，活塞向左移动。

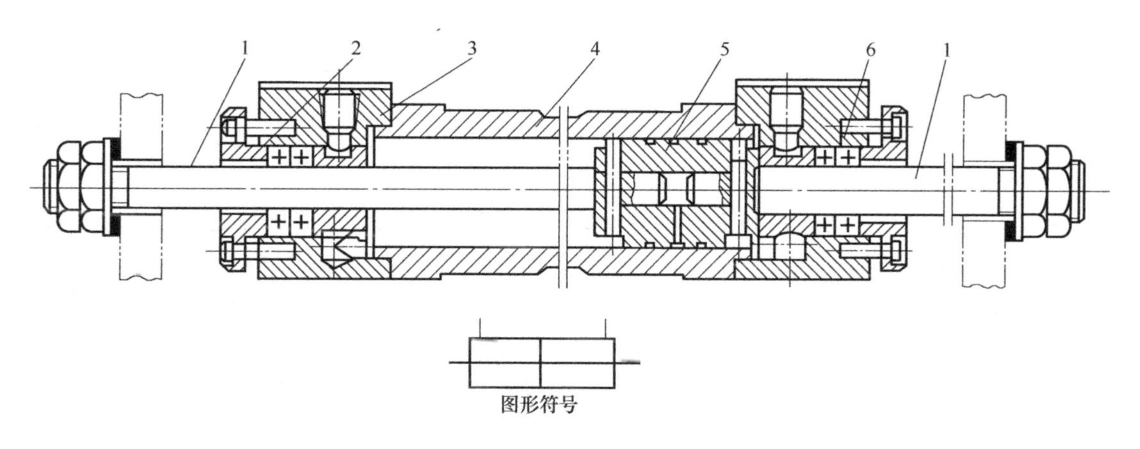

图 4-41 实心双杆活塞式液压缸的结构

1—活塞杆；2—压盖；3—端盖；4—缸体；5—活塞；6—密封圈

如图 4-42 所示为空心双杆活塞式液压缸的结构，其活塞 3 及活塞杆 1 是固定的、缸体与工作台连在一起，开有进出油口的活塞杆做成空心，以便进油和回油。当压力油进入液压缸右腔时，缸体连同工作台向右移动；反之，缸体向左移动。

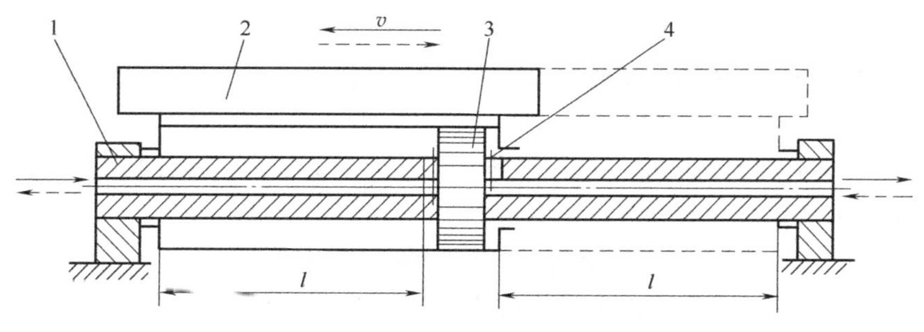

图 4-42 空心双杆活塞式液压缸的结构

1—活塞杆；2—工作台；3—活塞；4—缸体

② 单杆活塞式液压缸：这种液压缸的结构如图 4-43 所示，一端有活塞杆伸出，而另一端没有活塞杆伸出，所以活塞两端的有效面积不相等。当两腔相继供油时，即使压力和流量都相同，活塞（或缸体）往返运动的速度和推力也不相等。当无杆腔进油时，因活塞有效面积大，所以速度小，推力大；当有杆腔进油时，因活塞有效面积小，所以速度大，推力小。

（2）液压马达

液压马达是将液压能转化成机械能，并能输出旋转运动的液压执行元件。按机构形式的不同，液压马达可以分为齿轮式、叶片式、柱塞式等。按额定转速不同，液压马达可分为高

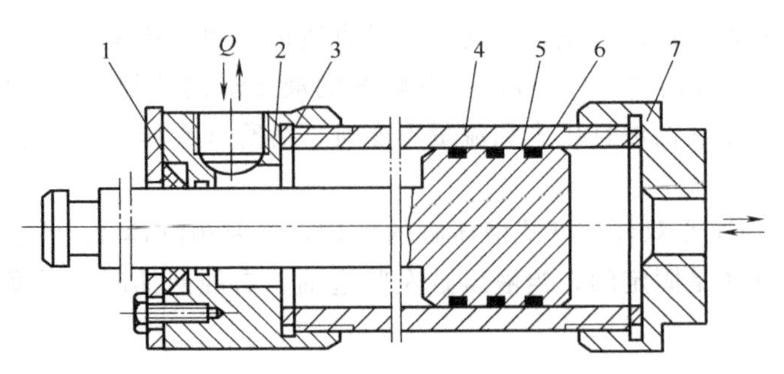

图 4-43 单杠活塞式液压缸的结构

1,6—密封圈；2,7—端盖；3—垫圈；4—刚体；5—活塞

速和低速两大类。额定转速高于 500r/min 的属于高速液压马达，额定转速低于 500r/min 的属于低速液压马达。

液压马达与液压泵的作用和工作原理相反，同类型的液压泵与液压马达在结构上相似，都具有同样的基本结构要素——密闭，且容积周期变化和相应的配油机构。但是，由于液压马达和液压泵的工作条件不同，对它们的性能要求也不一样，所以同类型的液压马达和液压泵之间，仍存在许多差别。如液压马达应能够正、反转，因而要求其内部结构对称，其进、出油口大小相等；而液压泵一般是单向运转的，没有这一要求，为了改善吸油性能，其吸油口往往大于压油口。因此，液压马达与液压泵一般不能可逆工作。

3. 控制元件

控制元件是用来控制液压系统中油液的流动方向或调节其压力和流量的液压阀。按不同的分类方式，液压阀有很多类型。按用途分为方向控制阀、压力控制阀和流量控制阀；按安装连接方式分为螺纹连接阀、法兰连接阀、板式连接阀、集成连接阀；按阀的控制方式分为开关（或定值）控制阀、比例控制阀、伺服控制阀、数字控制阀；按结构形式分为滑阀（或转阀）、锥阀、球阀等。

（1）方向控制阀

控制液压系统中油液流动方向的阀称为方向控制阀，简称方向阀，常用的有单向阀和换向阀。

① 单向阀：单向阀的作用是只允许油液按一个方向流动的，不能反向流动。液压系统中常见的单向阀有普通单向阀和液控单向阀。

如图 4-44（a）所示是一种管式普通单向阀的结构。当压力油从阀体左端的通口 P_1 流入时，克服弹簧 3 作用在阀芯 2 上的力，使阀芯向右移动，打开阀口，并通过阀芯 2 上的径向孔 a、轴向孔 b 从阀体右端的通口流出。当压力油从阀体右端的通口 P_2 流入时，它和弹簧力一起使阀芯锥面压紧在阀座上，使阀口关闭，油液无法通过。如图 4-44（b）所示是单向阀的图形符号。

② 换向阀：换向阀是利用阀芯相对于阀体的相对运动，使油路接通、关断，或变换油流的方向，从而使液压执行元件启动、停止或变换运动方向。当阀芯和阀体处于如图 4-45 所示的位置时，液压缸不通压力油，活塞处于停止状态。若对阀芯施加一个从右往左的力，使其左移，则阀体上的油口 P 和 A 连通、B 和 T 连通，压力油经 P、A 进入液压缸左腔，活塞右移；反之，若对阀芯施加一个从左往右的力，使其右移，则油口 P 和 B 连通、A 和 T 连通，压力油经 P、B 进入液压缸右腔，活塞左移。

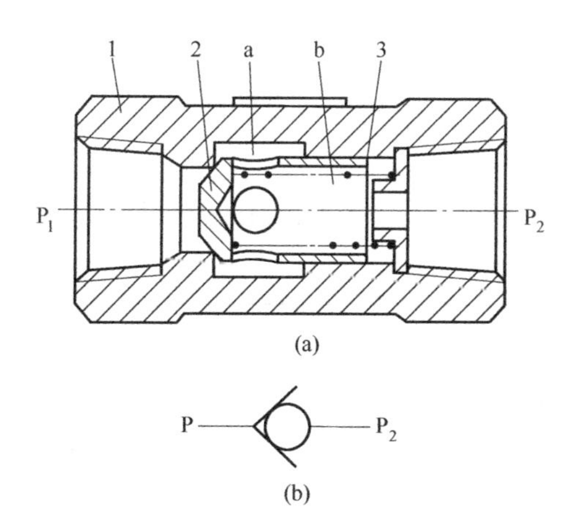

图 4-44　单向阀的工作原理和图形符号

1—阀体；2—阀芯；3—弹簧

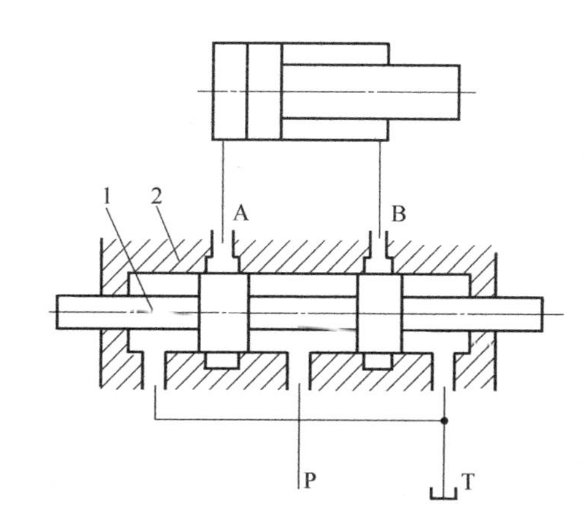

图 4-45　换向阀的工作原理

1—阀芯；2—阀体

换向阀按其阀芯工作位置数目分为二位、三位或多位换向阀；按其阀体上的通油口数分为二通、三通、四通或多通换向阀；按控制阀芯移动的方式分为手动、机动、液动、电动、电液换向阀。

国家标准对换向阀的图形符号规定如下：

a. 用方框表示阀的工作位置，有几个方框就表示几个工作位置。

b. 每个换向阀都有一个常态位，即阀芯未受外力时的位置。

c. 常态位与外部连接的油路通道数表示换向阀通道数。

d. 方框内的箭头表示该位置时油路接通情况，并不表示油液实际流向。

e. 换向阀的控制方式和复位方式的符号应画在换向阀的两侧。

换向阀的结构原理和图形符号如表 4-7 所示。

表 4-7　换向阀的结构原理和图形符号

名称	结构原理	图形符号
二位二通	A　P	A P
二位三通	T　A　P	A T P
二位四通	A　P　B　T	A B P T
三位四通	B　P　A　T	A B P T
二位五通	T_1　A　P　B　T_2	A B T_1 P T_2

续表

名称	结构原理	图形符号
三位五通	T_1 A P B T_2	A B T_1 P T_2

(2) 压力控制阀

在液压传动系统中，控制油液压力高低的液压阀称为压力控制阀，简称压力阀。这类阀的共同点是利用作用在阀芯上的液压力和弹簧力相平衡的原理来进行工作的。常用的有溢流阀、减压阀、顺序阀等。

① 溢流阀：溢流阀是液压系统中必不可少的控制元件，其作用是保持液压系统压力稳定或防止系统过载。溢流阀按其结构原理分为直动式和先导式。

如图 4-46 所示为直动式溢流阀的结构和图形符号，压力油经进油口 P 进入溢流阀，经阀芯的径向孔 f 和中间的阻尼孔 g 进入油腔，作用在阀芯的下端。当进油压力较小时，阀芯在弹簧力的作用下处于下端位置，将 P 和 T 两油口隔开。当油压力升高，在阀芯下端所产生的作用力超过弹簧的压紧力，此时，阀芯上升，阀口被打开，系统中多余的油液便经回油口 T 排回油箱(溢流)，实现溢流稳压作用。调节手轮可以改变弹簧的压紧力，便可调整溢流阀进口处的油液压力 p。阀芯上的阻尼孔 g 用来对阀芯的动作产生阻尼，以提高阀的工作平衡性。

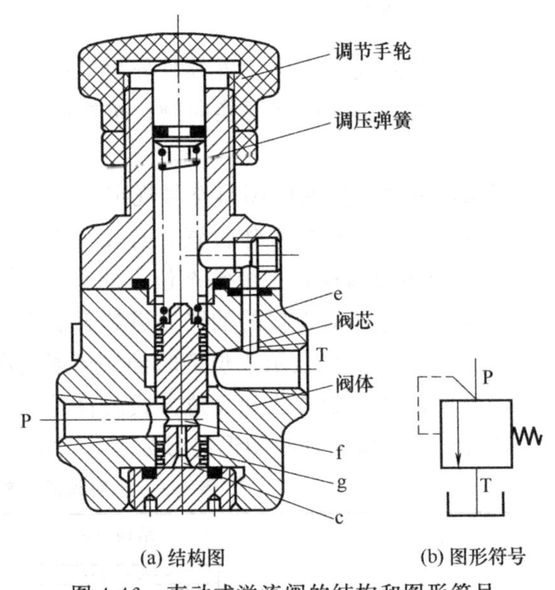

(a) 结构图　　(b) 图形符号

图 4-46　直动式溢流阀的结构和图形符号

c—油腔；e—泄油口；f—阀芯的径向孔；g—阻尼孔

直动式溢流阀一般用于压力小于 2.5MPa 的小流量场合。因控制压力较高或流量较大时，须装刚度较大的硬弹簧，致使手动调节困难。

② 减压阀：减压阀是利用液流流过缝隙产生压降的原理，使阀的出口压力低于进口压力的压力控制阀。

如图 4-47 所示为先导式减压阀的工作原理图和图形符号。压力为 p_1 的高压油从进油口 A 进入主阀，经减压缝隙 f 减压后，压力降低为 p_2。压力为 p_2 的低压油一部分从出油口 B 流出，另一部分经主阀芯 1 内的径向孔和轴向孔流入主阀芯的左、右腔，右腔的低压油作用在先导阀芯 3 上与调压弹簧 4 相平衡。当出口压力 p_2 大于先导阀调整压力值时，先导阀芯 3 顶开，主阀芯右腔的部分油液便经先导阀口和泄油口 Y 流回油箱。由于主阀芯内部阻尼孔 d 的作用，主阀芯右腔的油压降低，阀芯失去平衡向右移动，减压缝隙 f 减小，减压作用增强，使出口压力 p_2 降低至调整的压力值。当出口压力 p_2 小于先导阀调整压力值时，先导阀口关闭，阻尼孔 d 不起作用，主阀芯 1 左、右腔的油压相等，主阀芯被主弹簧推至最左端，减压缝隙 f 开至最大，出口压力与进油口压力基本相同，减压阀处于非工作状态。

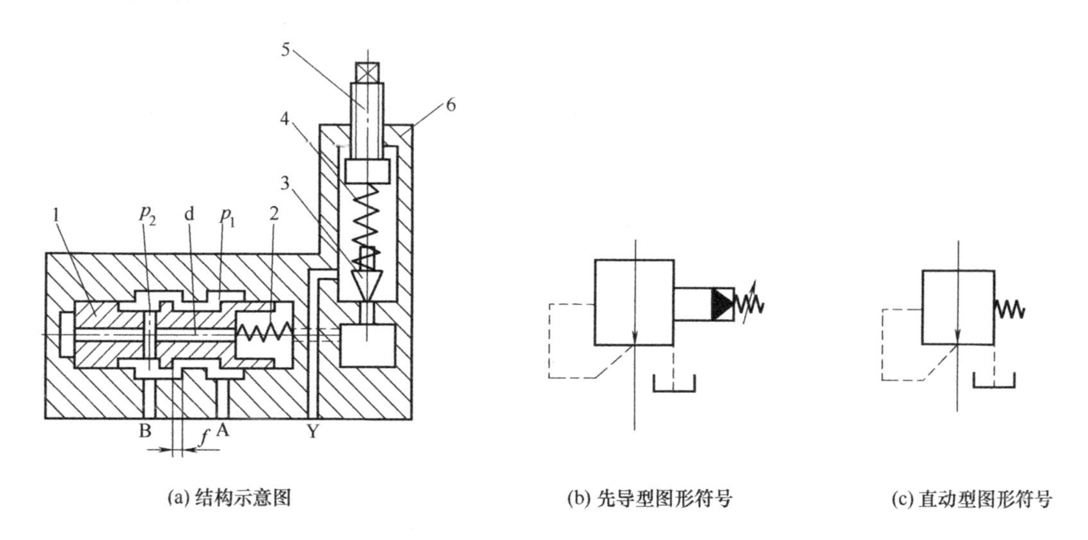

(a) 结构示意图　(b) 先导型图形符号　(c) 直动型图形符号

图 4-47　先导式减压阀的工作原理图和图形符号

1—主阀芯；2—主阀弹簧；3—先导阀芯；4—调压弹簧；5—调节螺钉；6—先导阀体

减压阀和溢流阀比较，主要不同有以下两方面：

a. 减压阀保持出口压力基本不变，而溢流阀保持进口处压力基本不变。

b. 在不工作时，减压阀进、出油口互通（常开），而溢流阀进、出油口不通（常闭）。

③ 顺序阀：顺序阀是利用液压系统中的压力变化对执行元件的动作顺序进行自动控制的阀。按控制压力的不同，顺序阀又可分为内控式和外控式两种。前者用阀的进口压力控制阀芯的启闭，后者用外来的控制压力油控制阀芯的启闭（即液控顺序阀）。顺序阀也有直动式和先导式两种，前者一般用于低压系统，后者用于中、高压系统。

如图 4-48 所示为直动式顺序阀的工作原理图和图形符号。压力油从 A 经阀体 4 和下盖 7 的小孔流到控制活塞 6 的下方，使阀芯受到一个向上的推理。当进油口压力 p_1 较低时，阀芯 5 在弹簧 2 作用下处于下端位置，进油口和出油口不相通。当作用在阀芯下端的油液的液压力大于弹簧的预紧力时，阀芯 5 向上移动，阀口打开，油液便经阀口从出油口流出，从而操纵执行元件或其他元件动作。

由此可见，顺序阀和溢流阀的结构基本相似，不同的是顺序阀的出油口通向系统的另一压力油路，而溢流阀的出油口通油箱。此外，由于顺序阀的进、出油口均为压力油，所以它的泄油口 Y 必须单独外接油箱。

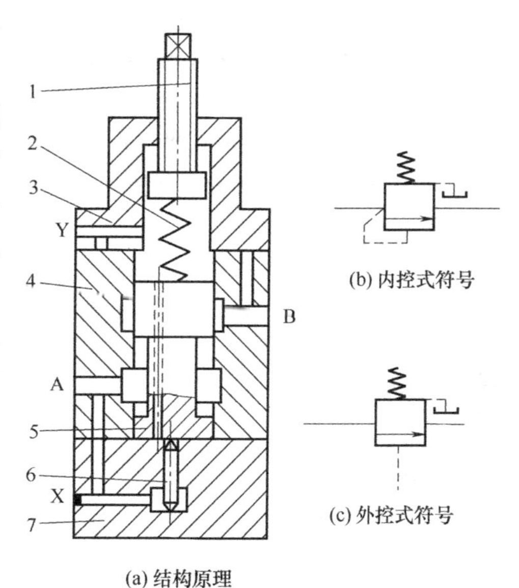

(a) 结构原理　(b) 内控式符号　(c) 外控式符号

图 4-48　顺序阀的工作原理和图形符号

1—调压螺钉；2—弹簧；3—上盖；4—阀体；5—阀芯；6—控制活塞；7—下盖

4. 辅助元件

辅助元件包括油箱、过滤器、管件及压力表等，是液压系统正常工作的重要保证。

油箱的作用是储存系统工作所需要的油液，散发系统工作时所产生的热量，分离油液中的一部分气体和杂质。过滤器的作用在于不断净化油液，使其污染程度控制在允许范围内。其原理是采用带有一定尺寸滤孔的滤芯来过滤污染物。常用滤油器有油网式、线隙式、纸芯式和烧结式等。管件的作用是连接液压元件和输送油液。压力表是系统中用于观察压力的元件。

小结

本章主要介绍带传动，齿轮传动，蜗杆传动，轮系，液压传动的工作原理、结构、特点及应用等内容。

① 机器主要由原动机部分、传动部分、执行部分和操纵或控制部分组成。传动的形式有机械传动 、液压传动、气压传动、电气传动等。

② 带传动是由主动带轮、从动带轮和套在带轮上的带组成。按其工作原理不同分为摩擦带传动和啮合带传动。啮合带传动是利用带内侧的齿或孔与带轮表面上的齿相互啮合来传递运动和动力的。摩擦带传动是依靠带与带轮接触面上产生的摩擦力而驱动从动轮转动的。

普通 V 带已标准化，按截面尺寸由小到大分为 Y、Z、A、B、C、D、E 七种型号。普通 V 带轮轮槽尺寸应与带的型号相对应。

③ 链传动工作时是依靠链条的链节与链轮齿的啮合把运动和动力传递给从动链轮。

④ 齿轮传动是通过主、从动齿轮的轮齿直接接触（啮合）产生法向反力来推动从动轮转动，从而传递运动和动力。齿轮传动的平均传动比等于两齿轮齿数的反比。

直齿圆柱齿轮的基本参数为齿数、模数、压力角、齿顶高系数、顶隙系数。直齿圆柱齿轮传动的正确啮合条件为两齿轮的模数、压力角分别相等。

常见的轮齿失效形式有轮齿折断、齿面点蚀、齿面磨损、齿面胶合和齿面塑性变形等。

⑤ 蜗杆传动主要由蜗杆和蜗轮组成，一般以蜗杆为主动件，蜗轮为从动件，用以传递空间交错的两轴之间的回转运动和动力，其传动比等于蜗轮齿数与蜗杆头数之比。开式蜗杆传动主要失效形式是轮齿磨损。闭式蜗杆传动的润滑方式有浸油润滑和喷油润滑两种。

⑥ 轮系是指由一系列齿轮（含蜗杆、蜗轮）组成的传动系统。可将齿轮系分为定轴齿轮系和行星齿轮系。

⑦ 液压传动是利用液体压力能来传递动力和运动的一种传动方式。实质上是一种能量转换装置，它先将机械能转换为便于输送的液压能，然后再将液压能转换为机械能。

同步练习

一、填空题

4-1　传动装置的主要功用有__________、__________、__________、__________等。

4-2　当机械传动传递回转运动时，__________与__________的比值，称为传动比，当传动比 $i<1$ 时，为__________传动；当传动比 $i>1$ 时，为__________传动。

4-3　带传动的最大有效拉力随预紧力的增大而__________，随包角的增大而__________，随摩擦系数的增大而__________，随带速的增加而__________。

4-4 在带传动中，弹性滑动是__________避免的，打滑是__________避免的。

4-5 一对渐开线直齿圆柱齿轮正确啮合的条件是__________和__________。

4-6 齿轮传动的主要失效形式有__________、__________、__________、__________、__________等。

4-7 在蜗杆传动中，蜗杆头数越少，则传动效率越__________，自锁性越__________，一般蜗杆头数常取 $z_1=$__________。

4-8 转系可获得__________的传动比，并可作__________距离的传动。

二、判断题

4-9 摩擦带传动的传动比与两带轮基准直径成反比。(　　)

4-10 因带的弹性以及松、紧边的拉力差致使带与带轮间产生很小相对滑动的现象称为带的弹性滑动，弹性滑动是可避免的。(　　)

4-11 齿轮的模数越大，齿轮的各部分尺寸越大。(　　)

4-12 由制造、安装误差导致中心距改变时，渐开线齿轮不能保证瞬时传动比不变。(　　)

4-13 至少有一个齿轮和它的几何轴线绕另一个齿轮旋转的轮系，称为定轴轮系。(　　)

三、简答题

4-14 摩擦带传动有何特点？V带截面尺寸有哪几种型号？

4-15 链传动与带传动相比有何特点？链传动的传动比与链轮齿数间有何关系？

4-16 齿轮传动有何特点？齿轮传动有几种类型？各适用于什么场合？

4-17 直齿圆柱齿轮传动的正确啮合条件是什么？

4-18 重合度的物理意义是什么？为什么要求齿轮传动的重合度不小于1？

4-19 蜗杆传动有哪些特点？

4-20 齿轮系有哪些功用？

四、计算题

4-21 某V带传动使用B型胶带，若两轮间的最大中心距 $a=500\text{mm}$，小轮为主动轮，其基准直径 $d_{d1}=1800\text{mm}$，大轮基准直径 $d_{d2}=500\text{mm}$。试计算其传动比，并确定带长。

4-22 有两个旧带轮，经测得其尺寸如图4-49所示，试判别这两个带轮是否同一型号？是什么型号？

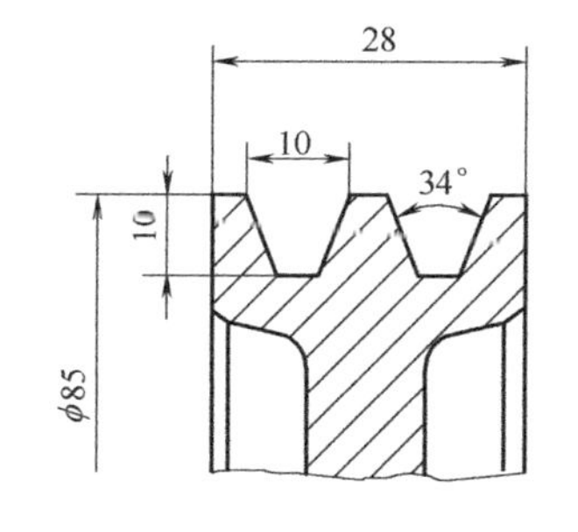

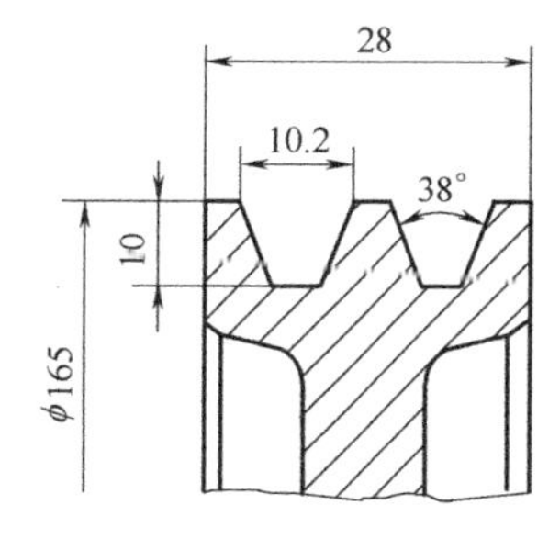

图4-49 题4-22图

4-23 有一对正常齿制标准安装的外啮合标准直齿圆柱齿轮传动的标准中心距 $a=250\text{mm}$，主动齿轮的齿数 $z_1=20$，模数 $m=5\text{mm}$，转速 $n_1=1450\text{r/min}$，试求大齿轮的齿数、齿顶圆、分度圆、齿根圆直径。并计算传动比及大齿轮的转速。

4-24 如图4-50所示的齿轮系中，已知双头右旋蜗杆的转速 $n_1=900\mathrm{r/min}$，$z_2=60$，$z_2'=25$，$z_3=20$，$z_3'=25$，$z_4=20$，$z_4'=30$，$z_5=35$，$z_5'=28$，$z_6=135$，求 n_6 的大小和方向。

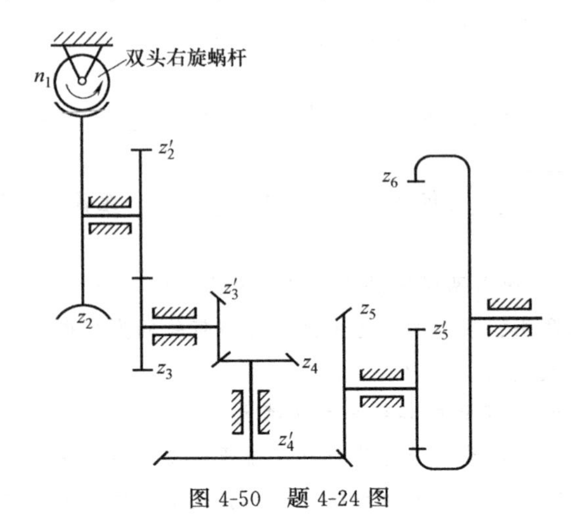

图4-50 题4-24图

第五章
常用机械零部件

机器由许多机械零部件组成。有些零件起连接作用，有些零件起定位作用，有些零件起支承作用。本章对常用机械零部件的结构特点、工作原理及应用作介绍。

将两个或两个以上的物体接合在一起的组合结构称为连接。连接可分为不可拆连接和可拆连接。不可拆连接指的是或多或少会损坏连接中的某一部分才能拆开的连接，常见的有铆接、焊接、胶接和过盈配合等。可拆连接指的是不损坏连接中的任一零件就可拆开的连接，一般具有通用性强、可随时更换、维修方便、允许多次重复拆装等优点，常见的有键连接、销连接、螺纹连接和轴间连接等。

第一节　键连接和销连接

如图 5-1 所示，键连接是由键、开有键槽的轴和轮毂组成，主要用来实现轴和轴上零件的周向固定并用来传递运动和转矩，有的还可实现轴上零件的轴向固定或轴向移动。键连接是一种可拆连接，其结构简单，工作可靠，并已标准化。键的材料通常采用 45 钢，抗拉强度不低于 600MPa。

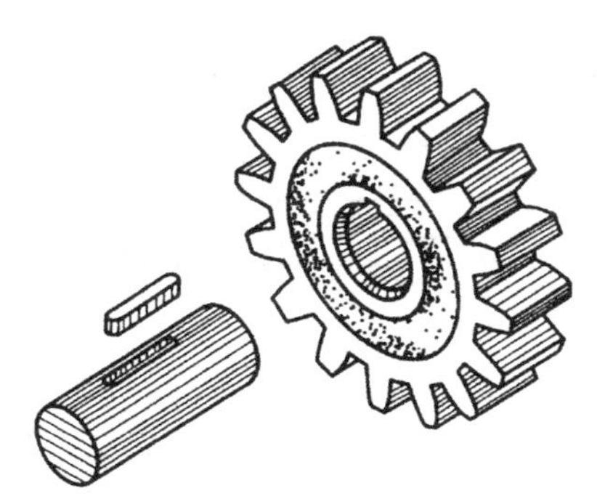

图 5-1　键连接

一、键连接的类型、特点及应用

按结构特点和工作原理，键连接可分为平键连接、半圆键连接、楔键连接、切向键连接与花键连接五种类型。

1. 平键连接

平键连接的结构如图 5-2 所示，键的上表面与轮毂键槽的底面间有一定的间隙，其工作面为键的两侧面，靠键与键槽侧面的挤压来传递运动和转矩。平键连接对中性好，结构简单，装拆容易，但不能承受轴向力。平键连接应用最广，适用于高速、高精度，或承受变载、冲击的场合。按用途不同，平键可分为普通平键、导向平键和滑键等。

① 普通平键连接：普通平键连接用于静连接，即轴和轮毂之间无轴向相对移动。根据键端部形状不同，普通平键分为圆头平键（A 型）、方头平键（B 型）和半圆头平键（C 型），如图 5-2 所示。A 型和 C 型键的轴上键槽用端铣刀加工，如图 5-3（a）所示，键在槽中无窜动，应用最广，但轴槽引起的应力集中较大；B 型键的轴上键槽用盘铣刀加工，如

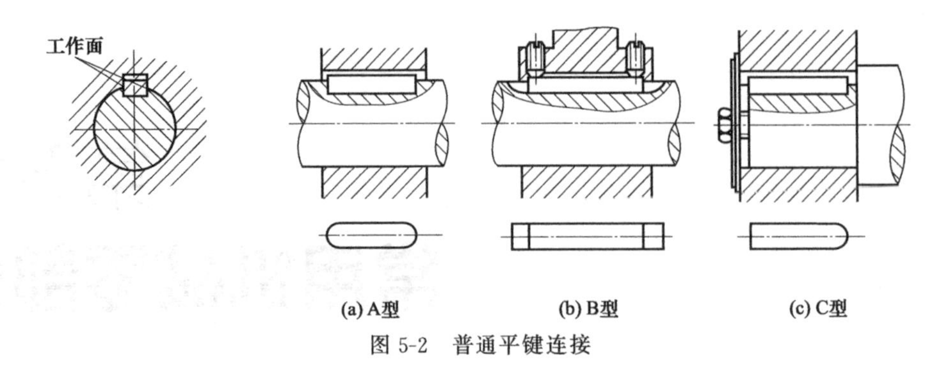

图 5-2　普通平键连接

图 5-3（b）所示，键在槽中的轴向固定不好。A 型键应用最广泛，C 型键用于轴端。

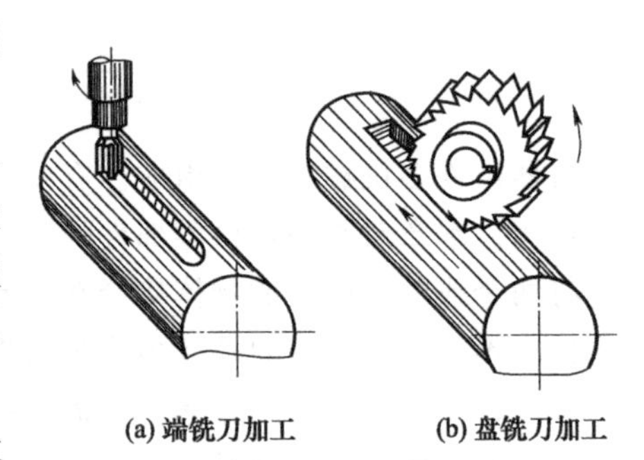

图 5-3　键槽的加工

② 导向平键连接：导向平键连接用于动连接，导向平键用螺钉固定在轴上（图 5-4），键的中部设有起键螺孔。导向平键与毂槽间为间隙配合，轮毂可沿键作轴向滑移，用于轴向移动量不大的场合，如变速箱中换挡齿轮与轴的连接。

③ 滑键连接：当轴上零件轴向移动距离较大时，可用滑键连接（图 5-5）。滑键固定在轮毂上，与轴槽间为间隙配合，键随轮毂一起沿轴槽滑动。

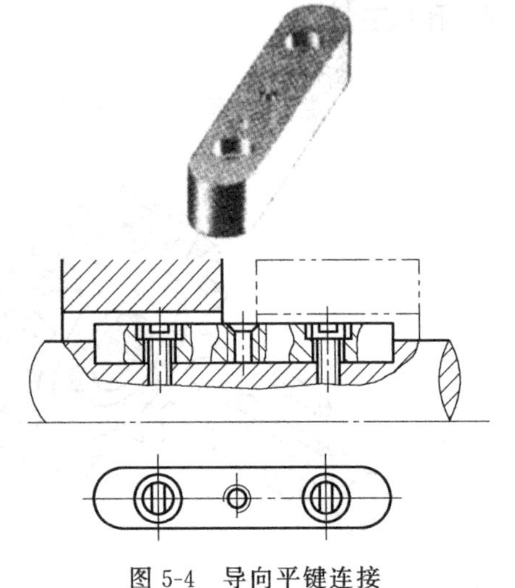

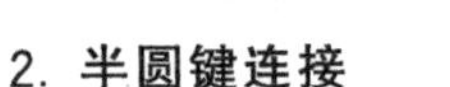

图 5-4　导向平键连接

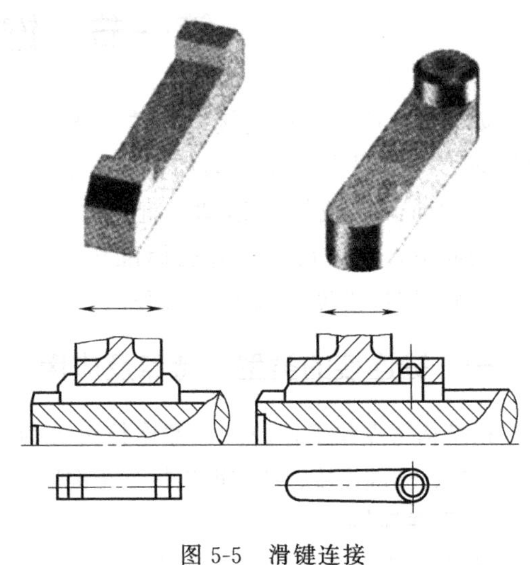

图 5-5　滑键连接

2. 半圆键连接

如图 5-6 所示，键的底部呈半圆形，在轴上铣出相应的键槽，轮毂槽开通。半圆键连接的工作面也是两侧面，靠键与键槽侧面的挤压来传递运动和转矩。半圆键和轴槽间为间隙配合，键能在轴槽内摆动，以适应毂槽底面的倾斜。半圆键连接的对中性好，装拆方便，但轴槽较深，对轴的强度削弱大。适于轻载，特别适合于锥形轴端连接。

3. 楔键连接

如图 5-7 所示，楔键的上表面及毂槽底面均有 1∶100 的斜度，装配时将楔键打入轴和轮毂的键槽内，其工作面为上、下面，主要靠键与轴及轮毂的槽底之间、轴与毂孔之间的摩擦力传递运动和转矩。能承受单向轴向力，并起单向轴向固定作用，但拆卸不便，对中性不好，在冲击、振动或变载荷作用下易松脱。适用于对中性要求不高、载荷平稳的低速场合，如农用机械、建筑机械等。

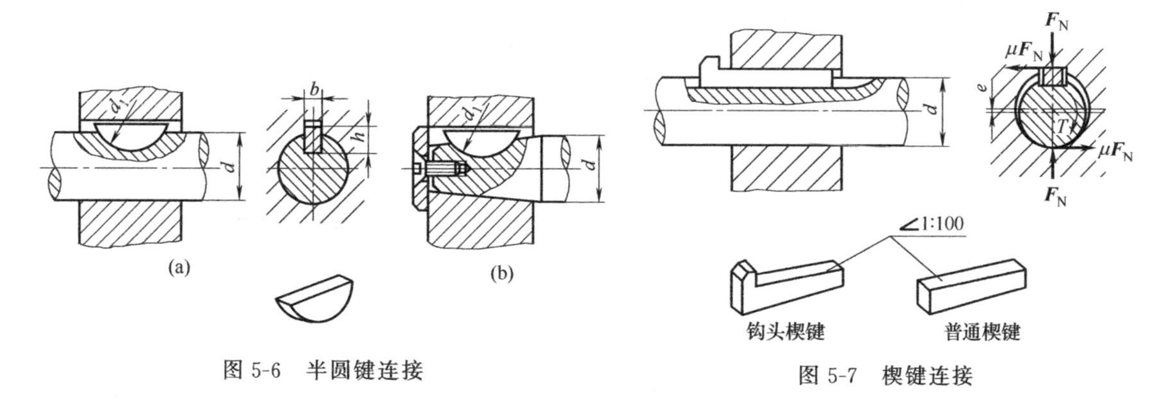

图 5-6　半圆键连接

图 5-7　楔键连接

按楔键端部的形状不同可分为普通楔键和钩头楔键。钩头楔键装拆方便，装配时，应留有拆卸空间，钩头裸露在外随轴一起转动，易发生事故，应加防护罩。

4. 切向键连接

如图 5-8 所示，切向键是由两个普通楔键组成，两个相互平行的窄面是工作面，靠工作面的挤压和轴毂间的摩擦力来传递转矩。单向切向键只能传递单向转矩。两个切向键互成 120°～130°安装时，可双向传递转矩。适用于对中性要求不高、载荷很大的重型机械。

5. 花键连接

如图 5-9 所示，花键连接是由轴上和毂孔上的多个键齿和键槽组成，因而可以说花键连接是平键连接在数目上的发展。与平键连接相比，花键连接承载能力强，有良好的定心精度和导向性能，适用于定心精度要求高、载荷大的连接。按齿形不同，花键分为渐开线花键和矩形花键。矩形花键齿廓为直线，加工方便，应用广泛；渐开线花键采用齿侧定心，其齿根部厚，强度高，寿命长，且受载时键齿上有径向力，能起到自动定心的作用，适用于尺寸较大、载荷较大、定心精度要求高的场合。

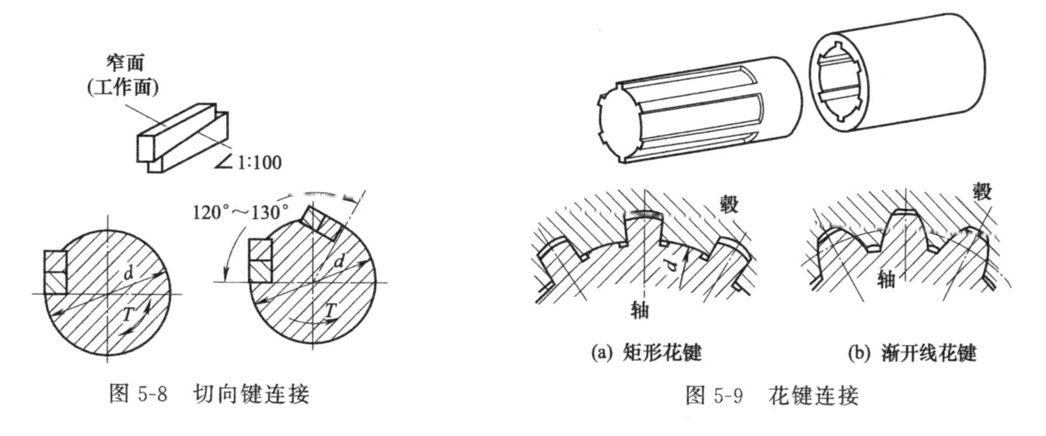

图 5-8　切向键连接

图 5-9　花键连接

二、平键连接的失效形式及尺寸选择

1. 失效形式

平键连接的主要失效形式为工作表面被压坏，因此，须对普通平键连接进行挤压强度校核。

2. 尺寸选择

键已标准化，其尺寸按国家标准确定。键的宽度 b 和高度 h 根据轴径 d 查表 5-1 确定。键的长度 L 一般略短于轮毂的宽度（5～10）mm，且应符合标准规定的长度系列。导向平键的长度按轮毂的长度及其滑动距离确定。轴和轮毂的键槽尺寸可查取表 5-1。

表 5-1 平键连接尺寸 单位：mm

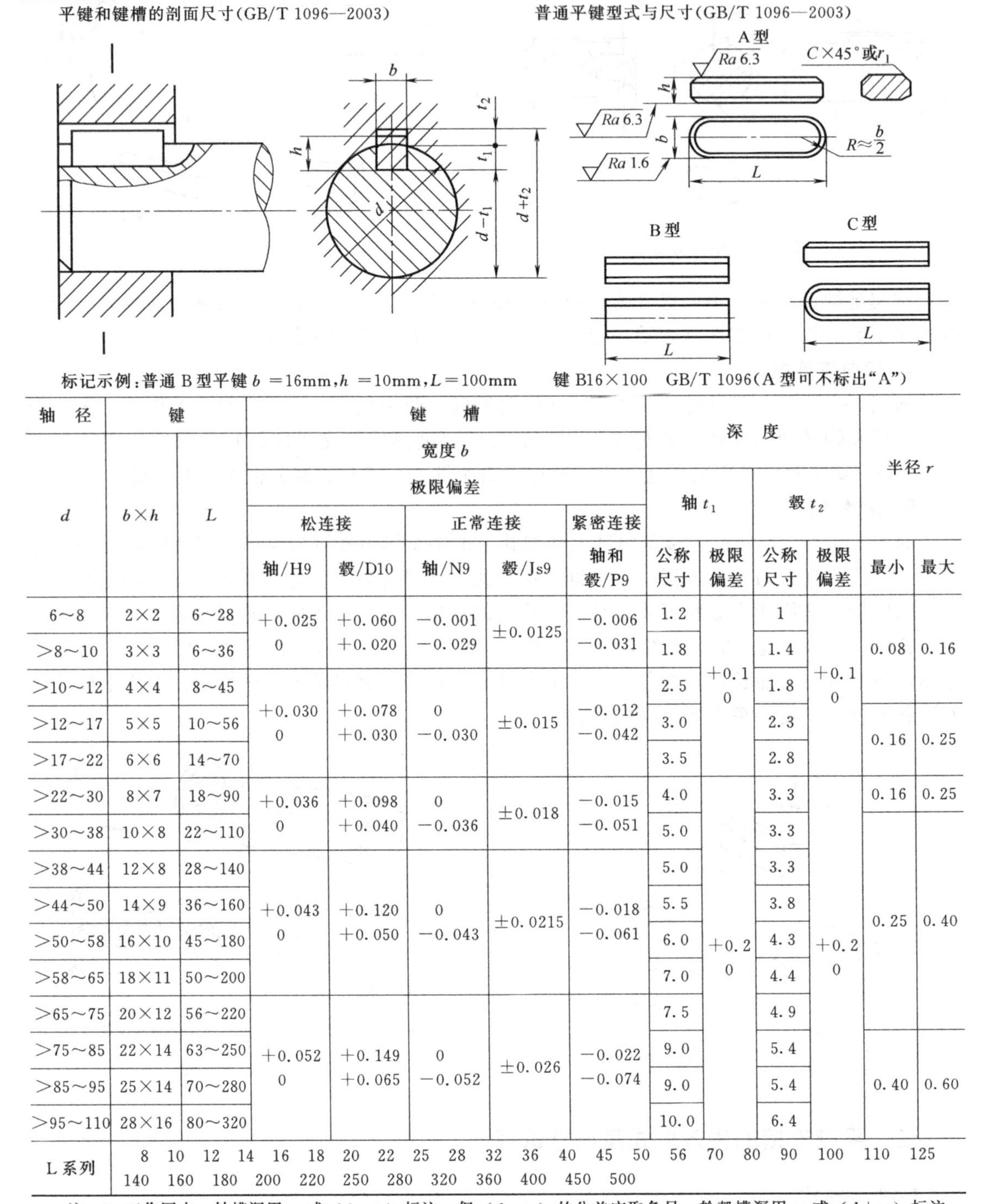

标记示例：普通 B 型平键 b =16mm，h =10mm，L=100mm 键 B16×100 GB/T 1096（A 型可不标出“A”）

轴径	键		键槽										
			宽度 b					深度				半径 r	
			极限偏差					轴 t_1		毂 t_2			
d	$b×h$	L	松连接		正常连接		紧密连接						
			轴/H9	毂/D10	轴/N9	毂/Js9	轴和毂/P9	公称尺寸	极限偏差	公称尺寸	极限偏差	最小	最大
6～8	2×2	6～28	+0.025 0	+0.060 +0.020	−0.001 −0.029	±0.0125	−0.006 −0.031	1.2	+0.1 0	1	+0.1 0	0.08	0.16
>8～10	3×3	6～36						1.8		1.4			
>10～12	4×4	8～45	+0.030 0	+0.078 +0.030	0 −0.030	±0.015	−0.012 −0.042	2.5		1.8			
>12～17	5×5	10～56						3.0		2.3		0.16	0.25
>17～22	6×6	14～70						3.5		2.8			
>22～30	8×7	18～90	+0.036 0	+0.098 +0.040	0 −0.036	±0.018	−0.015 −0.051	4.0	+0.2 0	3.3	+0.2 0	0.16	0.25
>30～38	10×8	22～110						5.0		3.3		0.25	0.40
>38～44	12×8	28～140	+0.043 0	+0.120 +0.050	0 −0.043	±0.0215	−0.018 −0.061	5.0		3.3			
>44～50	14×9	36～160						5.5		3.8			
>50～58	16×10	45～180						6.0		4.3			
>58～65	18×11	50～200						7.0		4.4			
>65～75	20×12	56～220	+0.052 0	+0.149 +0.065	0 −0.052	±0.026	−0.022 −0.074	7.5		4.9			
>75～85	22×14	63～250						9.0		5.4		0.40	0.60
>85～95	25×14	70～280						9.0		5.4			
>95～110	28×16	80～320						10.0		6.4			
L 系列	8 10 12 14 16 18 20 22 25 28 32 36 40 45 50 56 70 80 90 100 110 125 140 160 180 200 220 250 280 320 360 400 450 500												

注：1. 工作图中，轴槽深用 t_1 或（$d-t_1$）标注，但（$d-t_1$）的公差应取负号；轮毂槽深用 t_2 或（$d+t_2$）标注。
2. 松键连接用于导向平键，一般用于载荷不大的场合；紧密键连接用于载荷较大、有冲击和双向转矩的场合。

【例 5-1】 试选择某减速器中一钢制齿轮与钢轴的平键连接。已知传递的转矩 $T=600\text{N}\cdot\text{m}$，载荷有轻微冲击，与齿轮配合处的轴径 $d=75\text{mm}$，轮毂长度 $L_1=80\text{mm}$。

解： ① 选择键型：该连接为静连接，为了便于安装固定，选 A 型普通平键。

② 确定尺寸：根据轴的直径 $d=75\text{mm}$，由表 5-1 查得：键宽×键高 $=bh=20\times12$。根据轮毂长度 $L_1=80\text{mm}$ 和键长系列，取键长 70mm。

该键的标记为：键 20×70　GB/T 1096—2003

三、销连接

销连接主要有三个方面的用途，一是用来固定零件之间的相互位置，称为定位销，它是组合加工和装配时的重要辅助零件；二是用于轴与轮毂或其他零件的连接，并传递不大的载荷，称为连接销；三是用作安全装置中的过载剪断元件，称为安全销。如图 5-10 所示。

销是标准件（GB/T 117—2000～GB/T 120.2—2000)，其材料一般采用 Q235、35、45 钢。按销形状可分为圆柱销、圆锥销和异形销三类，使用时可根据工作要求选用。圆柱销与销孔为过盈配合，经常拆装会降低其定位精度和可靠性。圆锥销和销孔均有 1∶50 的锥度，定位精度高，自锁性好，多用于经常拆装处。端部带螺纹的圆锥销（图 5-11）可用于盲孔或拆卸困难的场合。圆柱销和圆锥销的销孔均需配铰。异形销种类很多，如图 5-12 所示的开口销，工作可靠、拆卸方便，开口销穿过螺杆的小孔和槽形螺母的槽，可防止螺母松脱。

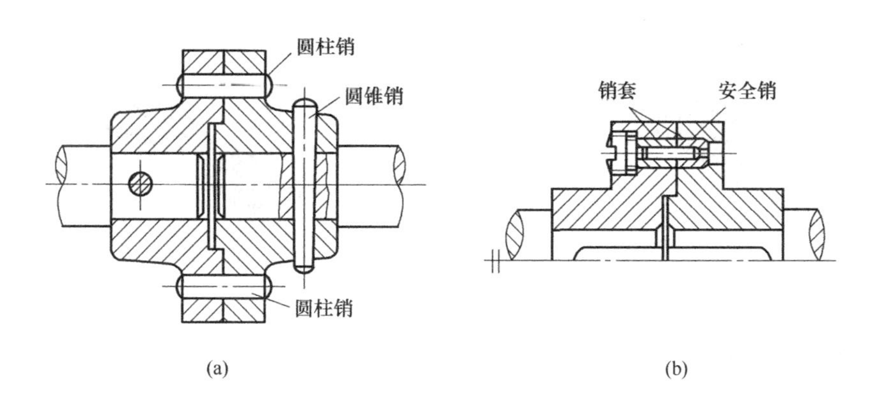

图 5-10　销

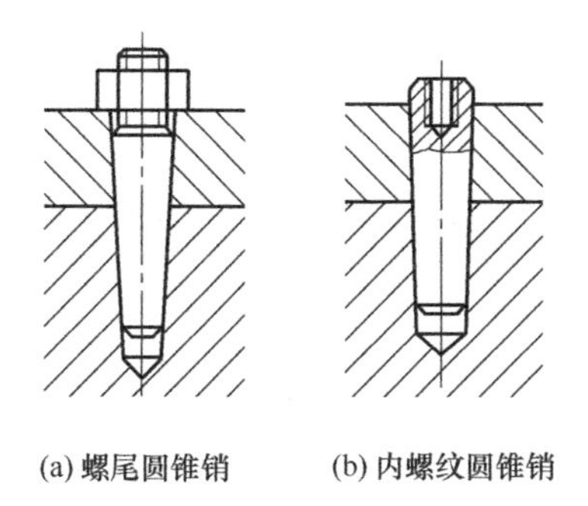

图 5-11　端部带螺纹的圆锥销

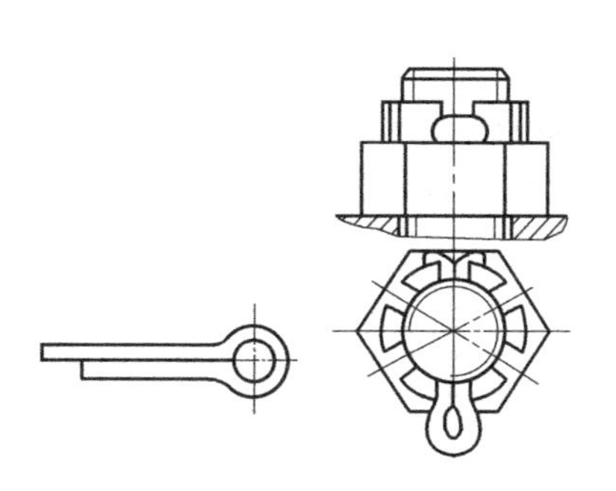

图 5-12　开口销

第二节 螺纹连接

螺纹连接是利用带螺纹的零件构成的一种可拆连接。螺纹连接结构简单、装拆方便、工作可靠、成本低、类型多样，应用极为广泛。绝大多数螺纹连接件已标准化，并由专业厂家成批量生产。

一、常用螺纹连接件

螺纹连接件品种繁多，常用的有螺栓、双头螺柱、螺钉、紧定螺钉、螺母和垫圈等，这类零件的结构形式和尺寸均已标准化，设计时可根据有关标准选用。国家标准规定，螺纹连接件的公称直径均为螺纹的大径；其精度分 A、B、C 三个等级，A 级精度最高，B 级精度次之，通常多用 C 级。螺纹连接件一般常用 Q215、Q235、10、35、45 等材料制造。

1. 螺栓

螺栓的头部形状很多，最常用的是六角头和小六角头两种。螺栓还可分为普通螺栓和铰制孔螺栓，以分别用于普通螺栓连接和铰制孔螺栓连接，杆部螺纹长度可以根据需要确定，如图 5-13 所示。

2. 双头螺柱

双头螺柱的结构如图 5-14 所示，两端均有螺纹，有 A 型（有退刀槽）和 B 型（无退刀槽）两种结构。

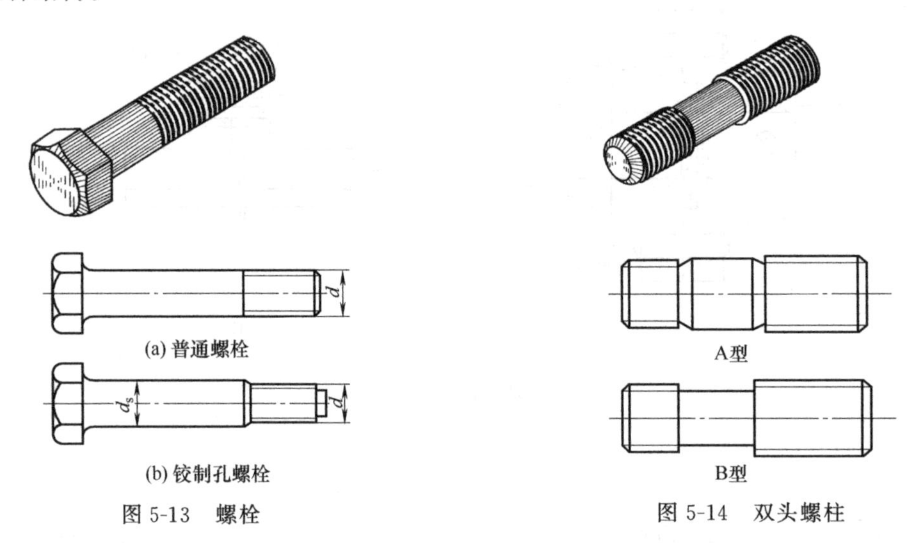

图 5-13 螺栓

图 5-14 双头螺柱

3. 螺钉

螺钉的螺杆部分与螺栓相似，头部的形状较多，以适应不同情况的需要，如图 5-15 所示。

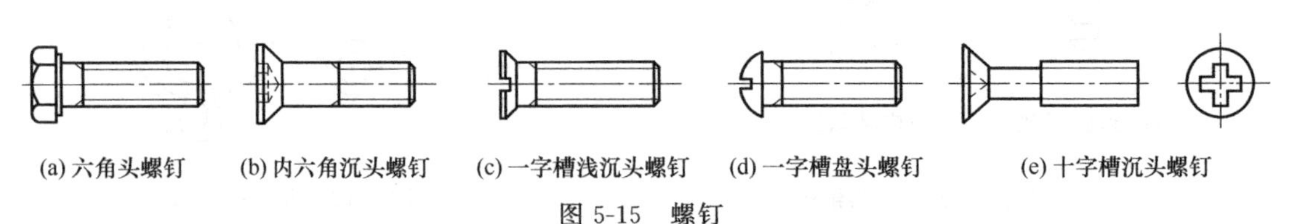

图 5-15 螺钉

4. 紧定螺钉

紧定螺钉末端形状有锥端、平端和圆柱端，如图 5-16 所示。锥端适用于被紧定零件硬度较低，不经常拆装的场合；平端适用于顶紧硬度较高的平面，经常装拆的场合；圆柱端压入被紧定零件的凹坑中，不伤被顶表面，多用于需经常调节位置的场合。

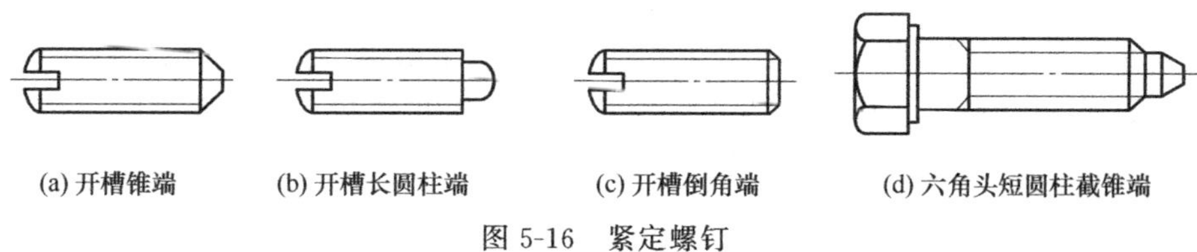

(a) 开槽锥端　(b) 开槽长圆柱端　(c) 开槽倒角端　(d) 六角头短圆柱截锥端

图 5-16　紧定螺钉

5. 螺母

如图 5-17 所示，螺母形状有六角螺母、开槽六角螺母、圆螺母等，六角螺母应用最普遍。按螺母厚度不同，六角螺母分为普通螺母、薄螺母、厚螺母。薄螺母用于尺寸受空间限制的地方，厚螺母用于装拆频繁、易于磨损的地方。圆螺母的螺纹常为细牙螺纹，与带翅垫圈配用，螺母带有缺口，应用时带翅垫圈内舌嵌入轴槽中，外舌嵌入圆螺母的槽内，螺母即被锁紧。

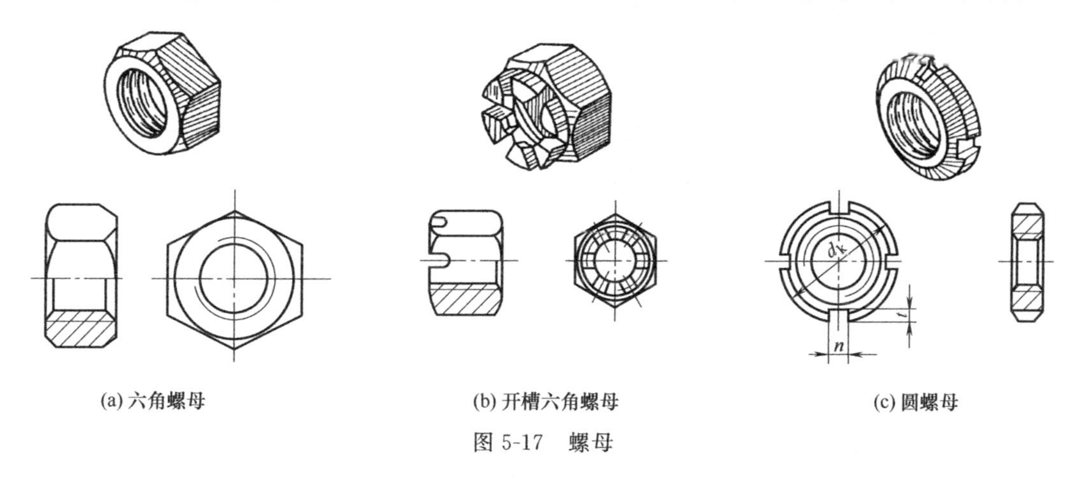

(a) 六角螺母　(b) 开槽六角螺母　(c) 圆螺母

图 5-17　螺母

6. 垫圈

在螺母与被连接件之间通常装有垫圈，常用的垫圈有平垫圈、弹簧垫圈和止动垫圈等，如图 5-18 所示。平垫圈的作用是增大与被连接件的接触面，降低接触面的压强，避免被连接件表面在拧紧螺母时被擦伤；弹簧垫圈与螺母配合使用，可起到摩擦防松的作用；止动垫圈与螺母联合使用可起防松作用。

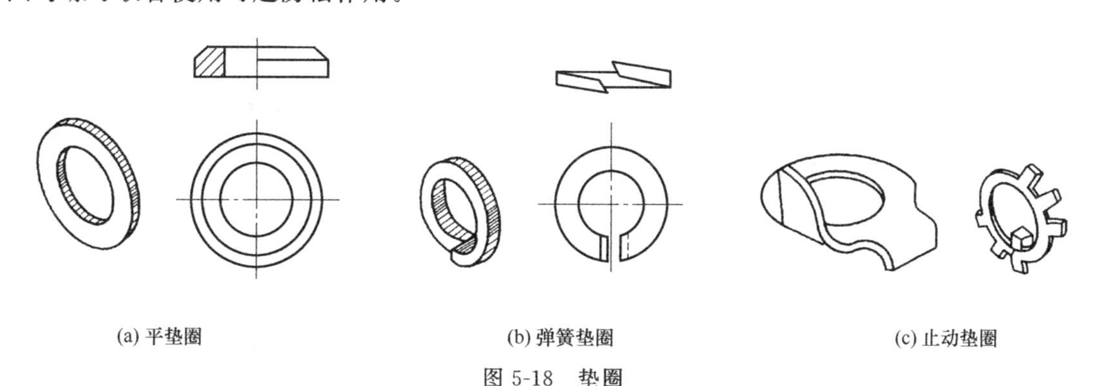

(a) 平垫圈　(b) 弹簧垫圈　(c) 止动垫圈

图 5-18　垫圈

二、螺纹连接的类型

螺纹连接应用广泛，在不同的场合，使用不同类型的螺纹连接。螺纹连接的基本类型有螺栓连接、双头螺柱连接、螺钉连接和紧定螺钉连接等。

1. 螺栓连接

螺栓连接是将螺栓穿过两个被连接件上的通孔，套上垫圈，拧紧螺母，将两个被连接件连接起来，如图5-19所示。螺栓连接分为普通螺栓连接和铰制孔用螺栓连接。前者螺栓杆与孔壁之间留有间隙，螺栓承受拉伸变形；后者螺栓杆与孔壁之间没有间隙，常采用基孔制过渡配合，螺栓承受剪切和挤压变形。

2. 双头螺柱连接

螺杆两端无钉头，但均有螺纹，装配时一端旋入被连接件，另一端配以螺母，如图5-20所示。拆装时只需拆装螺母，而无须将双头螺柱从被连接件中拧出。适用于被连接件之一较厚，难以穿孔且经常装拆的场合。

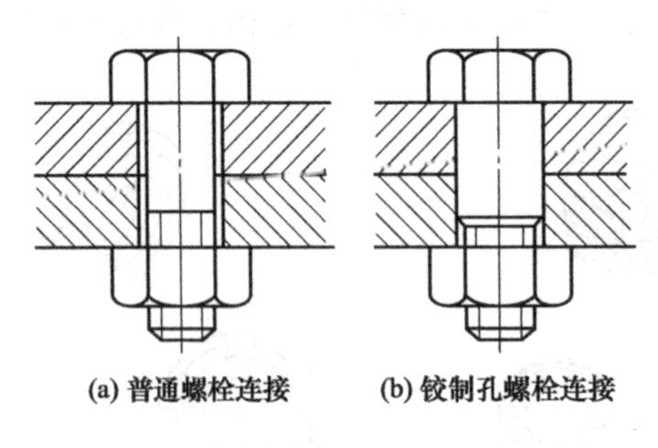

图5-19 螺栓连接

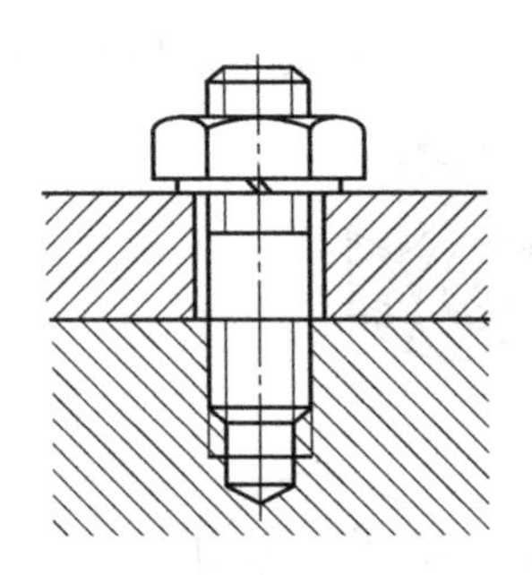

图5-20 双头螺柱连接

3. 螺钉连接

螺钉连接是将螺钉穿过一被连接件的光孔，再旋入另一被连接件的螺纹孔中，然后拧紧，如图5-21所示。螺钉连接不用螺母，用于被连接件之一较厚、且不经常拆卸的场合。

4. 紧定螺钉连接

紧定螺钉连接是将紧定螺钉旋入被连接件之一的螺纹孔中，螺钉末端顶住另一被连接件的表面或顶入其相应的凹坑内，从而固定两被连接件的相对位置，并可传递不大的轴向力或转矩，常用于轴和轴上零件的连接，如图5-22所示。

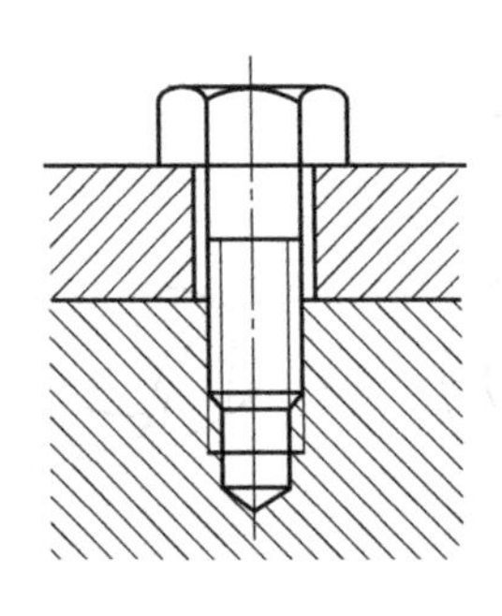

图5-21 螺钉连接

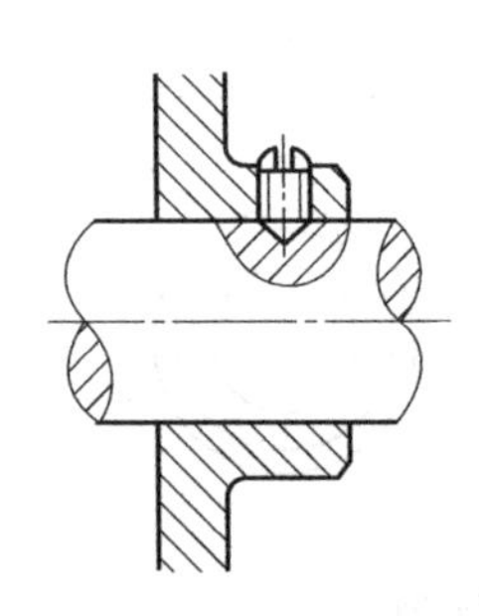

图5-22 紧定螺钉连接

三、螺纹连接的预紧与防松

1. 螺纹连接的预紧

螺纹连接在装配时一般要拧紧，从而起到预紧的作用。预紧的目的是增加连接的可靠性、紧密性和紧固性，防止受载后被连接件间出现缝隙和相对滑动。预紧时螺栓所受拉力 F_0 称为预紧力。预紧力要适度，控制预紧力的方法可采用测力矩扳手或定力矩扳手，如图 5-23 所示。

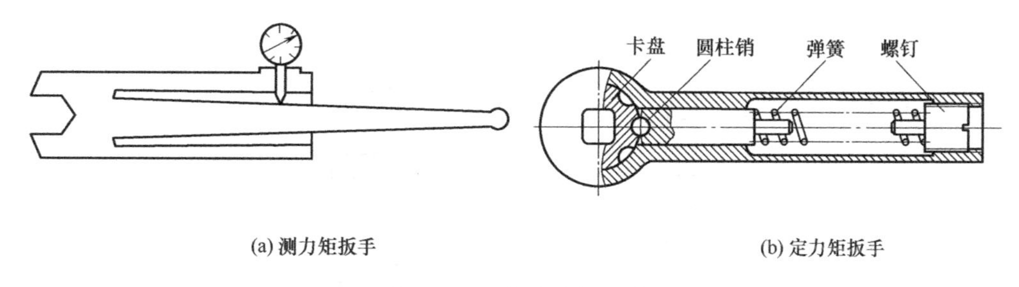

(a) 测力矩扳手　　(b) 定力矩扳手

图 5-23 预紧力控制扳手

2. 螺纹连接的防松

一般螺纹连接具有自锁性，在静载荷作用下，工作温度变化不大时，这种自锁性能防止螺母松脱。但在实际工作中，当外载荷有振动、变化时，或材料高温蠕变等会造成摩擦力减少，螺纹副中正压力在某一瞬间消失，摩擦力为零，从而使螺纹连接松动，经过反复作用，螺纹连接就会松弛而失效。因此，必须进行防松，否则会影响正常工作，造成事故。因此，机器中的螺纹连接在装配时应考虑防松措施。

螺纹连接防松的原理就是消除（或限制）螺纹副之间的相对运动，或增大相对运动的难度。常用的防松方法有摩擦防松、机械防松和永久防松。

① 摩擦防松：其原理是拧紧螺纹连接后，使内外螺纹间有不随外加载荷而变的压力，因而始终有一定的摩擦力来防止螺旋副的相对转动。

如图 5-24 所示为对顶螺母防松装置，利用两螺母的对顶作用，保持螺纹间的压力。外廓尺寸大，防松不可靠。适用于平稳、低速、重载的连接。

如图 5-25 所示为弹簧垫圈防松装置。弹簧垫圈装配后被压平，其反弹力使螺纹间保持压紧力和摩擦力，同时切口尖也有阻止螺母反转的作用。结构简单，尺寸小，工作可靠，广泛用于一般连接。

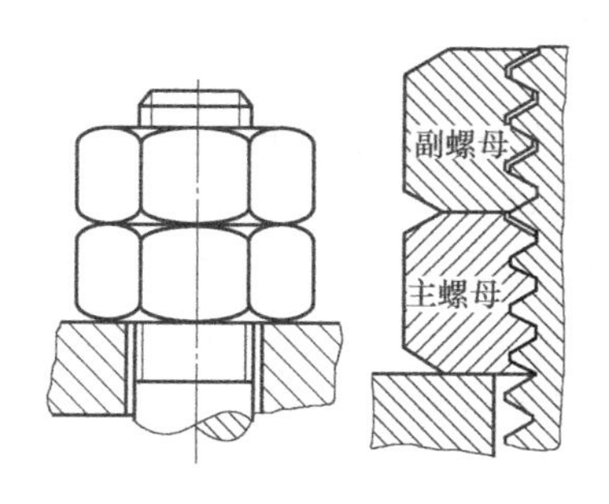

图 5-24 对顶螺母防松

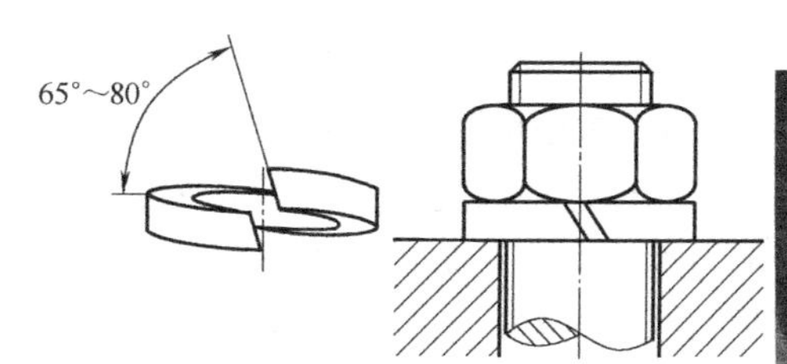

图 5-25 弹簧垫圈防松

如图 5-26 所示为弹性锁紧螺母装置。在螺母的上部做成有槽的弹性结构，装配前这一部分的内螺纹尺寸略小于螺栓的外螺纹。装配时利用弹性，使螺母稍有扩张，螺纹之间得到紧密的配合，保持表面摩擦力。可多次装拆而不降低防松性能。

② 机械防松：其原理是利用止动零件直接防止内外螺纹间的相对转动，机械防松的可靠性高。

如图 5-27 所示为开口销和槽形螺母防松装置。槽形螺母拧紧后，开口销穿过螺栓尾部小孔和螺母槽，开口销尾部掰开与螺母侧面贴紧。防松可靠，适用于较大冲击、振动的高速机械中运动部件的连接。

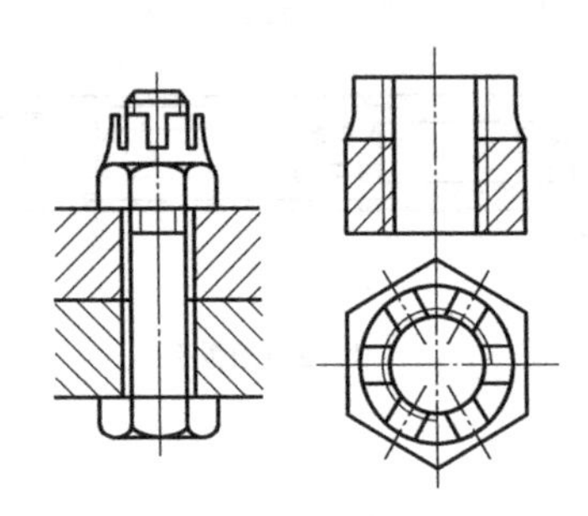

图 5-26 弹性锁紧螺母防松

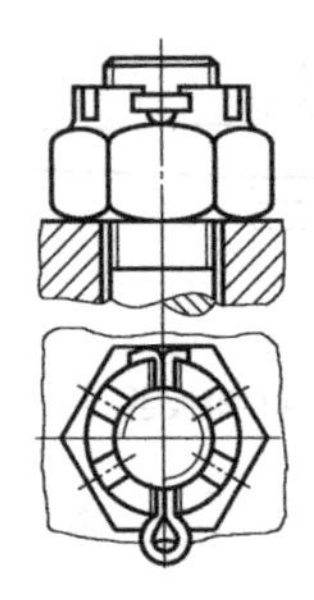

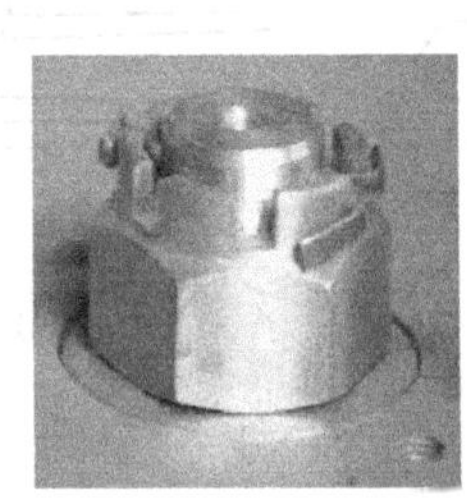

图 5-27 开口销和槽形螺母防松

如图 5-28 所示为单耳片止动垫圈防松装置。将垫圈折边，以固定六角螺母和被连接件的相对位置。结构简单，防松可靠，用于受力较大的场合。

如图 5-29 所示为圆螺母与止动垫圈防松装置，装配时将垫圈内翅插入轴上的槽内，将垫圈外翅嵌入圆螺母的槽内，螺母被锁紧。常用于滚动轴承的轴向固定。

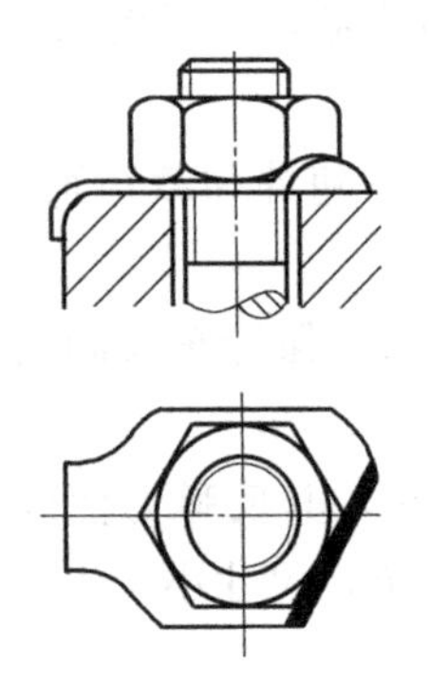

图 5-28 单耳片止动垫圈防松

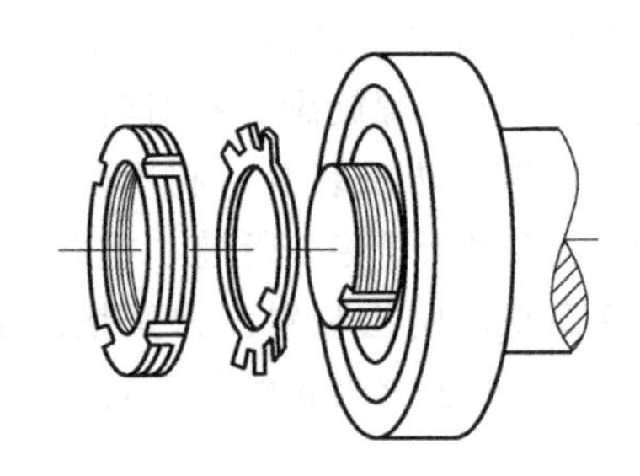

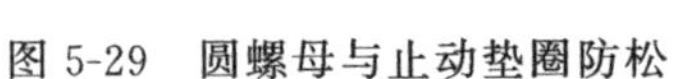

图 5-29 圆螺母与止动垫圈防松

如图 5-30 所示为串联金属丝防松装置。用低碳钢丝穿入各螺钉头部的孔内，将螺钉串连起来，使其相互牵制。防松可靠，拆卸不便，适用于螺钉组连接。

③ 永久防松 其原理是将螺旋副变为不可拆卸的连接，从而排除相对运动的可能。

如图 5-31 所示为焊接和冲点防松，螺母拧紧后，在螺栓末端与螺母的旋合缝处冲点或焊接来防松。防松可靠，但拆卸后连接不能再用。适用于装配后不再拆开的场合。

如图 5-32 所示为粘接防松，在旋合螺纹间涂以粘接剂，使螺纹副紧密胶合。防松可靠，且有密封作用。

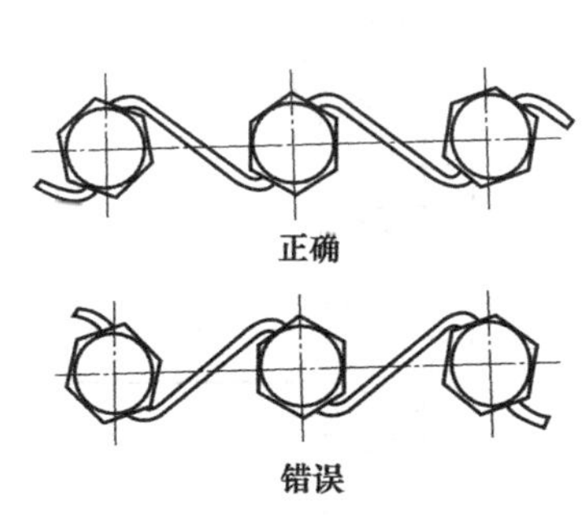

图 5-30　串联金属丝防松装置

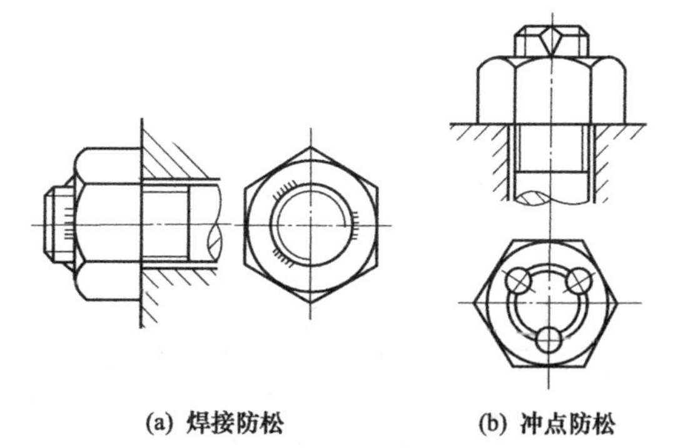

图 5-31　焊接和冲点防松

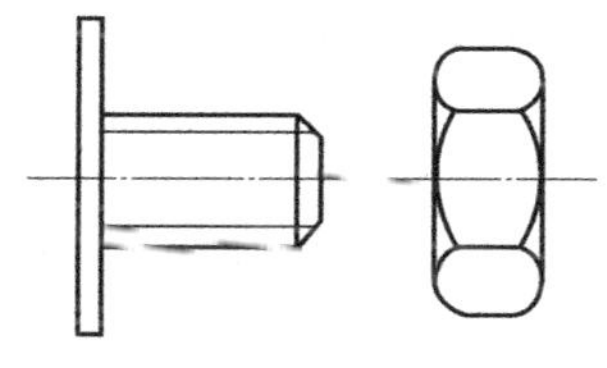

图 5-32　粘接防松

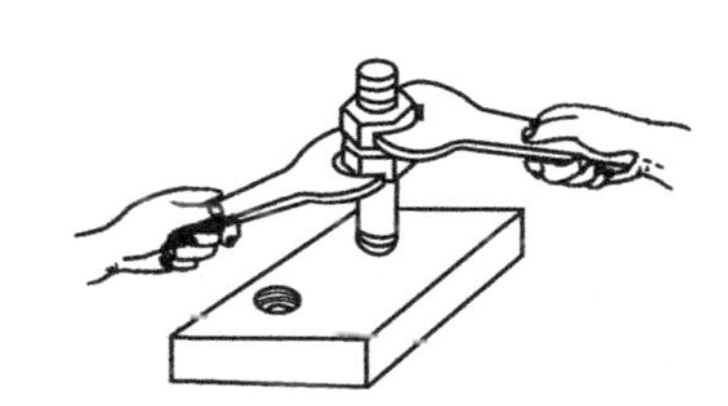

图 5-33　双头螺柱拧入法

3. 双头螺柱旋入端的紧固

由于双头螺柱没有头部，不便将旋入端紧固。为此常采用两螺母对顶的方法来装配双头螺柱，如图 5-33 所示。先将两个螺母互相旋紧在双头螺柱上，然后用扳手转动上面一个螺母，因下面一个螺母的锁紧作用，迫使双头螺柱随扳手转动而拧入螺纹孔中紧固。松开时，用两把扳手分别夹住两螺母同时反向松动。

四、螺旋传动

1. 螺旋传动的组成与特点

螺旋传动主要由螺杆、螺母及机架组成，通过螺杆与螺母之间的相对运动，将旋转运动变成直线运动，从而传递运动和动力。

螺旋传动结构简单、工作连续、传动平稳、无噪声、承载能力大、传动精度高、易于自锁，在较低的运动速度下能传递巨大的力，故广泛应用于机械中。但摩擦损失大，传动效率低，因而一般不用于大功率的传递。随着滚动螺旋传动的应用，使螺旋传动的效率和传动精度得到了很大的改善。

2. 螺旋传动的类型及应用

① 螺母固定不动，螺杆回转并做直线运动。

如图 5-34 所示的台虎钳，螺杆 1 上装有活动钳口 2，螺母 4 与固定钳口 3 连接（固定在工作台上），当转动螺杆 1 时可带动活动钳口 2 左右移动，使之与固定钳口 3 分离或合拢，完成松开与夹紧工件的操作。这种螺旋传动通常还应用于千斤顶、千分尺和螺旋压力机等。

② 螺杆固定不动，螺母回转并作直线运动。

如图 5-35 所示的螺旋千斤顶，螺杆 4 安置在底座上静止不动，转动手柄 3 使螺母 2 回转，螺母就会上升或下降，从而举起或放下托盘 1 上的重物。这种螺旋传动的形式还常应用于插齿机刀架转动中。

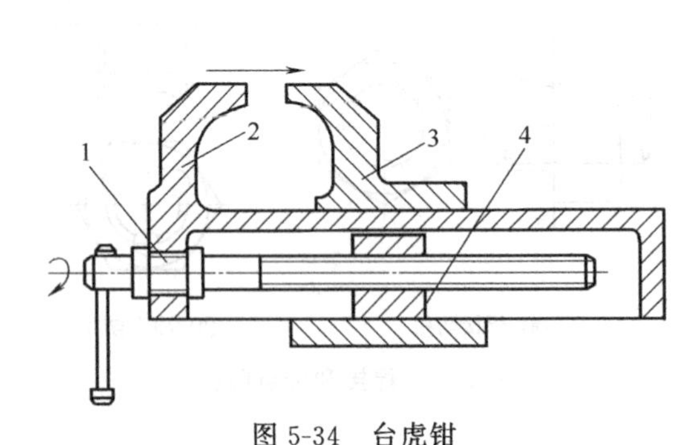

图 5-34 台虎钳
1—螺杆；2—活动钳口；3—固定钳口；4—螺母

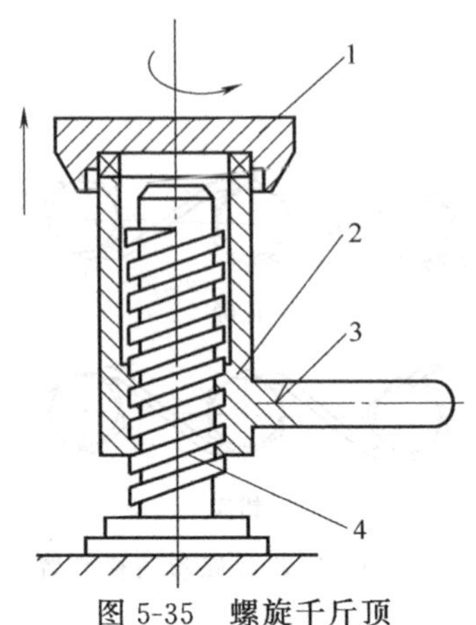

图 5-35 螺旋千斤顶
1—托盘；2—螺母；3—手柄；4—螺杆

③ 螺杆原位回转，螺母作直线运动。

如图 5-36 所示的车床滑板丝杠螺母传动，螺杆 1 在机架 3 中可以转动而不能移动，螺母 2 与滑板 4 相连只能移动而不能转动，当转动手柄使螺杆转动时，螺母 2 即可带动滑板 4 移动。

④ 螺母原位回转，螺杆作直线运动。

如图 5-37 所示应力试验机观察镜螺旋调整装置，由机架 4、螺杆 2、螺母 3 和观察镜 1 组成。当转动螺母 3 时便可使螺杆 2 向上或向下移动，以满足观察镜 1 上下调整的要求。

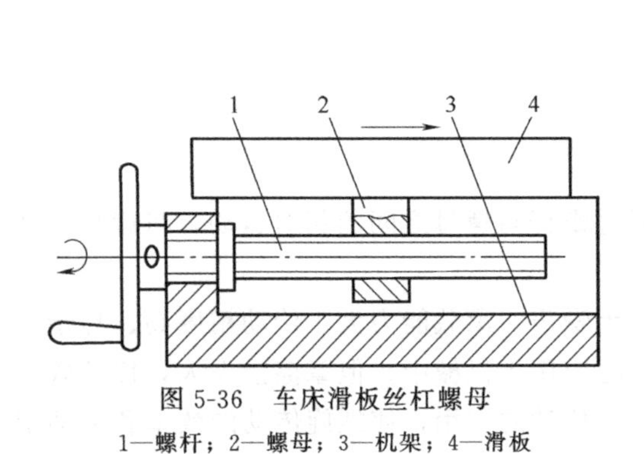

图 5-36 车床滑板丝杠螺母
1—螺杆；2—螺母；3—机架；4—滑板

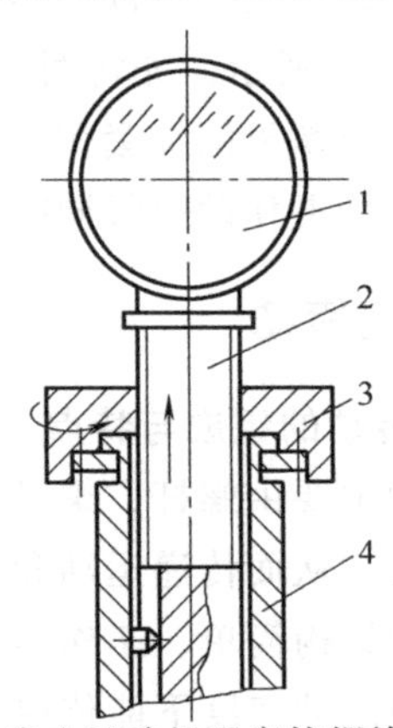

图 5-37 应力试验机观察镜螺旋调整装置
1—观察镜；2—螺杆；3—螺母；4—机架

3. 移动方向的判定

螺杆或螺母的移动方向可用左手、右手螺旋法则来判断：左旋螺杆用左手，右旋螺杆用右手，四指弯曲方向表示螺杆（螺母）回转方向，则拇指所指方向为螺杆（螺母）的移动方向，如图 5-38 所示。若螺杆原位转动而螺母轴向移动时，则螺母移动方向与拇指所指方向相反。

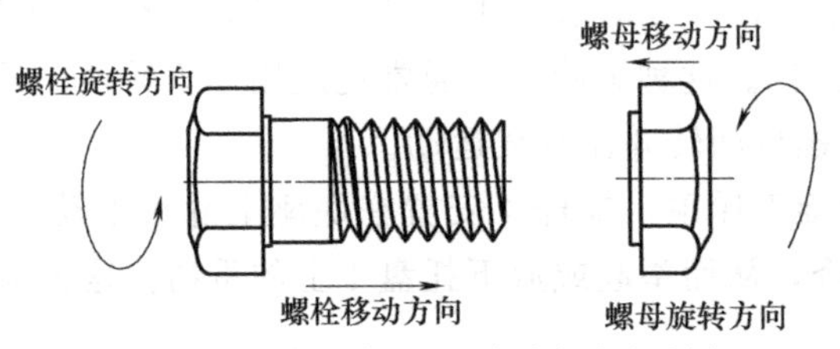

图 5-38 螺杆或螺母的移动方向的判定

第三节　联轴器和离合器

联轴器和离合器用来连接两根轴或轴和回转件，使它们一起回转，传递转矩和运动。联轴器和离合器所不同处在于：用联轴器连接的两轴，只能在停机后经拆卸才能分离；而离合器则可在机器运转过程中随时使两轴分离或连接。常用的联轴器和离合器大多数已经标准化和系列化，一般从标准中选择所需的型号和尺寸。

一、联轴器

由于制造和安装误差、受载后的变形、温度变化和局部地基的下沉等因素，使连接的两轴产生一定的相对位移，如图 5-39 所示。因此要求联轴器能补偿这些位移，否则会在轴、联轴器和轴承中引起附加载荷，导致工作情况恶化。联轴器种类很多，按有无补偿两轴相对位移的能力，可分为刚性联轴器和挠性联轴器两大类。

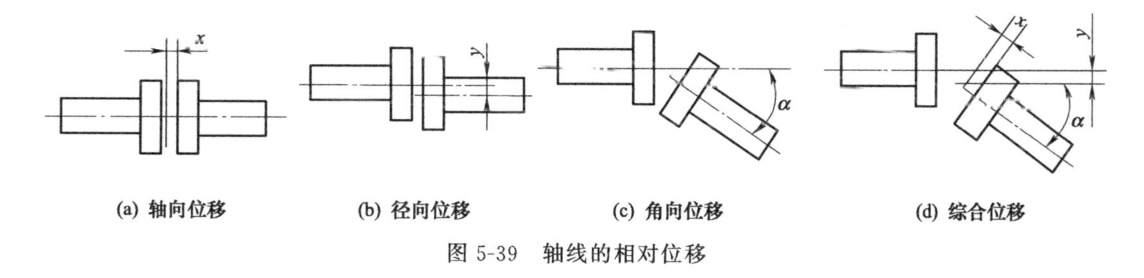

(a) 轴向位移　(b) 径向位移　(c) 角向位移　(d) 综合位移

图 5-39　轴线的相对位移

1. 刚性联轴器

刚性联轴器不能补偿两轴的相对位移，要求所连接两轴对中性要好，对机器安装精度要求高。常用的刚性联轴器有套筒联轴器和凸缘联轴器。

① 套筒联轴器：如图 5-40 所示，套筒联轴器是利用套筒、键或圆锥销将两轴端连接起来，其结构简单、容易制造、径向尺寸小，但装拆不便（须作轴向位移），用于载荷不大、转速不高、工作平稳、两轴对中性好、要求联轴器径向尺寸小的场合。

② 凸缘联轴器　如图 5-41 所示，凸缘联轴器由两个带凸缘的半联轴器通过键分别与两轴相连接，再用一组螺栓把两个半联轴器连接起来。凸缘联轴器有两种对中方式，如图 5-41（a）所示是用一个半联轴器上的凸肩与另一个半联轴器上的凹槽相配合来实现两轴的对中，用普通螺栓连接来连接两个半联轴器，依靠两个半联轴器接合面上的摩擦力传递转矩，因而，其对中性好，传递的转矩较小，但装拆时须移动轴。图 5-41（b）所示是通过铰制孔

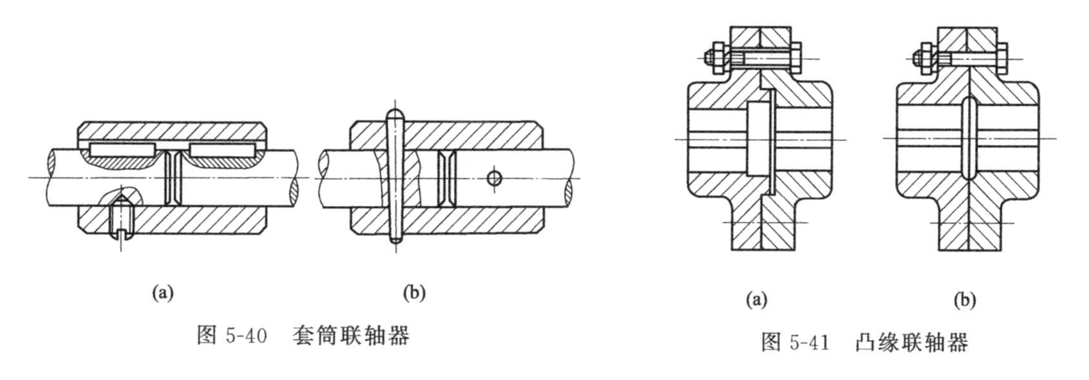

(a)　(b)

图 5-40　套筒联轴器

(a)　(b)

图 5-41　凸缘联轴器

螺栓连接来实现两轴的对中，依靠螺栓杆产生剪切和挤压来传递转矩，故传递的转矩大，装拆时不须移动轴，但铰制孔加工较复杂，两轴对中性稍差。

凸缘联轴器的全部零件都是刚性的，不能缓冲吸振，不能补偿两轴间的位移，制造、安装精度要求高，但结构简单、对中性好、传递转矩大、价格低廉，适用于连接低速、载荷平稳、刚性大的轴。

③ 夹壳联轴器：夹壳联轴器由两个半圆筒形的夹壳及连接它们的螺栓所组成，在夹壳的两个凸缘之间留有间隙 c，如图 5-42 所示。当拧紧螺栓时，使两个夹壳紧压在轴上，靠接触面的摩擦力来传递转矩。为了可靠起见，在夹壳和轴间加一平键连接。由于这种联轴器是剖分的，装拆时轴不需要轴向移动，故装拆方便。它主要用于速度低，工作平稳以及轴的直径小于 200mm 的场合。

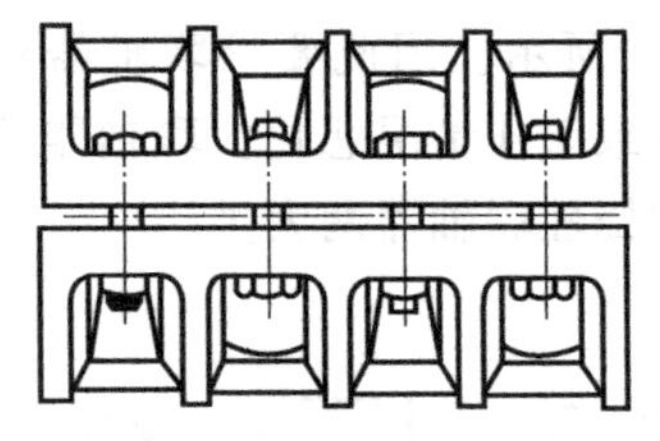

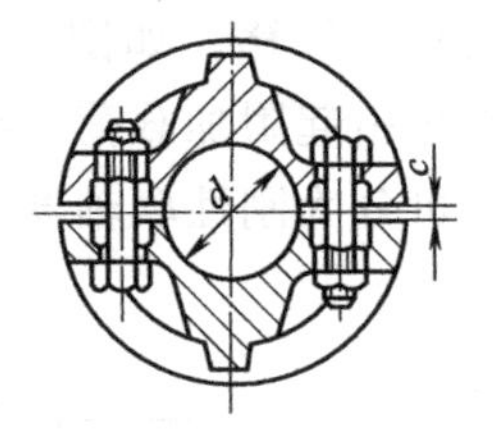

图 5-42 夹壳联轴器

2. 挠性联轴器

挠性联轴器能补偿两轴的相对位移，按是否具有弹性元件可分为无弹性元件的挠性联轴器和有弹性元件的挠性联轴器两类。

(1) 无弹性元件的挠性联轴器

这类联轴器利用内部工作元件间构成的动连接实现位移的补偿，但其结构中无弹性元件，不能缓和冲击与振动。常用的有十字滑块联轴器、十字轴式万向联轴器、齿式联轴器等。

① 十字滑块联轴器：如图 5-43 所示，十字滑块联轴器由两个端面开有径向凹槽的半联轴器 1、3 和一个两面带有凸块的中间盘 2 组成。中间盘两端面上互相垂直的凸块嵌入 1、3 的凹槽中并可相对滑动，以补偿两轴间的相对位移。为了减少滑动面间的摩擦、磨损，在凹槽与凸榫的工作面应注入润滑油。

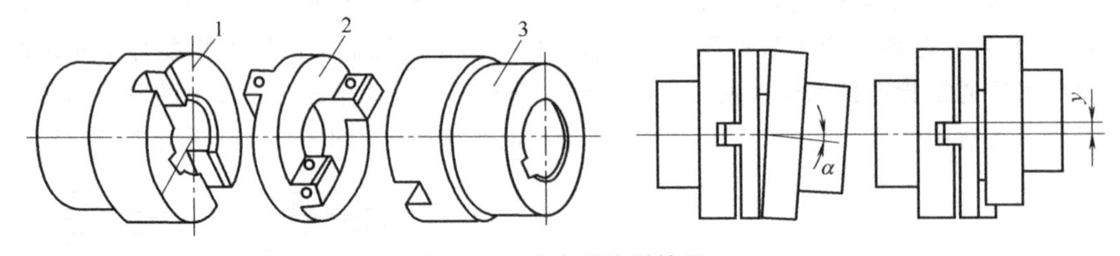

图 5-43 十字滑块联轴器

十字滑块联轴器结构简单、径向尺寸小、制造方便，但工作时中间盘因偏心而产生较大的离心力，故适用于低速、工作平稳的场合。

② 十字轴式万向联轴器：如图 5-44 所示，十字轴 3 的四端分别与固定在轴上的两个叉形接头 1、2 用铰链相连。当主动轴转动时，通过十字轴驱使从动轴转动。两轴在任意方向可偏移 α 角，并且轴运转时，即使偏移角 α 发生改变仍可正常转动。偏移角 α 一般不能超过

35°～45°，否则零件可能相碰撞。当两轴偏移一定角度后，虽然主动轴以角速度 ω_1 作匀速转动，但从动轴角速度 ω_2 将在一定范围内作周期性变化，因而引起附加动载荷。为了消除这一缺点，常将十字轴式万向联轴器成对使用，如图 5-45 所示。在安装时应使中间轴 3 的两叉形接头位于同一平面，并使主、从动轴与中间轴的夹角相等，从而使主动轴与从动轴同步转动。

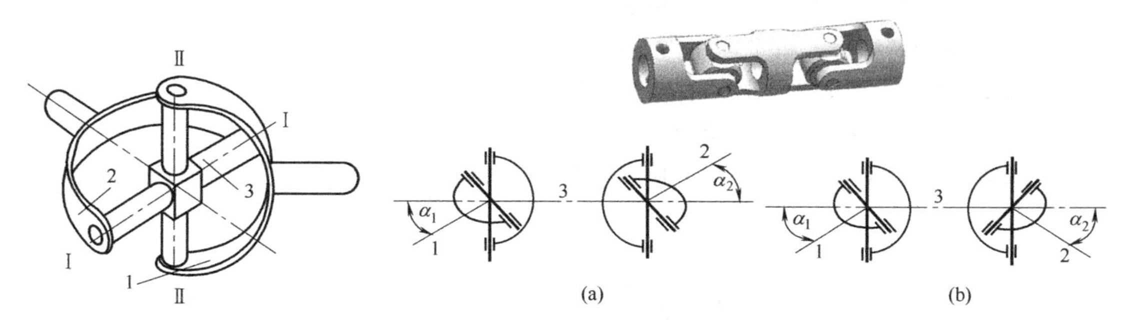

图 5-44　十字轴式万向联轴器

图 5-45　双向轴式万向联轴器

十字轴式万向联轴器结构紧凑，维护方便，能传递较大转矩，能补偿较大的综合位移，广泛应用于汽车、拖拉机和金属切削机床中。

③齿式联轴器：如图 5-46 所示，它由两个具有外齿的半联轴器 1、2 和两个具有内齿的外壳 3、4 组成。两个半联轴器用键分别与主动轴和从动轴连接，外壳 3、4 的内齿轮分别与半联轴器 1、2 的外齿轮相互啮合，两外壳用螺栓连接在一起。为了使其具有补偿轴间综合位移的能力，齿顶和齿侧均留有较大的间隙，并把外齿的齿顶制成球面。联轴器内注有润滑油，以减少齿间磨损。

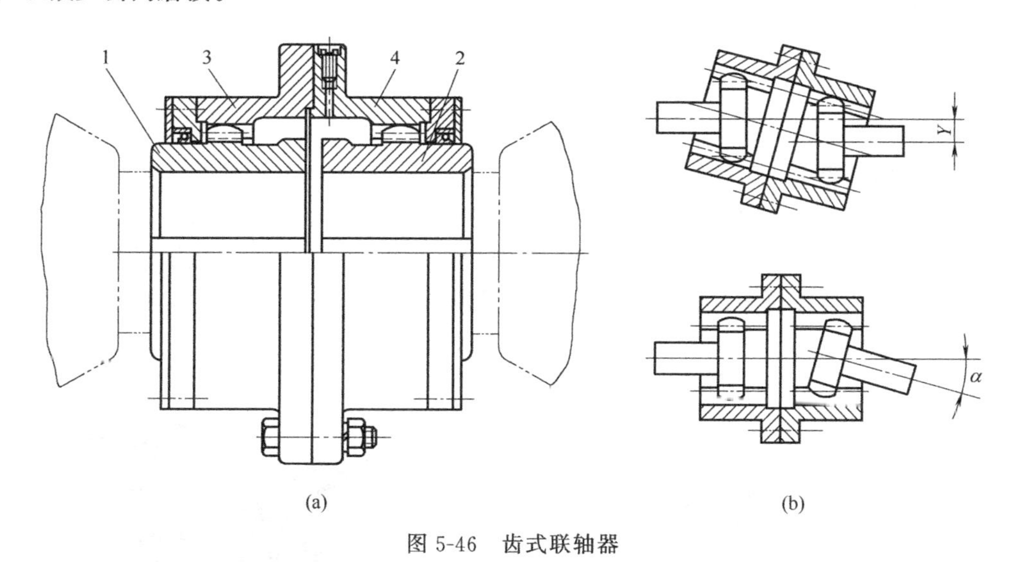

图 5-46　齿式联轴器

齿式联轴器有较多的齿同时工作，能传递很大的转矩，能补偿较大的综合位移，结构紧凑，工作可靠，但结构复杂、比较笨重、制造成本较高，广泛应用于传递平稳载荷的重型机械。

(2) 有弹性元件的挠性联轴器

这类联轴器利用内部弹性元件的弹性变形来补偿轴间相对位移，能缓和冲击、吸收振动。

① 弹性套柱销联轴器：如图 5-47 所示，弹性套柱销联轴器的结构与凸缘联轴器相似，不同之处在于用装有弹性套圈的柱销代替了螺栓。安装时一般将装有弹性套的半联轴器作动力的输出端，并在两半联轴器间留有轴向间隙，使两轴可有少量的轴向位移。这种联轴器的结构简单、重量较轻、安装方便、成本较低，但弹性套易磨损、寿命较短，主要应用于冲击小、有正反转，或启动频繁的中、小功率传动的场合。

② 弹性柱销联轴器：如图 5-48 所示，弹性柱销联轴器与弹性套柱销联轴器相类似，不同的是用尼龙柱销代替弹性套柱销，柱销形状一段为柱形，另一段为腰鼓形，以增大补偿两轴间角位移的能力。为防止柱销脱落，两侧装有挡板。其结构简单，制造、安装、维护方便，传递转矩大、耐用性好，适用于轴向窜动较大、正反转及启动频繁、使用温度在－20～70℃的场合。

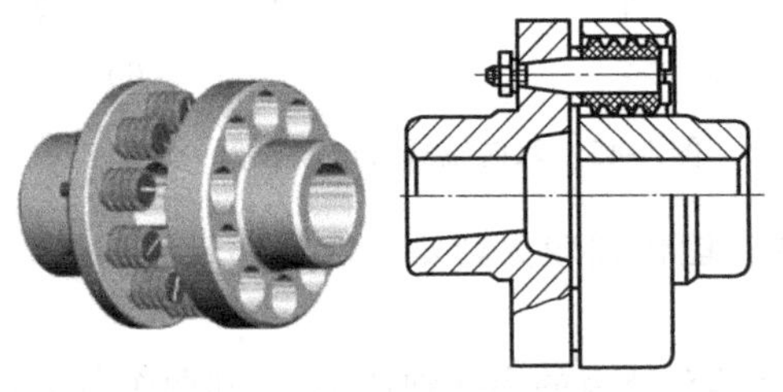

图 5-47 弹性套柱销联轴器

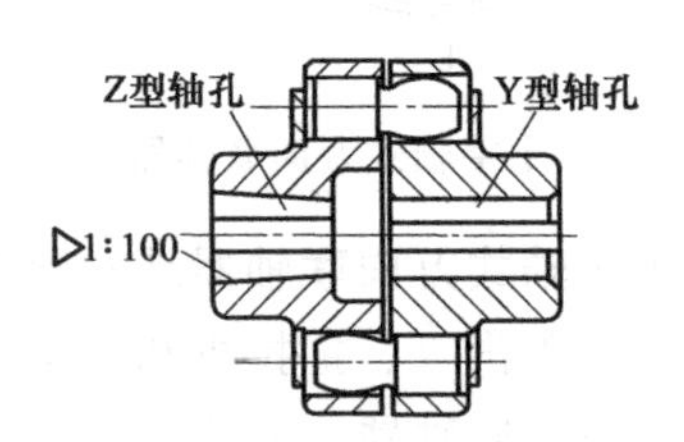

图 5-48 弹性柱销联轴器

③ 轮胎式联轴器：如图 5-49 所示，轮胎式联轴器是用压板 2 和螺钉 4 将轮胎式橡胶制品 1 紧压在两个半联轴器 3 上。工作时通过轮胎传递转矩。为便于安装，轮胎通常开有径向切口 5。其结构简单，具有较大的补偿位移的能力，良好的缓冲防振性能，但径向尺寸大。适用于潮湿、多尘、冲击大、正反转频繁、两轴间角位移较大的场合。

二、离合器

在机器运转过程中，因联轴器连接的两轴不能分开，所以在实际应用中受到制约。如汽车从启动到正常行驶过程中，要经常换挡变速。为保持换挡时的平稳，减少冲击和振动，需要暂时断开发动机与变速箱的连接，待换挡变速后再逐渐接合。显然，联轴器不适用于这种要求。若采用离合器即可解决这个问题，离合器类似开关，能方便地接合或断开动力的传递，如图 5-50 所示。

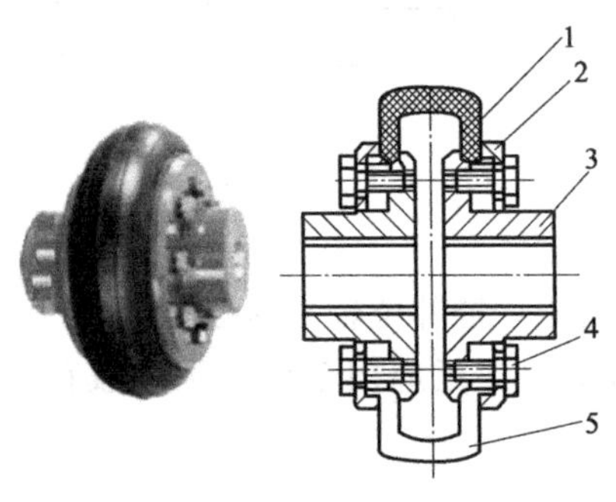

图 5-49 轮胎式联轴器

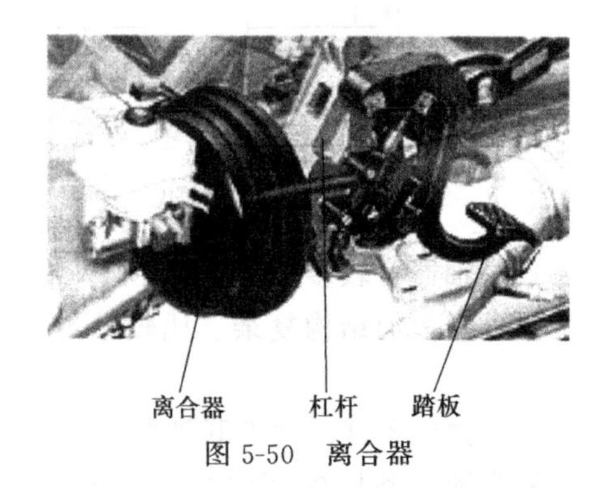

图 5-50 离合器

1. 牙嵌式离合器

如图 5-51 所示为牙嵌式离合器，是用爪牙状零件组成嵌合副的离合器。有正三角形、正梯形、锯齿形、矩形。牙嵌式离合器结构简单，外廓尺寸小，两轴接合后不会发生相对移动，但接合时有冲击，只能在低速或停车时接合，否则凸牙容易损坏。

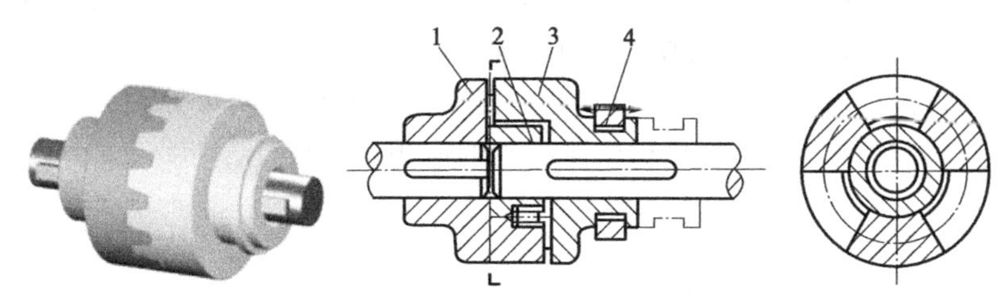

图 5-51 牙嵌式离合器

1,3—半离合器；2—对中环；4—滑环

2. 摩擦式离合器

如图 5-52 所示，摩擦式离合器通过操纵机构可使摩擦片紧紧贴合在一起，利用摩擦力的作用，使主、从动轴连接。这种离合器需要较大的轴向力，传递的转矩较小，但在任何转速条件下，两轴均可以分离或接合，且接合平稳，冲击和振动小，过载时摩擦片之间打滑，起保护作用。为了提高离合器传递转矩的能力，可适当增加摩擦片的数量。

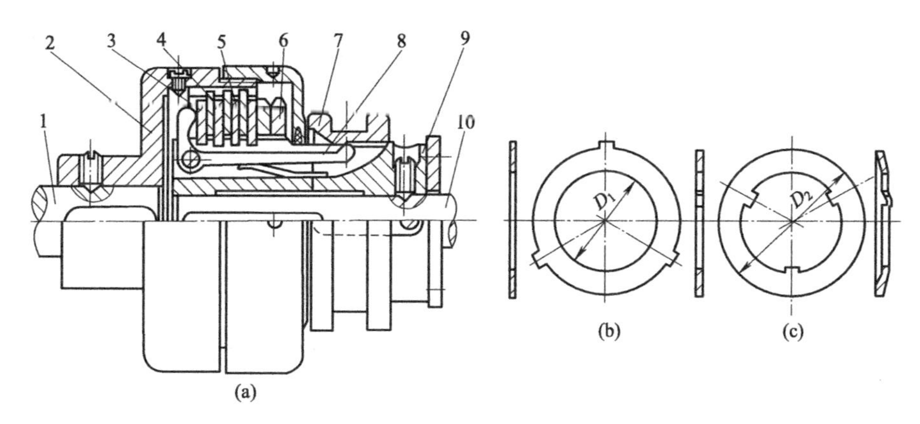

图 5-52 摩擦式离合器

1—主动轴；2—外套筒；3—压板；4,5—摩擦片；6—螺母；7—滑环；8—角形杠杆；9—内套筒；10—从动轴

3. 特殊功用离合器

① 安全离合器：如上述摩擦式离合器在过载时，摩擦片打滑可以起到安全保护作用。

② 超越离合器：超越离合器是通过主、从动部分的速度变化或旋转方向的变化，而具有离合功能的离合器。超越离合器属于自控离合器，有单向和双向之分。

第四节 轴

轴是组成机器的重要零件之一，作回转运动的零件都要装在轴上才能实现传递运动和动力。轴的主要功用是支承轴上零件，使其具有确定的工作位置，并传递运动和动力。

一、 轴的分类和材料

1. 轴的分类

(1) 按轴线形状分类

按照轴线形状的不同，可将轴分为曲轴（图 5-53)、直轴（图 5-54）和软轴（图 5-55)。曲轴常用于往复式机械，如内燃机中的曲轴；软轴用于有特殊要求的场合，如管道疏通机、电动工具等；直轴被广泛应用在各种机器上，直轴按其外形不同可分为光轴 [图 5-54 (a)] 和阶梯轴 [图 5-54 (b)]，在一般机械中阶梯轴的应用最为广泛。

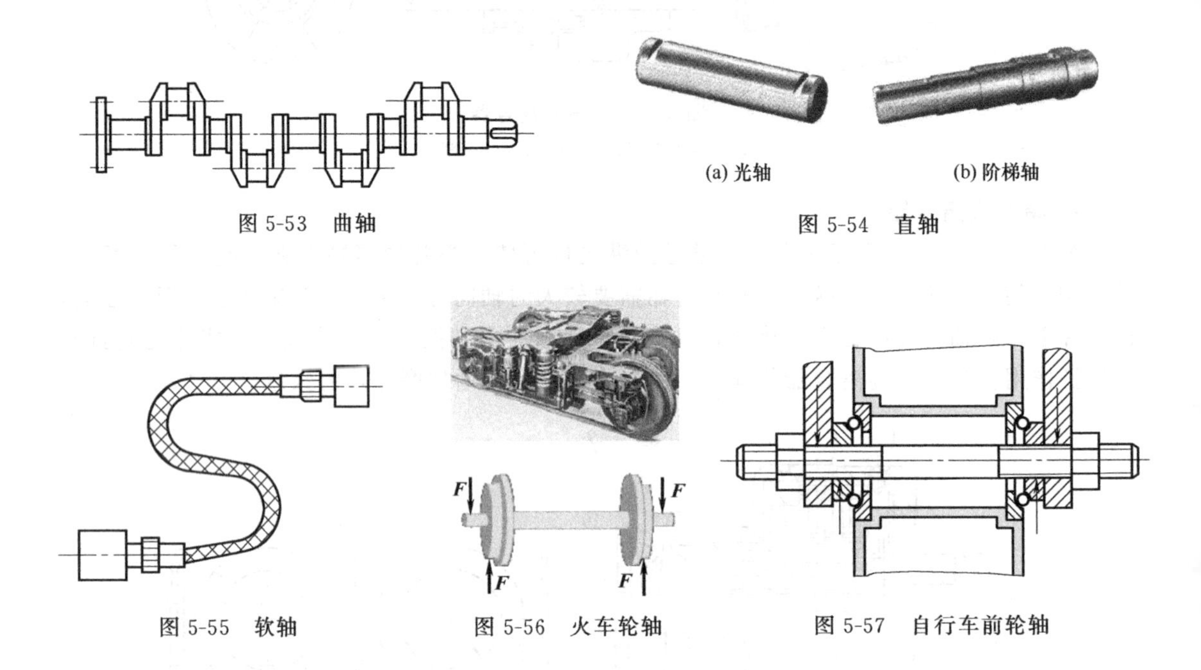

图 5-53 曲轴　图 5-54 直轴

图 5-55 软轴　图 5-56 火车轮轴　图 5-57 自行车前轮轴

(2) 按受载情况分类

① 芯轴：指只承受弯矩的轴（仅起支承转动零件的作用，不传递动力）。按其是否转动又分为转动芯轴和固定芯轴。转动芯轴工作时随转动零件一起转动，如图 5-56 所示的火车轮轴；固定芯轴工作时不转动，如图 5-57 所示的自行车前轮轴。

② 传动轴：指工作时主要承受转矩而不承受弯矩或承受很小弯矩的轴（只传递运动和动力)。如图 5-58 所示，将汽车前置变速器的运动和动力传至后桥，从而使汽车后轮转动的轴就是传动轴。

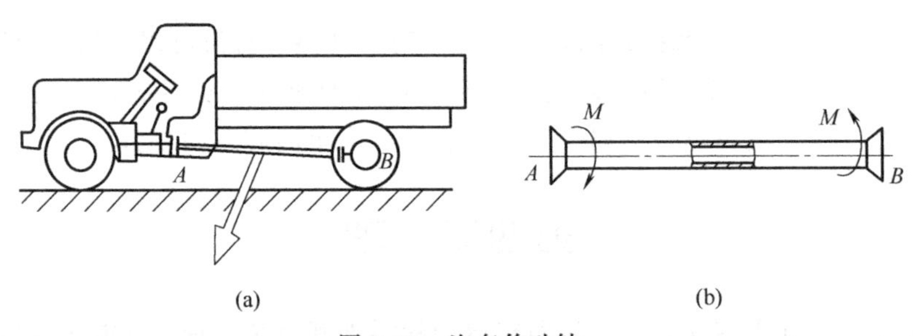

图 5-58 汽车传动轴

③ 转轴：指既承受弯矩又承受转矩的轴（既支承转动零件又传递运动和动力），是机器中最常用的轴。如图 5-59 所示，齿轮减速器中的轴就是转轴。

2. 轴的材料

轴的材料主要采用优质碳素结构钢和合金钢。轴的材料应当满足强度、刚度、耐磨性和耐腐蚀性等要求，采用何种轴材料取决于轴的工作性能及工作条件。

① 优质碳素结构钢对应力集中，敏感性低，价格相对便宜，具有较好的机械强度，主要用于制造不重要的轴或受力较小的轴，应用最为广泛。常用的优质碳素结构钢有 35、40、45 钢。为了提高材料的力学性能和改善材料的可加工性，优质碳素结构钢要进行调质或正火热处理。

② 合金钢对应力集中，敏感性强，价格比碳素钢贵，但机械强度比碳素钢高，热处理性能好，多用于高速、重载和耐磨、耐高温等特殊条件的场合。常用的合金钢有 40Cr、35SiMn、40MnB 等。

对于形状复杂的轴也可以采用铸钢或球墨铸铁。轴的毛坯一般采用热轧圆钢和锻件。对于直径相差不大的轴通常采用热轧圆钢，对于直径相差较大或力学性能要求高的轴采用锻件。

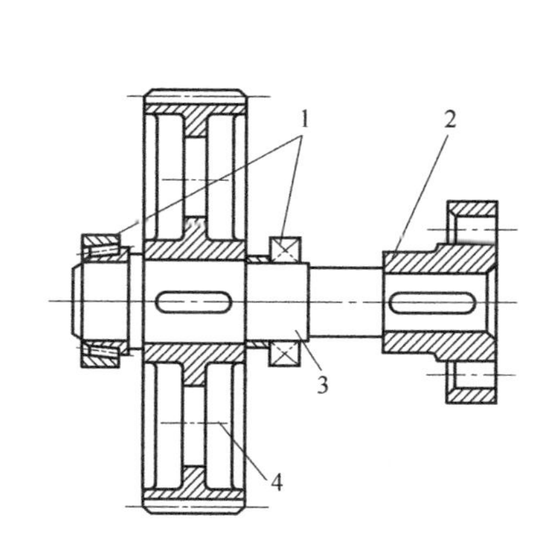

图 5-59　减速器轴

1—轴承；2—联轴器；3—轴；4—齿轮

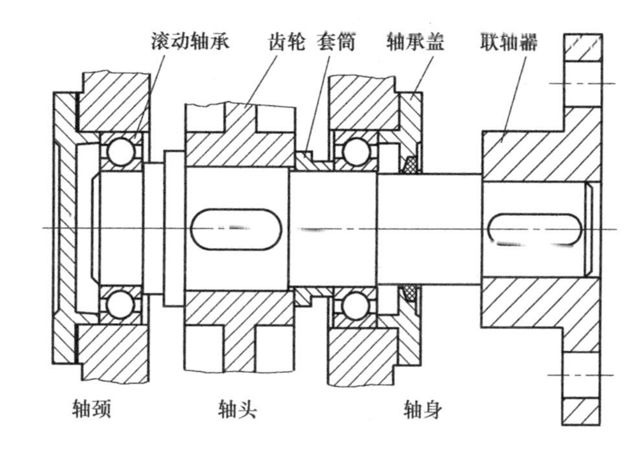

图 5-60　轴的结构

二、轴的结构

如图 5-60 所示为齿轮减速器中的高速轴，为便于轴上零件拆卸和装配，轴的结构应是两头小中间大的阶梯轴，主要是由轴头、轴颈、轴身组成，其次还有轴肩和轴环。轴的结构应考虑轴上零件的定位、固定、轴的加工及轴承类型等因素。

1. 轴的组成部分

① 轴头是轴上安装旋转零件的轴段，用于支承传动零件，是传动零件的回转中心。

② 轴颈是轴上安装轴承的轴段，用于支承轴承，并通过轴承将轴和轴上零件固定于机身上。

③ 轴身是连接轴头和轴颈部分的非配合轴段。

④ 轴肩是轴两段不同直径之间形成的台阶端面，用于确定轴承、齿轮等轴上零件的轴向位置。

⑤ 轴环是直径大于其左右两个直径的轴段，其作用与轴肩相同。

2. 轴上零件的固定

① 轴上零件的轴向固定：轴上零件的轴向固定是为了防止轴上零件沿轴向窜动。常用的轴向固定方法及其特点见表 5-2。

表 5-2 轴向固定方法

方法	图例	特点及说明
轴肩与轴环	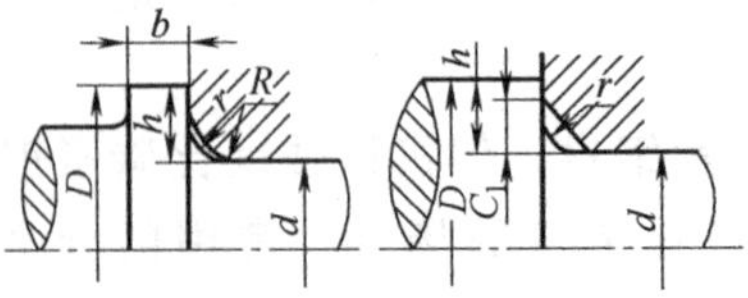	结构简单，固定可靠，能承受较大轴向力 轴肩高度 $h \geqslant R(C_1)$，一般 $h_{min} \geqslant (0.07 \sim 0.1)d$ 安装轴承的轴肩高度 h 必须查轴承标准中的安装尺寸，以便拆卸轴承；轴环宽度 $b \approx 1.4h$；定位轴肩圆角半径 r 必须小于零件孔端的圆角半径 R 或倒角 C_1
套筒	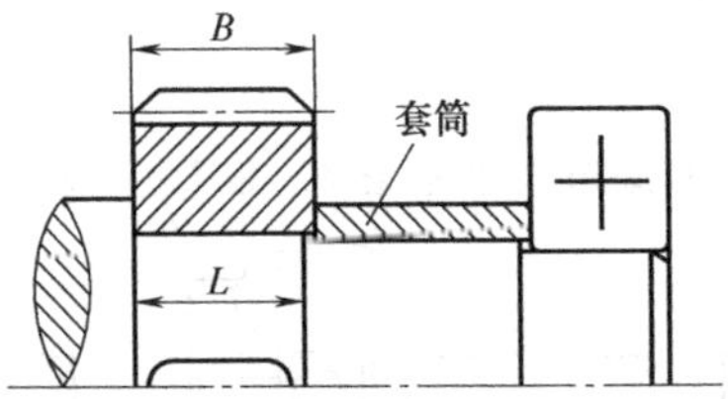 套筒	结构简单，定位可靠，能承受较大轴向力。能同时固定两个零件的轴向位置，但两零件相距不宜太远，不宜高速 为了使套筒（圆螺母、轴端挡圈等）可靠地贴紧轴上零件的端面，与轴上零件轮毂相配的轴头长度 L 应略短于轮毂长度 2～3mm
圆螺母与止动垫圈	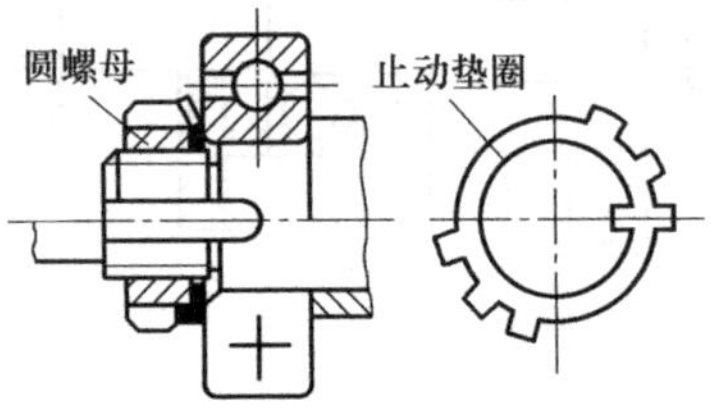 圆螺母 止动垫圈	固定可靠，能承受较大轴向力，能实现轴上零件的轴向调整 螺纹对轴的强度削弱较大，应力集中严重，应采用细螺纹
双螺母	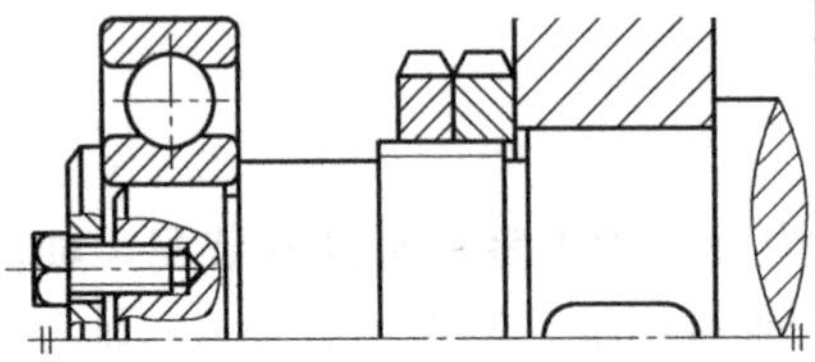	固定可靠，能承受较大轴向力，能实现轴上零件的轴向调整，常用于不便使用套筒的场合
轴端挡圈	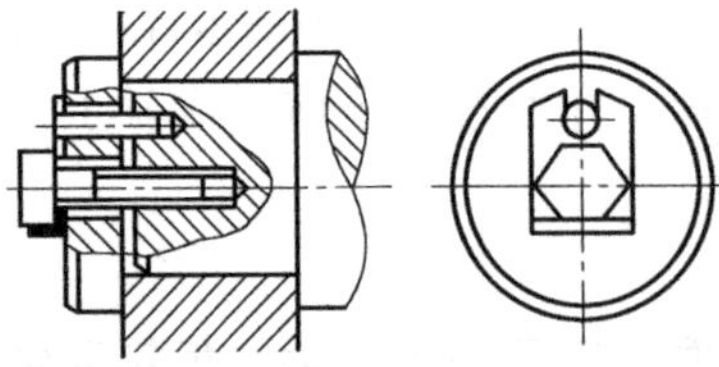	固定可靠，能承受较大的轴向力，用于轴端

续表

方法	图例	特点及说明
锥面		能消除轴与轮毂间的径向间隙，能承受冲击载荷，常用于高速轴端且对中性要求高或需经常拆卸的场合
弹性挡圈		结构紧凑，装拆方便，但受力较小，常用作滚动轴承的轴向固定
紧定螺钉		承受轴向力很小，亦可起周向固定作用。用于转速很低或仅为防止零件偶动的场合
销		能同时起轴向和周向固定作用，承受轴向力不能太大。销可起到过载剪断以保护机器的作用

② 轴上零件的周向固定：轴上零件的周向固定是为了避免轴上零件与轴发生相对转动，便于传递运动和转矩。常用的轴上零件的周向固定方法，如图 5-61 所示。

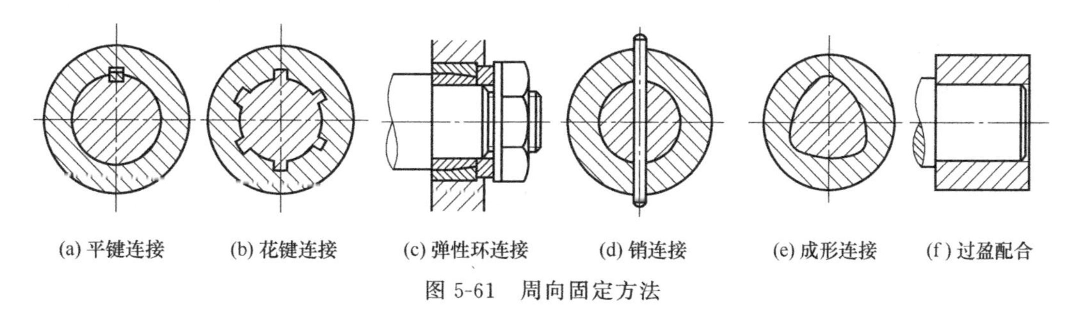

图 5-61　周向固定方法

3. **轴的结构工艺性**

为了便于轴的制造、轴上零件的装配和使用维修，轴的结构应进行工艺性设计，设计时须注意以下几点：

① 轴的形状应力求简单，阶梯数尽可能少且直径应该是两头小中间大，便于轴上零件的装拆，如图 5-60 所示。

② 轴端、轴颈与轴肩或轴环的过渡部位应有倒角或过渡圆角，应尽可能使倒角大小一

致和圆角半径相同，以便于加工。具体尺寸的确定可查阅机械零件设计手册 。

③ 轴端若需要磨削或切制螺纹时，须留出砂轮越程槽（如图 5-62 所示）和螺纹退刀槽（如图 5-63 所示）。具体尺寸的确定可查阅机械零件设计手册。

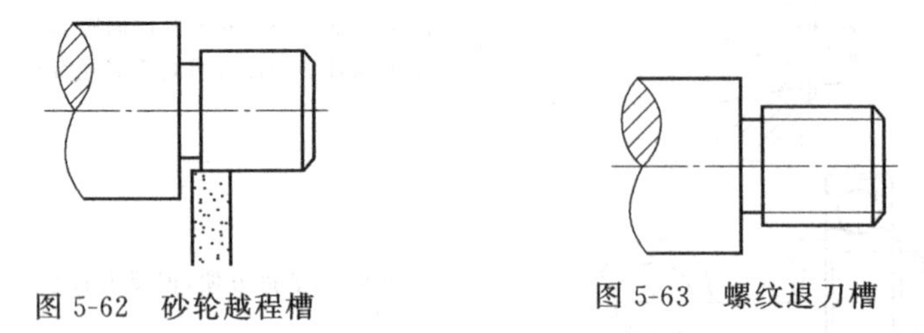

图 5-62 砂轮越程槽　　图 5-63 螺纹退刀槽

④ 当轴上零件与轴过盈配合时，为便于装配，轴的装入端应加工出导向锥面。

第五节 轴　承

轴承的功用是支撑轴及轴上零件，保持轴和轴上传动件的工作位置和旋转精度，减少摩擦与磨损，并承受载荷。按摩擦性质，轴承可分为滑动轴承和滚动轴承两大类。

一、滑动轴承

滑动轴承通过轴瓦和轴颈构成转动副，其间为滑动摩擦，具有工作平稳、噪声小、耐冲击能力和承载能力大等优点。在高速、重载、高精度及结构要求剖分等场合下广泛应用滑动轴承，如汽轮机、内燃机、大型电动机、机床、铁路机车等机械中。

1. 滑动轴承的类型和结构

按承载方向的不同，滑动轴承可分为向心滑动轴承（承受径向载荷）和推力滑动轴承（承受轴向载荷）；按其是否可以剖开可分为整体式和剖分式。

① 整体式向心滑动轴承：如图 5-64 所示为整体式向心滑动轴承，由轴承座 1、轴套 2 等组成，轴承座用螺栓与机座连接，顶部装有润滑油杯，轴套压装在轴承座中，并用骑缝螺钉止动。整体式滑动轴承已标准化，结构简单、制造方便、价格低廉、刚度较大，但装拆时必须作轴向移动，且轴套磨损后，间隙无法调整，只能更换轴套。整体式轴承多用于低速轻载和间歇工作的场合。

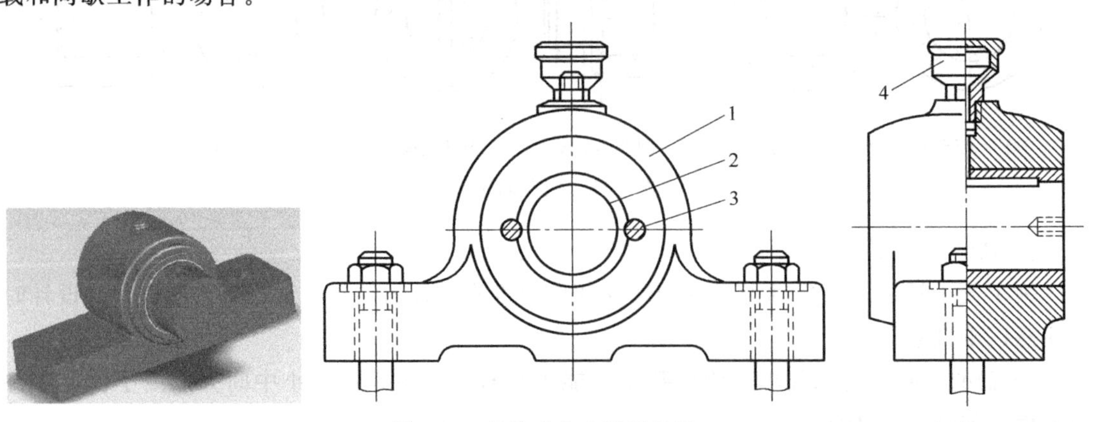

图 5-64 整体式向心滑动轴承

1—轴承座；2—轴套；3—骑缝螺钉；4—润滑油杯

② 剖分式向心滑动轴承：图 5-65 所示为剖分式向心滑动轴承，由轴承座 1、轴承盖 2、下轴瓦 3、上轴瓦 4 以及双头螺柱 5 等组成。轴承盖上部开有螺纹孔，便于安装油杯或油管。为了便于对中和防止横向错动，轴承座与轴承盖的剖分面上制成阶梯形止口。剖分面有水平（剖分正滑动轴承）和 45°斜开（剖分斜滑动轴承）两种，使用时应保证径向载荷的实际作用线与剖分面的垂直中心线夹角在 35°以内。剖分式轴承装拆方便，可通过改变剖分面上的垫片厚度来调整轴承孔和轴颈之间的间隙，当轴瓦磨损严重时，更换轴瓦方便，且已标准化，应用广泛。

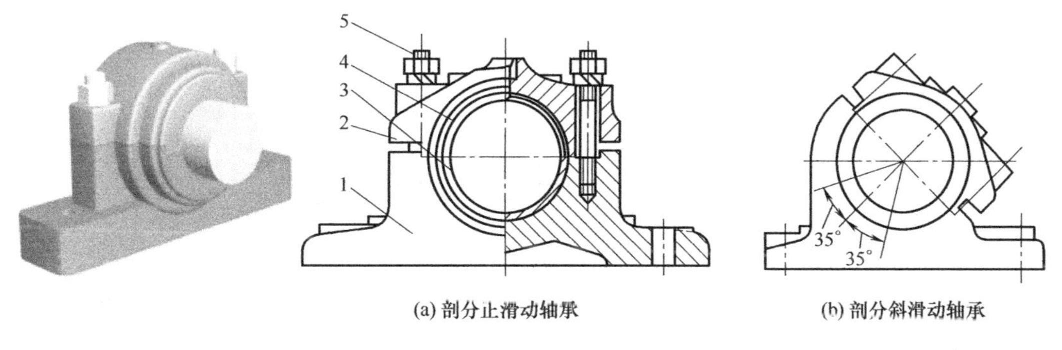

(a) 剖分正滑动轴承　　(b) 剖分斜滑动轴承

图 5-65 剖分式向心滑动轴承

③ 调心式滑动轴承：如图 5-66（a）所示，调心式滑动轴承的轴瓦外表面和轴承座孔均为球面，能自动适应轴或机架的变形，以避免如图 5-66（b）的局部磨损，适合轴承宽度 B 与轴颈直径 d 之比大于 1.5 的场合。

④ 推力滑动轴承：推力滑动轴承用来承受轴向载荷。如图 5-67（a）所示的实心推力轴颈，因工作时接触端外缘因线速度大而磨损大，中心处线速度小而磨损很小，致使应力集中于中心处，造成轴颈与轴瓦间的压力分布很不均匀；图 5-67（b）所示为空心推力轴承，它改善了受力状况，有利于润滑油由中心凹孔处导入并储存，应用较广；如图 5-67（c）、（d）所示的单环和多环推力轴颈，亦改善了受力状况，多环推力滑动轴承，其支承面积大而承载大。

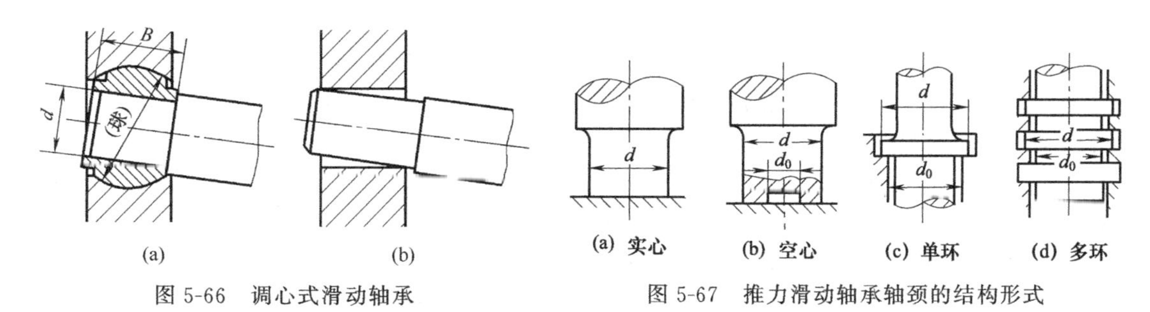

(a)　(b)

图 5-66 调心式滑动轴承

(a) 实心　(b) 空心　(c) 单环　(d) 多环

图 5-67 推力滑动轴承轴颈的结构形式

2. 轴瓦的结构

轴瓦是轴承中直接与轴颈接触的重要零件，它的结构和性能直接影响到轴承的寿命、效率和承载能力。

如图 5-68 所示分别为用于整体式滑动轴承的整体式轴瓦（轴套）和用于剖分式轴承的剖分式轴瓦。为节约贵重金属，常以钢、铸铁或青铜作瓦背，以提高轴瓦的强度，在瓦背的内表面上浇注一层减磨材料（如轴承合金等），其厚度一般为 0.5～6mm，此层材料称为轴承衬。为使轴承衬牢固地黏附在瓦背上，应在瓦背上预制燕尾形沟槽等，如图 5-69 所示。

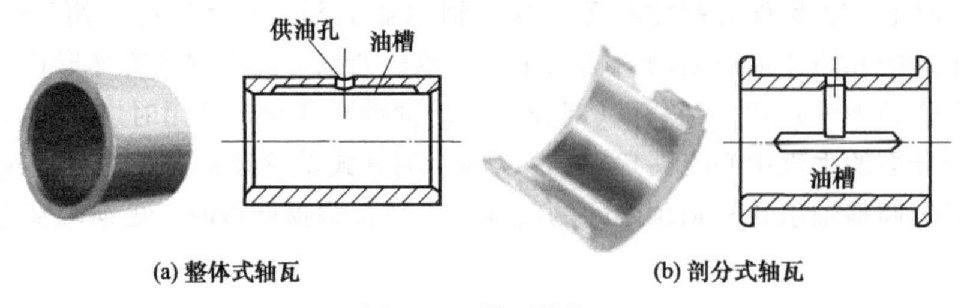

图 5-68 轴瓦结构

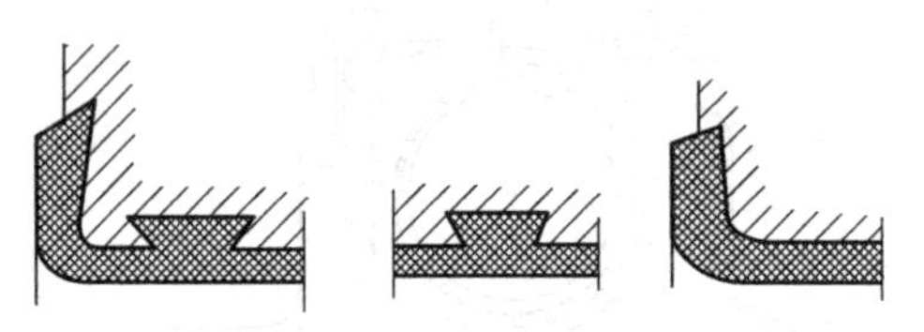

图 5-69 轴瓦瓦背沟槽形状

为便于润滑油流到整个轴瓦工作面上，应在非承载区开设供油孔和油沟。油沟的轴向长度约为轴瓦长度的 80%，以防止润滑油流失。如图 5-70 所示。

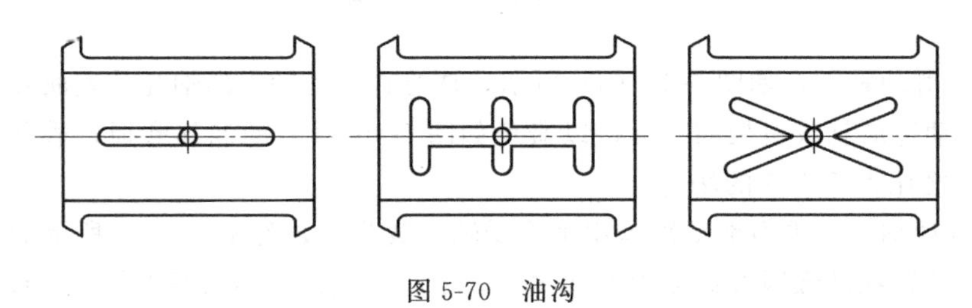

图 5-70 油沟

3. 滑动轴承的材料

滑动轴承材料通常是指轴瓦和轴承衬的材料。滑动轴承轴瓦的主要失效形式是磨损、胶合与疲劳破坏。因此，轴瓦材料应具备良好的减摩性能、抗胶合性、导热性及工艺性，足够的强度，一定的塑性，对润滑油有较高的吸附能力等。常用的轴瓦（或轴衬）材料有：

① 轴承合金：主要成分为铜、锡、锑、铅，以锡或铅作为基体的轴承合金又称为巴氏合金，其抗胶合能力强，摩擦系数小，塑性和跑合性能好，但价格高，且机械强度低，只适合作轴承衬的材料。

② 青铜：主要成分为铜与锡、铅或铝组成的合金，其跑合性差，但硬度高，熔点高，机械强度、耐磨性和减摩性较好，价格低廉，故应用广泛。

③ 铸铁或减摩铸铁：铸铁中含有的石墨被磨落后可起到辅助润滑作用，且其耐磨性好，价格便宜，但质脆、跑合性差，常用于低速轻载和无冲击的场合。

④ 粉末冶金材料：将不同的金属粉末经压制烧结而成的多孔结构材料，称为粉末冶金材料，其孔隙约占体积的 10%～35%，可储存润滑油，故又称为含油轴承。运转时，轴瓦温度升高，因油的膨胀系数比金属大，故自动进入摩擦表面润滑轴承。粉末冶金材料价格低廉，耐磨性好，但韧性差。适用于低速平稳、加油困难或要求清洁的机械。

⑤ 非金属材料：常用作轴承材料的非金属材料有酚醛塑料、聚酰胺（尼龙）和聚四氟乙烯等，这些材料具有耐磨、耐腐蚀，摩擦系数小，吸振性好，具有自润滑性能，但导热性

差，承载能力低。

4. 滑动轴承的润滑

滑动轴承润滑的目的是减少摩擦和磨损，以提高轴承的工作能力和使用寿命，同时起冷却、防尘、防锈和吸振的作用。设计时，必须恰当选择润滑剂和润滑装置。滑动轴承中常用的润滑剂有润滑油和润滑脂，其中润滑油应用最广。在某些特殊场合也可以使用石墨、二硫化钼等固体润滑剂，或水、气体等。

① 润滑油：大多数滑动轴承都采用油润滑。常用的油润滑方法和装置如表 5-3 所示。

表 5-3 滑动轴承油润滑方式与装置

润滑方式	润滑装置	特点和应用
滴油润滑	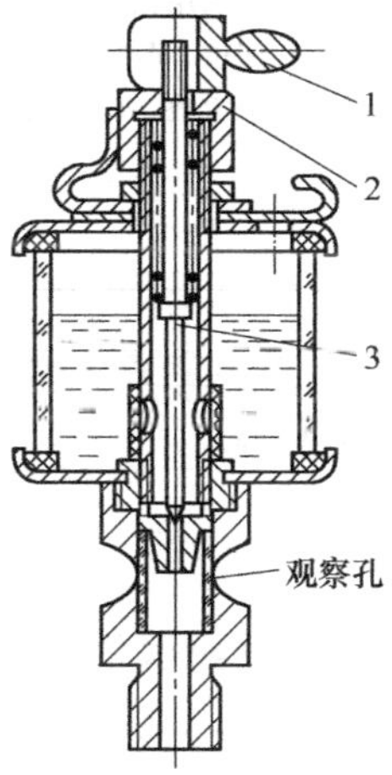 1 2 3 观察孔	图示装置为针阀油杯，当手柄处在水平位置，针阀在弹簧推压下堵住底部油孔。将手柄 1 提至垂直位置，针阀 3 上提，油孔打开而供油。调节螺母 2 可以改变注油量。用于载荷和速度较高，供油量不大需连续供油的轴承
芯捻或线纱润滑	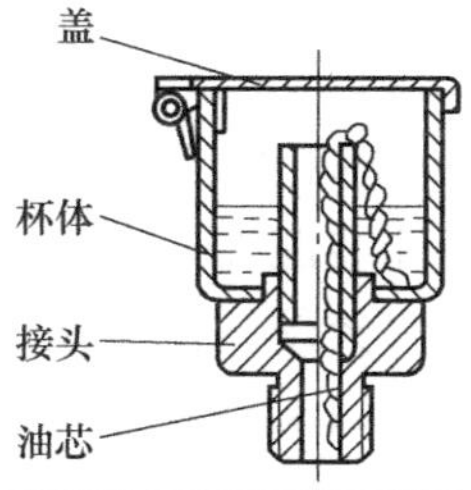 盖 杯体 接头 油芯	芯捻油杯是利用芯捻或线纱的毛细管和虹吸作用实现连续供油，供油量无法调节，用于载荷、速度不大的场合
油环润滑	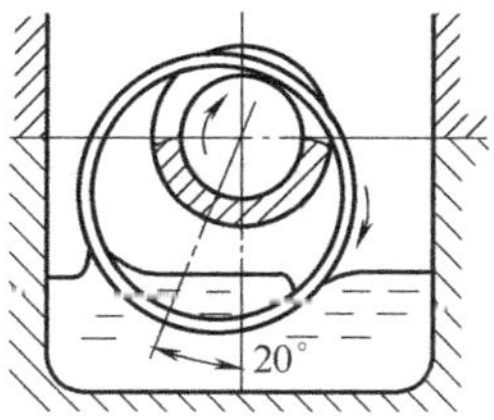 20°	利用油环将油带到轴颈上进行润滑。适用于轴颈转速范围为（60～100）r/min＜n＜（1500～2000）r/min，转速太低油环不能把油带起，过高油会被甩掉
飞溅润滑	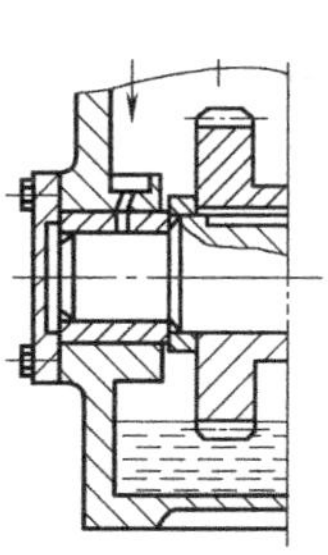	利用浸在油池中的回转件将油带到轴颈上进行润滑。这种方法简单、可靠，但旋转零件的速度不能大于 20m/s

续表

润滑方式	润滑装置	特点和应用
浸油润滑	油池	部分轴承直接浸在油中，供油充足，但搅油损失大，转速不能太高
压力循环润滑	油泵 油箱	利用油泵使润滑油达到一定压力后输送到润滑部位，润滑可靠、完善，但结构复杂、费用高。适用于重载、高速、精密机械的润滑

② 润滑脂：润滑脂用于低速、轻载或间歇工作等不重要场合，可用油脂枪向轴承补充润滑脂或用如图 5-71 所示旋转杯盖可将润滑脂挤入轴承。

二、滚动轴承

滚动轴承是标准件，由专门厂家批量生产。滚动轴承价格便宜，摩擦阻力小，效率高，润滑简单，互换性好，安装、维护比较方便，故应用十分广泛。

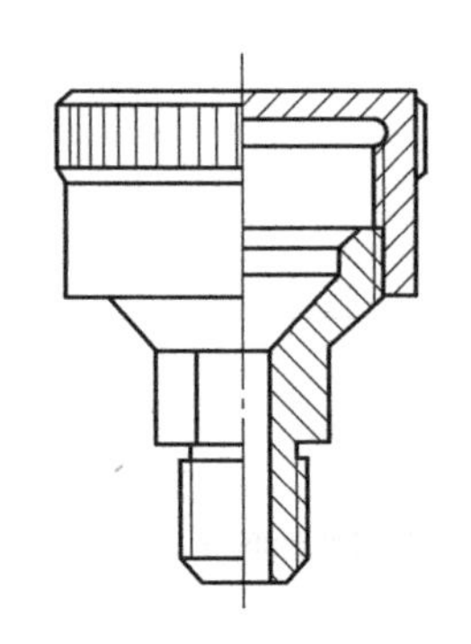

图 5-71　旋转式油杯

1. 滚动轴承的结构

滚动轴承的结构如图 5-72 所示，由内圈 1、外圈 2、滚动体 3 和保持架 4 组成，内、外圈分别与轴颈、轴承座孔装配在一起。当内、外圈相对转动时滚动体即在内、外圈的滚道间滚动。保持架使滚动体分布均匀，减少滚动体的摩擦和磨损。滚动轴承分为球轴承和滚子轴承两大类，常用滚动体的形状如图 5-73 所示。

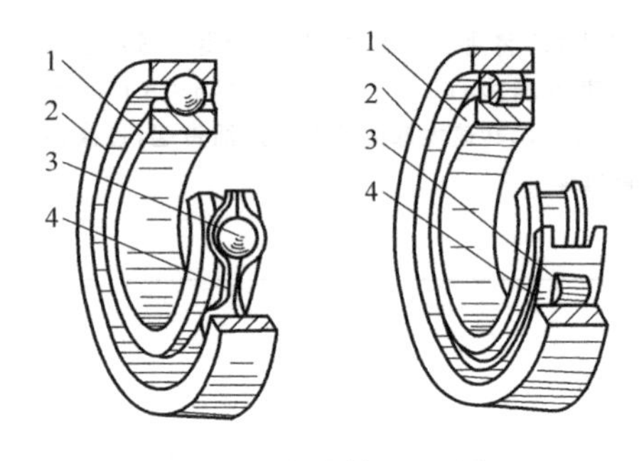

图 5-72　滚动轴承的结构

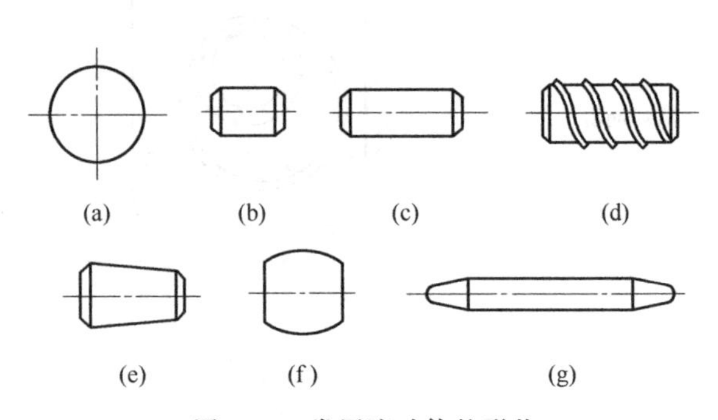

图 5-73　常用滚动体的形状

内、外圈与滚动体一般用含铬的合金钢（滚动轴承钢）制造，如 GCr15、GCr15SiMn 等，经淬火处理，硬度不低于 60HRC。工作表面须经磨削和抛光。保持架一般用低碳钢板冲压而成，也可用有色金属或塑料制造。

2. 滚动轴承的类型及特性

滚动体与套圈滚道接触点处的法线 nn 与轴承径向平面之间的夹角 α 称为公称接触角。按承载方向和公称接触角不同，滚动轴承可分为向心轴承和推力轴承两大类，各类轴承的公称接触角及承载方向如表 5-4 所示。

常用滚动轴承的基本类型、代号及特性如表 5-5 所示。

表 5-4　滚动轴承公称接触角及承载方向

轴承类型	向心轴承 （$0° \leqslant \alpha \leqslant 45°$ 主要承受径向载荷）		推力轴承 （$45° < \alpha \leqslant 90°$ 主要承受轴向载荷）	
	径向接触轴承	向心角接触轴承	推力角接触轴承	轴向接触轴承
公称接触角 α	$\alpha = 0°$	$0° < \alpha \leqslant 45°$	$45° < \alpha < 90°$	$\alpha = 90°$
承载方向	只能承受径向载荷 （深沟球轴承例外）	能同时承受 径向和轴向载荷	能同时承受 轴向和径向载荷	只能承受轴向载荷
图例	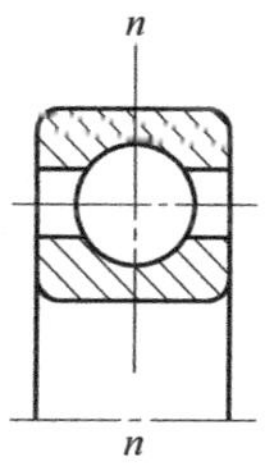	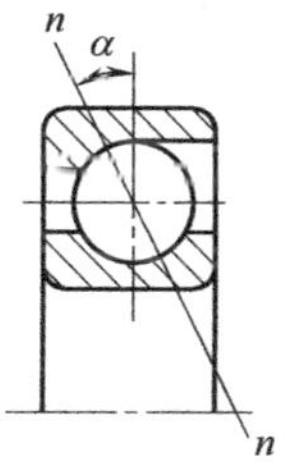	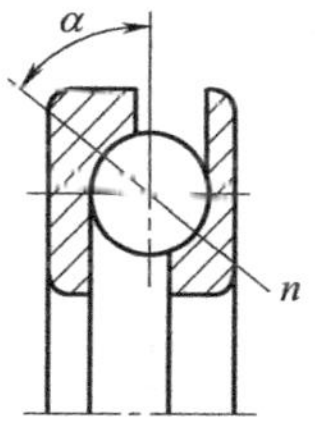	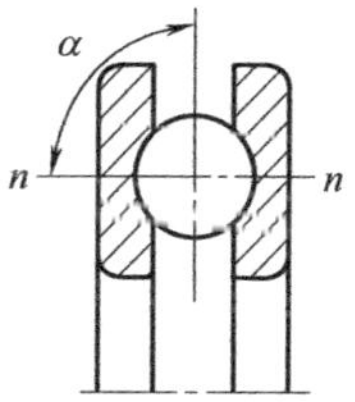

表 5-5　常用滚动轴承的基本类型、代号及特性

类型代号	类型名称	简图	实物图	承载方向	性能和特点
1	调心球轴承	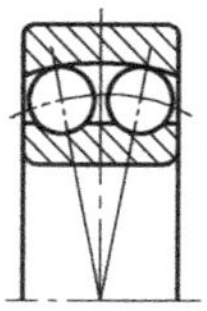		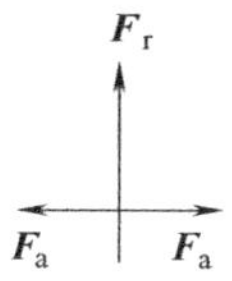 F_r、F_a、F_a	承受径向载荷为主，一般不宜承受纯轴向载荷；能自动调心，允许角偏差≤2°～3°；适用于多支点传动轴、刚性较小的轴以及难以对中的轴
2	调心滚子轴承	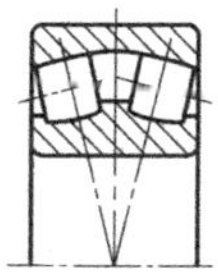		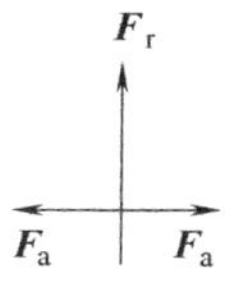 F_r、F_a、F_a	性能和特点与调心球轴承基本相同，但承载能力大些；允许角偏差≤1.5°～2.5°；常用于轧钢机、大功率减速器、吊车车轮等重载情况
3	圆锥滚子轴承	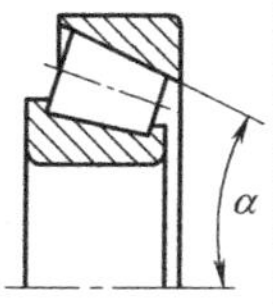		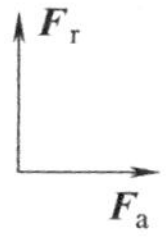 F_r、F_a	可同时承受径向和单向轴向载荷；外圈可分离，轴承间隙容易调整。允许角偏差2′；常用于斜齿轮轴、锥齿轮轴和蜗杆减速器轴等；一般成对使用

续表

类型代号	类型名称	简图	实物图	承载方向	性能和特点
4	双列深沟球轴承			F_r F_a F_a	与深沟球轴承特性类似，但能承受更大的双向载荷，适合应用在一个深沟球轴承的负荷能力不足的轴承配置
5	推力球轴承 51000			F_a	只能承受轴向载荷，51000型用于承受单向轴向载荷，52000型用于承受双向轴向载荷；不宜在高速下工作；常用于起重机吊钩、蜗杆轴和立式车床主轴的支承等
	双向推力球轴承 52000			F_a F_a	
6	深沟 球轴承			F_r F_a F_a	主要承受径向载荷，也能承受一定的轴向载荷；极限转速高，高速时可用来承受不大的纯轴向载荷；承受冲击能力差；价格低廉，应用最广；允许角偏差≤2′～10′；适用于刚性较大的轴，常用于机床齿轮箱、小功率电动机等
7	角接触球轴承 α=15°(C) α=25°(AC) α=40°(B)	α		F_r F_a	可同时承受径向和单向轴向载荷；接触角 α 越大，承受轴向载荷的能力越大，一般成对使用；高速下能正常工作；允许角偏差≤2′～10′；适用于刚性较大的轴，常用于斜齿轮及蜗杆减速器中轴的支承等
8	推力圆柱 滚子轴承			F_r	只能承受单方向轴向载荷，承载能力比推力球轴承大得多，不允许有角偏差
N	圆柱滚子轴承			F_r	承受径向载荷的能力大，能承受较大的冲击载荷；内、外圈可分离；允许角偏差≤2′～4′；适用于刚性较大、对中性良好的轴，常用于大功率电动机、人字齿轮减速器等

3. 滚动轴承的代号

滚动轴承的代号是表示轴承的结构、尺寸、公差等级和技术性能等特征的一种符号，由数字和字母组成，一般印刻在轴承座圈的端面上。按照GB/T 272—2017规定，滚动轴承代号包括前置代号、基本代号和后置代号组成，见表5-6。

表 5-6 滚动轴承代号的组成

<table>
<tr><td rowspan="2">前置代号</td><td colspan="5">基本代号</td><td colspan="7" rowspan="2">后置代号</td></tr>
<tr><td>五</td><td>四</td><td>三</td><td>二</td><td>一</td></tr>
<tr><td rowspan="2">轴承分部件代号</td><td rowspan="2">类型代号</td><td colspan="2">尺寸系列代号</td><td colspan="2" rowspan="2">内径代号</td><td rowspan="2">内部结构代号</td><td rowspan="2">密封与防尘结构代号</td><td rowspan="2">保持架及其材料代号</td><td rowspan="2">特殊轴承材料代号</td><td rowspan="2">游隙代号</td><td rowspan="2">多轴承配置代号</td><td rowspan="2">其他代号</td></tr>
<tr><td>宽度系列代号</td><td>直径系列代号</td></tr>
</table>

（1）前置代号

在基本代号之前，用字母表示成套轴承的分部件。例如 L 表示可分离轴承的可分离内圈或外圈；R 表示不带可分离内圈或外圈的轴承；K 表示滚子和保持架组件；KIW 表示无座圈推力轴承。

（2）基本代号

基本代号是核心部分，由类型代号、尺寸系列代号和内径代号组成，一般用数字或字母与数字组合表示，最多五位。

① 内径代号：表示轴承内径，对 $d=10\sim480$mm（$d=22$mm、28mm、32mm 除外）的常用轴承，其内径代号的表示方法见表 5-7。对 d 大于或等于 500mm 以及 $d=22$mm、28mm、32mm 的内径代号直接用公称直径的毫米数表示，但用“/”与尺寸系列代号分开，如深沟轴承 62/22 公称直径为 22mm。

表 5-7 滚动轴承内径代号

内径代号	00	01	02	03	04～96
轴承内径/mm	10	12	15	17	代号×5

② 尺寸系列代号：尺寸系列代号由直径系列代号和宽度系列代号组成。为满足不同的使用条件，同一内径的轴承其滚动体尺寸不同，轴承外径和宽度也有所不同。直径系列代号表示同一内径但不同外径的系列。宽度系列代号表示内、外径相同，但宽（高）度不同的系列。当宽度系列代号为 0 时多数可省略，如表 5-8 所示。

表 5-8 尺寸系列代号

<table>
<tr><td colspan="3" rowspan="4"></td><td colspan="8">向心轴承</td><td colspan="4">推力轴承</td></tr>
<tr><td colspan="8">宽度系列</td><td colspan="4">高度系列</td></tr>
<tr><td colspan="8">宽度尺寸依次递增→</td><td colspan="4">高度尺寸依次递增→</td></tr>
<tr><td>8</td><td>0</td><td>1</td><td>2</td><td>3</td><td>4</td><td>5</td><td>6</td><td>7</td><td>9</td><td>1</td><td>2</td></tr>
<tr><td rowspan="9">直径系列</td><td rowspan="9">外径尺寸依次递增↓</td><td>7</td><td>—</td><td>—</td><td>17</td><td>—</td><td>37</td><td>—</td><td>—</td><td>—</td><td>—</td><td>—</td><td>—</td><td>—</td></tr>
<tr><td>8</td><td>—</td><td>08</td><td>18</td><td>28</td><td>38</td><td>48</td><td>58</td><td>68</td><td>—</td><td>—</td><td>—</td><td>—</td></tr>
<tr><td>9</td><td>—</td><td>09</td><td>19</td><td>29</td><td>39</td><td>49</td><td>59</td><td>69</td><td>—</td><td>—</td><td>—</td><td>—</td></tr>
<tr><td>0</td><td>—</td><td>00</td><td>10</td><td>20</td><td>30</td><td>40</td><td>50</td><td>60</td><td>70</td><td>90</td><td>10</td><td>—</td></tr>
<tr><td>1</td><td>—</td><td>01</td><td>11</td><td>21</td><td>31</td><td>41</td><td>51</td><td>61</td><td>71</td><td>91</td><td>11</td><td>—</td></tr>
<tr><td>2</td><td>82</td><td>02</td><td>12</td><td>22</td><td>32</td><td>42</td><td>52</td><td>62</td><td>72</td><td>92</td><td>12</td><td>22</td></tr>
<tr><td>3</td><td>83</td><td>03</td><td>13</td><td>23</td><td>33</td><td>—</td><td>—</td><td>—</td><td>73</td><td>93</td><td>13</td><td>23</td></tr>
<tr><td>4</td><td>—</td><td>04</td><td>—</td><td>24</td><td>—</td><td>—</td><td>—</td><td>—</td><td>74</td><td>94</td><td>14</td><td>24</td></tr>
<tr><td>5</td><td>—</td><td>—</td><td>—</td><td>—</td><td>—</td><td>—</td><td>—</td><td>—</td><td>—</td><td>95</td><td>—</td><td>—</td></tr>
</table>

注：表中“—”表示不存在此种组合。

③ 类型代号：表示轴承的类型，用数字或大写字母表示，如表 5-5 所示。

(3) 后置代号

用字母或数字表示轴承的内部结构、材料、公差等级、游隙和其他特殊要求等内容，常用的几个后置代号有：

① 内部结构代号：表示了不同的内部结构，用紧跟在基本代号后的字母表示，例如接触角 $\alpha=15°$的角接触轴承，用字母 C 表示。

② 公差等级代号：滚动轴承公差等级分为 N、6、6x、5、4、2 共六级，依次由低级到高级。分别用/PN、/P6、/P6x、/P5、/P4、/P2。如 6208/P6 标注在轴承代号后。N 级为普通级，应用最广，不标注。

③ 游隙代号：滚动轴承的游隙分为 2、N、3、4、5 共五组，径向游隙依次增大，标注方法分别为/C2、/CN、/C3、/C4、/C5，N 组游隙又叫基本游隙，不标注。

当公差代号与游隙代号需同时表示时，可简化标注，如/P63 表示轴承公差等级为 6 级，径向游隙为 3 组。

滚动轴承代号示例：

基本代号为 6202，表示深沟球轴承，尺寸系列 (0) 2，内径 $d=15$mm；

基本代号为 N212，表示圆柱滚子轴承，尺寸系列 (0) 2，内径 $d-60$mm。

7312AC/P5，表示角接触球轴承，尺寸系列代号 03，轴承内径 $d=60$mm，公称接触角 $\alpha=25°$，公差等级为 5 级。

N2318/P6，表示圆柱滚子轴承，尺寸系列代号 23，内径 $d=90$mm，公差等级为 6x 级。

4. 滚动轴承的失效形式

滚动轴承的失效形式主要有疲劳点蚀、塑性变形及磨损三种形式 。

① 疲劳点蚀：当 $n\geqslant10$r/min 时，滚动轴承内、外套圈滚道和滚动体受变应力作用，其主要失效形式是疲劳点蚀。为了防止疲劳点蚀现象的发生，滚动轴承应进行动载荷计算（寿命计算）。

② 塑性变形：当 $n<10$r/min 时，间歇摆动或不转动的滚动轴承，套圈滚道与滚动体可能因过大的静载荷或冲击载荷，使接触处产生过大的塑性变形，出现凹坑，致使摩擦增大、运转精度降低，产生剧烈的振动及噪声。因此，低速重载的滚动轴承应进行静载荷计算。

③ 磨损：当轴承在工作环境恶劣、密封不好、润滑不良的条件下工作时，滚动体、套圈滚道会发生磨粒磨损。高速运转轴承还会发生胶合磨损。因此，应限制轴承工作转速。

5. 滚动轴承的润滑与密封

① 润滑：滚动轴承的润滑剂和润滑方式的选择都与速度因子 dn 值有关。d (mm) 是轴颈直径，n (r/min) 是转速，dn (mm · r/min) 值实

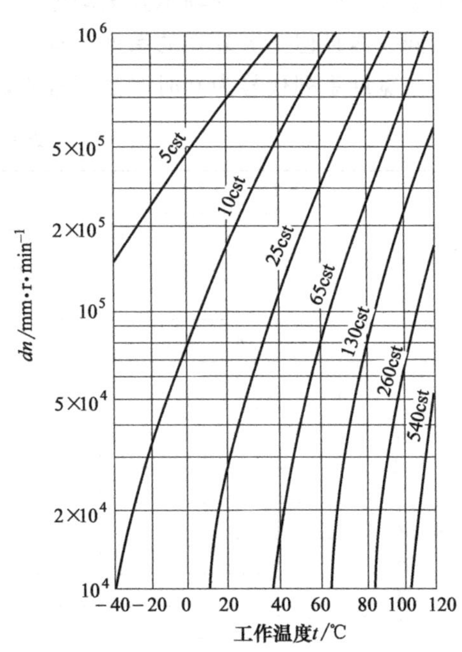

图 5-74 滚动轴承润滑油黏度的确定

际反映了轴颈的线速度。

当 dn 值在（2～3）$\times10^5$ 范围内时采用润滑脂，可按表 5-9 选择合适的润滑脂。润滑脂不易流失，密封简单，使用周期长，一般在装配时加入润滑脂，其填充量不得超过轴承空隙的 1/3～1/2，润滑脂过多阻力大，导致轴承发热。

当 dn 值过高或有润滑油源（如齿轮减速器）时采用油润滑。润滑油的内摩擦小，散热效果好，但供油系统和密封装置较复杂。润滑油黏度根据 dn 值可按图 5-74 选择。

滚动轴承的润滑方式可按表 5-10 选择。

表 5-9 滚动轴承润滑脂的选择

工作温度 ℃	dn 值 (mm·r/min)	使用环境	
		干燥	潮湿
0～40	＞80000 ＜80000	2 号钙基脂或钠基脂 3 号钙基脂或钠基脂	2 号钙基脂 3 号钙基脂
40～80	＞80000 ＜80000	2 号钠基脂 3 号钠基脂	3 号钡基脂或锂基脂

表 5-10 滚动轴承润滑方式的选择

轴承类型	$dn/10^4$ mm·r·min^{-1}				
	润滑脂	润滑油			
		油浴	滴油	循环油	喷雾
深沟球轴承	16	25	40	60	＞60
调心球轴承	16	25	40	50	
角接触球轴承	16	25	40	60	
圆柱滚子轴承	12	25	40	60	
圆锥滚子轴承	10	16	23	30	
调心滚子轴承	8	12	20	25	
推力球轴承	4	6	12	15	

② 密封装置：滚动轴承常用的密封装置类型见表 5-11 所示。

表 5-11 滚动轴承常用密封类型

密封类型		简图	特点和适用场合
接触式密封	毛毡圈密封	(a) (b)	结构简单，但摩擦大。矩形截面的毡圈嵌入梯形槽内产生变形，贴紧轴而起到密封作用 主要用于干净、干燥环境的脂润滑密封。轴颈速度 v 不大于 4～5m/s，温度不超过 90℃

续表

密封类型		简图	特点和适用场合
接触式密封	皮碗密封	(a) (b)	图(a)所示皮碗密封唇朝外,以防灰尘、杂质进入;若密封唇朝轴承,以防漏油;如果两个作用都要,则可将两个皮碗的密封唇反向放置,如图(b)所示。 用于脂或油润滑。圆周速度 $v \leqslant 7\text{m/s}$,工作温度范围(−40~100)℃
非接触式密封	隙缝密封	δ δ (a) (b)	靠轴与轴承盖之间的隙缝密封,隙缝越细长,密封效果越好,在(b)图环形沟槽中填以润滑脂,效果更好。间隙 δ 取 0.1~0.3mm。 用于脂润滑。要求环境清洁干燥

小结

本章简要介绍了机械常用零部件。

① 键连接主要用来实现轴和轴上零件的周向固定并传递运动和转矩。键连接可分为平键连接、半圆键连接、楔键连接、切向键连接与花键连接等类型。销连接主要用来固定零件之间的相互位置,并传递较小的转矩。

② 螺纹连接是利用带螺纹的零件构成的一种可拆连接,连接多用三角形螺纹。按螺距不同,螺纹可分为粗牙螺纹和细牙螺纹。

螺纹连接的基本类型有螺栓连接、双头螺柱连接、螺钉连接和紧定螺钉连接等类型。大多数螺栓连接在装配时都需要预紧和防松,螺纹防松方法可分为摩擦防松、机械防松和永久防松三种。螺旋传动用于将旋转运动变成直线运动的场合。

③ 联轴器和离合器的主要功用是实现轴与轴之间的连接与分离,并传递运动和转矩。联轴器和离合器的区别:用联轴器连接的两轴,只能在停机后经拆卸才能分离;而离合器则可在机器运转过程中随时使两轴分离或连接。

④ 轴的主要功用是支撑回转零件,使其具有确定的工作位置,并传递运动和动力。根据受载情况不同,轴分为芯轴、传动轴、转轴。轴的材料应具有足够的强度、刚度、韧性和耐磨性。轴的结构是两头小中间大的阶梯轴,确定轴的结构时还应考虑轴上零件的定位、固定、轴的加工及轴承类型等因素。

⑤ 轴承的功用是支撑轴及轴上零件,保持轴和轴上传动件的工作位置和旋转精度,减少摩擦与磨损,并承受载荷。按摩擦性质,轴承可分为滑动轴承和滚动轴承两大类。按承载方向的不同,滑动轴承可分为向心滑动轴承和推力滑动轴承。

滚动轴承一般由内圈、外圈、滚动体和保持架组成。按承载方向和公称接触角不同,滚动轴承可分为向心轴承和推力轴承。滚动轴承的代号由前置代号、基本代号和后置代号组成。滚动轴承的失效形式主要有疲劳点蚀、塑性变形及磨损。

同步练习

一、填空题

5-1　在平键连接工作时，是靠________和________侧面的挤压传递转矩的。

5-2　螺纹连接防松，按其防松原理可分为________防松、________防松和________防松。

5-3　为便于轴上零件拆卸和装配，轴的结构应是两头______中间______的阶梯轴。

5-4　轴承是支承______的重要部件，并承受由______传递给机架的载荷。

5-5　按支承处相对运动表面摩擦性质的不同，轴承可分为______和______两大类。

5-6　典型的滚动轴承一般由________、________、________和________组成。

5-7　滚动轴承的接触角 α 越大，轴承承受________的能力就越大。

二、判断题

5-8　平键连接工作面为键的两侧面。(　　)

5-9　键连接只能实现轴和轴上零件的周向固定。(　　)

5-10　销只能用来固定零件之间的相互位置。(　　)

5-11　螺栓连接适用于被连接件之一较厚难以穿孔并经常装拆的场合。(　　)

5-12　联轴器和连接的两轴直径必须相等，否则无法连接。(　　)

5-13　轴瓦工作面上，应在非承载区开设供油孔和油沟。油沟应沿轴向开通。(　　)

三、简答题

5-14　连接的主要类型有哪几种？

5-15　螺纹连接有哪些基本类型？各有何特点？各适用于什么场合？

5-16　螺纹连接预紧的作用是什么？为什么对重要连接要控制预紧力？

5-17　螺纹连接既然能自锁，为何还要防松？常见防松措施有哪些？

5-18　联轴器和离合器的功用有何相同点和不同点？

5-19　轴受载荷的情况可分哪三类？试分析自行车的前轴、中轴、后轴的受载情况，说明它们各属于哪类轴？

5-20　轴上零件的周向定位和轴向定位、固定方式有哪些？各适用于什么场合？

5-21　说明下列滚动轴承代号的意义：30310，6308/P5，N2315，6209。

第六章
压力容器基础

随着国民经济高质量快速的发展，压力容器已在石油、化工、轻工、医药、环保及国防等工业领域以及人们的日常生活中得到广泛应用，且数量日益增大，大容积的设备也越来越多。压力容器是在一定条件下的承压设备，工作过程中需要保持绝对的安全可靠，一旦发生事故其后果非常严重，因此对压力容器的结构、强度、操作方便程度、经济性等方面都有一定的要求。

第一节　概　　述

压力容器结构形式多样、种类繁多，如换热器、塔器、反应器等，其基本结构都是由容器外壳、封头和内件组成，如图 6-1 所示，下面结合该图对压力容器的基本结构进行简单介绍。

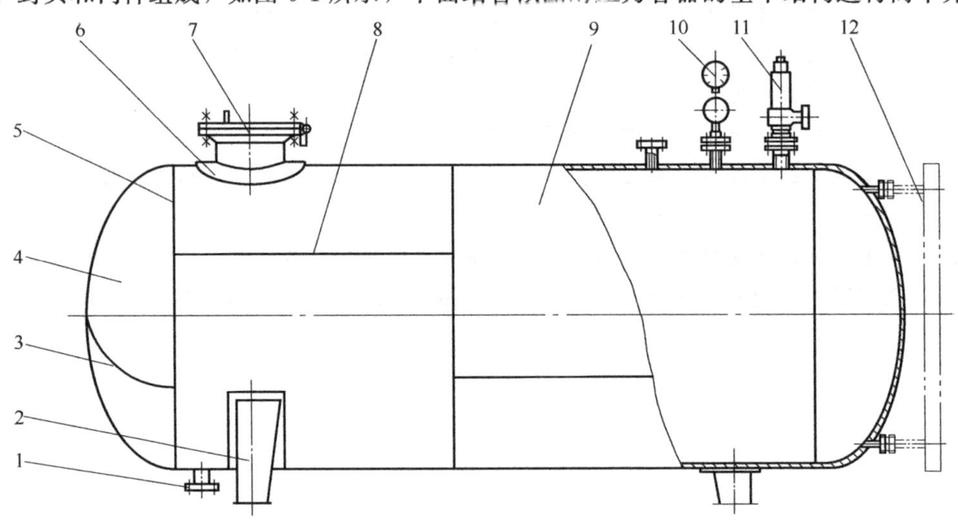

图 6-1　压力容器的基本结构

1—法兰；2—支座；3—封头拼焊焊缝；4—封头；5—环焊缝；6—补强圈；7—人孔；8—纵焊缝；9—筒体；10—压力表；11—安全阀；12—液面计

一、压力容器的组成结构

1. 筒体

筒体是储存物料或完成化学反应所需要的主要空间，因此筒体是压力容器最主要的受压元件之一，如图6-1所示。当筒体直径小于500mm时，筒体可直接采用无缝钢管制作，当筒体直径较大（一般大于500mm）时，可通过卷板机将钢板卷制成圆筒或用钢板在水压机上压制成两个半圆筒，再用焊接的方法将其制成一个完整的圆筒，此时便存在纵焊缝，直径不大时只有一条纵焊缝，直接较大时具有两条或两条以上的纵焊缝。

2. 封头

封头是压力容器的另一受压元件，它分为球形、椭圆形、碟形、锥形、平板等形式；封头和筒体通过焊接或者可拆的法兰连接组合在一起就构成了一台封闭的容积空间。

当容器组装后不需要开启时（一般是容器内无内置构件或虽然有内置构件但不需更换和检修），封头与筒体通过焊接组成一个整体，从而保证密封。如果压力容器内置的构件需要更换或因检修需要多次开启，则封头和筒体的连接则采用可拆法兰连接，此时，封头和筒体之间就必须要有一个密封装置。

3. 密封装置

为了保证压力容器内的介质不会因为发生泄漏而发生事故，需要对其进行密封。压力容器上有很多密封装置，如封头与筒体、容器接管与管法兰、人孔、手孔的可拆连接等。压力容器能否安全正常的运行，很大程度上取决于密封装置的可靠性。

4. 开孔与接管

由于容器内的物料需要通过管道输入和输出，以及供检修人员进出设备进行检修，因此需要在压力容器的壳体上开设各种大小和形状的孔或安装接管，如人孔、手孔、视镜孔、物料进出接管，以及安装压力表、液面计、安全阀、测温仪表等接管开孔。

5. 支座

压力容器自身的重量和其内部介质的重量需要由支座来承受，对较高的塔类容器而言除承受自身和介质的重量外，还要承受风载荷和地震载荷所造成的弯曲力矩。

二、压力容器标准规范

各国相继制定了一系列压力容器标准和规范，以确保压力容器安全可靠地运行，如美国的ASME规范，日本的JIS规范，欧盟的97/23/EC规范，且目前欧洲标准化委员会（CEN）正在以ISO/DIS2694为蓝本制订新的压力容器欧洲标准。

中国压力容器标准体系中，GB 150.1～150.4—2011《压力容器》是最基本、应用最广泛的标准，其技术内容与ASMEⅧ-1、JIS B 8270等国外先进压力容器标准大致相当，但在适用范围、许用应力和一些技术指标上有所不同。

全国压力容器标准技术委员会在GB 150—2011的基础上，先后制订了GB/T 151—2014《热交换器》、GB 12337—2014《钢制球形储罐》、GB/T 27698.3—2011《板式换热器》、NB/T 47007—2018《空冷式热交热器》、GB 16749—2018《压力容器波形膨胀节》、JB4732《钢制压力容器分析设计标准》、NB/T 47041—2014《塔式容器》标准释义与算例、NB/T 47003.1—2009《钢制焊接常压容器》、NB/T 47042—2014《卧式容器》标准释义与算例、NB/T 47020—2012《压力容器法兰与技术条件》、NB/T 47065.1—2018《鞍式支座》、NB/T 47065—2018《容器支座》等。NB/T 47003.1—2009《钢制焊接常压容器》与GB 150一样，都属于常规设计标准。GB 150、JB 4732和NB/T 47003的区别和应用范围见表6-1。

表 6-1 GB 150、JB 4732 和 NB/T 47003 的区别和应用范围

项目	GB 150	JB 4732	NB/T 47003
设计压力	0.1MPa≤p≤35MPa，真空度不低于 0.02MPa	0.1MPa≤p<100MPa，真空度不低于 0.02MPa	−0.02MPa<p<0.01MPa
设计温度	按钢材允许的温度确定（最高为 700℃，最低为−196℃）	低于以钢材蠕变控制其设计强度的相应温度（最高 475℃）	大于−20～350℃（奥氏体高合金钢制容器和设计温度低于−20℃，但满足低温低应力工况，且调整后的设计温度高于−20℃的容器不受此限）
对介质的限制	不限	不限	不适用于盛装高度毒性或极度危害介质的容器
设计准则	弹性失效准则和失稳失效准则	塑性失效准则、失稳失效准则和疲劳失效准则，局部应力用极限分析和安定性分析结果来评定	弹性失效准则和失稳失效准则
应力分析方法	以材料力学、板壳理论公式为基础，并引入应力增大系数和形状系数	弹性有限元法，塑性分析，弹性理论和板壳理论公式，实验应力分析	以材料力学、板壳理论公式为基础，并引入应力增大系数
强度理论	最大主应力理论	最大剪应力理论	最大主应力理论
是否适应于疲劳分析容器	不适用	适用，但有免除条件	不适用

《压力容器安全技术监察规程》是政府对压力容器实施安全技术监督和管理的依据，属于技术法规范畴；压力容器标准是设计、制造、检验压力容器产品的依据，两者的适用范围不同。《压力容器安全技术监察规程》适用于同时具备以下条件的容器：

① 最高工作压力≥0.1MPa（不含液体静压）；

② 内直径（非圆形截面指其最大尺寸）≥0.1m，且容积（V）≥0.025 m^3；

③ 盛装介质为气体、液化气体或最高工作温度高于等于标准沸点的液体。

三、压力容器分类

1. 按工艺用途分

① 反应容器（代号 R）：主要用于完成介质的物理反应、化学反应。如反应器、反应釜、合成塔、蒸煮锅、分解塔、聚合釜、煤气发生炉等。

② 换热容器（代号 E）：主要用于完成介质之间的热量交换。如热交换器、管壳式余热锅炉、冷却塔、冷凝器、蒸发器、加热器、烘缸、电热蒸汽发生器等。

③ 分离容器（代号 S）：主要用于完成流体介质分离的设备。如分离器、过滤器、集油器、缓冲器、洗涤器、吸收塔、干燥塔、汽提塔、除氧器等。

④ 储存容器（代号 C，其中球罐代号 B）：主要用于储存和盛装生产用的原料气、液体、液化气体等。如储槽、球罐、槽车等。

如果一种压力容器，同时具备两种以上的工艺作用时，应按工艺过程中的主要作用来划分。

2. 按壳体的承压方式分

① 内压容器：作用于器壁内部的压力高于器壁外表面承受的压力。

② 外压容器：作用于器壁内部的压力低于器壁外表面承受的压力。

3. 按设计压力的高低分

① 低压容器（代号 L），$0.1\text{MPa} \leqslant p < 1.6\text{MPa}$。

② 中压容器（代号 M），$1.6\text{MPa} \leqslant p < 10\text{MPa}$。

③ 高压容器（代号 H），$10\text{MPa} \leqslant p < 100\text{MPa}$。

④ 超高压容器（代号 U），≥100MPa。

4. 按容器的壁厚分

① 薄壁容器。径比 $k = D_0/D_i \leqslant 1.2$ 的容器（D_0 为容器的外直径，D_i 为容器的内直径）。

② 厚壁容器。$k > 1.2$ 的容器。

5. 按容器的工作温度分

① 低温容器：设计温度≤－20℃。

② 常温容器：设计温度＞－20～200℃。

③ 中温容器：设计温度＞200～450℃。

④ 高温容器：设计温度＞450℃。

6. 按安装方式分

① 固定式压力容器：安装和使用地点固定，工艺条件也相对固定的压力容器。如生产中的储槽、储罐、塔器、分离器、热交换器等。

② 移动式压力容器：经常移动和搬运的压力容器。如汽车槽车、铁路槽车、槽船等容器。

7. 按安全技术监察规程分

(1) 第三类压力容器

具有以下情形之一者为第三类容器：

① 高压容器；

② 毒性为极度和高度危害介质的中压容器；

③ 设计压力和容积的乘积≥$0.2\text{MPa} \cdot \text{m}^3$ 的低压容器；易燃或毒性程度为中度危害介质且其设计压力和容积的乘积≥$0.5\text{MPa} \cdot \text{m}^3$ 的中压反应容器；设计压力和容积的乘积≥$10\text{MPa} \cdot \text{m}^3$ 的中压储存容器；

④ 高压、中压管壳式余热锅炉；

⑤ 中压搪玻璃压力容器；

⑥ 容积大于 50m^3 的球形储罐；

⑦ 移动式压力容器，包括介质为液化气体、低温液体的铁路槽车，液化气体、低温液体、永久气体等的罐式汽车，介质为液化气体、低温液体的罐式集装箱；

⑧ 容积大于 5m^3 的低温液体储存容器；

⑨ 抗拉强度规定值下限≥540MPa 的高强度材料压力容器。

(2) 第二类压力容器

具有下列情形之一者为第二类压力容器：

① 中压容器；

② 易燃介质或毒性程度为中度危害介质的低压反应容器和低压储存容器；

③ 毒性程度为极度和高度危害介质的低压容器；

④ 低压管壳式余热锅炉；

⑤ 低压搪玻璃压力容器。

（3）第一类压力容器

除第二类、第三类压力容器以外的所有低压容器。

第二节 内压薄壁容器

一、内压薄壁圆筒容器

1. 承受气压圆筒形薄壳的受力分析

对于密闭的压力容器，当容器内部承受压力时，在轴向和径向方向上存在不同程度的变形，容器在长度方向上将伸长，直径将增大，说明在轴向方向上和圆周切向方向上存在拉应力。我们把轴向方向的拉应力称为径向或轴向应力，用 σ_1 表示，圆周切向方向的应力称为周向应力或环向应力，用 σ_2 表示。

为了计算筒体上的径向（轴向）应力 σ_1 和环向（周向）应力 σ_2，可利用力学中的截取法求取。如图 6-2（a）所示，设壳体内的压力为 p，中间面直径为 D，壁厚为 δ，则轴向产生的轴向合力为 $p\dfrac{\pi}{4}D^2$。这个合力作用于封头内壁，左端封头上的轴向合力指向左方，右端封头上的合力则指向右方，因而在圆筒截面上必然存在轴向拉力，这个轴向总拉力为 $\sigma_1\pi D\delta$，如图 6-2（b）所示。

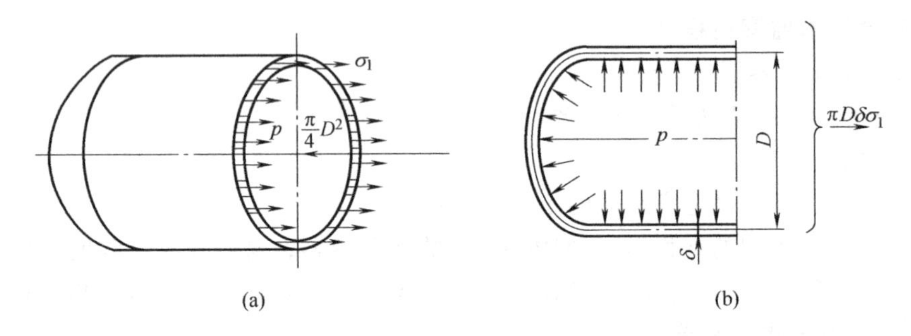

图 6-2 圆筒体横向截面受力分析

根据静力学平衡原理，由内压产生的轴向合力与作用于壳壁横截面上的轴向总拉力相等，即

$$p\frac{\pi}{4}D^2=\sigma_1\pi D\delta \tag{6-1}$$

由此可得径向（轴向）应力为

$$\sigma_1=\frac{pD}{4\delta} \tag{6-2}$$

式中 σ——径向（轴向）应力，N/m^2 或 MPa；

p——圆筒体承受的内压力，N/m^2 或 MPa；

D——圆筒体中间面直径，mm；

δ——圆筒体的壁厚，mm。

同理，仍然采用截面法对圆筒体环向（周向）应力计算进行分析，沿圆筒体轴线作一个纵向截面，将其分成相等的两部分，留取下面部分进行受力分析，如图 6-3（a）所示。在内

压 p 的作用下，壳体所承受的合力为 LDp，这个合力有将筒体沿纵向截面分开的趋势，因此，在筒体环向（周向）必须有一个环向（周向）应力 σ_2 与之平衡，如图 6-3（b）所示，壳体在纵向截面上的总拉力为 $\sigma_2 2L\delta$。

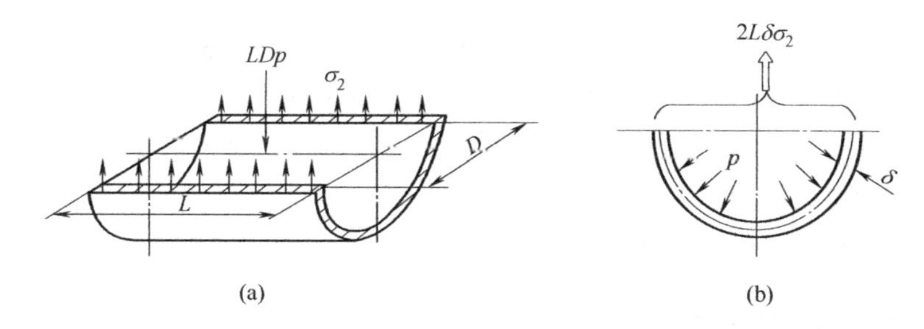

图 6-3　圆筒体纵向截面受力分析

根据受力平衡原理，在内压作用下，垂直于筒体截面的合力与筒体纵向截面上产生的总拉力相等，即

$$LDp=2L\delta\sigma_2 \tag{6-3}$$

可得纵向截面的环向（周向）应力为

$$\sigma_2=\frac{pD}{2\delta} \tag{6-4}$$

从公式（6-2）和式（6-4）可以看出，$\sigma_2=2\sigma_1$，由此说明在圆筒形壳体中，环向应力是径向应力的 2 倍。因此，如果需要在圆筒形壳体上开设非圆孔时，应将其长轴设计在环向（周向），而短轴设计在径向（轴向），以减少开孔对壳体强度削弱的影响。同理，在制造圆筒形压力容器时，纵焊缝的质量比环焊缝的质量要求高，以确保压力容器的安全运行。

2. 边缘应力的产生及特性

上面进行的应力分析是在远离筒体端部的中间位置处求取的，此时，在内压作用下壳体截面所产生的应力是均匀连续的。但在实际工程中所用的压力容器壳体，基本上都是由球壳、圆柱壳、圆锥壳等组合而成，如图 6-4 所示。壳体的母线不是单一曲线，而是多种曲线的组合，由此引起母线连接处出现了不连续性，从而造成连接处出现了应力的不连续性。另外，壳体沿轴线方向上在厚度、载荷、材质、温差等方面发生变化，也会在连接处产生不连续应力。以上在连接边缘处所产生的不连续应力统称为边缘应力。

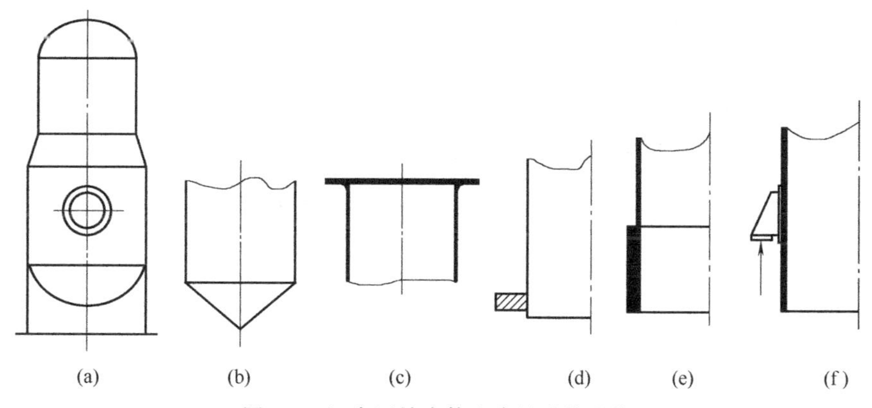

图 6-4　组合回转壳体和常见连接边缘

不同组合的壳体，在边缘连接处所产生的边缘应力是不相同的。有的边缘应力比较显著，其值可达很高的数值，但它们有一个明显的特征，就是衰减快、影响范围小，应力只存在于连接边缘处的局部区域，离开边缘稍远区域边缘应力便迅速减少为零，边缘应力的这一特性通常称为局限性。此外，边缘应力是由于在连接处两侧壳体出现弹性变形不协调以及它们的变形相互受到弹性约束所致，但是，对于塑性材料制造的壳体而言，当连接边缘处的局部区域材料产生塑性变形时，原来的弹性约束便会得到缓解，并使原来的不同变形立刻趋于协调，变形将不会连续发展，边缘应力被自动限制，这种性质称为边缘应力的自限性。

降低边缘应力可以通过以下方法来达到：减少两连接件的刚度差；尽量采用圆弧过渡；局部区域补强；选择合适的开孔方位。

二、内压薄壁球形容器

在工厂中除圆筒形容器外，很多容器需要用到球形容器，如储罐、球形封头等。球形壳体在几何特性上与圆筒形壳体是不相同的，因为球形壳体上各点半径相等，且对称于球心，在内部压力作用之下有使球壳体变大的趋势，说明在球壳体上存在拉应力。为了计算方便，按照截面法进行分析，通过球心将壳体分成上、下两部分壳体，留取下半部分进行分析，如图6-5所示。

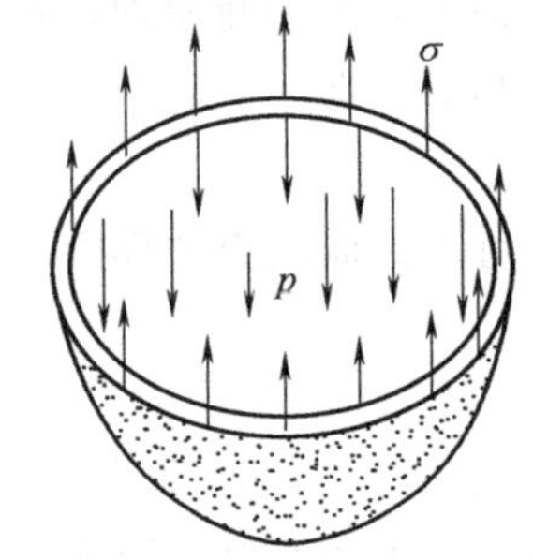

图6-5 球形壳体的受力分析

设球形容器的内压力为 p，球壳中间面直径为 D，壁厚为 δ，则产生于壳体截面上的总压力为 $\frac{\pi}{4}D^2p$，这个作用力有使壳体分成两部分的趋势，因此，在壳体截面上必有一个力与之平衡，此时整个圆环截面上的总拉力为 $\pi D\delta\sigma$。

根据静力学平衡原理，垂直于壳体截面上的总压力与壳体截面上的总拉力应该相等，即

$$\frac{\pi}{4}D^2p=\pi D\delta\sigma$$

由此可得球形壳体的应力为

$$\sigma=\frac{pD}{4\delta} \tag{6-5}$$

【例6-1】 有一圆筒形和球形压力容器，它们内部均盛有压力为2MPa气体介质，圆筒形容器和球形容器的内径均为1000mm，壁厚 δ 均为20mm，试分别计算圆筒形压力容器和球形压力容器的径向应力和环向应力。

解： ① 计算圆筒形容器的应力。

圆筒容器的中间面直径 $D=D_i+\delta=1000+20=1020$（mm）

根据式（6-2），圆筒体横截面的径向应力为

$$\sigma_1=\frac{pD}{4\delta}=\frac{2\times1020}{4\times20}=25.5\text{（MPa）}$$

根据式（6-4），圆筒体横截面的环向应力为

$$\sigma_2=\frac{pD}{2\delta}=\frac{2\times1020}{2\times20}=51\text{（MPa）}$$

② 计算球形容器截面的应力。

球形容器的中间面直径为 $D=D_i+\delta=1000+20=1020$（mm）

根据式（6-5），球形壳体截面的应力为

$$\sigma_1=\sigma_2=\frac{pD}{4\delta}=\frac{2\times1020}{4\times20}=25.5\ (\mathrm{MPa})$$

根据以上事例并将式（6-5）与式（6-2）、式（6-4）比较可以看出，在相同直径、相同压力、相同壁厚的条件下，球形壳体截面上产生的最大应力与圆筒形容器产生的径向应力相等，但仅是圆筒形容器最大应力（环向应力）的一半，这也说明在相同压力、相同直径下，产生相同应力时球形壳体使用的壁厚仅为圆筒形壳体的1/2，因此，球形容器可以节省材料。但考虑到制造方面的技术原因，球形容器一般用于压力较高的气体或液化气储罐以及高压容器的端盖等。

三、圆筒和球壳的强度计算

1. 圆筒的强度计算

根据力学第一强度理论，考虑焊缝的影响（即引入焊缝系数 φ），并把 p 换成计算压力 p_c，D 换成内径 D_i，即 $D=D_i+\delta$，由于圆筒壳体的 σ_2 是最大应力，所以由式（6-4）得到：$\frac{p_c(D+\delta)}{2\delta}\leqslant[\sigma]^t\varphi$，考虑厚度附加量 C，整理后得到圆筒计算厚度

$$\delta=\frac{p_cD_i}{2[\sigma]^t\varphi-p_c}+C \tag{6-6}$$

对于低压或常压的小型容器而言，按照以上的强度计算公式计算出来的厚度往往很薄，在制造、运输和安装过程常因刚度不足而发生变形。因此按照《压力容器》GB 150.1～150.4—2011规定，对壳体加工成型后具有不包括腐蚀裕量在内的最小厚度 δ_{min} 进行如下限制。

① 对碳素钢、低合金钢制容器，δ_{min} 不小于3mm；对高合金钢制容器，δ_{min} 不小于2mm。

② 对标准椭圆封头和 $R_i=0.9D_i$，$r=0.17D_i$ 的碟形封头，其有效厚度应不小于封头内直径的0.15%，即0.15%D_i。对于其他椭圆形封头和碟形封头，其有效厚度应不小于封头内直径的0.3%，即0.3%D_i。

2. 球壳的强度计算

球壳容器两向应力相等，按照第一强度理论并考虑焊缝和壁厚附加量的影响，由公式（6-5）同理可以得到球壳的计算厚度为

$$\delta=\frac{p_cD_i}{4[\sigma]^t\varphi-p_c}+C \tag{6-7}$$

四、压力容器参数的确定方法

上面涉及的圆筒形容器和球形容器应力计算中都包含了多种参数，这些参数在设计计算时需要按照GB 150.1～150.4—2011《压力容器》及有关标准确定。

1. 压力参数

① 工作压力 p_w：指压力容器在工作过程中容器顶部可能达到的最高压力，亦称最高工作压力。

② 计算压力 p_c：指在设计温度下，用以确定受压元件厚度的压力。当容器内的介质为

气液混合介质时，需要考虑液柱静压力的影响，此时计算压力等于设计压力与液柱静压力之和，即 $p_c=p+p_{液}$。但当元件所承受的液柱静压力小于 5%设计压力时，液柱压力可以忽略不计，此时计算压力即为设计压力。

③ 设计压力 p：指压力容器的最高压力，与相应的设计温度一起构成设计载荷条件，其值不得低于工作压力。设计压力与计算压力的取值方法可参见 GB 150.1～150.4—2011 进行。

备注：对于盛装液化气且无降温设施的容器，由于容器内产生的压力与液化气的临界温度和工作温度密切相关，因此其设计压力应不低于液化气 50℃时的饱和蒸汽压力；对于无实际组分数据的混合液化石油气容器，由其相关组分在 50℃时的饱和蒸汽压力作为设计压力。液化石油气在不同温度下的饱和蒸汽压可以参见有关化工手册。

2. 设计温度

设计温度是指压力容器在正常工作情况下，在相应设计压力下，设定的受压元件的金属温度（沿受压元件金属截面厚度的温度平均值）。设计温度在设计公式中虽然没有直接反映，但是在设计中选择材料和确定许用应力时它是一个不可缺少的基本参数。在生产铭牌上标记的设计温度应是壳体金属的最高或最低值（低温设备）。

不同成分的材料其使用温度的范围不同，各种材料的具体适用温度范围可查阅 GB 150.1～150.4—2011。

3. 许用应力 $[\sigma]^t$

许用应力指压力容器壳体受压元件所用材料的许用强度，它是根据材料各项强度性能指标分别除以标准中所规定的对应安全系数来确定的，如式（6-8）。设计时必须选择合适的材料及其所具有的许用应力，若材料选择太好而许用应力过高，会使计算出来的受压元件过薄，导致刚度不够而出现失稳变形；若采用过小许用应力的材料，则会使受压元件过厚而显笨重。材料的极限强度指标包括常温下的最低抗拉强度 σ_b、常温或设计温度下的屈服强度 σ_s 或 σ_s^t、持久强度 σ_D^t 及高温蠕变极限 σ_n^t 等。

$$[\sigma]^t=\frac{极限强度}{安全系数} \tag{6-8}$$

安全系数是强度的一个“保险”系数，它是可靠性与先进性相统一的一个系数，主要是为了保证受压元件的强度有足够的安全储备量。各国标准规范中规定的安全系数均与本国规范所采用的计算、选材、制造和检验方面的规定一致。目前，我国标准规范中规定的安全系数为：

$$n_b\geqslant 2.7, n_s\geqslant 1.5, n_D\geqslant 1.5, n_n\geqslant 1.0。$$

为了计算中取值方便和统一，GB 150.1～150.4—2011 给出了钢板、钢管、锻件以及螺栓材料在设计温度下的许用应力。在进行强度计算时，许用应力可以直接从表中查取而不必单个进行计算。当设计温度低于 20℃，取 20℃时的许用应力，如果设计温度介于表中两温度之间，则采用内插法确定许用应力。常用钢板的许用应力由 GB 150.1～150.4—2011 查取。

4. 焊接接头系数 φ

直径较大的圆筒形容器和球形容器都是用钢板通过卷制焊接而成，由于焊接存在焊缝，焊缝是比较薄弱的地方，因此，为了补偿焊接时可能出现未被发现的缺陷对容器强度的影响，引入了焊接接头系数 φ，它等于焊缝金属材料强度与母材强度的比值，反映了焊缝区材料的削弱程度。影响焊接接头系数 φ 的因素很多，设计时所选取的焊接接头系数 φ 应根据焊接接头的结构形式和无损检测的长度比例确定，具体可按照表 6-2 进行。

表 6-2　焊接接头系数

焊接接头结构	示意图	焊接接头系数 φ	
		100%无损探伤	局部无损探伤
双面焊对接接头和相当于双面焊的全焊透的对接接头		1.0	0.85
单面焊的对接接头(沿焊缝根部全长都紧贴基本金属垫板)		0.90	0.8

5. 厚度附加量 C

压力容器厚度，不仅需要满足在工作时的强度和刚度要求，而且还根据制造和使用情况，考虑钢板的负偏差和介质腐蚀对容器的影响，因此，在确定容器厚度时，需要进一步引入厚度附加量。附加量由钢板或钢管负偏差 C_1 和介质腐蚀裕量 C_2 构成，即 $C=C_1+C_2$。

① 钢板的厚度负偏差 C_1：钢板或钢管在轧制的过程中，由于制造原因可能会出现偏差，因此设计时需要考虑负偏差的影响。常见钢板和钢管的负偏差由 GB 150.1～150.4—2011 查取。

备注：如果钢板负偏差不大于 0.25mm，且不超过名义厚度的 6%时，负偏差可以忽略不计。

② 腐蚀裕量 C_2：为防止由于受压元件受到腐蚀、机械磨损等因素影响导致厚度减薄而削弱强度，对与介质直接接触的所有壳体部分应考虑腐蚀裕量。对有腐蚀或磨损的受压元件，应根据设备的预期寿命和介质对金属材料的腐蚀速率来确定腐蚀裕量 C_2，即 $C_2=k_aB$。当介质为压缩空气、水蒸气或水的碳素钢或低合金钢容器时，腐蚀裕量应不小于 1mm。对于不锈钢容器，当介质的腐蚀性极微时，可取腐蚀裕量 $C_2=0$。

资料不齐或难以确定时，腐蚀裕量可以参见表 6-3 选取。

表 6-3　腐蚀裕量的选取　　单位：mm

容器类别	碳素钢低合金钢	铬钼钢	不锈钢	备注	容器类别	碳素钢低合金钢	铬钼钢	不锈钢	备注
塔器及反应器壳体	3	2	0		不可拆内件	3	1	0	包括双面
容器壳体	1.5	1	0		可拆内件	2	1	0	
换热器壳体	1.5	1	0		裙座	1	1	0	
热衬里容器壳体	1.5	1	0						

注：最大腐蚀裕量不得大于 16mm，否则应采取防腐措施

6. 压力容器的公称压力、公称直径

为了便于设计和制造，提高压力容器的质量，增强零部件的互换性，降低生产成本，国家相关部门针对压力容器及其零部件制定了系列标准。压力容器零部件标准化的基本参数是公称直径和公称压力。

① 公称直径系列：压力容器如果采用钢板卷制焊接而成，则其公称直径等于容器的内径，用 DN 表示，单位为 mm。在现行的标准中容器的封头公称直径与筒体是一致的。

对于管子来说，公称直径既不是管子内径也不是管子的外径，而是比外径小的一个数值。只要管子的公称直径一定，则外径的大小也就确定了，管子的内径则根据壁厚不同而有所不同。用于输送水、煤气的钢管，其公称直径既可用米制（mm），也可用英制（in）。

② 公称压力系列：目前我国制定压力容器的公称压力（*PN*）等级分为常压、0.25、0.6、1.0、1.6、2.5、4.0、6.4（单位均为 MPa）。在设计或选用压力容器零部件时，需要将操作温度下的最高操作压力（或设计压力）调整为所规定的公称压力等级，然后再根据 *DN* 与 *PN* 选定零部件的尺寸。

五、压力试验和气密性试验

压力试验的目的是在试验压力下，检查容器的强度、密封结构和焊缝的密封性等；气密性试验是对密封性要求高的重要容器在强度试验合格后进行的泄漏检验。

压力试验有液压试验和气压试验两种。压力试验的种类、要求和试验压力值一般需要在图样中注明。通常情况下采用液压试验，对于不适合进行液压试验的容器，例如，容器内不允许有微量残留液体，或由于结构原因不能充满液体的塔类容器，或液压试验时液体重力可能超过承受能力等，则采用气压试验。

1. 液压试验

液压试验时，在被试验的压力容器中注满液体，排尽空气后再用泵逐步增加试验压力以检验容器的整体强度和致密性。液压试验所用的介质要求价格低廉、来源广、并对设备的影响小，满足此条件的多为洁净的水，故常称为水压试验。

① 液压试验压力 p_T：试验压力是进行液压试验时规定容器应达到的压力，该值反映在容器顶部的压力表上。根据 GB 150.1～150.4—2011 规定，试验压力按照下面的方法确定

$$p_T = 1.25p\frac{[\sigma]}{[\sigma]^t} \tag{6-9}$$

式中 p_T——试验压力，MPa；

p——设计压力，MPa；

$[\sigma]$——容器元件材料在试验温度下的许用应力，MPa；

$[\sigma]^t$——容器元件材料在设计温度下的许用应力，MPa。

确定试验压力时应注意：容器铭牌上规定有最大允许工作压力时，式（6-9）中应以最大允许工作压力替代设计压力 p；容器各受压元件，诸如筒体、封头、接管、法兰及其他紧固件等所用材料不同时，式（6-9）中应取各元件材料的 $[\sigma]/[\sigma]^t$ 比值中最小者；直立容器液压试验充满水时，其试验压力应按式（6-9）计算确定值的基础上加上直立容器内所承受最大的液体静压力。试验过程按照 GB 150.1～150.4—2011 的规定进行。

② 试验强度校核：压力试验前应对压力容器进行强度校核，强度校核按下式进行

$$\sigma_T = \frac{p_T(D_i + \delta_e)}{2\delta_e} \tag{6-10}$$

式中 σ_T——试验压力下圆筒的应力，MPa；

δ_e——圆筒的有效厚度，mm；

D_i——圆筒内直径，mm。

校核满足如下要求：

$$\sigma_T \leqslant 0.9\varphi\sigma_S \text{ 或}(\sigma_{0.2}) \tag{6-11}$$

式中　$\sigma_S(\sigma_{0.2})$——圆筒材料在试验温度下的屈服点（或0.2%的屈服强度），MPa；

φ——圆筒的焊缝系数。

2. 气压试验

由于气体有可压缩的特点，因此盛装气体的容器一旦发生事故所造成的危害较大，所以在进行气压试验以前必须对容器的主要焊缝进行100%的无损探伤，并应增加试验现场的安全设施。气压试验时所用气体多为干燥洁净的空气、氮气或其他惰性气体。

气压试验时的试验温度对碳素钢和低合金钢不得低于15℃，其他钢种容器的气压试验温度按图样规定。

气压试验压力为
$$p_T=1.15p\frac{[\sigma]}{[\sigma]^t} \tag{6-12}$$

气压试验校核条件为
$$\sigma_T\leqslant 0.8\varphi\sigma_S(\sigma_{0.2}) \tag{6-13}$$

式中符号意义同前。

按照GB 150.1～150.4—2011规定，气压试验时，其压力首先应缓慢上升至规定试验压力的10%，且不得超过0.05MPa时，保压5min后，对焊缝和连接部位进行初次泄漏检查，如发现泄漏，修补后应重新进行试验。初次泄漏检查合格后，再继续缓慢增加压力至规定值的50%，进行观察检验，合格后再按规定试验压力的10%级差逐级增至规定的试验压力。保压10min后将压力降至规定试验压力的87%，并保持足够长的时间后再次进行泄漏检查。如有泄漏，修补后再按上述规定重新进行试验。

3. 气密性试验

盛装易燃或毒性程度为极度、高度危害或设计上不允许有微量泄漏等危险程度较大的压力容器，需要进行气密性试验，以保证其密闭性。气密性试验应在液压试验合格后进行，在进行气密性试验前，应将容器上的安全附件装配齐全。

气密性试验压力和试验过程按照GB 150.1～150.4—2011进行。

第三节　内压容器封头

封头是压力容器的重要组成部分，按其结构形状可分为凸形封头、锥形封头、平盖三种；凸形封头又分为半球形封头、椭圆形封头和碟形封头。实际工程中究竟采用那种封头需要根据工艺条件、制造难易程度以及材料的消耗等情况进行考虑。

一、椭圆形封头

由于封头的椭球部分曲率变化平缓而连续，故应力分布比较均匀；此外，与球形封头比较，椭圆形封头的深度小，易于冲压成型，目前，在中、低压容器中采用比较广泛。

椭圆形封头由半个椭球面和高度为h的短圆筒（亦称直边）两个部分组成，如图6-6所示。设置直边的目的是避免筒体与封头连接处的焊接应力与边缘应力叠加。为了改善焊接受力状况，直边需要一定的长度，其值可按照标准选取。

椭圆形封头厚度的计算按照下式进行：

$$\delta=\frac{Kp_cD_i}{2[\sigma]^t\varphi-0.5p_c} \tag{6-14}$$

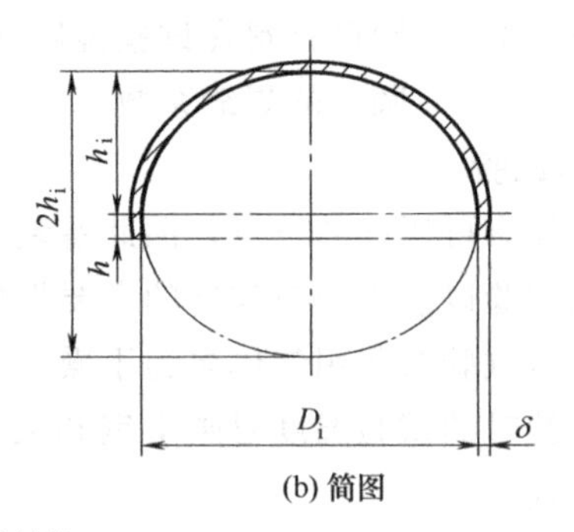

(a) 形状图　　(b) 简图

图 6-6　椭圆形封头

$$K=\frac{1}{6}\left[2+\left(\frac{D_i}{2h_i}\right)^2\right] \tag{6-15}$$

形状系数 K 可以根据 a（长半轴）/b（短半轴）$\approx D_i/2h_i$ 由上式进行计算或按 GB 150—2011 直接查取。

分析表明，当 $D_i/2h_i=2$ 时，椭圆形封头的应力分布较好，所以规定为标准椭圆形封头，此时，$K=1$。标准椭圆封头的计算公式为

$$\delta=\frac{p_cD_i}{2[\sigma]^t\varphi-0.5p_c} \tag{6-16}$$

上式与式（6-6）对照可以看出，标准椭圆封头的厚度与其连接的圆筒厚度大致相等，因此筒体与封头可采用等厚度钢板进行制造，这不仅给选择材料带来方便，而且也便于筒体与封头的焊接加工，所以工程中多选用标准的椭圆形封头作为圆筒形容器的端盖。

我国标准中对椭圆形封头厚度进行了一定的限制，即标准椭圆形封头的有效厚度应不小于封头内直径的 0.15%，其他椭圆形封头的有效厚度应不小于封头内直径的 0.3%。

二、球形封头

如图 6-7 所示，半球形封头与球形壳体具有相同的优点，在相同的条件下，半球形封头厚度最薄，在相同容积下所需的表面积最小，因此可以节约钢材，仅从这个方面来看它是最理想的结构形式。但与其他凸形封头比较，其深度较大。在直径较小时，整体冲压困难；而直径较大、采用分瓣冲压拼焊时，焊缝多，焊接工作量大，出现焊接缺陷的可能性也增加。因此，对于一般中、小直径的容器很少采用半球形封头，半球形封头常用在高压容器上。

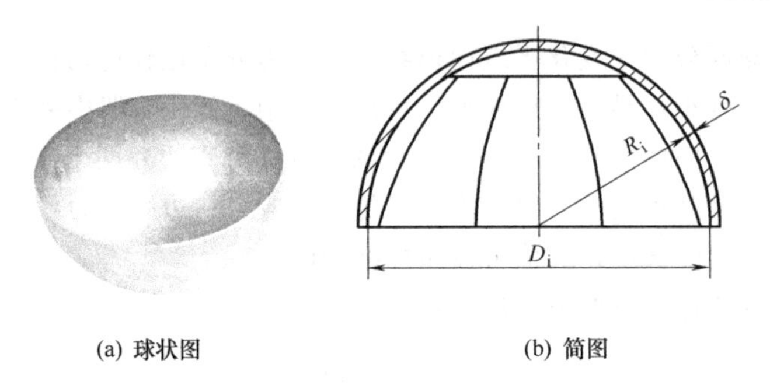

(a) 球状图　　(b) 简图

图 6-7　半球形封头

半球形封头与半球形壳体受力状况完全相同，因此，在内压作用下，其应力状态与球壳完全相同，其厚度计算公式与球壳厚度计算公式也完全相同，即

$$\delta=\frac{p_c D_i}{4[\sigma]^t\varphi-p_c} \tag{6-17}$$

三、碟形封头

碟形封头亦称带折边的球形封头，它由半径为 R_i 球面部分，高度为 h 短圆筒（直边）部分和半径为 r 过渡环壳部分组成，如图 6-8 所示。直边段高度 h 的取法与椭圆形封头直边段的取法一样。碟形封头三个部分的交界处不连续，故应力分布不够均匀和缓和，在工程使用中不够理想。但过渡环壳的存在降低了封头的深度，方便成型加工，且压制碟形封头的钢模加工简单，因此，在某些场合仍可以代替椭圆形封头使用。

GB 150.1～150.4—2011 标准对标准碟形封头作了如下的限制，即碟形封头球面部分内半径 R_i 应不大于封头内直径（即 $R_i \leqslant D_i$），封头过渡环壳内半径 r 应不小于 $10\%D_i$，且不小于 3δ（即 $r \geqslant 10\%D_i$，$r \geqslant 3\delta$）。碟形封头的形状与椭圆形封头比较接近，因此，在建立其计算公式时，采用类似的方法，引入形状系数 M（应力增强系数），得到碟形封头厚度计算公式，即

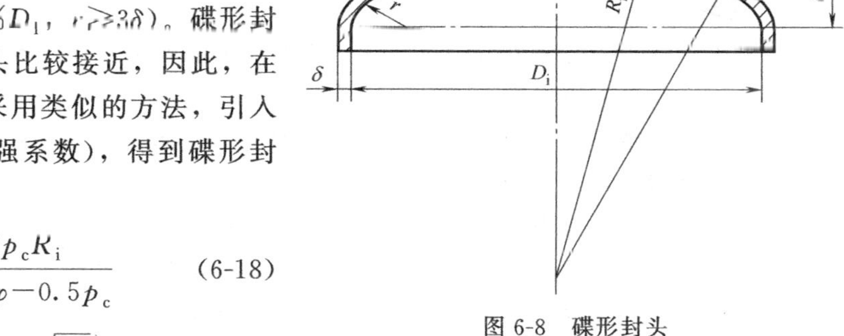

图 6-8　碟形封头

$$\delta=\frac{M p_c R_i}{2[\sigma]^t\varphi-0.5p_c} \tag{6-18}$$

$$M=\frac{1}{4}\left(3+\sqrt{\frac{R_i}{r}}\right) \tag{6-19}$$

式中　M——碟形封头形状系数，其值查阅 GB 150.1～150.4—2011；

　　R_i——碟形封头球面部分的内半径，mm。

其他符号与意义同前。

四、锥形封头

工程中有很多物料是从容器的底部卸出，如蒸发器、喷雾干燥器、结晶器及沉降器等，常在容器下部设置锥形封头，如图 6-9 所示。锥形封头分为无折边和有折边两种结构，当半锥角 $\alpha \leqslant 30°$，可选用无折边结构，如图 6-9（a）所示；当半锥角 $\alpha > 30°$时，则采用带有过渡段的折边结构，如图 6-9（b）、(c）所示，否则，需要按应力设计。锥形封头的结构要求和厚度计算可查阅标准 GB 150.1～150.4—2011。

五、平盖

平盖是压力容器中结构最简单的一种封头，它的几何形状有圆形、椭圆形、长圆形、矩形和方形等，最常用的是圆形平盖。平盖的受力分析和计算比较复杂，需要时可以查阅标准 GB 150.1～150.4—2011 或机械工程手册。

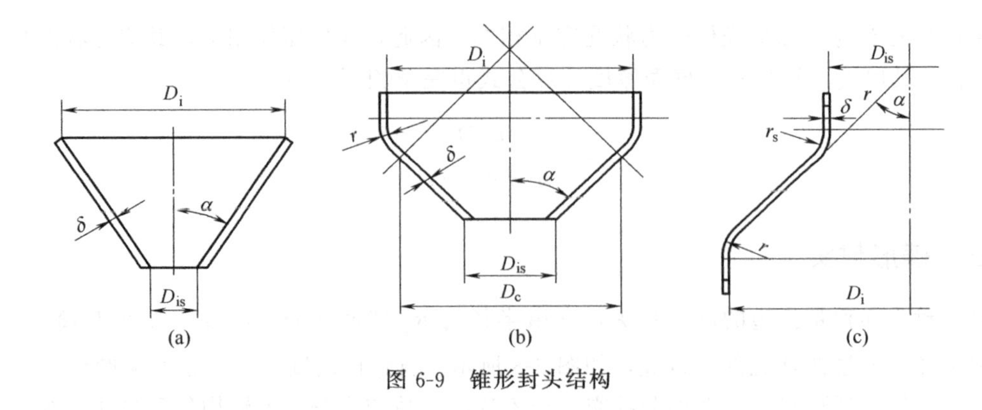

图 6-9　锥形封头结构

第四节　外压容器

一、外压容器的失稳

1. 失稳现象

外压容器是指容器壳体外部的压力大于内部压力的容器，外压容器失效的形式与一般的内压容器不同，它的主要失效形式是变形失稳。

外压容器的失效是指当外载荷增大到某一值时，壳体会突然失去原来的形状，被压扁或出现波纹，这种现象称为失稳，如图 6-10 所示。对于壳体壁厚与直径相比很小的薄壁回转体，失稳时器壁的压缩应力低于材料的屈服极限，载荷卸去后，壳体能恢复原来的形状，这种失稳称为弹性失稳；当回转壳体厚度增大时，壳壁中的压应力超过材料的屈服点才发生失稳，载荷卸去后，壳体又不能恢复原来的形状，这种失稳称为非弹性失稳或弹塑性失稳。除周向出现失稳现象外，轴向也存在类似失稳现象。

2. 失稳形式

外压容器失稳的形式主要有侧向失稳、轴向失稳、局部失稳三种形式。容器由于均匀外压引起的失稳称为侧向失稳，侧向失稳时壳体截面由原来的圆形被压扁而呈现波形，其波数可以有两个、三个、四个……，如图 6-11 所示。轴向失稳是薄壁圆筒当轴向载荷达到某一数值时，丧失其稳定性，使母线产生了波形，即圆筒发生了褶皱，如图 6-12 所示。除了侧向失稳和轴向失稳两种整体失稳外，还有局部失稳，如容器在支座或其他支承处，以及在安装运输中由于过大的局部外压引起的失稳。

图 6-10　筒体失稳时出现的波形

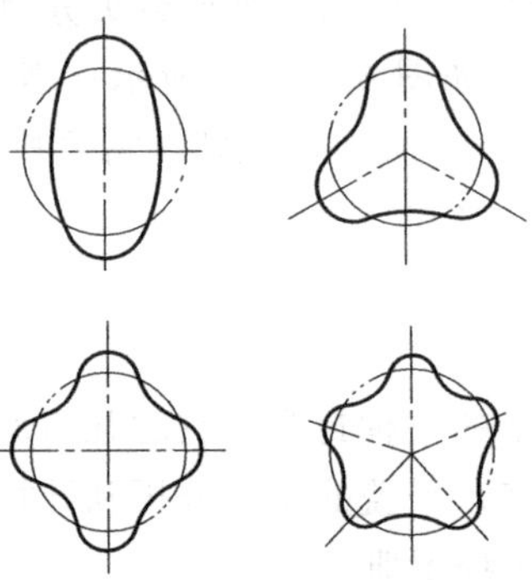

图 6-11　外压圆筒失稳后的形状

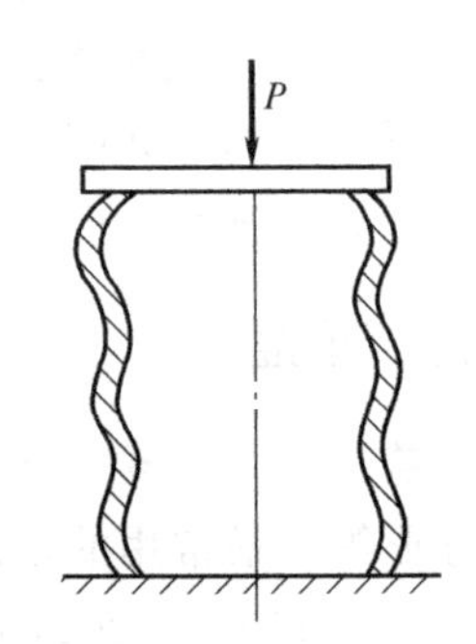

图 6-12　轴向失稳后的形状

二、临界压力及其确定方法

1. 概念

当筒壁所承受的外压未达到某一临界值前，在压应力作用下筒壁处于一种稳定的平衡状态，但当外压增加到某一临界值后，筒体形状和应力状态发生了突变，原来的平衡遭到了破坏，圆形的筒体横截面即刻出现了波形，因此把这一临界值称为筒体的临界压力，用 p_{cr} 表示。

2. 影响临界压力的因素

通过实验发现，影响临界压力的因素有筒体的几何尺寸、筒体材料性能、筒体的制造精度等方面。此外，还有载荷的不对称性、边界条件等因素也对临界压力有一定影响。

筒体失稳时，绝大多数情况下，筒壁内的压应力并未达到材料的屈服点，这说明筒体几何形状的突变，并不是由于材料的强度不够而引起的。筒体材料的临界压力与材料的屈服点没有直接的关系，但是，材料的弹性模量 E 和泊松比 μ 值越大，其抵消变形的能力就越强，因而其临界压力就越高。但是由于各种钢材的 E 和 μ 值相差不大，所以选用高强度钢代替一般碳素钢制造外压容器，并不能提高筒体的临界压力。

3. 临界压力的计算

受外压的圆筒形壳体可分为长圆筒、短圆筒和刚性圆筒三种。区分长圆筒、短圆筒和刚性圆筒的长度均指与直径 D、壁厚 δ 等有关的相对长度，而非绝对长度。

① 长圆筒的临界压力：当筒体长度较长，L/D 值较大，两端刚性较高的封头对筒体中部变形不能起到支撑作用，筒体容易失稳而被压瘪，失稳时的波数 $n=2$。长圆筒的临界压力 p_{cr} 仅与圆筒的相对厚度 δ_e/D 有关，与圆筒的相对长度 L/D 无关，其临界压力计算公式为

$$p_{cr}=\frac{2E}{1-\mu^2}\left(\frac{\delta_e}{D_0}\right)^3 \tag{6-20}$$

式中　E——设计温度下材料的弹性模量，MPa；

δ_e——圆筒的有效厚度，mm；

D_0——圆筒的外径，mm；

μ——泊松比，对钢材取为 0.3。

对于钢制圆筒而言，可以将 $\mu=0.3$ 代入上式，得到钢制圆筒的临界压力为

$$p_{cr}=2.2E\left(\frac{\delta_e}{D_0}\right)^3 \tag{6-21}$$

② 短圆筒的临界压力：若压力容器两端的封头对筒体起到一定的支撑作用，约束了筒体的变形，失稳时波形 $n=3$。短圆筒临界压力不仅与相对厚度 δ_e/D 有关，而且与相对长度 L/D 有关。短圆筒的临界压力计算公式为

$$p_{cr}=\frac{2.59E\delta_e^2}{LD_0\sqrt{D_0/\delta_e}} \tag{6-22}$$

式中　L——圆筒长度，mm。

长圆筒与短圆筒的临界压力计算公式，都是认为圆筒横截面呈规则的圆形情况下推演出来的，事实上筒体不可能都是绝对的圆，所以，筒体的实际临界压力将低于用上面公式计算

出来的理论值。

③ 刚性圆筒的临界压力：若圆筒体长度较短、筒壁较厚，容器刚度较好，不存在失稳压扁丧失工作能力问题，这种圆筒称为刚性圆筒。其丧失工作能力的原因不是由于刚度不够，而是由于器壁内的应力超过了材料的屈服强度或抗压强度所致，在计算时，只要满足强度要求即可。刚性圆筒强度校核公式与内压圆筒相同。

$$p_{max}=\frac{2\delta_e\sigma_S^t}{D_i} \tag{6-23}$$

式中 δ_e——圆筒的有效厚度，mm；

σ_S^t——材料在设计温度下的屈服极限，MPa；

D_i——圆筒的内径，mm。

三、临界长度与计算长度

在实际计算中的外压圆筒究竟是长圆筒、短圆筒，还是刚性圆筒，这需要借助一个判断式，这个判断式就是临界长度。

1. 临界长度

随着圆筒长度的增加，端部的支撑作用逐渐减弱，临界压力值也逐渐减小。当短圆筒的长度增加到某一临界值时，端部的支撑作用完全消失，此时，短圆筒的临界压力降低到与长圆筒的临界压力相等。由式（6-21）和式（6-22）得

$$p_{cr}=2.2E\left(\frac{\delta_e}{D_0}\right)^3=\frac{2.59E\delta_e^2}{L_{cr}D_0\sqrt{D_0/\delta_e}}$$

由此得到区分长、短圆筒的临界长度为

$$L_{cr}=1.17D_0\sqrt{D_0/\delta_e} \tag{6-24}$$

同理，当短圆筒与刚性圆筒的临界压力相等时，由式（6-22）和式（6-23）得到短圆筒与刚性圆筒的临界长度

$$p_{cr}=\frac{2.59E\delta_e^2}{L_{cr}D_0\sqrt{D_0/\delta_e}}=\frac{2\delta_e\sigma_S^t}{D_i}$$

计算中将内径取为外径，得到区分短圆筒和刚性圆筒的临界长度为

$$L'_{cr}=\frac{1.3E\delta_e}{\sigma_S^t\sqrt{D_0/\delta_e}} \tag{6-25}$$

因此，当圆筒的计算长度 $L\geqslant L_{cr}$ 时为长圆筒；当 $L_{cr}>L>L'_{cr}$，筒壁可以得到端部或加强构件的支撑应用，此类圆筒属于短圆筒；当 $L<L'_{cr}$时的圆筒属于刚性圆筒。

根据上式判断圆筒的类型后，即可利用对应的临界压力公式对圆筒进行有关计算。通过上面的过程发现，判断圆筒的类型还要知道圆筒的计算长度。

2. 圆筒的计算长度

由上面的计算公式发现，在不改变圆筒几何尺寸的条件下，提高临界压力的方法是通过减少圆筒的计算长度来达到。对于生产能力和几何尺寸已经确定的圆筒来说，减少计算长度的方法是在圆筒内、外壁设置若干个加强圈。设置加强圈后，筒体的实际几何长度在计算临界压力时已失去了直接意义，此时需要的是筒体的计算长度。所谓计算长度是筒体上任意两个相邻刚性构件（封头、法兰、支座、加强圈等）之间的最大距离，计算时可以根据以下结

构确定。

① 当圆筒部分没有加强圈，也没有可作为加强的构件时，则取圆筒总长度加上每个凸形封头曲面深度的 1/3，如图 6-13（a）、（b）所示。

② 当圆筒部分有加强圈或有可作为加强的构件时，则取相邻两加强圈中心线之间的最大距离，如图 6-13（c）、（d）所示。

③ 取圆筒第一个加强圈中心线与封头连接线间的距离加凸形封头曲面深度的 1/3，如图 6-13（e）所示。

④ 当圆筒与锥壳相连时，若连接处可以作为支撑，则取此连接处与相邻支撑之间的最大距离，如图 6-13（f）～（h）所示。

⑤ 对于与封头相连的那段筒体，计算长度应计入封头的直边高度及凸形封头 1/3 曲面高度。

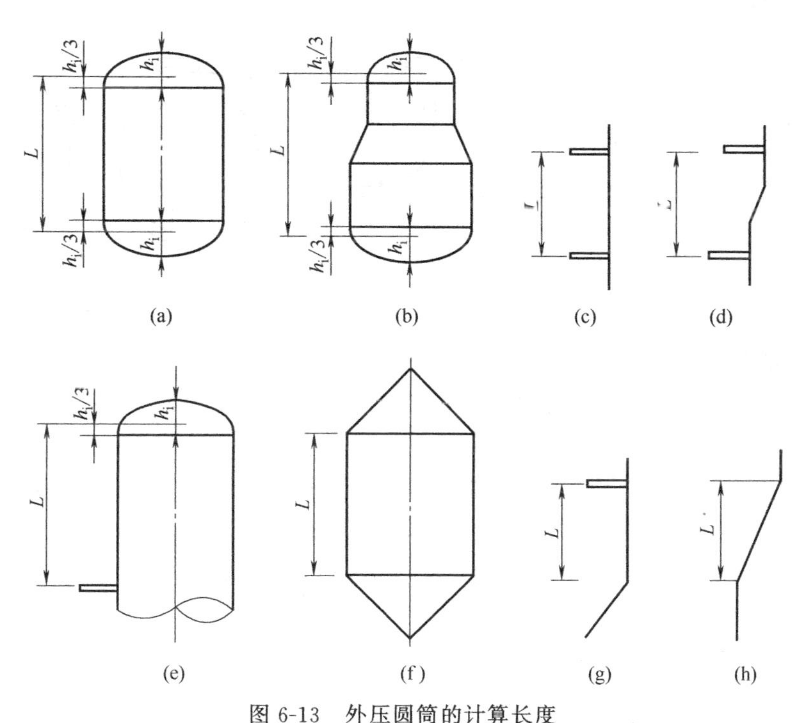

图 6-13 外压圆筒的计算长度

四、外压容器的加强圈

设计外压圆筒时，在计算过程中如果出现许用外压力 [p] 小于计算外压力 p_c 时，说明筒体刚度不够，此时，可以通过增加筒体壁厚或者减少筒体的计算长度来达到提高临界压力的目的。从经济观点看，用增加厚度的方法来提高圆筒的临界应力是不合适的，适宜的方法是在外压圆筒的外部或内部装几个加强圈，以减少圆筒的计算长度，增加圆筒的刚性。采用加强圈结构来提高外压容器的刚性已经得到广泛应用。

1. 加强圈的结构及要求

加强圈应具有足够的刚度，一般采用扁钢、角钢、工字钢或其他型钢，所用材料多采用价格低廉的碳素钢。

加强圈既可以设置在筒体内部，也可以设置在筒体的外部，为了确保加强圈对筒体的加强作用，加强圈应整圈围绕在圆筒的圆周上。

2. 加强圈与圆筒的连接

加强圈与圆筒之间可以采用连续焊或间断焊。当加强圈设置在容器外面时，加强圈每侧间断焊接的总长应不小于圆筒外周长的 1/2；当加强圈设置在圆筒内部时，应不小于圆筒内周长的 1/3。间断焊的布置如图 6-14 所示，可以错开或并排布置。无论错开还是并排，其最大间隙 t，对外加强圈为 $8\delta_n$（δ_n 为名义厚度），对内加强圈为 $12\delta_n$。为了保证壳体的稳定性，加强圈不得任意被削弱或割断。对外加强圈而言是比较容易做到的，但是对内加强圈而言，有时就不能满足这一要求，如卧式容器中的加强圈，往往需要开设排液孔，如图 6-15 所示。加强圈允许割开或削弱而不需补强的最大弧长间断值，可由标准 GB 150.1～105.4—2011 查取。

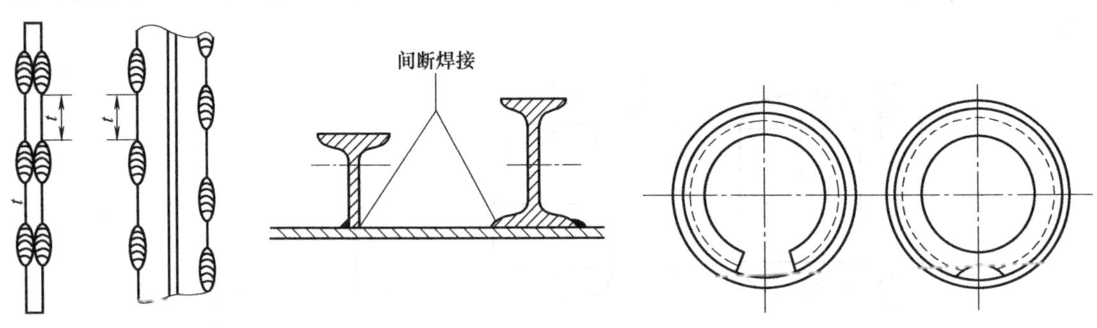

图 6-14 加强圈与筒体的连接　　图 6-15 经削弱的加强圈

3. 加强圈的间距

加强圈的间距可以通过图算法或计算法来确定。图算法涉及的内容较多，因此这里不作介绍，需要时可查阅有关参考书。

通常计算压力已由工艺条件确定，如果筒体的直径和厚度 D_0、δ_e 已经确定，使该筒体安全承受所规定的外压 p_c 所需要的最大间距，可以通过下式计算所得

$$L_s = 2.59E^tD\frac{(\delta_e/D_0)^{2.5}}{mp_c} = 0.86\frac{D_0}{p_c}\left(\frac{\delta_e}{D_0}\right)^{2.5} \tag{6-26}$$

式中 L_s——加强圈的间距，mm；

D_0——筒体的外径，mm；

p_c——筒体的计算压力，MPa；

δ_e——筒体的有效厚度，mm。

加强圈的实际间距如果不大于上式的计算值，则表示该圆筒能够安全承受计算外压 p_c，需要加强圈的个数等于不设加强圈的计算长度 L 除以所需加强圈间距 L_s 再减去 1，即加强圈个数 $n=(L/L_s)-1$。如果加强圈的实际间距大于计算间距，则需要多设加强圈个数，直到使 $L_{实际} \leqslant L_s$ 为止。

第五节 容器附件

为了保证压力容器的安全使用，除了保证有足够的强度外，在使用过程中还要对其压力、温度等参数进行监测，因此需要各种不同的接管；此外，为了检修方便，在容器上需要开设人孔和手孔，本节对压力容器主要附件进行介绍。

一、法兰

压力容器有不可拆连接和可拆连接两种主要方式。不可拆连接多采用焊接；而可拆连接主要有法兰连接、螺纹连接、插套连接等。法兰连接是一种能较好满足上述要求的可拆连接，在化工设备和管道中得到广泛应用，如图 6-16 所示。法兰密封装置一般由一对法兰、连接螺栓、垫片等组成，通过拧紧连接螺栓时密封元件（垫片）被压紧而密封，从而保证容器内的介质不发生泄漏。

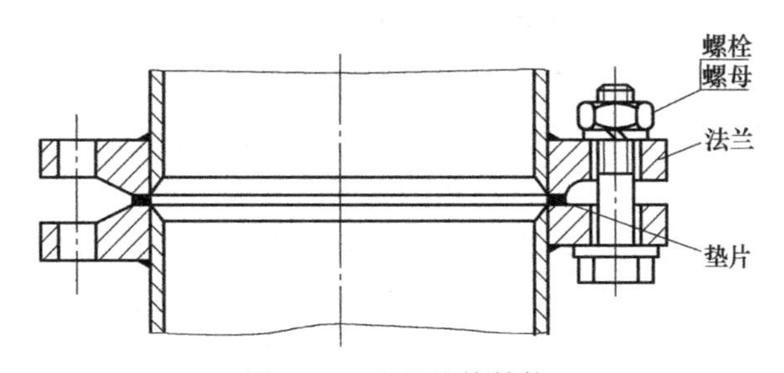

图 6-16　法兰连接结构

1. 法兰结构类型与标准

法兰有多种分类方法，按密封面分为窄面法兰和宽面法兰；按应用场合分为容器法兰和管法兰；按组成法兰的圆筒、法兰环及锥颈三个部分的整体性程度可分为松式法兰、整体式法兰和任意式法兰三种，如图 6-17 所示。

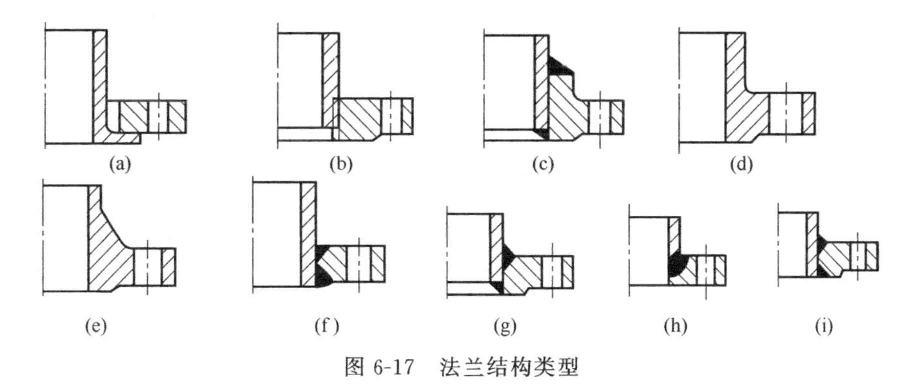

图 6-17　法兰结构类型

① 松式法兰：法兰不直接固定在壳体上或虽然固定但不能保证与壳体作为一个整体承受螺栓载荷的结构，这些法兰可以带颈或者不带颈，如图 6-17（a）～（c）所示。但该种法兰有刚度小，厚度尺寸大的缺点，因而只适用于压力较低的场合。

② 整体式法兰：将法兰与压力容器壳体锻或铸成一个整体，或者采用全熔透焊的平焊法兰，如图 6-17（d）～（f）所示。这种法兰虽然会对壳体产生较大的应力，但连接强度高，可以适用于压力、温度较高的场合。

③ 任意式法兰：这种法兰介于整体式法兰和松式法兰之间，如图 6-17（g）～（i）所示。这类法兰结构简单，加工方便，在中低压容器和管道中得到广泛应用。

2. 法兰标准

为了互换性的需要，世界各国根据需要相应地制订了一系列的法兰标准，其目的是为了简化计算、降低成本、增加互换性，在使用时尽量采用标准法兰。只有当直径大或者有特殊要求时才采用非标准（自行设计）法兰。

根据用途法兰分为管法兰和压力容器法兰两套标准，相同公称直径、公称压力的管法兰和容器法兰的连接尺寸是不相同的，二者不能混淆。

选择法兰的主要参数是公称直径和公称压力。

① 公称直径：公称直径是容器和管道标准化后的系列尺寸，以 *DN* 表示。对卷制容器和管道的公称直径前面已介绍，在此不再赘述。公称直径相同的钢管其外径是相同的，内径随厚度的变化而变化；如 DN100 的无缝钢管有 $\phi108\times4$、$\phi108\times4.5$、$\phi108\times5$ 等规格。带衬环的甲型平焊法兰的公称直径指的是衬环的内径。

容器与管道的公称直径应按国家标准规定的系列选用。

② 公称压力：压力容器法兰和管法兰的公称压力是指在规定的设计条件下，在确定法兰尺寸时所采用的设计压力，即一定材料和温度下的最大工作压力。公称压力是压力容器和管道的标准压力等级，按标准化要求将工作压力划分为若干个压力等级，以便于选用。

压力容器法兰分为甲型平焊法兰、乙型平焊法兰和长颈对焊法兰，它们的尺寸分别见标准 NB/T 47021—2012、NB/T 47022—2012、NB/T 47023—2012。

3. 法兰密封面形式

压力容器法兰密封面的形式有平面型、凹凸型及榫槽型三类，它们的结构如图 6-18 所示。

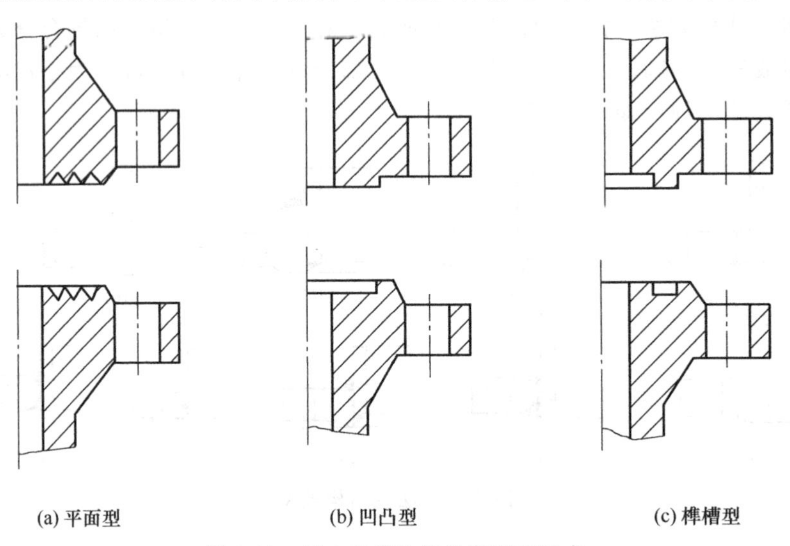

(a) 平面型　(b) 凹凸型　(c) 榫槽型

图 6-18　压力容器法兰的密封面形式

为了增加密封性，平面型密封面在突出的密封面上加工出几道环槽浅沟，它主要适用于压力及温度较低的设备。凹凸型密封面由一个凹面和一个凸面组成，在凹面上放置垫圈，上紧螺栓时垫圈不会被挤往外侧，密封性能较平面型有所改进。榫槽型密封面由一个榫和一个槽组成，垫圈放置进入凹槽内，密封效果较好。一般情况下温度较低、密封要求不严时采用平面型密封，而温度高、压力也较高、密封要求严时采用榫槽型密封，凹凸型介于两者之间。甲型平焊法兰有平面密封面与凹凸型密封面，乙型平焊法兰与长颈对焊法兰则三种密封面形式均有。

4. 法兰标记

法兰选定后，应在图样上进行标记；管法兰和压力容器的法兰标记的内容是不相同的。

压力容器法兰的标记为：

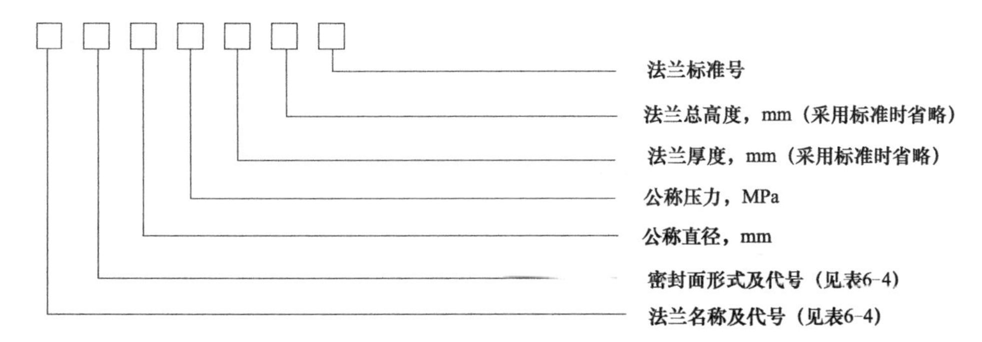

表 6-4　压力容器法兰标准、密封面形式及代号

	法兰类别		标准号
法兰标准	甲型平焊法兰		NB/T 47021—2012
	乙型平焊法兰		NB/T 47022—2012
	长颈对焊法兰		NB/T 47023—2012
法兰密封面形式及代号	密封面形式		代号
	平面密封面		RF
	凹凸密封面	凹密封面	FM
		凸密封面	M
	榫槽密封面	榫密封面	T
		槽密封面	G
法兰名称及代号	法兰类型		名称及代号
	一般法兰		法兰
	衬环法兰		法兰 C

例如标记：法兰-MFM　600　2.5　　NB/T 47022—2012

它的意义是容器法兰密封面形式是凹凸型，公称直径是 600mm，公称压力是 2.5MPa，属于乙型平焊法兰。

为了使管法兰具有互换性，常采用标准法兰。对管法兰的标记采用如下形式：

管法兰的标记为：

表 6-5　常用管法兰的密封面形式、标准代号

法兰类型	代号	标准号	密封面形式	代号
板式平焊法兰	PL	HG/T 20592～20635—2009	凸面	RF
			全平面	FF

续表

法兰类型	代号	标准号	密封面形式	代号
带颈平焊法兰	SO	HG/T 20592～20635—2009	凸面	RF
			凹凸面	MFM
			榫槽面	TG
			全平面	FF
带颈对焊法兰	WN	HG/T 20592～20635—2009	凸面	RF
			凹凸面	MFM
			榫槽面	TG
			全平面	FF

例如标记为 HG20593-2014 法兰 PL100-1.0 RF S= 4mm 20

该法兰为：板式平焊法兰，公称直径为100mm，公称压力为1.0MPa，密封面为凸面法兰，管子壁厚为4mm，法兰材料牌号为20钢。

5. 法兰垫圈

法兰垫圈与容器内的介质直接接触，是法兰连接的核心，所以垫圈的性能和尺寸对法兰密封的效果有很大的影响。垫圈在选择时需要考虑工作温度、压力、介质的腐蚀性、制造、更换及经济成本等因素。垫圈的变形能力和回弹能力是形成密封的必要条件，反映垫圈材料性能的基本参数是比压力和垫片系数。

在中低压容器和管道中常用的垫圈材料有非金属垫圈、金属垫圈、组合式垫圈等形式。

二、人孔与手孔

经过一定时间使用后，需要对压力容器进行维修与维护，为了便于内件的安装、检修及人员的进出，一般需要设置人孔、手孔。人孔、手孔一般由短节、法兰、盖板、垫片及螺栓、螺母组成。

1. 人孔

人孔按照压力分为常压人孔和带压人孔；按照开启方式及开启后人孔盖的位置分为回转盖快开人孔、垂直吊盖快开人孔，水平吊盖快开人孔。

2. 手孔

手孔与人孔的结构有许多相似的地方，只是直径小一些而已。从承压方式分，它与人孔一样分为常压手孔和带压手孔；从开启方式分仍有回转盖手孔、常压快开手孔，回转盖快开手孔。

3. 人孔与手孔的设置原则

① 设备内径为450～900mm，可根据需要设置1～2个手孔即可；设备内径为900mm以上，则至少应开设一个人孔；设备内径大于2500mm，顶盖与筒体上至少应各开一个人孔。

② 直径较小、压力较高的室内设备，一般选用公称直径 DN＝450mm 的人孔；室外露天设备，由于需要检修与清洗，可选用公称直径 DN＝500mm 的人孔；寒冷地区应选用公称直径 DN＝500mm 或 DN＝600mm 的人孔。如果受到设备直径限制，也可选用400mm×300mm的椭圆形人孔。手孔的直径一般为150～250mm，标准手孔的公称直径有 DN＝150mm 和 DN＝250mm 两种。

4. 人孔与手孔的选用

人孔与手孔已经实行了标准化，使用时根据需要按标准选择合适的人孔、手孔，并查找相应的标准尺寸。碳素钢、低合金钢制的标准为 HG/T 21514～21535—2014，不锈钢制的标准为 HG/T 21594—2014～21604—2014，需要时由标准查取。

三、支座

支座是用来支承压力容器及其附件，以及内部介质重量的一个装置，在某些场合还可能受到风载荷、地震载荷等动载荷的作用。

压力容器支座的结构形式很多，根据压力容器自身的结构、尺寸和安装形式等，将支座分为立式容器支座、卧式容器支座和球形容器支座。

1. 立式容器支座

根据压力容器的结构尺寸及其重量，立式容器支座分为耳式支座、支承式支座、腿式支座和裙式支座。中、小型容器一般采用前三种支座，大型容器才采用裙式支座，如图 6-19 所示。

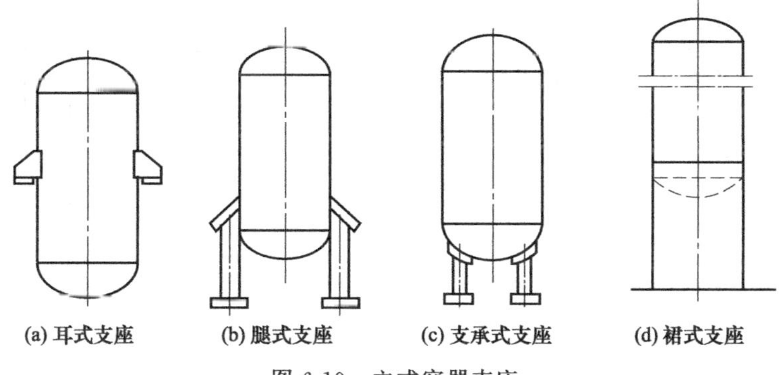

图 6-19　立式容器支座

① 耳式支座：又称为悬挂式支座，它由筋板和支脚板组成，广泛用于直立设备上。它的优点是结构简单、轻便，但会对容器壁面产生较大的局部应力，因此，当容器重量较大或器壁较薄时，应在器壁与支座之间加一块垫板，以增大局部受力面积。耳式支座推荐标准为 NB/T 47065.3—2018《容器支座 第 3 部分：耳式支座》，耳式支座有 A 型（短臂）和 B 型（长臂）两种，B 型具有较大的安装尺寸，当容器外部有保温层或者将压力容器直接放置在楼板上时，宜选用 B 型。每种又分为有垫板和无垫板两种类型，不带有垫板时分别用 AN 和 BN 表示，如图 6-20 所示。

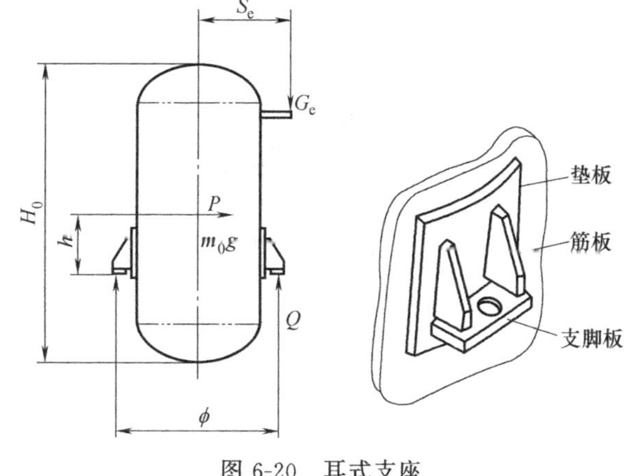

图 6-20　耳式支座

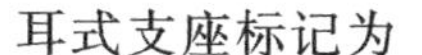

耳式支座标记为

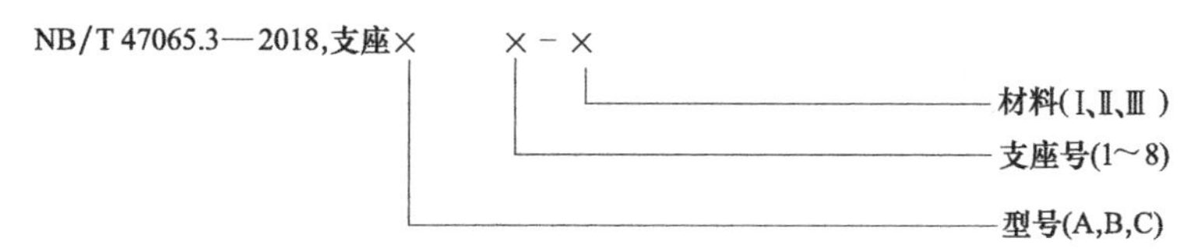

支座及垫板材料用“支座材料/垫板材料”表示。

示例：B 型，3 号耳式支座，支座材料为 Q235B，垫板材料为 16MnR，垫板厚度为 10mm，标记为：NB/T 47065.3—2018，耳座 B3-Ⅰ，$\delta_3=10\text{mm}$，材料 Q235B/16MnR。

② 支承式支座：支承式支座主要用于总高小于 10m，高度与直径之比小于 5，安装位置距基础面较近且具有凸形封头的小型直立设备上。它是在压力容器底部封头上焊上数根支柱，直接支承在基础地面上；它的结构简单，制造容易，但支座对封头会产生较大局部应力，因此当容器直径较大或重量较重、壁厚较薄时，必须在封头与支座之间加一垫板，以增加局部受力面积，改善壳体局部受力条件。

支承式支座推荐标准 NB/T 47065.4—2018《容器支座 第 4 部分：支承式支座（附标准释义）》。它将支承式支座分为 A 和 B 两种类型，A 型支座采用钢板焊制而成，B 型支座采用钢管制作，如图 6-21 所示。支座与封头之间是否加垫板，应根据压力容器材料与支座焊接部位的强度及稳定性确定。

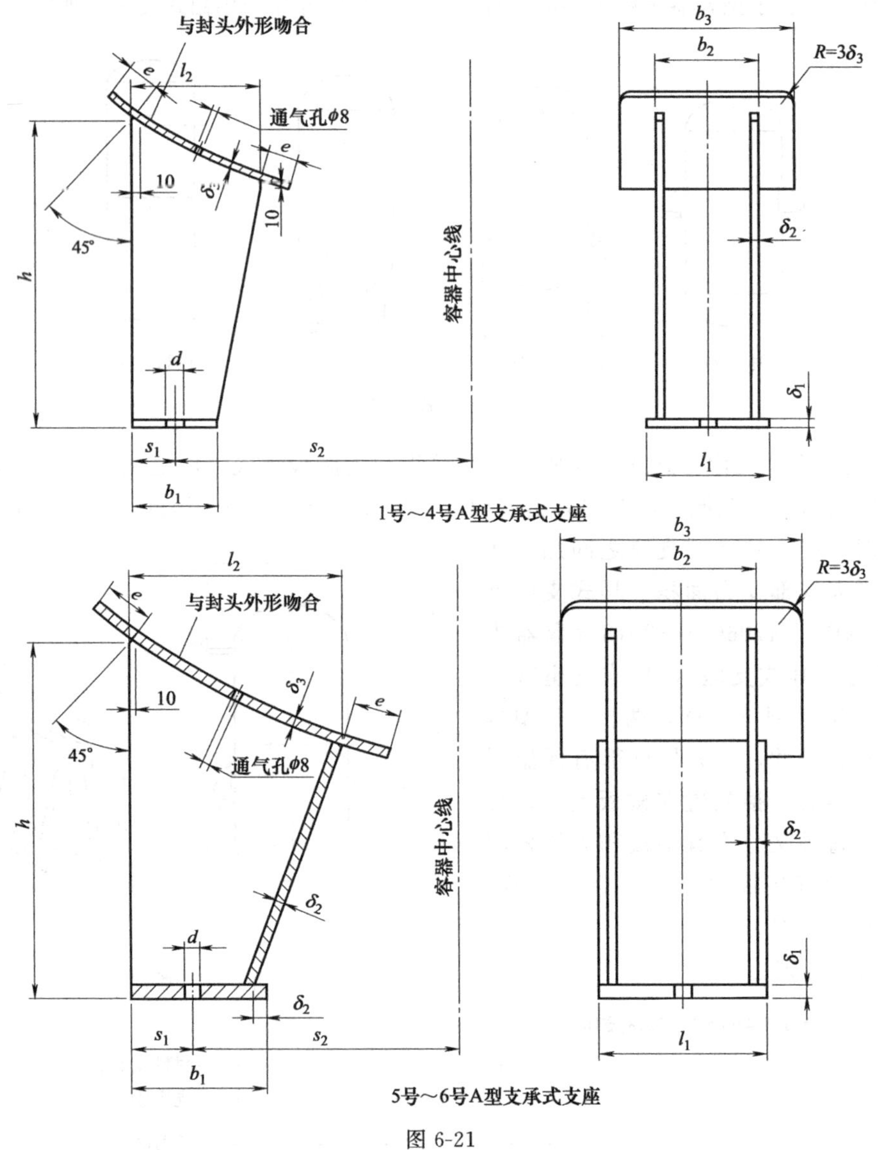

图 6-21

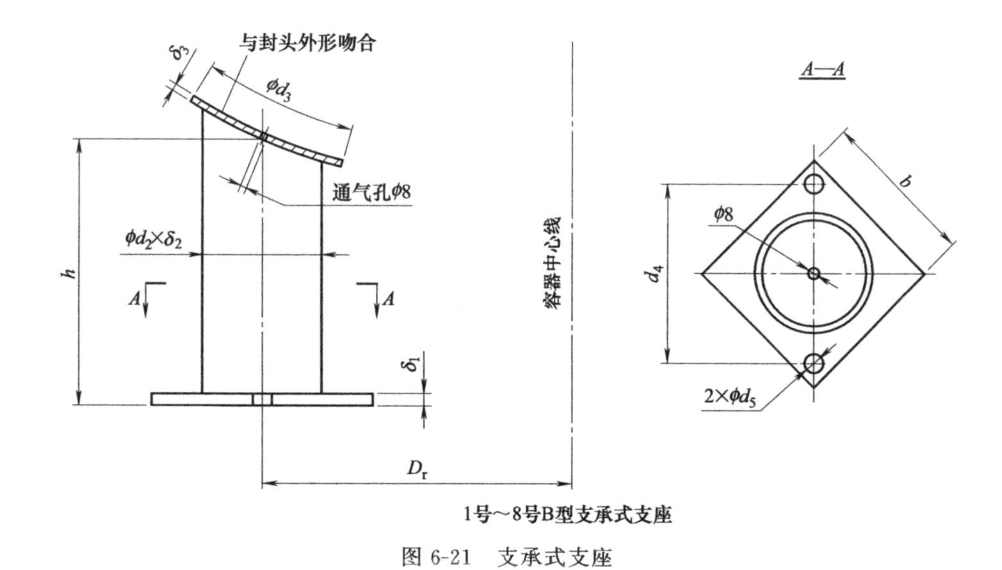

图 6-21　支承式支座

支座垫板材料一般应与容器封头材料相同。支座底板的材料为 Q235B；A 型支座筋板的材料为 Q235B；B 型支座钢管材料为 10 钢，根据需要也可选用其他支座材料，此时应按标准规定在设备图样中注明。

支承式支座标记为

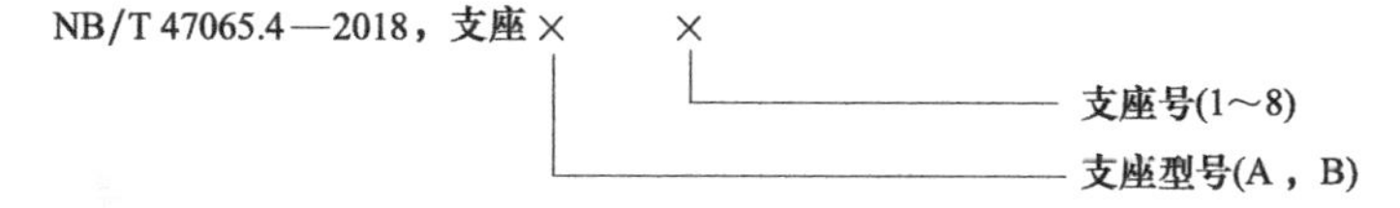

支座及垫板材料采用“支座材料/垫板材料”表示。

示例：钢板焊制的 3 号支承式支座，支座与垫板材料为 Q235B 和 Q245R

标记为：NB/T 47065.4—2018，支座 A3，材料 Q235B/Q245R

③ 腿式支座：亦称支腿，多用于公称直径为 400～1600mm、高度与直径之比小于 5、总高小于 5m 的小型直立设备，且不得与具有脉动载荷的管线和机器设备的刚性连接之中。腿式支座与支承式的最大区别在于：腿式支座是支承在压力容器的圆筒部分，而支承式支座是支承在容器的封头上，如图 6-22 所示。

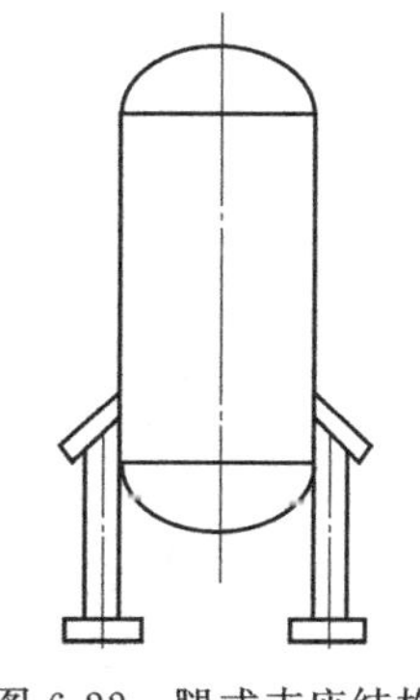

图 6-22　腿式支座结构

腿式支座推荐标准为 NB/T 47065.2—2018《容器支座 第 2 部分：腿式支座》，在结构上有 A 型（角钢支柱）和 B 型（钢管支柱）两种支柱形式。支柱与圆筒是否设置垫板与耳式支座的规定相同。

④ 裙式支座：裙式支座主要用于总高大于 10m、高度与直径之比大于 5 的高大直立塔设备中，根据工作中所承受载荷的不同，裙式支座分为圆筒形和圆锥形两类，如图 6-23 和图 6-24 所示。

裙座与塔设备的连接有对接和搭接两种形式。采用对接接头时，裙座筒体外径与封头外径相等，焊缝必须采用全熔透的连续焊，焊接结构及尺寸如图 6-24 所示。

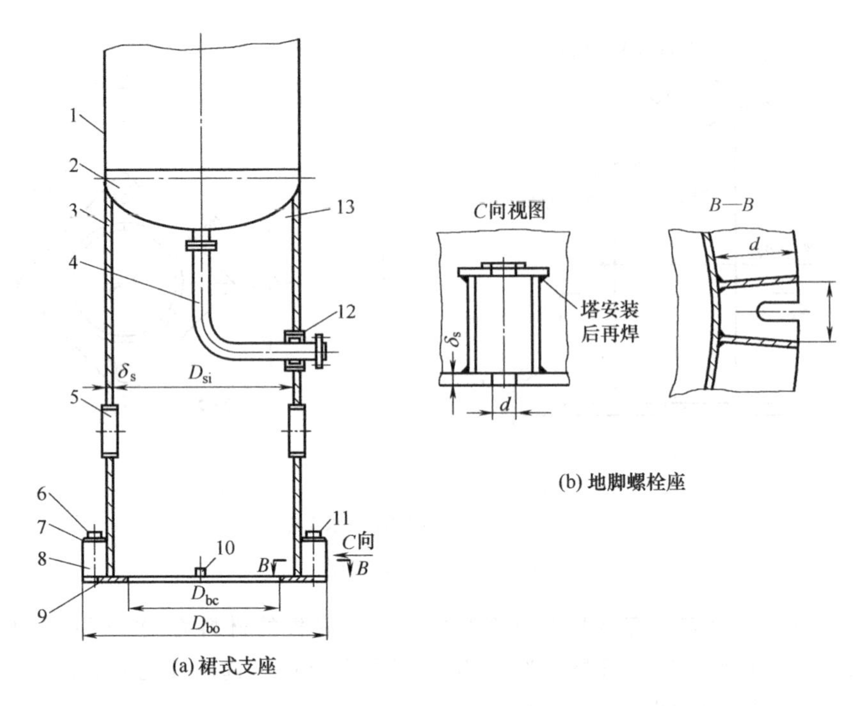

(a) 裙式支座

(b) 地脚螺栓座

图 6-23 裙式支座结构

1—塔体；2—封头；3—裙座体；4—引出管；5—检查孔；6—垫板；7—压板；8—筋板；9—基础环；10—排污孔；11—地脚螺栓；12—引出孔；13—排气孔

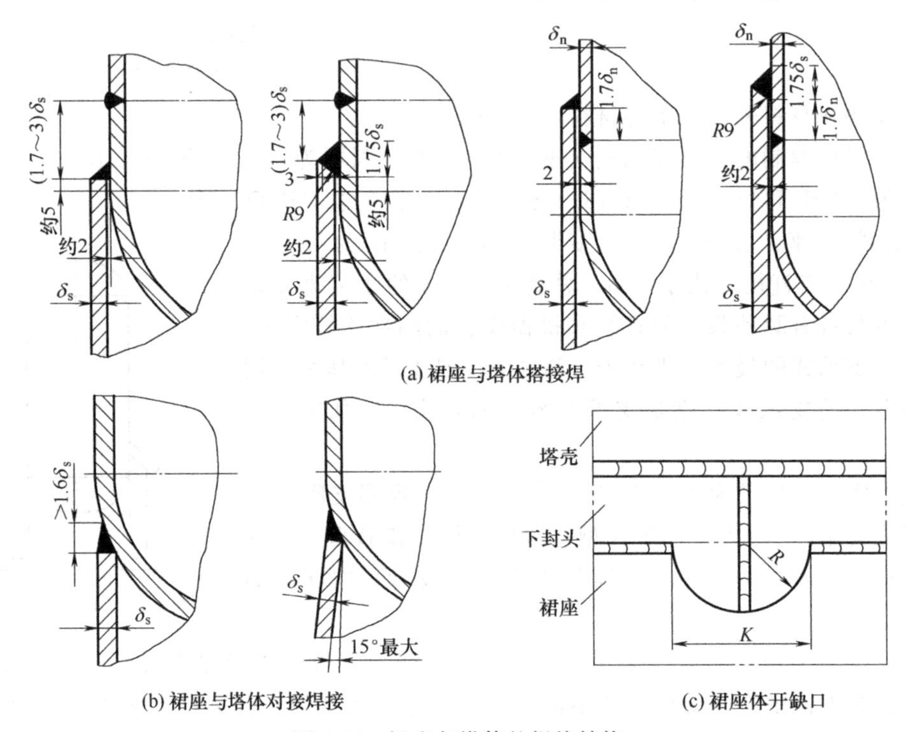

(a) 裙座与塔体搭接焊

(b) 裙座与塔体对接焊接

(c) 裙座体开缺口

图 6-24 裙座与塔体的焊接结构

搭接接头可以设置在下封头上，也可以设置在筒体上。为了不影响封头的受力状况，接头必须设置在封头的直边处，如图 6-24（a）所示。搭接焊缝与下封头的环焊缝距离应在

(1.7～3) δ_s 范围内（该处 δ_s 为裙座筒体厚度）。如果封头上有拼接焊缝，裙座圈的上边缘可以留缺口以避免出现十字交叉焊缝，缺口形式为半圆形，如图 6-24（c）所示。

由于裙座不与设备内的介质接触，也不承受介质的压力，因而裙座材料一般采用 Q235AF 及 Q235A 制作，但这两种材料不适用于温度过低的场合，当温度低于－20℃时，应选择 16Mn 作为裙座材料。如果容器下封头采用低合金钢或者高合金钢时，裙座上部应设置与封头材质相同的短节，短节的长度一般为保温层厚度的 4 倍。

2. 卧式容器支座

卧式容器支座可分为三种：鞍式支座、圈式支座和支腿式支座，如图 6-25 所示。其中鞍式支座应用最为广泛，在大型卧式储罐和换热器上应用较广，简称鞍座；大型薄壁容器或外压真空容器，为了增加筒体支座处的局部刚度，常采用圈式支座；支腿式支座结构简单，但支撑反力集中作用于局部壳体上，一般只适用于小型卧式容器和设备。

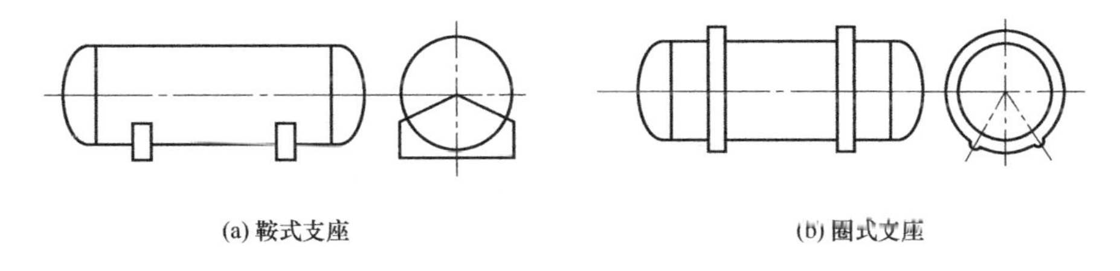

(a) 鞍式支座　　(b) 圈式支座

图 6-25 卧式容器支座

（1）鞍式支座

鞍式支座有焊制和弯制两种。焊制鞍座一般由底板、腹板、筋板和垫板组成，如图 6-26（a）所示；当容器公称直径 $DN \leqslant 900$mm 时应采用弯制鞍座，弯制鞍座的腹板与底板是同一块钢板弯制而成的，两板之间没有焊缝，如图 6-26（b）所示。

按承受载荷的大小，鞍座分为轻型（A 型）和重型（B 型）两类。鞍座大多带有垫板，$DN \leqslant 900$mm 的设备也有不带垫板的。按标准 NB/T 47065.1—2018《容器支座 第 1 部分：鞍式支座（附标准释义）》的规定鞍座与容器的包角有 120°和 150°两种。重型鞍式支座按制作方式、包角及附带垫板情况分为 BⅠ～BⅤ五种型号，如表 6-6 所示。

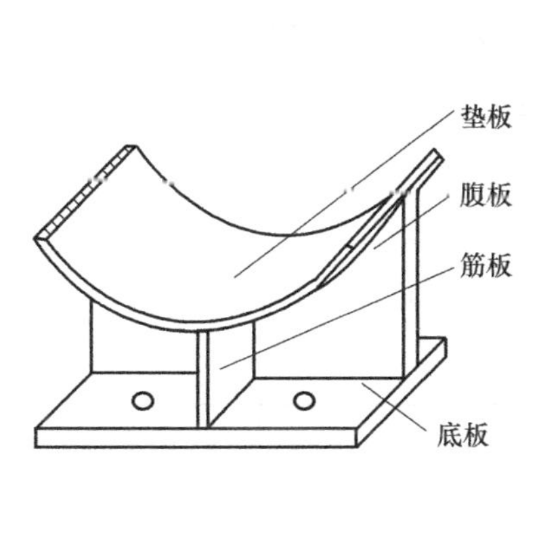

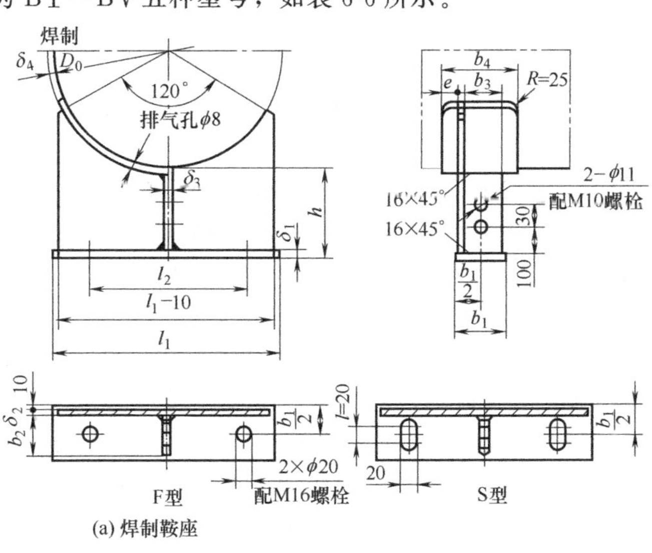

(a) 焊制鞍座

图 6-26

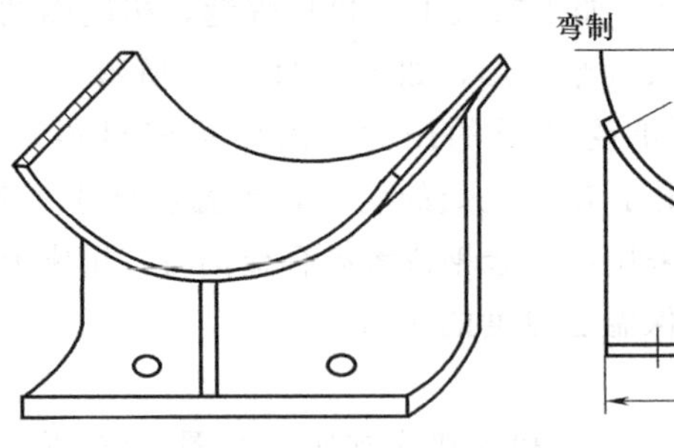
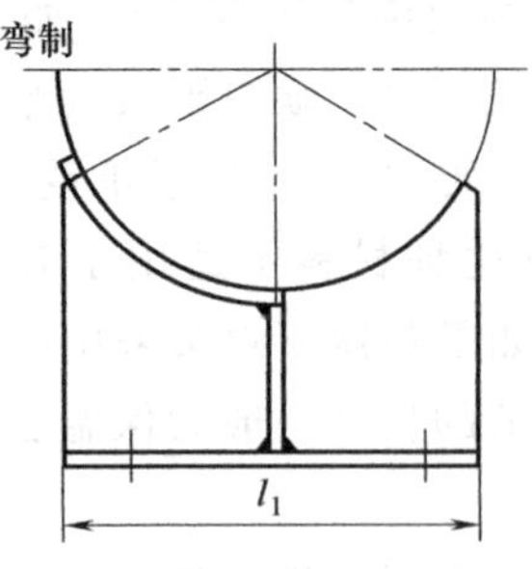

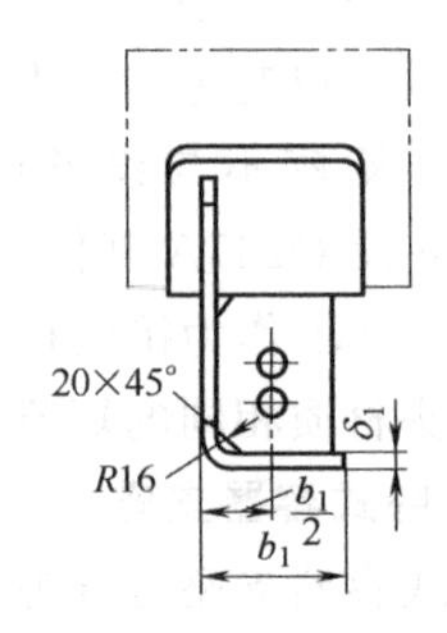

(b) 弯制支座

图 6-26 鞍式支座

表 6-6 鞍座类型

类型	代号	适用公称直径 DN/mm	结构特征
轻型	A	1000～4000	焊制,120°包角,带垫板,4～6 筋
重型	BⅠ	159～4000	焊制,120°包角,带垫板,4～6 筋
	BⅡ	1500～4000	焊制,150°包角,带垫板,4～6 筋
	BⅢ	159～900	焊制,120°包角,不带垫板,单、双筋
	BⅣ	159～900	弯制,120°包角,带垫板,单、双筋
	BⅤ	159～900	弯制,150°包角,不带垫板,单、双筋

鞍座类型及结构特征以及鞍座能承受的载荷可查阅有关手册。为了使容器的壁温发生变化时容器能够沿着轴线方向自由伸缩，底板螺栓孔有两种形式，一种是圆形螺栓孔（代号为F)，另一种是椭圆形螺栓孔（代号为 S)，即固定式 F 和滑动式 S，如图 6-26（a）所示。鞍座材料大多采用 Q235B，也可用其他材料，垫板材料一般与容器筒体材料相同。

鞍座标记为

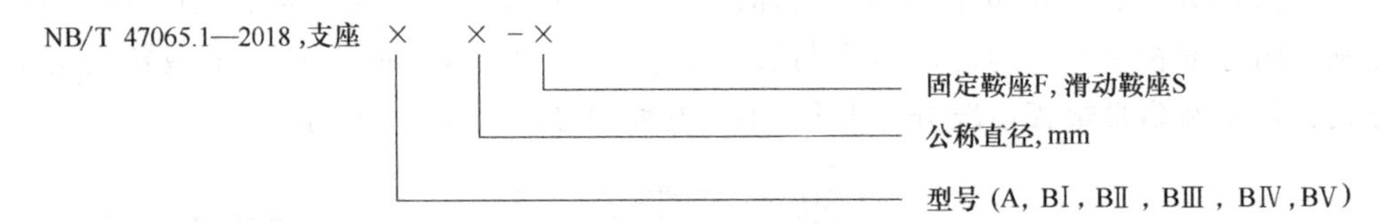

示例：容器的公称直径为 1000mm，支座包角 120°，重型、带垫板、标准高度的固定焊制支座。

标记为：NB/T 47065.1—2018，鞍座 BⅠ 1000-F

一台卧式容器一般采用双支座，如果采用三个或三个以上支座，可能会出现支座基础的不均匀沉陷，引起局部应力过高。

【例 6-2】 有一管壳式换热器，如图 6-27 所示，试对该容器选择一对鞍式支座。已知换热器壳体总质量为 4500kg，内径为 1200mm，壳体厚 10mm，封头为半球形封头，换热管长 $L_1=10$m，规格为 25mm×2.5mm，根数为 396，其左右两管箱短节

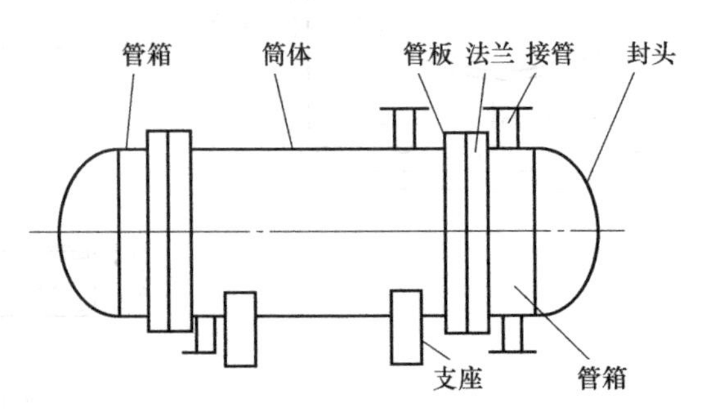

图 6-27 带鞍式支座的管壳式换热器

长度分别为120mm，400mm，管板厚度$\delta=32$mm，管程物料为乙二醇，壳程物料为甲苯。

解： 查物料物性手册得乙二醇密度为1042kg/m³，甲苯密度为842kg/m³，两者质量之和比水压试验时小，所以换热器在做水压试验时的质量是设备的最大质量。

① 设备储存液体的容积：

封头的容积V_1 $V_1=\frac{1}{2}\times\frac{4\pi R^3}{3}=\frac{2\pi\times0.6^3}{3}=0.454$（m³）

中间筒节的长度　$L=L_1-2\delta=10-2\times0.032=9.94$（m）

筒体的容积　$V_2=\frac{(0.12+0.4+9.94)}{4}\pi D_2^2=11.88$（m³）

换热管金属的容积　$V_3=\frac{Ln\pi\ (d_0^2-d_i^2)}{4}=\frac{9.94\times396\times3.14\times(0.025^2-0.02^2)}{4}$

$=0.695$（m³）

换热器储存液体的容积　$V=2V_1+V_2-V_3=2\times0.454+11.88-0.695=12.09$（m³）

② 计算设备最大质量：

水压试验时，水的质量 $m_1=V\rho=12.09\times1000=12090$（kg）

鞍座承受的最大质量 $m=4500+12090=16590$（kg）

③ 鞍座的选择：

$$每个鞍座承受的最大质量=\frac{mg}{2}=\frac{16620\times10}{2}\approx83.1\ (kN)$$

查表6-4，可选择A型支座。焊制，120°包角，带垫板，4～6筋。其允许的最大重量为147kN，可以使用。

两个鞍座的标记分别为：

NB/T 4712.1—2018，鞍座A1200-F；

NB/T 4712.1—2018，鞍座A1200-S。

（2）圈式支座

因自身重量而可能造成严重挠曲的薄壁容器常采用圈式支座。圈式支座在设置时，除常温常压外，至少应有一个圈座是滑动结构。当采用两个圈座支承时，圆筒所受的支座反力、轴向弯矩及其相应的轴向应力的计算与校核均与鞍式支座相同。

四、压力容器的开孔与补强

1. 开孔补强的原因

为了便于检修以及物料的进出，常在压力容器上开设各种形式的孔。压力容器开设孔后，不仅连续性受到破坏而造成应力集中，同时器壁也受到削弱，因此需要采取适当的补强措施以改善边缘的受力情况，减轻其应力集中程度，保证有足够的强度。

2. 补强方法与补强结构

压力容器开孔补强的方法主要有整体补强和局部补强两种。整体补强即增加容器的整体厚度，这种方法主要适用于容器上开孔较多且分布比较集中的场合；局部补强是在开孔边缘的局部区域增加筒体厚度的一种补强方法。显然，局部补强方法是合理而经济的方法，因此广泛应用于容器开孔补强中。

局部补强的结构形式有补强圈补强、厚壁接管补强和整体锻件补强三种，如图6-28所示。

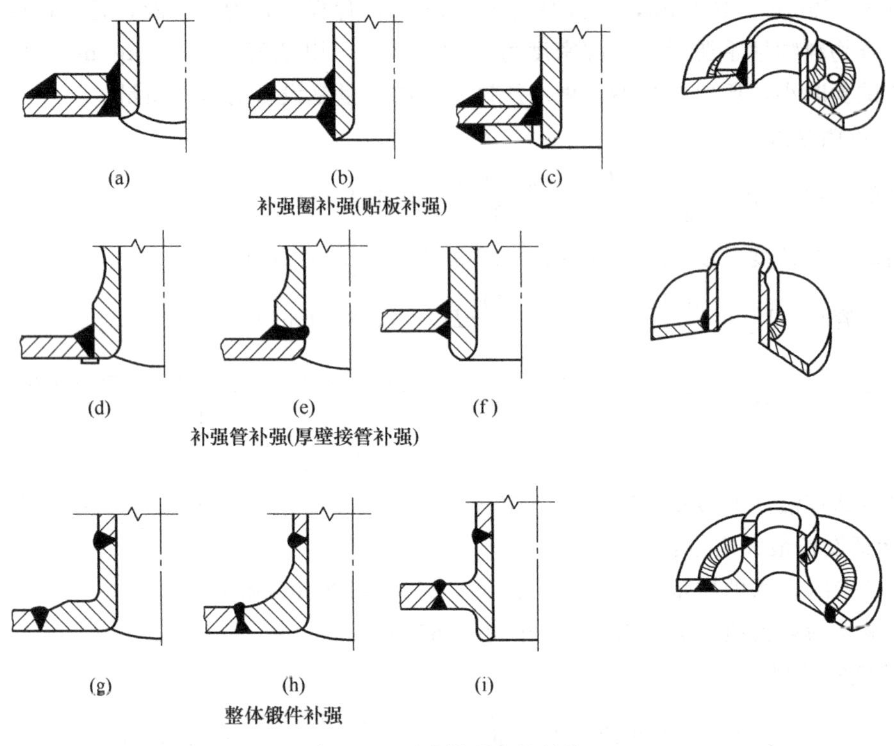

图 6-28　开孔补强常见结构

① 补强圈补强：补强圈补强是在开孔周围焊上一块与筒体材料一致的圆环状金属来增强边缘处金属强度的一种方法，也称贴板补强，所焊的圆环状金属称为补强圈，其大小为开孔直径的 2 倍。补强圈可设置在容器内壁、外壁或者同时在内外壁上设置，但是考虑到施焊的方便程度，所以一般设置在容器外壁上，如图 6-28 (a)、(b)、(c) 所示。补强圈与器壁要求很好地贴合，否则起不到补强作用。圆环补强圈直径一般为开孔直径的 2 倍。

② 加强管补强：加强管补强也称接管补强，它是在开孔处焊上一个特意加厚的短管，如图 6-28 (d)、(e)、(f) 所示，利用多余的壁厚作为补强金属。这种方法简单、焊缝少、焊接质量容易检验，效果好，已广泛使用在各种化工设备上。对于重要设备，焊接需要采用全焊透结构。

③ 整体锻件补强：它是在开孔处焊上一个特制的锻件，如图 6-28 (g)、(h)、(i) 所示。它相当于把补强圈金属与开孔周围的壳体金属完全熔合在一起，且壁厚变化缓和，有圆弧过渡，全部焊缝都是对接焊缝并远离最大应力作用处，因而补强效果好。但该种方法存在机械加工量大，锻件来源困难等缺点，因此多用于有较高要求的压力容器和设备上。

3. 开孔直径的限制

在压力容器上开设孔径应满足下列要求。

① 对于圆筒，当内径 $D_i \leqslant 1500\text{mm}$，开孔最大直径 $d \leqslant D_i/2$，且 $d \leqslant 520\text{mm}$；当 $D_i >$ 1500mm 时，开孔最直径 $d \leqslant D_i/3$，且 $d \leqslant 1000\text{mm}$。

② 凸形封头或球壳上开孔的最大尺寸满足 $d \leqslant D_i/2$。

③ 锥壳或锥形封头上开孔，开孔尺寸满足 $d \leqslant D_i/3$，D_i 为开孔处锥壳的内直径。

④ 在椭圆形封头或碟形封头过渡部分开孔时，开孔的孔边与封头边缘的投影距离不小

于 $0.1D_0$，孔的中心线宜垂直于封头表面。

⑤ 开孔应避开焊缝处，开孔边缘与焊缝的距离应大于壳体厚度的 3 倍，且不小于 100mm。如果开孔不能避开焊缝，则在开孔焊缝两侧 $1.5d$ 范围内进行 100%的无损探伤，并在补强计算时计入焊缝系数。

4. 允许不另行补强的最大开孔直径

根据工艺要求，容器上的开孔有大有小，并不是所有开孔都需要补强，当开孔直径比较小，削弱强度不大，孔边应力集中在允许数值范围内时，容器就可以不另行补强了。符合下列条件者，可以不另行补强。

① 设计压力小于或等于 2.5MPa。

② 两相临开孔中心的间距（曲面以弧长计算）应不小于两孔直径之和的两倍。

③ 接管公称外径小于或等于 89mm。

④ 接管最小壁厚满足表 6-7 要求。

表 6-7　不另行补强接管外径及其最小壁厚　　单位：mm

接管外径	25	32	38	45	48	57	65	76	89
最小壁厚	3.5	3.5	3.5	4.0	4.0	5.0	5.0	6.0	6.0

五、安全装置

为了保证压力容器的安全工作，常在压力容器上设置安全阀、爆破片等安全附件。

1. 安全阀

在生产过程中，介质压力可能发生波动以及出现一些不可控制的因素，从而造成操作压力在极短的时间内超过设计压力。为了保证安全生产，消除和减少事故的发生，设置安全阀是一种行之有效的措施。

安全阀的种类很多，其分类的方式有多种，按加载机构可分为重锤杠杆式和弹簧式；按阀瓣升起高度可分为微起式和全启式；按气体排放方式分为全封闭式、半封闭式和开放式；按照作用原理分为直接式和非直接式等。

图 6-29 为带上、下调节圈的弹簧全启式安全阀示意图。它的工作原理是利用弹簧压缩力来平衡作用在阀瓣上的力。调节螺旋弹簧的压缩量，可以对安全阀的开启压力进行调节。

安全阀的选用，应综合考虑压力容器的操作条件、介质特性、载荷特点、容器的安全泄放量、安全阀的灵敏性、可靠性、密封性、生产运行特点以及安全技术要求等。

2. 爆破片

爆破片是一种断裂型的安全泄放装置，它是利用爆破片在标定爆破压力下爆破，即发生断裂来达到泄放目的的，泄压后爆破片不能继续使用，容器也只能停止运行。虽然爆破片是一种爆破后不重新闭合的泄放装置，但与安全阀相比它具有密封性好、泄压反应迅速的特点，因此，当安全阀不能起到有效保护作用时，必须使用爆破片或爆破片与安全阀的组合装置。

爆破片的动作过程如图 6-30 所示。爆破片在容器正常工作时是密封的，如果工作中设备的压力一旦超压，膜片就发生破裂，超压介质被迅速泄放，直至与排放口所接触的环境压力相等为止，由此可以保护设备本身免遭损伤。

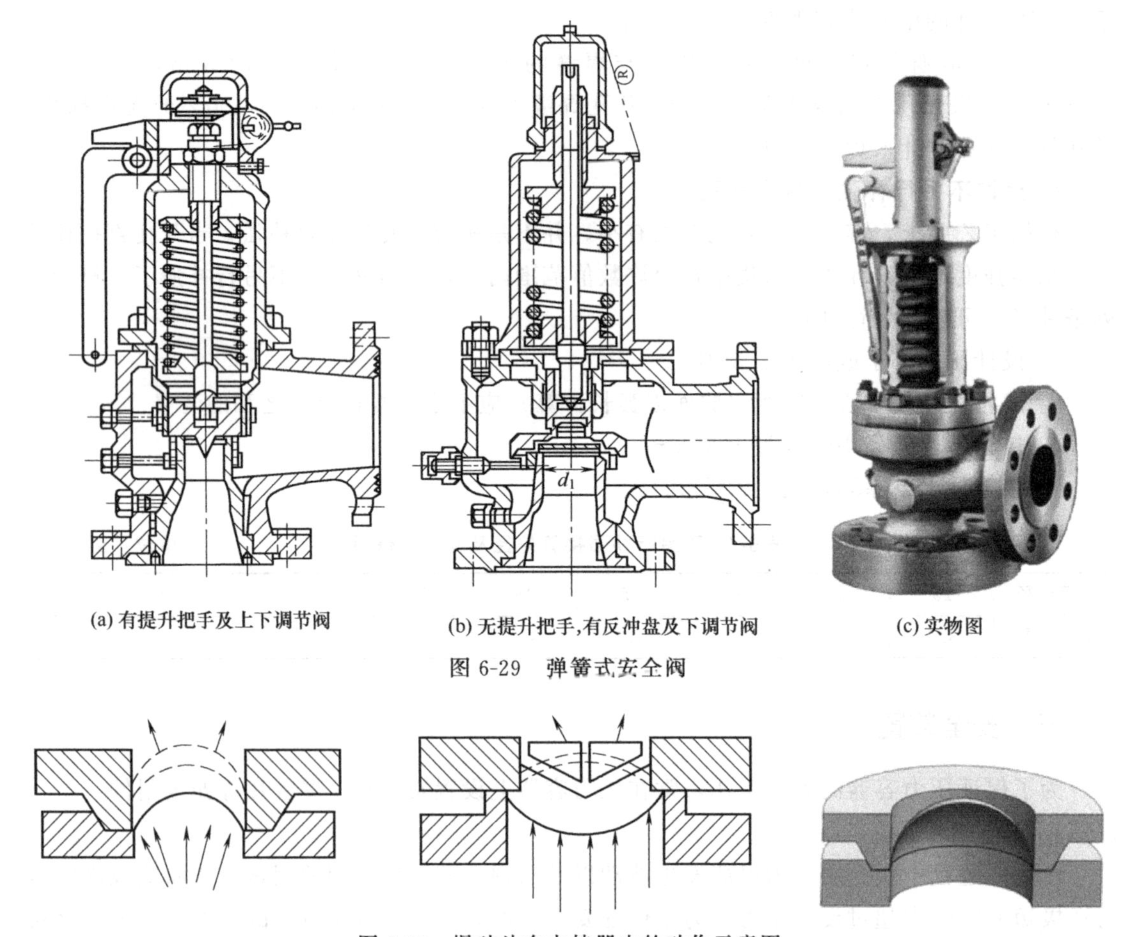

(a) 有提升把手及上下调节阀　(b) 无提升把手，有反冲盘及下调节阀　(c) 实物图

图 6-29　弹簧式安全阀

图 6-30　爆破片在夹持器中的动作示意图

六、其他附件

1. 视镜

为了观察压力容器内部情况，有时在设备或封头上需要安装视镜。视镜的种类很多，它已经进行了标准化，尺寸有 DN50～150mm 五种，但常用的仅有凸缘视镜和带颈视镜，如图 6-31 所示。

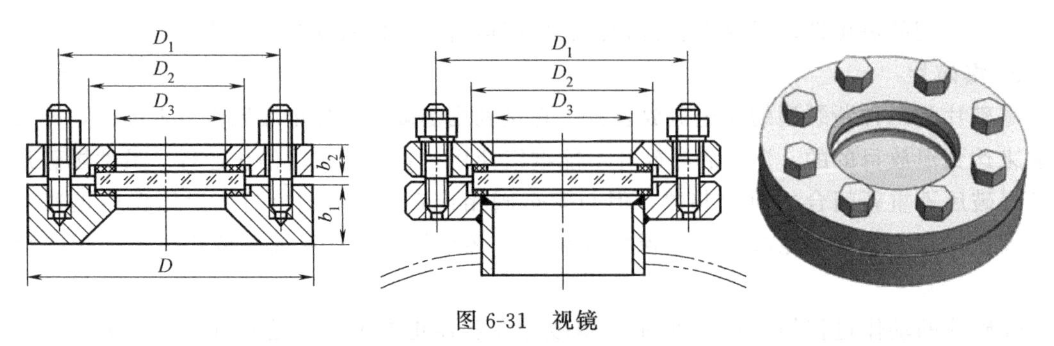

图 6-31　视镜

安装在压力较高或有强腐蚀介质设备上的视镜，可以选择双层玻璃或带罩安全视镜，以免视镜玻璃在冲击振动或温度巨变时发生破裂伤人。

2. **液面计**

为了显示压力容器内部液面高度，需要安装液面计。液面计常用的有玻璃板式和玻璃管式两种。对于公称压力超过0.07MPa的设备用玻璃液面计，可直接在设备上开长条形孔，利用矩形凸缘或者法兰把玻璃固定在设备上，如图6-32所示。

对于设计压力低于1.6MPa的承压设备，常采用双层玻璃式或玻璃式液面计。它们与设备的连接多采用法兰、活接头或螺纹接头。板式和玻璃管式液面计已经标准化，设计时可以直接选用。

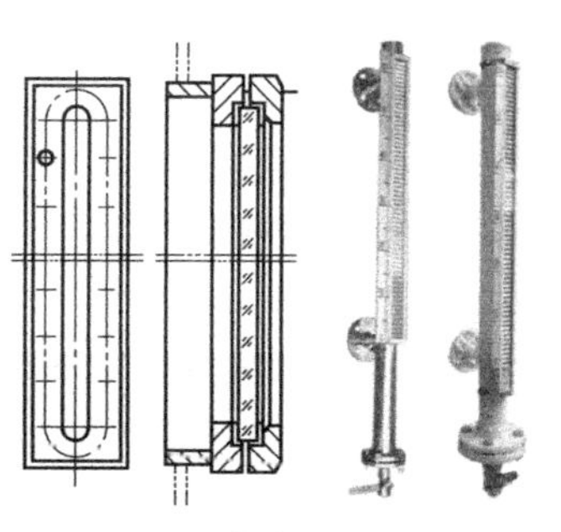

图6-32　玻璃板式液面计

小结

压力容器主要由壳体、封头、密封元件、接管与法兰、支座等组成。化工生产中对压力容器的要求有：具有足够的强度、刚度、稳定性、耐蚀性和密封性。

压力容器封头有球形封头、标准椭圆形封头、蝶形封头、锥形封头、平板等；支座主要有悬挂式支座、支承式支座、裙式支座、鞍式支座。法兰有容器法兰和管法兰两大类，密封面有平面密封面、凹凸密封面、榫槽密封面。法兰是根据公称直径和公称压力进行选择的。

为了保证压力容器安全使用，对内压容器需用强度条件加以限制，而外压容器需用稳定性条件予以限制。并设置安全阀或爆破片等安全泄放装置。

为了方便人员检修和物料进出，需要开设各种孔，人孔和手孔根据标准选用。

同步练习

一、填空题

6-1　指出下列容器属于一、二、三类容器的哪一类？

序号	容器(设备)条件	类别
1	ϕ1500mm，设计压力为10MPa的管壳式余热锅炉	
2	设计压力为0.6MPa，容积为1m^{3}的氟化氢气体储罐	
3	ϕ2000mm，容积为20m^{3}液氨储罐	
4	压力为10MPa，容积为800L的液氨储罐	
5	设计压力为2.5MPa的搪瓷玻璃容器	
6	压力为4MPa，毒性程度为极度危害介质的容器	
7	ϕ800mm，设计压力为0.6MPa，介质为非易燃和无毒的管壳式余热锅炉	
8	工作压力为23.5MPa的尿素合成塔	
9	用抗拉强度规定值下限σ_b=620MPa材料制造的容器	

6-2　查手册找出下列无缝钢管的公称直径DN。

规格	ϕ14×3	ϕ25×3	ϕ45×3.5	ϕ57×3.5	ϕ108×4
DN/mm					

6-3　压力容器法兰和管法兰分别有哪些等级？

压力容器法兰 PN/MPa								
管法兰 PN/MPa								

6-4 钢板卷制的筒体和成型封头的公称直径是指它们的________径。无缝钢管作筒体时，其公称直径是指它们的________径。

6-5 有一容器，其最高气体工作压力为1.6MPa，无液体静压作用，工作温度≤150℃，且装有安全阀，试确定该容器的设计压力为________MPa；计算压力为________MPa；水压试验压力________MPa。

6-6 有一立式容器，下部装有10m深、密度$\rho=1200kg/m^3$的液体介质，上部气体压力最高达0.5MPa，工作温度≤100℃，试确定该容器的设计压力为________MPa，计算压力为________MPa，水压试验压力为________MPa。

6-7 受外压的长圆筒，侧向失稳时波形数$n=$________，短圆筒侧向失稳时波形数$n>$________的整数；外压容器的焊接接头系数均取$\varphi=$________。

6-8 法兰连接结构，一般由________件、________件、________件三部分组成。在法兰密封所需要的预紧力一定时，采用适当减少螺栓________和增加螺栓________的办法，对密封是有利的。

6-9 法兰按结构形式分为________、________和________三类。

6-10 压力容器试验分为________和________两种，试验压力分别按________和________确定。

二、判断题

6-11 厚度为60mm和6mm的16MnR热轧钢板，其屈服点不同，且60mm厚钢板的σ_s大于6mm厚钢板的σ_s。( )

6-12 假定外压长圆筒和短圆筒的材质绝对理想，制造精度绝对保证，则在任何大的外压下也不会发生弹性失稳。( )

6-13 金属垫片材料一般并不要求强度高，而是要求其软韧。金属垫片主要用于中温、高温和中压、高压的法兰连接中。( )

三、工程应用

6-14 试为一精馏塔配塔节与封头的连接法兰及出料口接管法兰。已知条件为：塔体内径800mm，接管公称直径100mm，操作温度300℃，操作压力0.25MPa，材质Q235A。

6-15 选择设备法兰密封面形式。

介质	公称压力PN/MPa	介质温度/℃	适宜密封面形式
丙烷	1.0	150	
蒸汽	1.6	200	
液氨	2.5	≤50	
氢气	4.0	200	

6-16 试确定下列甲型平焊法兰的公称直径。

法兰材料	工作温度/℃	工作压力/MPa	公称压力PN/MPa	法兰材料	工作温度/℃	工作压力/MPa	公称压力PN/MPa
Q235B	300	0.12		Q235B	180	1.0	
16MnR	240	1.3		16MnR	50	1.5	
15MVR	200	0.5		15MVR	300	1.2	

6-17 公称直径为300mm，公称压力为2.5MPa，配用英制管的凸面板式带颈平焊钢制管法兰，材料为20钢，请进行标记。

第七章
常用化工设备

为了满足生产需要，在石油、化工、医药、食品等行业生产中将要进行传质、传热交换，在此，本章对所用的塔设备、换热设备、反应设备进行简单介绍。

第一节　塔　设　备

一、塔设备的分类

在石油、化工、医药、轻工等生产中，塔设备是必不可少的大型设备，常用来完成气-液和液-液两相间的传质和传热过程。塔设备可按以下几种方式分类：

按操作介质分：气-液、液-液；

按操作压力分：加压塔、常压塔、减压塔；

按单元操作分：精馏塔、吸收塔、解吸塔、萃取塔；

按操作方式分：逐级接触式、微分接触式；

按内件结构分：板式塔和填料塔。

板式塔是目前用得较多的一种结构形式，它的内部装有一定数量的塔盘，液体从塔的顶部进入，顺塔而下，气体自塔底向上以鼓泡喷射的形式穿过塔盘上的液层，使气、液两相充分接触，进行传质。

填料塔是另一种结构形式，它的内部装填有一定高度的填料，液体自塔的上部沿填料表面向下流动，气体作为连续相自塔底向上流动，与液体进行逆流传质。

不论板式塔还是填料塔，它们大致都由塔体、端盖、支座、接管和塔内外附件等构成。

二、板式塔的结构

1. 总体结构

板式塔的主要构件有：塔体（圆筒、端盖、连接法兰）、内件（塔盘、降液管、降液挡板）、支座（裙座、耳架、支撑脚）、附件（人孔、手孔、视孔、接管、平台、扶梯、吊柱、保温圈）等，如图 7-1 所示。

塔体上需要设置人孔或手孔、视孔、平台、扶梯及各种物料进出口接管等塔附件，以满足安装、检修、操作的需要。为了塔的保温需要，板式塔在塔体上有时焊有保温材料的支承圈以便安装保温层。为了便于安装和检修时运送塔内的构件，有的在塔顶上安装有可转动

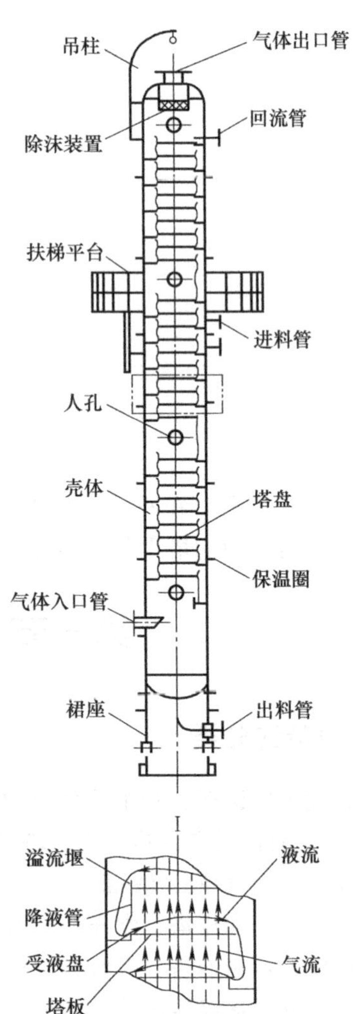

图 7-1 板式塔总体结构

的吊柱。

整个塔体、附件及介质重量都是由塔的裙座支撑。塔体的裙座为塔体安放到基础上的连接部分，上端与塔体下封头焊接在一起，下端通过地脚螺栓固定在基础上。裙座的高度由工艺条件的附属设备（如再沸器、泵）及管道的布置决定。裙座承受各种情况下的全塔重量，以及风力、地震等载荷，为此，它应具有足够的强度和刚度。

板式塔内部除装有塔盘、降液管外，还有许多附属装置，如除沫装置等。除沫装置用于捕集在气流中的液滴，使用高效的除沫器，对于提高分离效率，改善塔设备的操作状况，回收昂贵的物料以及减少环境的污染等都是非常重要的。常用的有丝网除沫器和折流板除沫器。

2. 塔盘

塔盘是板式塔完成传质、传热过程的主要部件，可分为溢流式和穿流式两类。穿流式塔盘上无降液管，气、液两相同时通过塔盘上的孔道逆流。溢流式设有降液管，塔盘上的液层高度可通过改变溢流堰的高度调节，操作弹性较大，能保证一定的效率。这里介绍溢流式塔盘的结构。

溢流式塔盘一般由塔板、降液管、受液盘、溢流堰、支撑圈和支撑梁等组成。塔盘要有一定的刚度并维持水平，塔盘与塔壁之间应密封以避免气、液短路，两塔盘之间的距离是由雾沫夹带、气-液相负荷量等参数来确定。

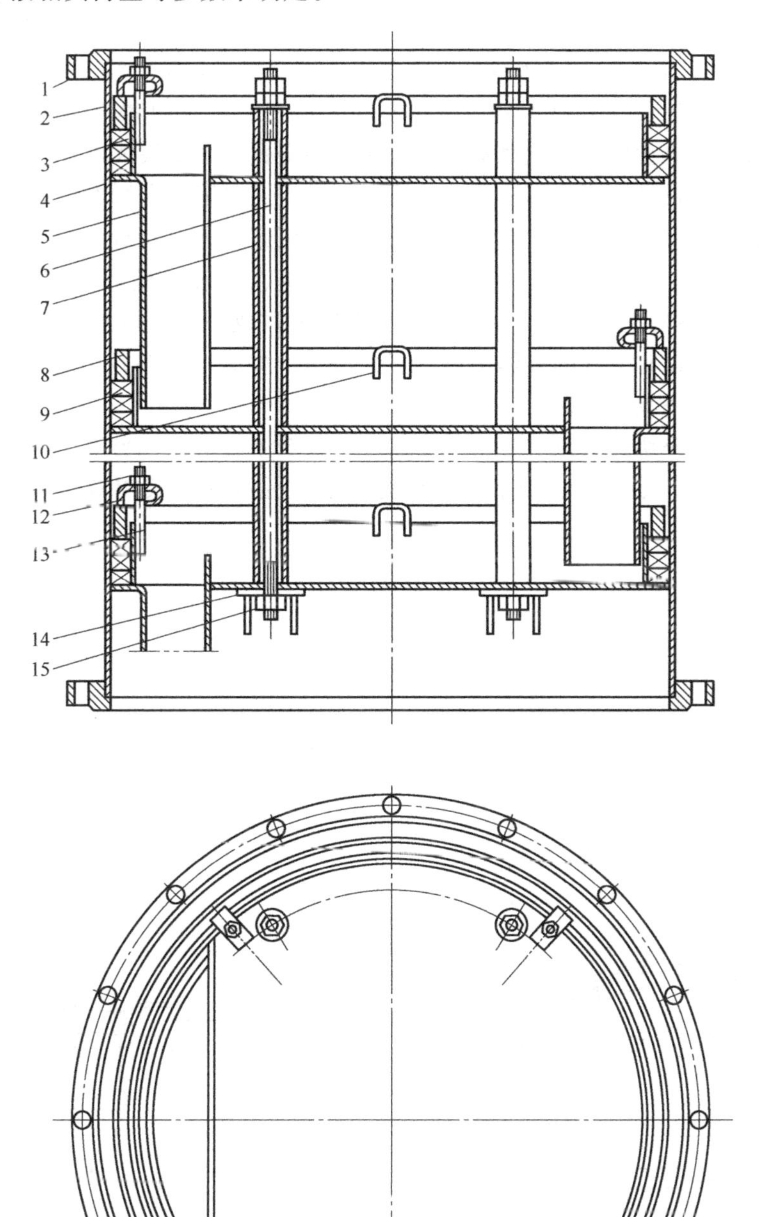

图 7-2 定距管式塔盘结构

1—法兰；2—塔体；3—塔盘圈；4—塔盘板；5—降液管；6—拉杆；7—定距管；8—压圈；9—石棉绳；10—吊环；11,15—螺母；12—压板；13—螺柱；14—支座

溢流式塔盘根据结构可分为整块式和分块式两种。塔径在 800mm 以下时，采用整块式塔盘。塔径在 900mm 以上时，采用分块式塔盘。而塔径在 800～900mm 之间时，可视具体情况而定。

① 整块式塔盘：采用整块式塔盘的塔由若干个塔节组成，每个塔节中安装若干层塔盘，塔节之间用法兰和螺栓连接。整块式塔盘由整块式塔板、塔盘圈和带溢流堰的降液管等组成。定距管式塔盘是典型的整块式塔盘形式，它由一定数量的整块式塔盘，由拉杆和定距管连在一起，用螺母将拉杆紧固在焊于塔壁的塔盘支座上。定距管支撑着塔盘并使塔盘保持规定的间距。塔盘与塔壁的间隙用填料密封，并用压圈压紧，确保密封，如图 7-2 所示。

② 分块式塔盘：为增强塔盘的刚度，方便制造、安装、检修，对直径大于 800～900mm 的板式塔，将塔盘分为若干块塔板，再由塔板拼成一整块塔盘，这种塔盘称为分块式塔盘。塔体焊制成设有人孔的整体圆筒，不分塔节。安装时将各块塔板从人孔送入塔内，装在焊于塔体内壁的塔盘支承件上。

根据塔径大小，分块式塔盘可分为单溢流塔盘和双溢流塔盘。当塔径为 2000～2400mm 时，采用单溢流塔盘，如图 7-3 所示；塔径大于 2400mm 时，采用双溢流塔盘，如图 7-4 所示。

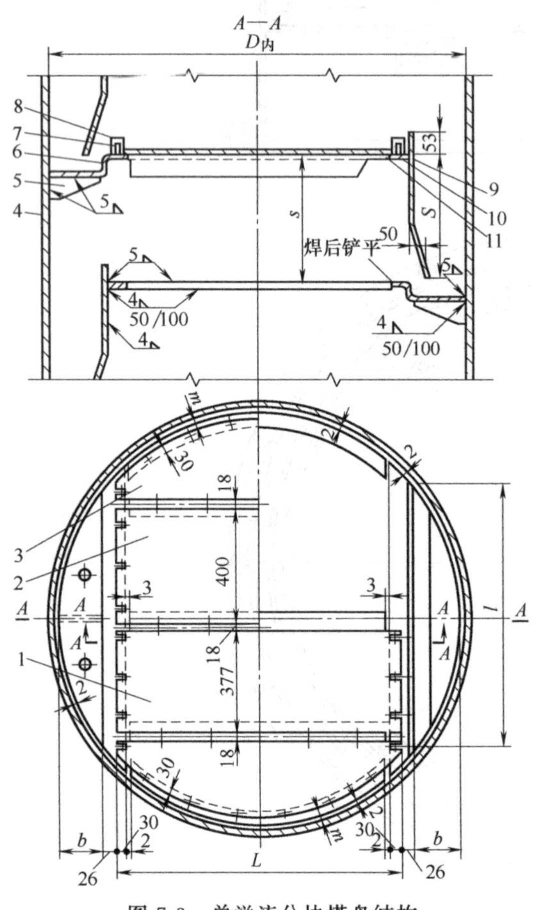

图 7-3　单溢流分块塔盘结构

1—矩形板；2—通道板；3—弓形板；4—塔体；5—筋板；6—受液盘；7—楔子；8—龙门铁；9—降液板；10—支承板；11—支承圈

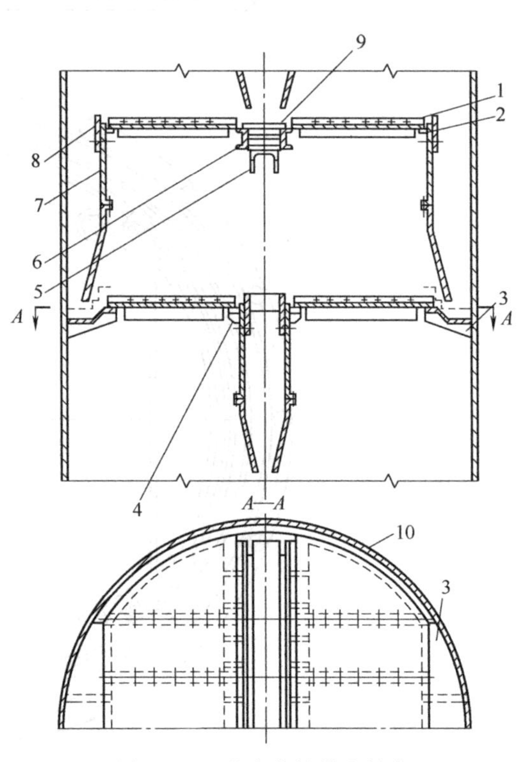

图 7-4　双溢流分块塔盘结构

1—塔盘板；2—支撑板；3—筋板；4—压板；5—支座；6—主梁；7—两侧降液板；8—可调溢流堰板；9—中心降液板；10—支承圈

分块式塔板块数与塔体直径有关，见表 7-1。

表 7-1 塔板块数与塔体直径的关系

塔径/mm	800～1200	1400～1600	1800～2000	2200～2400
塔板块数	3	4	6	6

根据装配位置和所起作用不同，分块式塔盘又分为弓形板、矩形板和通道板。靠近塔壁的两块板，做成弓形，称为弓形板。两弓形板之间的塔板做成矩形，称为矩形板。为便于安装和维修，矩形板中的一块作为通道板，各层的通道板最好开在同一垂直位置上，以利采光和拆卸。

分块式塔盘之间及通道板与塔板之间的连接，通常采用上、下均可拆连接结构。如图 7-5 所示。检修须拆开时，可从上方或下方松开螺母，将椭圆垫旋转，塔盘板即可移开。

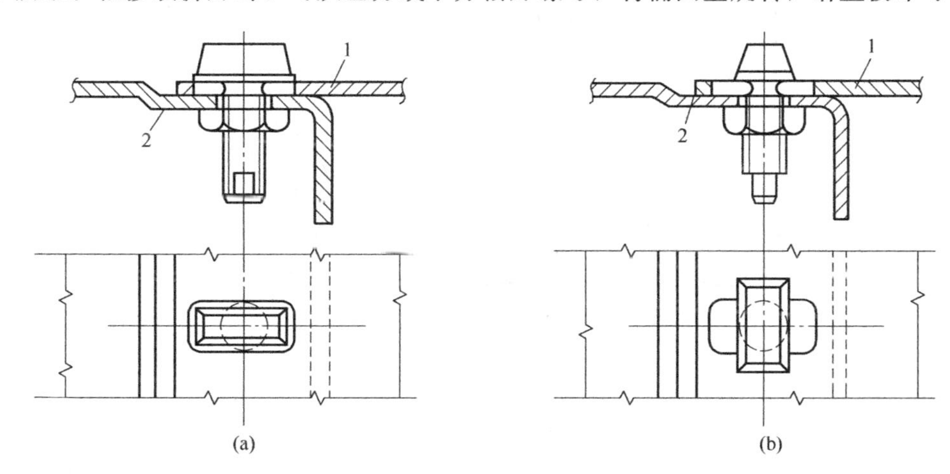

图 7-5 上、下均可拆连接结构

1—通道板；2—矩形板

塔板与支持板一般用楔形紧固件连接。

塔板安装时要保证规定的水平度，不能因承受液体重量而产生过大变形，因此，塔盘要有良好的支承条件。对于直径较小的塔（如 2000mm 以下），可利用焊在塔壁上的支承圈支承。对于直径较大的塔（如 2000mm 以上），由于塔板跨度大，须采用支承梁支承。每一塔盘的分块是在其边缘处用螺栓或楔性连接件固定在支承梁或支承圈上。

3. 溢流装置

板式塔内溢流装置包括降液管、受液盘和溢流堰等。当回流量较小，塔径也较小时，为了增加气、液两相在塔板上的接触时间，常采用 U 形流动；当回流量较大，而塔径较小时，则采用单溢流流动；当回流量较大，塔径也较大时，为了减少塔盘上液体的停留时间，常采用双溢流流动。表 7-2 给出了在一定的塔径下，常采用的液体的流量和溢流形式。

表 7-2 液体的流量和溢流形式

塔径/m	液体流量/(m^3/h)		塔径/m	液体流量/(m^3/h)	
	单溢流	双溢流		单溢流	双溢流
0.6	5～25		2.4	11～110	110～180
0.8～1.0	7～50		3.0		110～200
1.2	9～70		4.0		110～230
1.6	11～80		5.0		110～250
2.0	11～110	110～160			

① 降液管：为了使清液进入下一层塔盘，需要设置降液管，它的作用是将进入清液内的气泡进行气液分离。常采用的降液管有圆筒形和弓形两种，为了更好地分离气泡，保证液体在降液管内的停留时间为 2～5s，由此决定降液管的尺寸。圆筒形降液管，如图 7-6（a）所示，常用于小塔，特别是负荷小的场合；弓形降液管，如图 7-6（b）所示，适用于大液量及大直径的塔，对于用整块式塔盘的小直径塔，也可采用固定在塔盘上的弓形降液管，如图 7-6（c）所示。

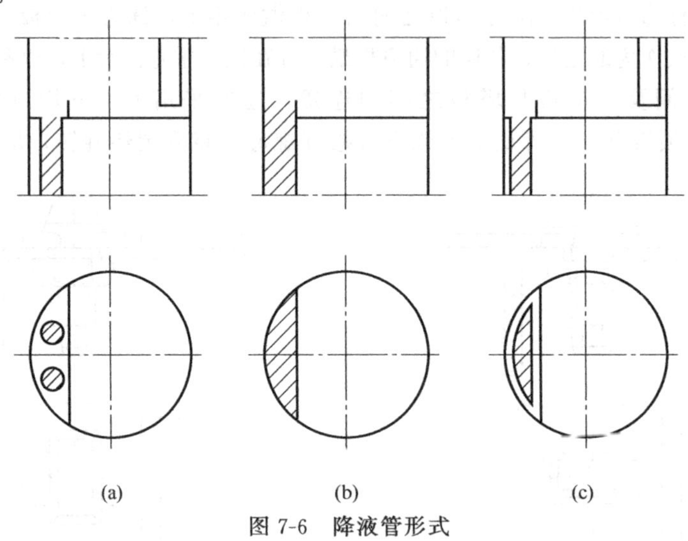

图 7-6 降液管形式

② 受液盘：为了保证降液管出口处的液封作用，常设置受液盘，如图 7-7 所示，受液盘有平板形和凹形两种结构形式。因为凹形受液盘不仅可以缓冲降液管流下的液体冲击，减少因冲击而造成的液体飞溅，而且当回流量很小时也具有较好的液封作用，同时能使回流液均匀地流入塔盘的鼓泡区。凹形受液盘的深度设计也不一致，一般在 50～15mm。此外在凹形受液盘上要开有 2～3 个泪孔，在检修前停止操作后，可在半小时内使凹形受液盘里的液体放净。

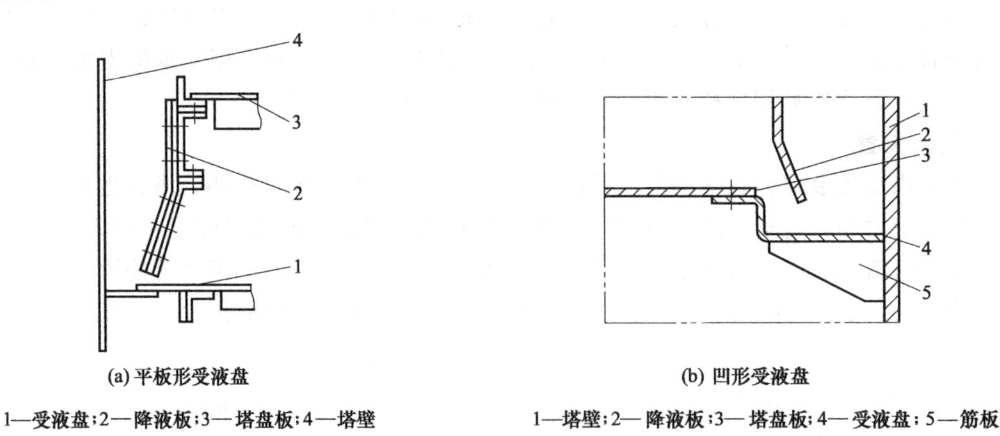

(a) 平板形受液盘

1—受液盘；2—降液板；3—塔盘板；4—塔壁

(b) 凹形受液盘

1—塔壁；2—降液板；3—塔盘板；4—受液盘；5—筋板

图 7-7 受液盘结构

③ 溢流堰：为了保证降液管的液封，使从降液管流下来的液体能在塔板上均匀分布，并减少入口处液体水平冲击，因此需要根据在塔盘上的位置设置溢流堰，溢流堰可分为进口堰和出口堰。出口堰的作用是保持塔盘上有一定高度的液层，并使液体均匀分布。最常用的

出口堰是平堰，但在液体流量小或塔径较大而难以保证堰的水平度时，为了使液流均匀，可以改用齿形堰。

4. 除沫装置

当塔内操作气速较大时，会出现塔顶雾沫夹带，传质效率降低，故需在塔顶设置除沫装置，分离气体中的雾沫，以改善操作条件，保证后续设备的正常操作。

除沫装置安装在塔内顶部，与最上一块塔盘之间的距离一般略大于两块相邻塔盘的间距。常用的除沫装置有以下几种。

① 丝网除沫器：丝网除沫器适用于清洁的气体，不宜用于液滴中含有或易析出固体物质的场合（如碱液、碳酸氢钠溶液等），以免液体蒸发后留下固体堵塞丝网。当雾沫中含有少量悬浮物时，应注意经常冲洗。

丝网除沫器是由气液过滤网垫（由若干块网块拼合而成）和支承件两部分构成。丝网除沫器的网块结构有盘形和条形两种。丝网除沫器已有系列产品，当选用的除沫器直径较小且与出口管径相近时，可采用图 7-8 所示结构安装。

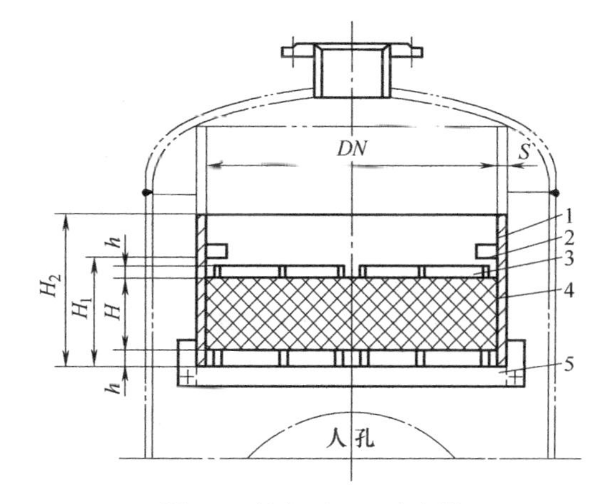

图 7-8　缩径型丝网除沫器

1—升气管；2—挡板；3—格栅；4—丝网；5—梁

丝网除沫器具有结构简单，体积小，除沫效率高，阻力小，重量轻，安装、操作、维修方便，使用寿命长的特点。

② 折流板除沫器：折流板除沫器结构如图 7-9 所示。除沫器的折流板常用 50mm×50mm×3mm 的角钢制成。结构简单，但金属耗用量大，造价高。若增加折流次数，能有较高的分离效果。

③ 旋流板除沫器：如图 7-10 所示，一般用金属制成，通常用于分离含有较大液滴或颗粒的气液混合物，除沫效率较丝网除沫器差。

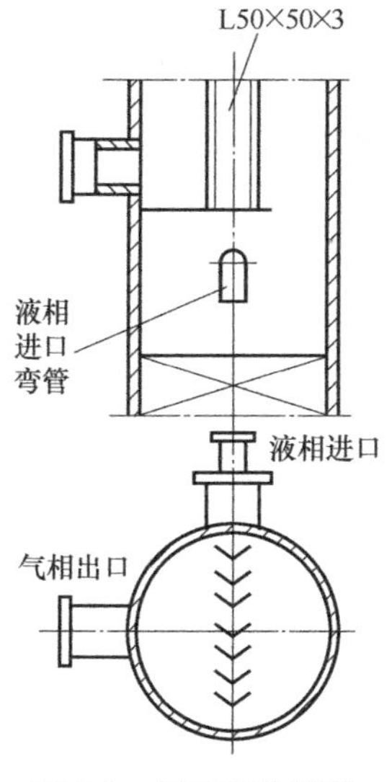

图 7-9　折流板除沫器

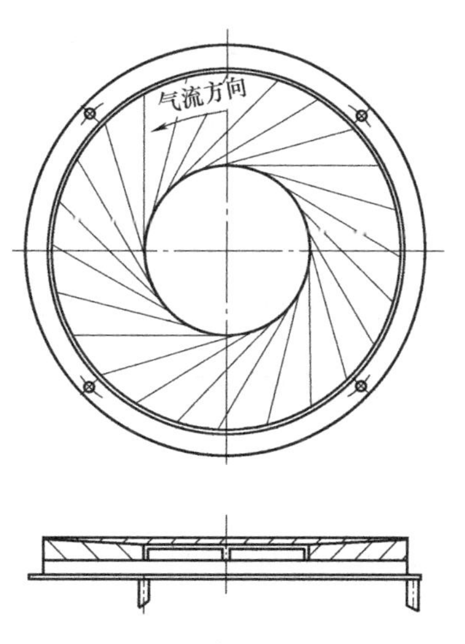

图 7-10　旋流板除沫器

5. 接管

一般塔中部附近设有进料管，进料的状态有液、气、气液混合物三种，通常的状态是液态。

液体进料管，常见的有直管和弯管，料液可直接引入加料板。板上最好有进口堰，以便加入的料液均匀地分布在塔板上，从而避免因进料泵及控制阀引起的波动影响，如图 7-11 所示。

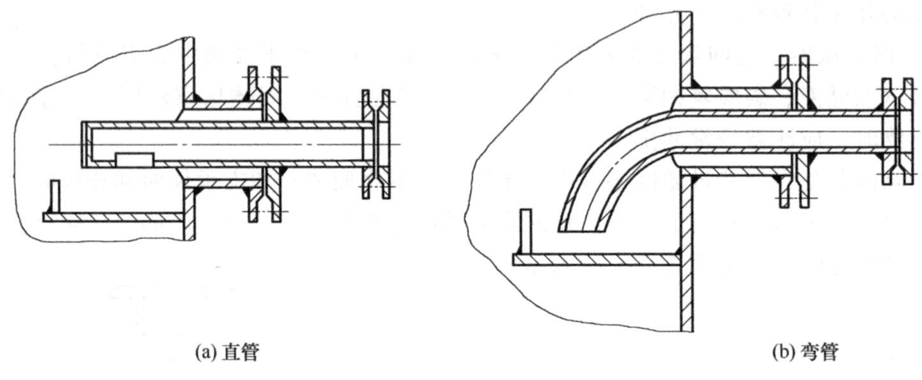

(a) 直管　　(b) 弯管

图 7-11　液体进料管

对于气体进料，其进口管可安装在塔盘间的蒸汽空间。一般是将进气管做成斜切口，可改善气体分布或采用较大管径时使气速降低，达到气体均匀分布的目的，如图 7-12（a）所示；当塔径较大时，可采用如图 7-12（b）所示较为复杂的结构。

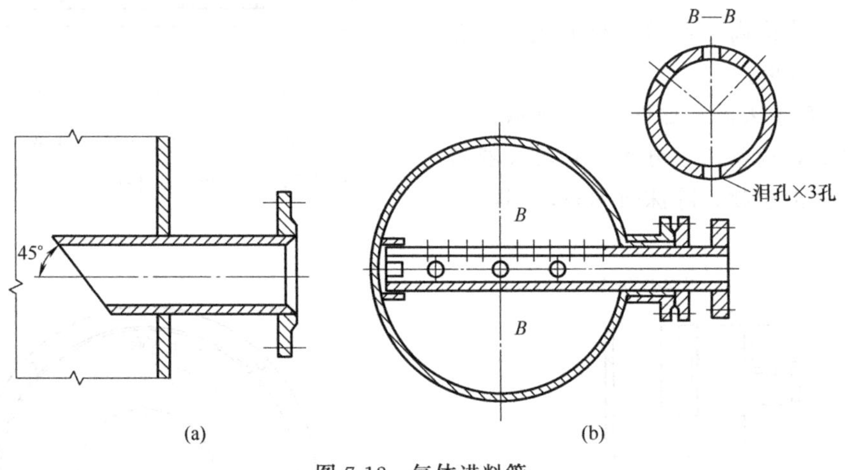

(a)　　(b)

图 7-12　气体进料管

对液体出料接管，可直接从塔底引出裙座外。

三、填料塔的结构

填料塔广泛应用于蒸馏、吸收和解析操作中，它是以塔内的填料作为气液相接触构件的传质设备。

1. 填料塔的总体结构

如图 7-13 所示，填料塔由塔体、填料、喷淋装置、液体再分布器、填料支撑装置、填料压紧装置、支座以及气、液的进出口等部件组成。

填料塔的塔体一般是由钢、陶瓷或塑料等材质制成的立式圆筒，底部装有填料支承栅板，填料以乱堆或整砌的方式放置在支承板上。为防填料被上升气流冲击而破碎，在填料的上方安装填料压板。为保证液体喷淋均匀，在液体入口管处装有喷淋装置。当填料层较高时，为防止壁流和锥区的产生，需要进行分段，中间设置液体再分布装置，包括液体收集器和液体再分布器两部分，上层填料流下的液体经液体收集器收集后，送到液体再分布器，经重新分布后喷淋到下层填料上。为了便于取出填料，在填料支承栅板处设有填料卸出孔。对于塔体，在适当的位置还开有人孔。

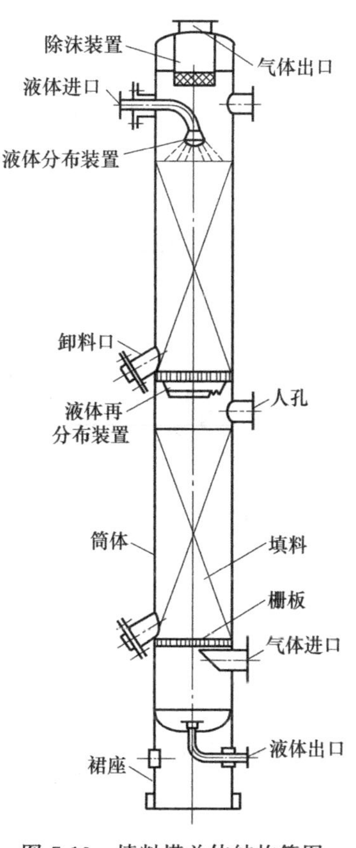

图 7-13 填料塔总体结构简图

2. 填料的类型

填料塔的核心内件是填料，是气液接触的主要元件，其性能的优劣决定了填料塔的操作性能和传质效率。根据装填方式的不同，可分为散装填料和规整填料两大类。

散装填料根据结构特点不同，又可分为环形填料，鞍形填料，环矩鞍形填料及球形填料等。

规整填料是按一定的几何构形排列，整齐堆砌的填料。根据其几何结构可分为格栅填料，波纹填料，脉冲填料等。

3. 喷淋装置

喷淋装置是向填料层尽可能均匀喷洒液体的装置，安装于塔顶填料层以上 150～300mm 处，是填料塔的重要内件之一，若设计不合理将会导致液体分布不均，填料润湿面积减少，增加沟流与壁流现象，直接影响塔的处理能力和分离效率。

为了保证液体均匀分布，应尽量增加单位面积的分布点，还要保证每股液流量均匀，防止被上升气流夹带。目前常用的喷淋装置有喷洒型、溢流型和冲击型等。

(1) 喷洒型喷淋装置

喷洒型喷淋装置分为单孔式和多孔式。单孔式是利用塔顶进料管的出口或缺口直接喷洒料液，结构如图 7-14 所示。此结构简单，但喷淋面积小且不均匀，一般适用于小直径的填料塔（如 300mm 以下的塔）。

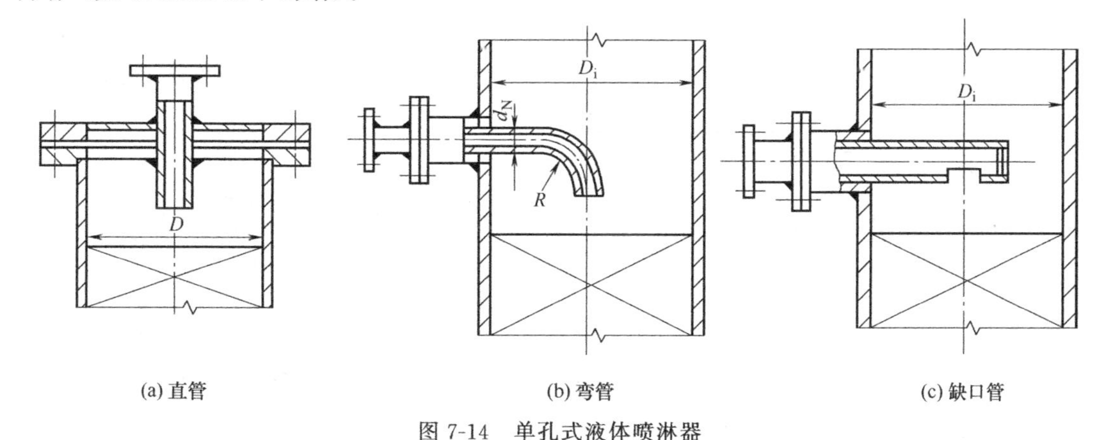

(a) 直管　(b) 弯管　(c) 缺口管

图 7-14 单孔式液体喷淋器

多孔式喷淋装置有多种形式，常用的有环管式喷淋器、排管式喷淋器、莲蓬头式喷淋器。

① 环管式喷淋器：环管式喷淋器分为单环管和多环管，分别如图 7-15、图 7-16 所示。环状管的下面开有小孔，小孔直径为 3～8mm，最外层环管的中心圆直径一般取塔内径的 60%～80%。环管式喷淋器的优点是结构简单，制造安装方便，较适用于液量小而气量大的填料吸收塔，气流阻力小，缺点是喷淋面积小，不够均匀，并要求液体清洁不含固体颗粒。

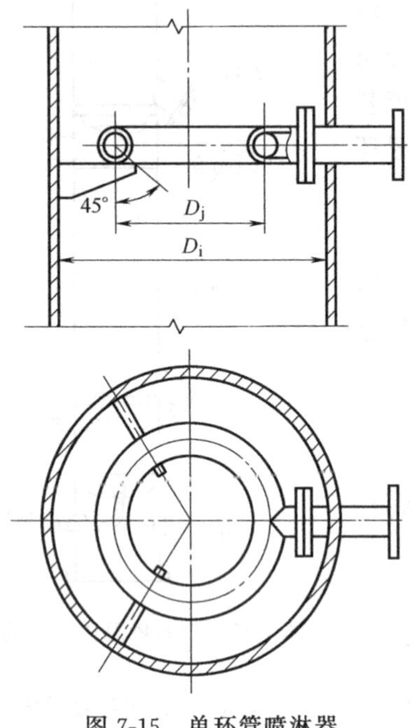

图 7-15 单环管喷淋器

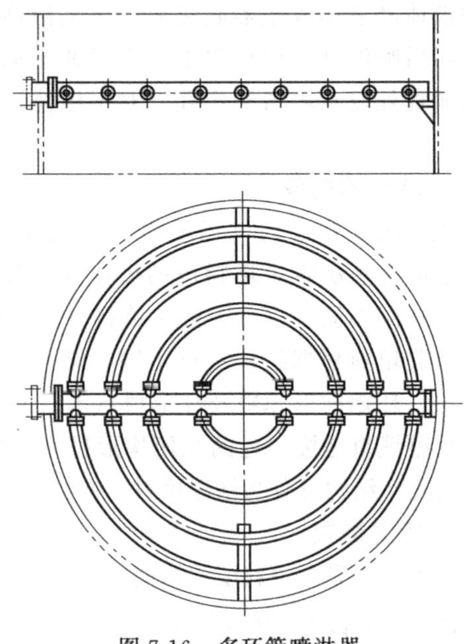

图 7-16 多环管喷淋器

② 排管式喷淋器：排管式喷淋器由进口主管和多列排管组成，主管将进口液体分流给各列排管。液体进入喷淋器的方式有两种：一种是液体由水平主管的一侧或两侧流入，通过支管上的小孔喷洒在填料上，如图 7-17 所示；另一种是由垂直的中心管流入水平主管，再通过支管上的小孔喷淋，如图 7-18 所示。

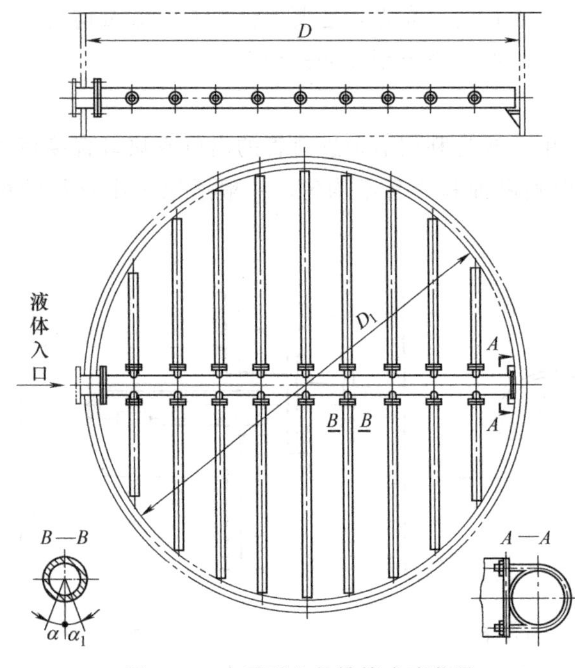

图 7-17 水平引入的排管式喷淋器

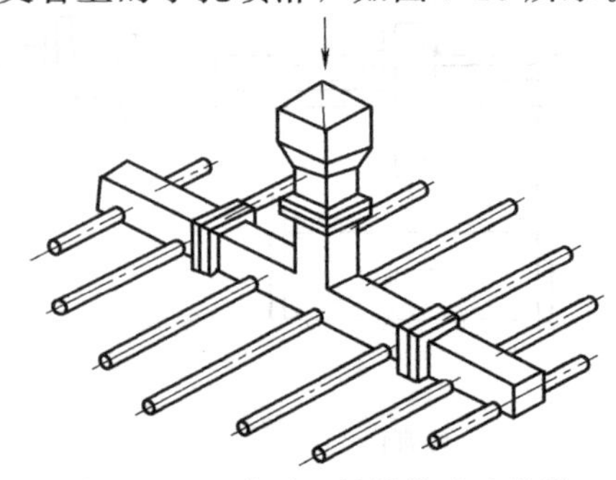

图 7-18 垂直引入的排管式喷淋器

③ 莲蓬头式喷淋器：如图 7-19 所示，莲蓬头式喷淋器的莲蓬头是开有许多小孔的球面，孔按同心圆排列，液体在一定压力作用下经小孔喷洒在填料上，喷洒半径随液体静压和喷淋器高度不同而变化。液体静压稳定时，液体分布较为均匀，但易产生雾沫夹带，小孔易堵塞，不适于处理污浊液体，适用于塔径为 300～600mm 的场合。

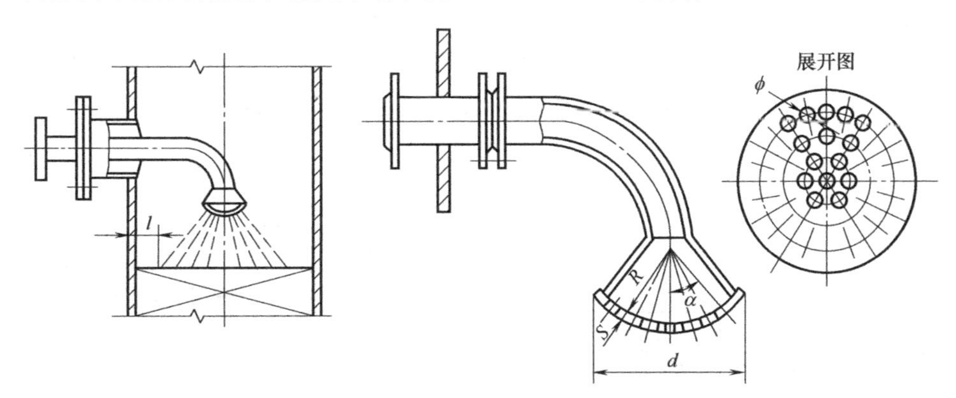

图 7-19　莲蓬头式喷淋器

(2) 溢流型喷淋装置

常用的溢流型喷淋装置有槽式和盘式两种。

① 槽式喷淋器：如图 7-20 所示，槽式喷淋器一般为二级分配结构，由主分配槽和支槽组成，操作时液体由进料管先进入主分配槽进行预分配，然后再流入支槽实现液体的均匀分布。槽内小孔的排液方式有 4 种，如图 7-21 所示。其中图 7-21 (a)、(b) 将孔开在槽的侧壁，图 7-21 (a) 用弯管将液体导出，而图 7-21 (b) 用导液板将液体导出。图 7-21 (c) 将孔开在槽底。图 7-21 (d) 导管焊在槽中，导管上开有两排孔，适用于操作弹性大的场合。槽式喷淋器的结构、制造较排管式喷淋器复杂，但槽上部为敞开结构，便于检修时清除固体颗粒，因此可用于含少量固体杂质和高黏度物料的液体分布，此外，槽式喷淋器液体分布均

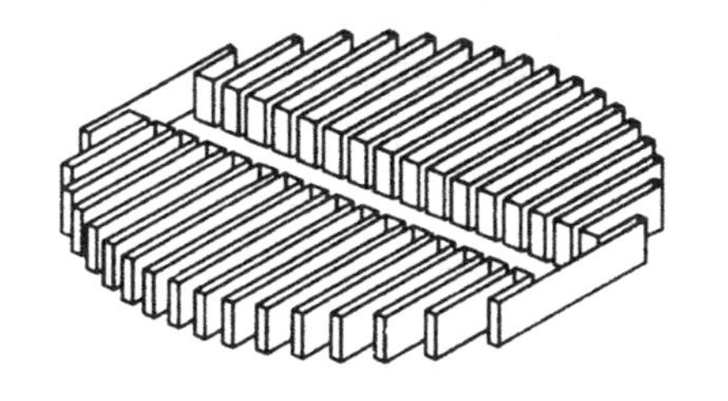
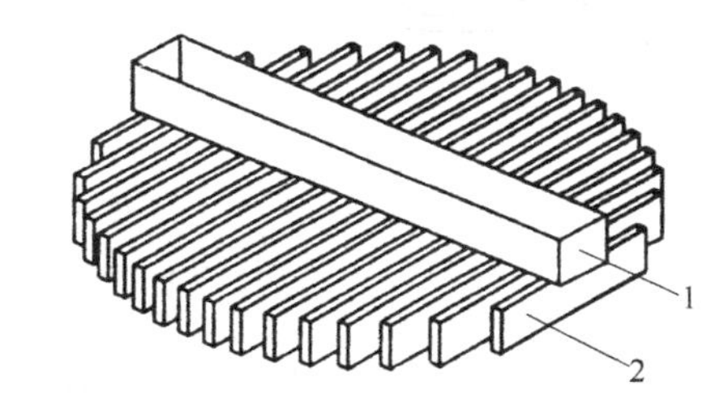

图 7-20　槽式喷淋器

1—一级槽；2—二级槽

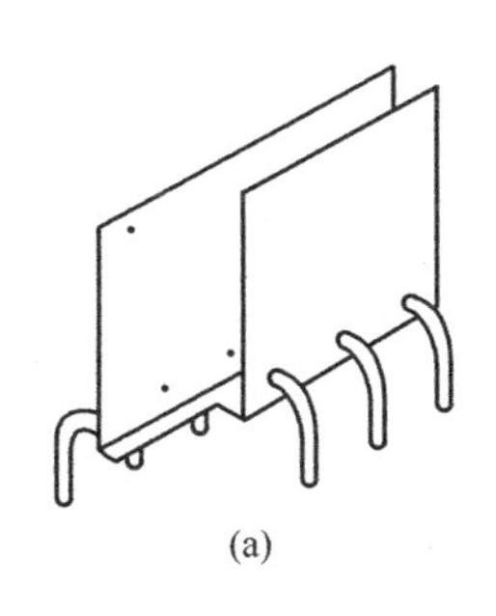
(a)
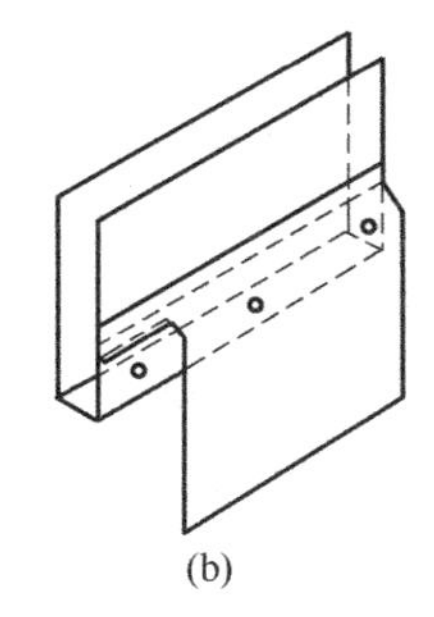
(b)
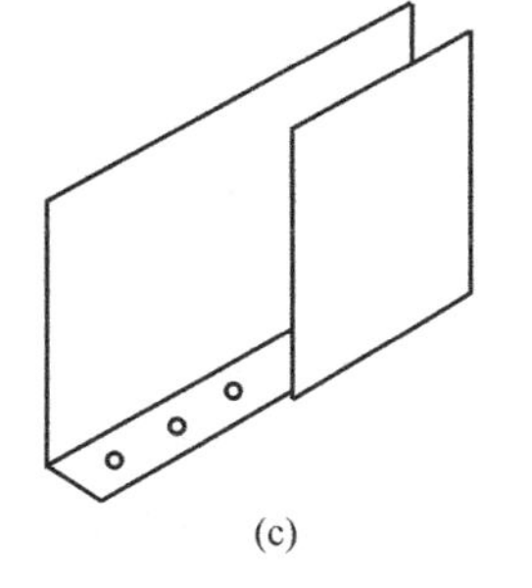
(c)
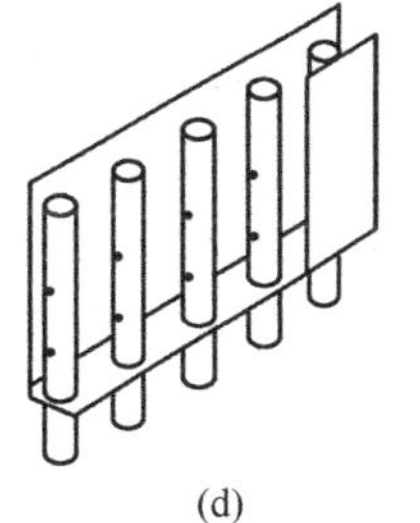
(d)

图 7-21　槽内小孔的排液方式

匀，处理量大，操作弹性好，适应的塔径范围广，是较为常用的一种喷淋装置。

② 盘式喷淋器：盘式喷淋器结构如图 7-22 所示。液体经进液管加到分布板内，然后从分布板内的降液管溢流淋洒到填料上。分布板紧固在焊于塔壁的支持圈上，气体由盘和塔壁之间通过，如图 7-22（a）所示。降液管一般按正三角形排列，焊接或胀接在喷淋盘的分布板上。考虑到因安装等因素造成降液管上缘不水平，导致液流不均匀，通常将管口加工成斜开口或齿口。对于直径超过 1m 或更大的塔，喷淋盘与塔壁之间间隙不够大而气体又须通过分布板时，可采用带升气管的盘式喷淋器，如图 7-22（b）所示，大管为升气管，小管为降液管。

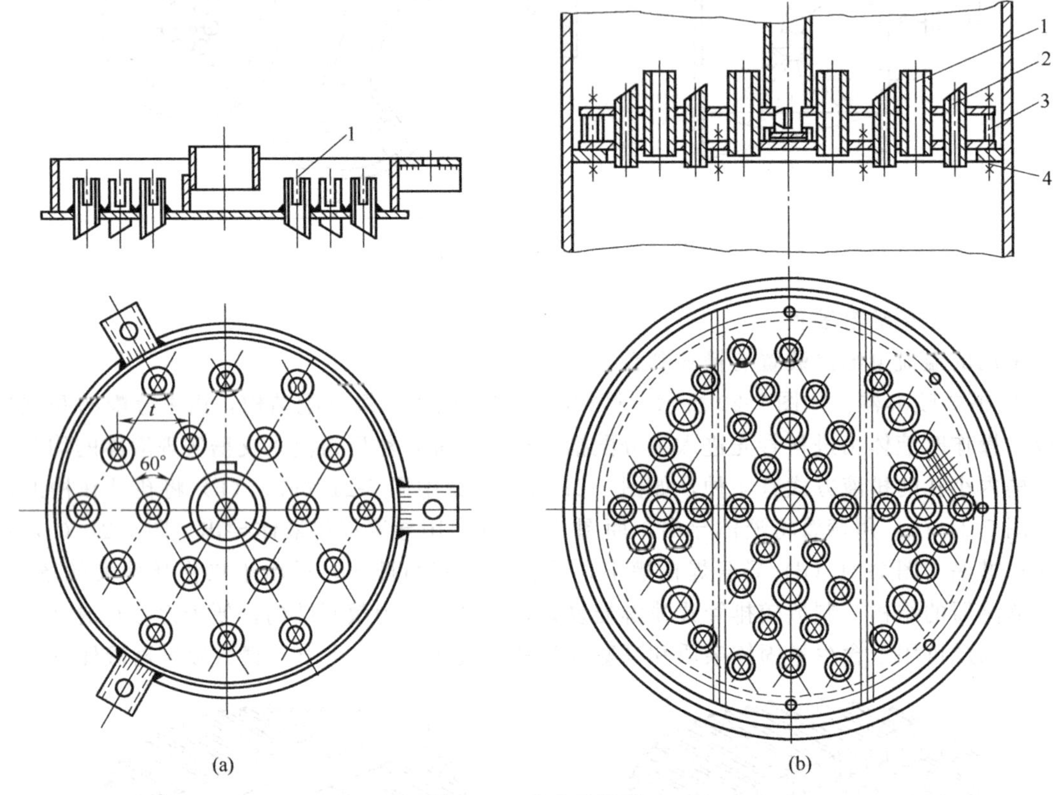

图 7-22 盘式喷淋器

1—升气管；2—降液管；3—定距管；4—螺栓螺母

盘式喷淋器结构简单，阻力小，液体分布均匀，不易堵塞，操作可靠，目前广泛用于大型填料塔。但当塔径超过 3m 时，板面液面高差较大，宜改用槽式喷淋器。

4. 液体再分布器

如果上升气流速度不均匀，中心气速较大，靠近塔壁处气速较小，液体流经填料塔时，会使液体有流向塔壁造成“壁流”的倾向，这样会导致液体分布不均匀，降低填料塔的传质效率，严重时可使塔中心填料不能被润湿而成“干锥”。因此在结构上应采用液体再分配器，使液体流经一段距离后再进行分布，使整个高度的填料都能被均匀喷淋。

图 7-23（a）是结构最简单的分配锥，上端直径与塔内径相同，下端直径为塔径的 0.7～0.8 倍，沿壁流下的液体用分配锥导至中央区域。这种结构的缺点是气体的流通截面积缩小，锥体内气体因流动受干扰而分布不均，通常适用于塔径在 1m 以下的小塔。图 7-23（b）是一带孔分配锥，锥上开了四个管孔，增大了气流通道，减小了气流通过时因速度过

大而影响操作的现象，但也使结构趋于复杂。图 7-23（c）是槽式分配锥，由焊在壳体上的环状狭槽构成，带有 3～4 根导管。沿塔壁流下的液体积存在环形袋槽内，通过导流管引至塔中央。其结构简单，气流通道几乎没减小，分布效果较好，可用于较大的直径的塔。

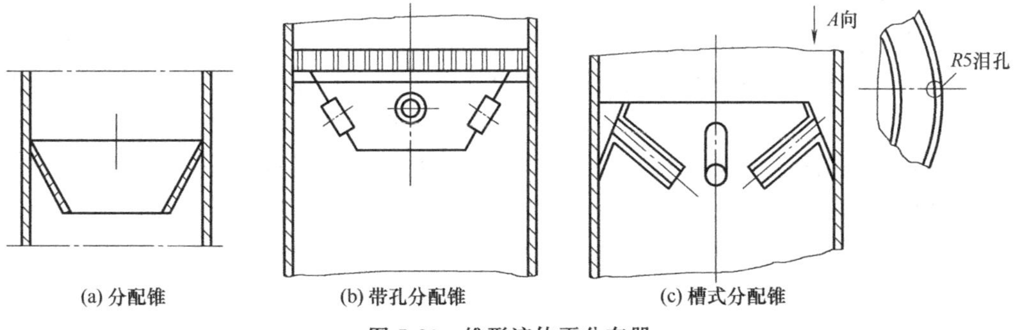

图 7-23　锥形液体再分布器

5. **填料支撑装置**

填料塔的底部安装有支撑填料及填料上液体重量的装置，以保证气、液两相顺利通过、均匀分布。常用的支撑结构有栅板和波形板。

如图 7-24 所示的栅板是最常用的填料支撑装置，它由竖直的扁钢条和扁钢圈焊接而成，扁钢条间的距离一般为填料外径的 0.6～0.8 倍。栅板结构简单，制造方便，多用于规整填料的支撑。

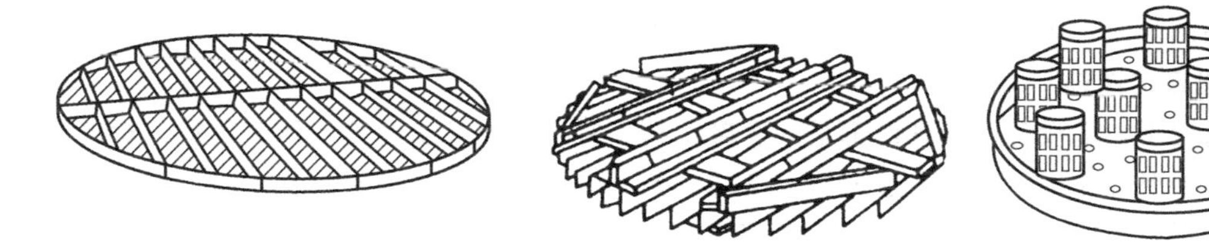

图 7-24　填料支撑板

当填料的空隙率较大时，可采用开孔波形板支撑结构，如图 7-25 所示。为了保证流道顺畅，流体阻力较小，气液分布均匀，波形板的侧面和底面均开有小孔，气流从侧面小孔喷出，液体从底部小孔流下，气、液两相在波形板上分道逆流，这降低了因液体积聚而发生液泛的概率，同时，波形结构也提高了支撑的强度。

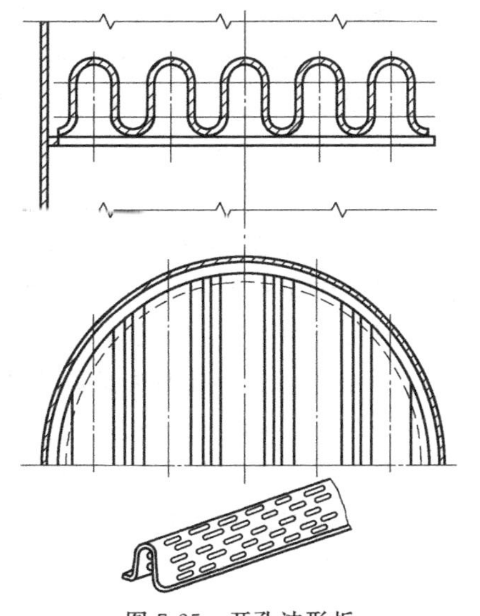

图 7-25　开孔波形板

四、塔设备常见故障及排除

在运行过程中的塔设备，不仅承受内部介质压力、温度、腐蚀的作用，还要受到风载荷、地震载荷等外部环境的影响。这些因素将可能导致塔设备出现故障，影响塔设备的正常使用。所以在设计与使用时，应采取预防措施，减少故障的发生。一旦出现故障，应及时发现，分析产生故障的原因，制订排除故障的措施，确保塔设备的正常运行。

塔设备的故障可分为两大类。一类是工艺性故障，如操作时出现的液泛、漏液量大、雾沫夹带过多，传质效率下降等现象。另一类是机械性故障，如设备振动、腐蚀破坏、密封失效、工作表面积垢、局部过大变形、壳体减薄或产生裂纹等。

1. 塔设备的振动

塔设备发生振动的主要原因是自然界中的风力，当风力的变化频率与塔自振频率相近时，塔体便会产生共振。振动的方向可能是在两个方向上，一种是顺风向的振动，振动的风向与风的流向一致；另一种是横风向的振动，振动的方向与风的方向垂直，也称风的诱发振动。其中横风向振动往往不容忽视，占到主导地位。持续的剧烈振动不仅无法维持生产的正常运行，还将导致塔体应力过大，形成疲劳裂纹，倾斜、弯曲，甚至导致设备的破坏，人员的伤亡，停车等。如果遇到更大的风力，发生高振型的振动，危害性就更大了。因此，在塔的设计阶段就应采取预防措施，避免共振的发生，具体措施如下：

① 增大塔的固有频率：在满足工艺设计的前提下，适当降低塔体总高度，增大塔径；适当选择塔体材料，增大塔体厚度；条件许可时，可在离塔顶 $0.22H$ 处（相当于塔的第二振形曲线节点处）安装一个铰支座，通过这些措施可增大塔的固有频率，解决产生共振的根本原因。

② 增大塔的阻尼：可利用塔盘上的液体或塔内的填料使塔阻尼增加；在塔外部设置弹簧阻尼器或减振器；在塔壁上悬挂外裹橡胶的铁链条，采用复合材料等措施均可增大塔的阻尼，降低塔的振动。

③ 采用扰流装置：合理布置塔体上的管道、平台、扶梯和其他的连接件，以消除或破坏卡曼旋涡的形成；塔外装轴向薄翅片、挡板、螺旋板，以防止旋涡形成。

2. 塔设备的腐蚀

一般情况下，塔设备所处理的都是酸、碱、盐、有机溶剂及腐蚀性气体等物料，对塔各部件有较大的腐蚀作用，由此会造成塔设备的失效。塔设备的腐蚀通常由化学腐蚀和电化学腐蚀引起，形式上既有全面腐蚀，也有局部腐蚀。原因与塔设备的材料、介质的物性、操作条件及操作过程等各种因素有关。防腐措施应针对腐蚀原因和腐蚀类型来制定。

全面腐蚀会遍布金属结构的整个表面上，导致塔壁减薄，内件变形。可以在设计时适当增加设备的壁厚，也可采用覆盖防腐层来保证设备的使用寿命，具体方法如电镀、喷镀、不锈钢衬里等，或衬以非金属材料或涂防腐涂料。

局部腐蚀的形式有缝隙腐蚀、小孔腐蚀、应力腐蚀破裂等。

① 缝隙腐蚀：塔设备的各内件的连接处易形成缝隙，缝内滞留液体与缝外流动良好的介质形成浓度差，电极电位有所不同，形成浓差电池，引起缝内金属的加速腐蚀，称为缝隙腐蚀。介质温度越高，越易引起缝隙腐蚀。防止缝隙腐蚀的方法是要设计合理的结构，尽量避免狭缝结构和液体滞留区。当缝隙已形成时，可采用含有缓蚀剂的密封剂密封，或用不吸湿的有机聚合物膜片、橡胶等填实缝隙予以降低腐蚀的影响。

② 小孔腐蚀：小孔腐蚀又称孔蚀或点蚀。容易钝化的金属或合金，如不锈钢、铝和铝合金等，在含有氯离子的介质中经常发生孔蚀。碳钢在表面有氧化皮或锈层有孔隙的情况下，在含氯离子的水中也会出现孔蚀现象。孔蚀是破坏性和隐患最大的腐蚀形态之一。由于蚀孔很小且常被腐蚀产物覆盖，难以被发现，且孔蚀一旦发生，其小孔发展的速度很快，常使设备突然发生穿孔，引起严重后果，因此，要重视对孔蚀的控制与发现。可采用选择耐孔蚀的材料制造设备，或在介质中添加缓蚀剂以及控制介质的温度和增大流速等方法控

制孔蚀。

③ 应力腐蚀破裂：在拉伸应力和特定腐蚀介质共同作用下发生的破坏称为应力腐蚀破裂。拉伸应力的来源可以是载荷，也可以是焊接应力、形变应力、装配应力等设备制造过程中的残余应力。应力腐蚀破裂往往没有明显前兆，突然发生脆性断裂，引起重大事故，危害极大。为防止应力腐蚀破裂，应在特定环境中选择没有应力腐蚀破裂敏感性的材料；设法消除设备制造过程中的残余应力；严格控制腐蚀环境，如控制诱发应力腐蚀介质的含量、种类、介质温度等；添加缓蚀剂；采用覆盖层；降低环境温度、降低介质中含氧量以及提高溶液 pH，均可降低应力腐蚀的敏感性。

3. 壳体减薄

塔设备在工作过程中由于受到介质的腐蚀、冲蚀和摩擦作用，壳体壁厚可能减薄。对于使用了一段时间，壁厚可能减薄的设备，可应用超声波测厚仪测量设备壁厚。如厚度小于或等于最小壁厚时，应减压使用，或修理严重腐蚀部位，或将设备整体报废。另外在塔设备设计时，应针对介质腐蚀特性和操作条件合理选择耐腐蚀、耐磨的材料或衬里，确保设备在工作年限内正常运行。

4. 壳体裂缝与局部变形

壳体的裂缝主要出现在焊缝附近，它具有与设备连接处失去密封能力相同的危害，严重时还可能发生突然爆裂。对于工作压力小于 0.07MPa（表压）的常压设备可采用修补的办法。

在塔设备的某些局部区域，可能由于峰值应力、温差应力、焊接残余应力等原因造成设备局部变形，如壳体截面被压扁以及局部的凹入与凸出等，因而使设备的可靠性大为下降。针对这些情况，应通过改善结构来改善应力分布状况，在满足工艺条件的前提下减少温差应力，在设备制造时通过焊后热处理来消除焊接残余应力。当局部变形过大时，可采用挖补的方法进行修理。

5. 设备工作表面积垢

在处理介质时，表面积垢在设备截面突然改变或转角处（如焊缝处或连接处）产生，也可能发生在塔壁、塔盘和填料表面。发生的主要原因，一是介质在这些位置流速较低，二是介质中的杂质。当处理的介质中含有机械杂质（如泥沙等）、有沉淀或有结晶析出、有机物在加热及水解或胶化过程中分解出焦化物、水的硬度过大产生水垢、设备结构材料被腐蚀产生腐蚀产物等，则较易出现设备工作表面积垢的现象。积垢或积垢严重时会使设备的有效容积减小、孔道堵塞、阻力增大，影响塔内件的传热、传质效率。目前常用的除垢方法有机械法和化学法。

第二节　换　热　器

一、换热器的类型

在处理化工介质时需要用到各种不同型式的换热器。换热器的主要功能是保证工艺过程介质对特定温度的要求，同时也是提高能源利用率的主要设备之一。换热器的先进性、合理性及运转的可靠性直接影响产品的质量、数量和成本的高低。

换热器种类随新型、高效换热器的开发不断更新，适用于不同介质、不同工况、不同温度以及不同的压力，按其换热方式不同，可分为以下几种。

1. 直接接触式换热器

此类换热器是利用两流体直接接触而相互传递热量，两流体通常一种是气体，另一种为液体，通常做成塔状，又涉及传质，故很难区分与塔器的关系，也可归为塔式设备。

2. 蓄热式换热器

蓄热式换热器由对外充分隔热的蓄热室构成，室内装有热容量较大的固体填充物。热流体通入蓄热室时将填充物加热，冷流体通过时则将热量带走。冷热两种流体交替通过蓄热室，利用固体填充物来积蓄或释放热量，从而达到换热的目的。

3. 间壁式换热器

间壁式换热器是将冷、热流体用固体间壁隔开，通过间壁实现热量交换，这类换热器应用最广。

二、管壳式换热器的结构

管壳式换热器主要由壳体、封头、管板、管子和折流挡板等构成，如图 7-26 所示。通常壳体为圆筒形，管子为直管或 U 形管，为提高换热器的传热效能，也有采用螺纹管、翅片管等管型。冷、热流体之间通过管子的管壁进行热交换。管子两端用焊接和胀接的方法固定在管板上，形成管束。管板与管束固定在壳体上。在管束中设置一些横向折流板，引导壳程流体多次改变流动方向，有效地冲刷管子，以提高传热效能，同时对管子起支承作用。折流板的形状有弓形、圆形等。在封头、壳体上装有供流体流动的进出口接管。

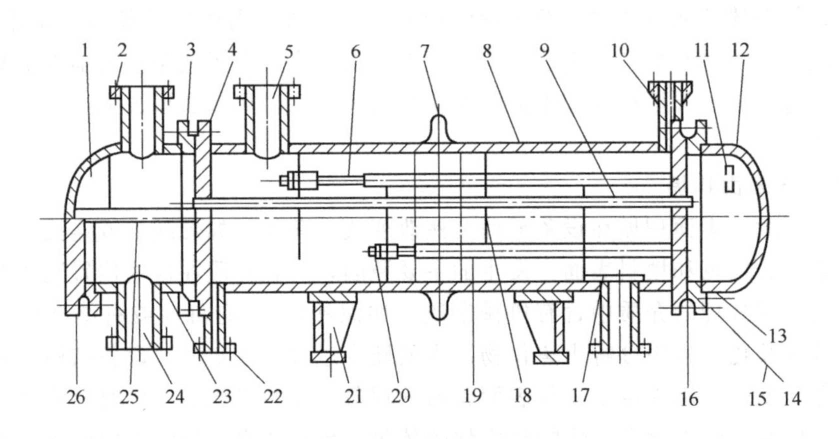

图 7-26 管壳式换热器基本结构

1—管箱；2—接管法兰；3—设备法兰；4—管板；5—壳程接管；6—拉杆；7—膨胀节；8—壳体；9—换热管；10—排气管；11—吊耳；12—封头；13—顶丝；14—双头螺柱；15—螺母；16—垫片；17—防冲板；18—折流板或支撑板；19—定距管；20—拉杆螺母；21—支座；22—排液管；23—管箱壳体；24—管程接管；25—分程隔板；26—管箱盖

1. 管壳式换热器的结构形式

管壳式换热器的结构类型大致分为固定管板式、浮头式、U 形管式、填料函式、釜式五种。

(1) 固定管板式换热器

固定管板式换热器是管壳式换热器的典型结构形式。管子的两端分别固定在与壳体焊接的两块管板上。在操作状态下由于管子与壳体的壁温不同，二者的热变形量也不同，从而在管子、壳体和管板中产生温差应力。可通过膨胀节的弹性变形来补偿，如图 7-27 所示。

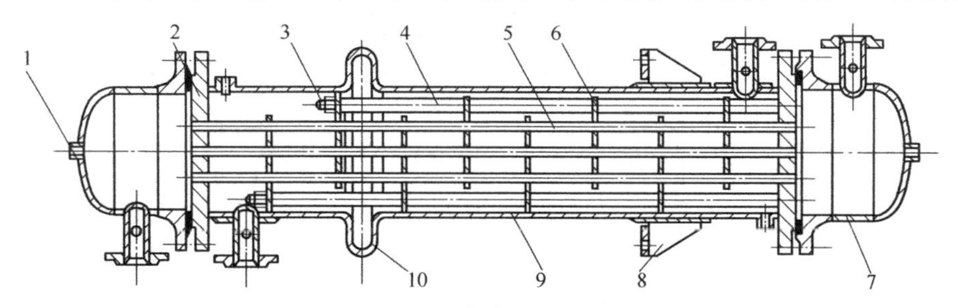

图 7-27 固定管板式换热器

1—排液孔；2—固定管板；3—拉杆；4—定距管；5—换热管；6—折流板；7—浮头管箱；8—悬挂式支座；9—壳体；10—膨胀节

固定管板式换热器的结构简单，制造成本低，壳程清洗和检修困难，壳程必须是洁净不易结垢的物料。管程清洗方便，管程可以分成双程或多程，壳程也可以分成双程，规格范围广，故在工程上广泛应用。但参与换热的两流体的温差受一定限制，一般只在适当的温差应力范围、壳程压力不高的场合下采用。

(2) 浮头式换热器

图 7-28 为浮头式换热器的结构。管子一端固定在一块固定管板上，管板夹持在壳体法兰与封头法兰之间，用螺栓连接；管子另一端固定在浮头管板上，浮头管板与浮头盖用螺栓连接，形成可在壳体内自由移动的浮头。由于壳体和管束间没有相互约束，即使两流体温差再大，也不会在管子、壳体和管板中产生温差应力。这种结构的换热器，拆下封头可将整个管束直接从壳体内抽出，管内和管间及壳程的清洗与检修较方便，适用于壳体和管束温差较大或壳程介质易结垢的场合。但与固定管板式换热器相比，它的结构复杂、造价高，在运行中浮头处易发生泄漏，不易检查处理，故要特别注意此处密封，防止内漏。

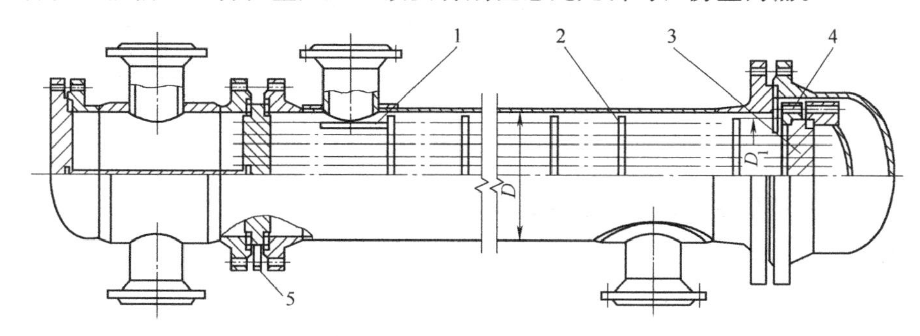

图 7-28 浮头式换热器

1—防冲板；2—折流板；3—浮头管板；4—钩圈；5—支耳

(3) U 形管换热器

如图 7-29 是 U 形管换热器典型结构。换热器中每根管子都被弯制成不同曲率半径的 U 形管，两端固定在同一块管板上，组成管束。管板夹持在封头法兰与壳体法兰之间，用螺栓连接。拆下封头即可直接将管束抽出，便于清洗管间。管束的 U 形端不加固定，可自由伸缩，故它适用于两流体温差较大的场合；又因其构造较浮头式换热器简单，只有一块管板，单位传热面积的金属耗用量少，造价较低，也适用于高温高压流体的换热。

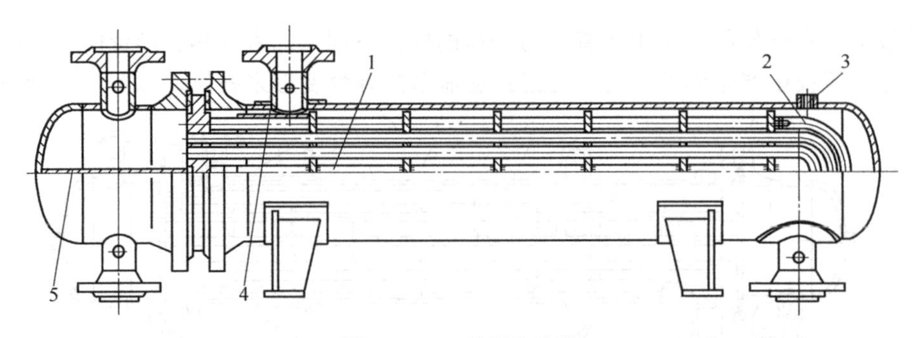

图 7-29　U 形管换热器

1—中间挡板；2—U 形换热管；3—排汽口；4—防冲板；5—分隔挡板

（4）釜式换热器

釜式换热器的结构如图 7-30 所示，壳体直径一般为管束直径的 1.5～2 倍，管束偏置于壳体下方，液面淹没管束，使管束上方形成了一个蒸发空间，蒸发空间的大小由产汽量和所要求的蒸汽品质决定，产汽量大、蒸汽品质要求高则蒸发空间大些，否则可小些。这种换热器的管束可分为浮头式、U 形管式和固定管板式结构，具有浮头式、U 形管式和固定管板式的特征，其余结构与其他换热器相同。釜式换热器与浮头式、U 形管式换热器一样，清洗维修方便，适用于处理不清洁、易结垢的介质，并能承受高温高压，多用来做蒸发器、精馏塔的重沸器及简单的废热锅炉。

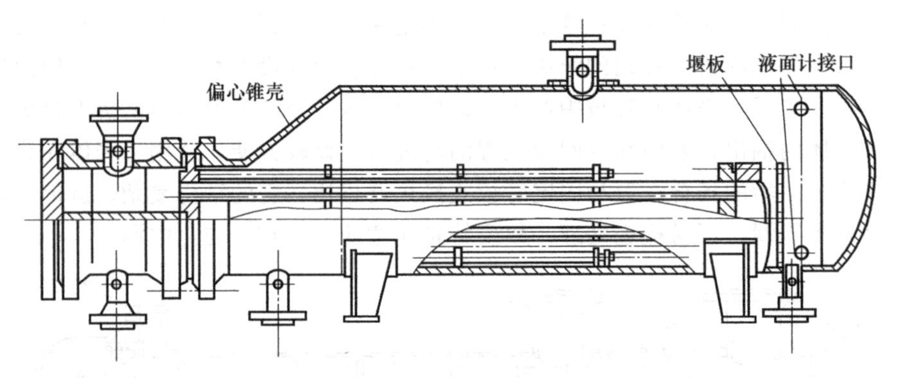

图 7-30　釜式换热器

2. 管壳式换热器的主要部件及连接结构

（1）壳体和接管

换热器的壳体为压力容器，一般为长圆筒，圆筒的公称直径以 400mm 为基数，以 100mm 为进级挡。直径小于 400mm 的壳体，通常采用无缝钢管制造，大于 400mm 时都用钢板卷焊而成。其厚度确定方法和压力容器一样，根据管间压力、直径大小和温差来决定，壳体的材质根据腐蚀情况而定。

壳体上焊有接管，供冷热流体进入和排出之用。对接管的一般要求是：接管应与壳体内表面平齐；接管应尽量沿壳体的径向或轴向设置；接管与外部管线可采用焊接连接；设计温度高于或等于 300℃时，必须采用整体法兰。对于不能利用接管进行放气和排液的换热器，应在壳程和管程的最低点设置排液口、最高点设置放气口，其最小公称直径为 20mm。

（2）换热管的选用及其在管板上的排列

换热管是管壳式换热器的传热元件，内外表面直接与两种介质接触。换热管的材料主要依据介质的腐蚀性和工艺条件来选择，最常用的材质为碳素钢、低合金钢管，常用规格ϕ19mm×2mm、ϕ25mm×2.5mm；采用不锈钢管的规格有ϕ19mm×2mm、ϕ25mm×2mm等。在低压、高温、强腐蚀介质中也可采用石墨、陶瓷、聚四氟乙烯等非金属材料。

选择换热管直径要考虑换热介质在管内的流速、流量、流体性质、清洗等因素。换热管长度根据工艺计算和整个换热器几何尺寸的布局来决定。换热管的长度规格有1.5m、2.0m、3.0m、4.5m、6.0m、7.5m、9.0m、12.0m，6m管长的换热器最常用。

换热管的构造一般采用光管，但其传热性能不好，所以为了强化传热，出现了螺纹管、翅片管、螺旋槽管等多种结构形式的异形管。

换热管在管板上的排列形式有正三角形、转角正三角形、正方形、转角正方形和同心圆排列等，如图7-31所示。其中三角形排列布管多，结构紧凑，但管外清洗不便；正方形排列便于管外清洗，但布管较少、结构不够紧凑。一般在固定管板式换热器中多用三角形排列，浮头式换热器多用正方形排列。

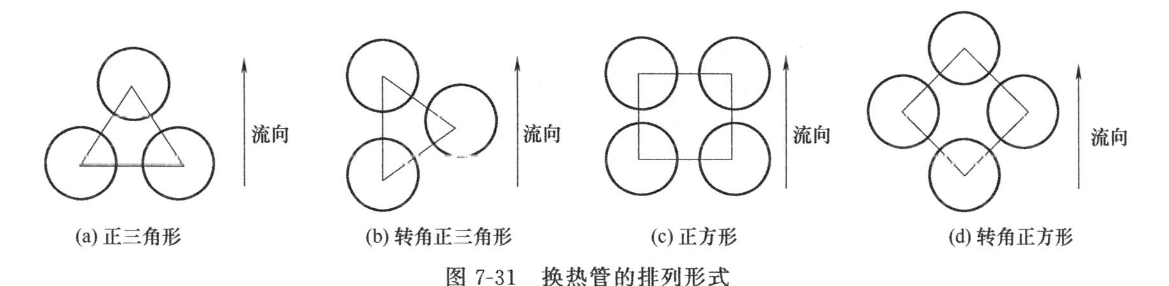

图7-31　换热管的排列形式

(3) 管板及连接

① 管板：管板是换热器的主要受力部件，它的作用是固定管束，连接壳体和封头，分隔管程和壳程空间，避免冷热流体的混合，还要承受管程和壳程的压力以及温差产生的应力作用。一般采用圆形平板，在板上开孔并装设换热管。圆形平板厚度较厚，材料耗用大，机械加工困难，热应力大，换热管与管板的连接处易泄漏。为了改善其性能，国内外都在研制降低管板厚度的新型管板，如图7-32为椭圆形管板，其受力情况比平板好，厚度较薄，管板两面的温差也较小，从而产生的温差应力也较小。

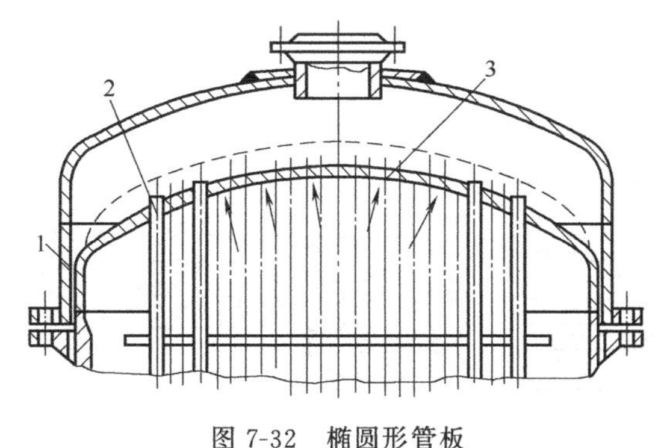

图7-32　椭圆形管板

1—封头；2—换热管；3—椭圆管板

② 管板与换热管的连接：管板与换热管的连接直接关系到换热器有无泄漏，能否进行正常的工艺操作。因此，必须要保证管板与换热管连接牢固、密封可靠。管板和管子常用的连接方式有胀接和焊接，对于高温高压下可采用胀、焊并用的方式。

a. 胀接　胀接连接是利用管子与管板材料的硬度差，使管孔中的管子在胀管器强力滚子的压力作用下直径变大，并产生塑性变形，同时使管板孔产生弹性变形。当取出胀管器后，管板孔产生弹性收缩，企图恢复到原来直径大小，但管端因塑性变形不能恢复到原来直径，从而使管端外表面与管孔内表面紧紧贴合在一起，达到密封和紧固连接的目的，如

图 7-33 所示。

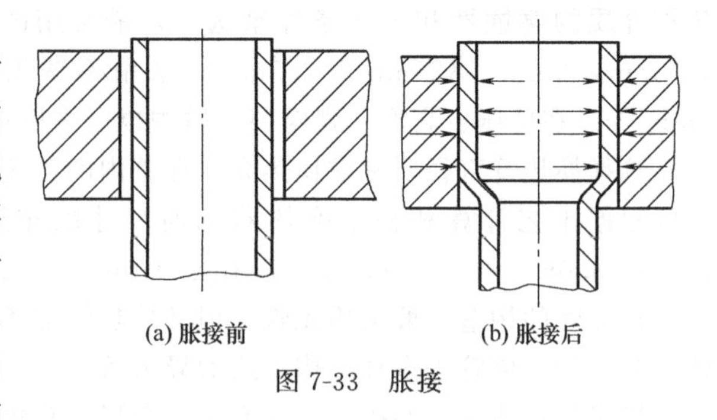

图 7-33　胀接

由于胀接是靠管子的变形来达到密封和压紧的一种机械连接方法，当温度升高时，由于蠕变现象的作用可能引起接头脱落。为提高胀接质量，管板材料的硬度要高于管子材料的硬度。若选用同样的材料，可采用管端退火的方式来降低硬度，但在有应力腐蚀的作用下，不宜采用。另外也可采用管孔中开环形槽的方式来提高抗拉脱力，增强密封性。

b. 焊接：焊接连接是将换热管的端部与管板焊在一起。工艺简单、不受管子和管板材料硬度的限制，且在高温高压下仍能保持良好的连接效果，对管板孔的加工要求低，在压力不太高时可使用较薄的管板，因此焊接法被广泛采用，特别是对于碳钢或低合金钢。但由于在焊接接头处管端与管板孔之间有间隙，易腐蚀，焊接时产生的热应力也可能造成应力腐蚀和破裂，因此，焊接法不适用于有较大振动及有间隙腐蚀的场合。

c. 胀焊结合：胀接和焊接各有优缺点，单独采用胀接或单独采用焊接均有一定的局限性。为此，出现了胀接加焊接的形式。其结构有两种形式：一是强度胀加密封焊，此时胀接承载并保证密封，焊接仅是辅助性防漏；二是强度焊加贴胀，焊接承载并保证密封。

焊接加胀接方法能够提高接头的抗疲劳性能，消除应力腐蚀和间隙腐蚀，从而延长接头的使用寿命，适用于密封性能要求高、承受疲劳或振动载荷、有间隙腐蚀的场合。

（4）折流板与支持板

① 折流板：折流板分为横向折流板和纵向折流板。安装折流板的目的是提高壳程内流体的流速，增加流体的湍动程度，减少结垢，提高传热效率；同时还起到支承换热管的作用。

常见的横向折流板有弓形和圆盘-圆环形两种。弓形有单弓形、双弓形和三弓形三种，如图 7-34～图 7-36 所示。其中，单弓形折流板应用较为普遍。

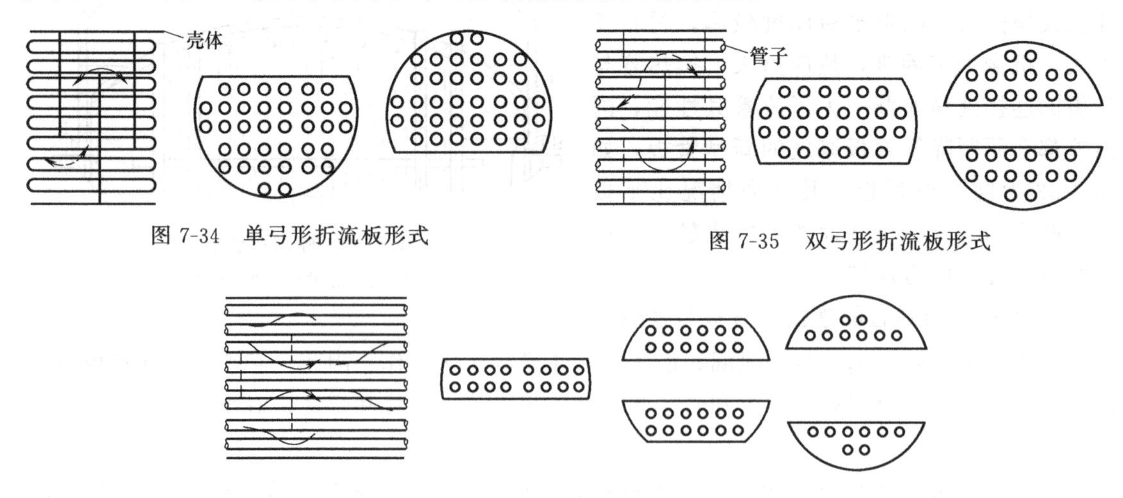

图 7-34　单弓形折流板形式

图 7-35　双弓形折流板形式

图 7-36　三弓形折流板形式

弓形折流板缺口的大小对壳体的流动有重要影响。折流板的间距对壳程流体的流动也有重要影响。一般按等间距布置，最小间距应不小于圆筒内径的 1/5，且不小于 50mm，最大间距应不大于圆筒内直径。管束两端的折流板应尽量靠近壳程进、出口接管。

② 支持板：有些换热器不需要设置折流板，但为了增加换热管刚度，防止管子振动，且换热管的无支撑跨距超过表 7-3 的规定，通常也应考虑设置一定数量的支持板。支持板的形状和尺寸可按折流板一样处理。

表 7-3　最大无支撑跨距　　单位：mm

换热管的外径	10	14	19	25	32	38	45	57
最大无支撑跨距	800	1100	1500	1900	2200	2500	2800	3200

（5）管箱

换热器管内流体进出的空间称为管箱（或称分配室）。管箱位于壳体两端，其作用是把从管道输送来的流体均匀地分布到各换热管，或把管内流体汇集到一起输送出去。管箱结构应便于装拆，因为清洗、检修管子时需要拆下管箱。

管箱的结构主要以换热器是否需要清洗和分程等因素来决定。常用的结构如图 7-37 所示。其中图 7-37（a）适用于较清洁的介质，因在检查换热管及清洗时，只能将管箱连同连接管道整体卸下，故不够方便；图 7-37（b）在管箱端部装有箱盖，只要拆下箱盖即可进行清洗和检查，所以工程应用较多，但其缺点是需要增加一对法兰连接，材料用量较大；图 7-37（c）是将管箱与管板焊成整体，这种结构密封性好，但管箱不能单独拆下，检修、清洗都不方便，实际应用较少；图 7-37（d）为多管程隔板的结构形式。

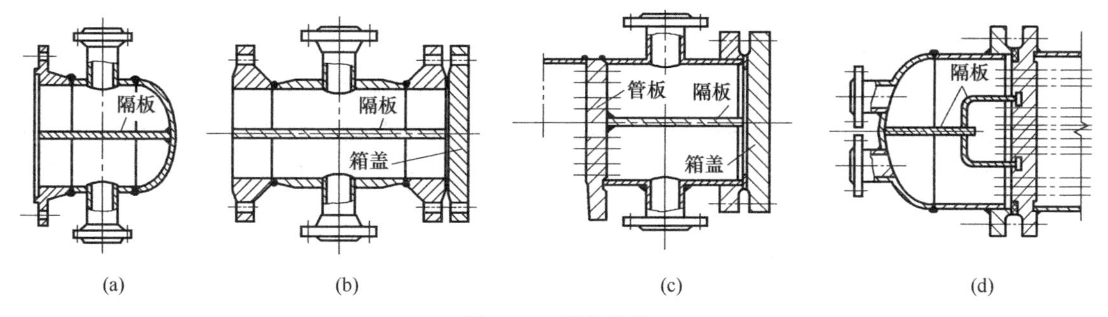

图 7-37　管箱结构

三、换热器常见故障及排除

换热器在运行过程中，常出现一些影响安全经济运行的故障。分析这些故障发生的原因，找出解决方法，可确保换热器的安全运行、节能降耗、增产增收。管壳式换热器最容易发生故障的是作为换热元件的管子，常见故障有：管壁结垢、腐蚀与磨损、管子振动、介质泄漏等。

1. 管束结垢、腐蚀、磨损造成的故障

换热器所处理的换热介质有的是悬浮液，有的黏结物含量较高，有的夹带固体颗粒等，随着使用时间的延长，在换热器的内外表面上会造成磨损或积垢。冷却水中含有的铁、钙、镁等金属离子及阴离子和有机物，活性离子会使冷却水的腐蚀性增强，高温下易结垢而堵塞管束。

积垢会导致传热效率降低、流通截面减小、流速增大，造成较大的流动阻力，耗用更多动力；管壁的腐蚀，会造成管壁穿孔，破坏正常操作。

采取的措施有以下几个方面：

① 可净化的介质，在进入换热器之前进行水的软化处理；

② 添加阻垢剂和杀菌灭藻剂等，并定期清洗；

③ 加强巡回检查，了解积垢程度；

④ 对易结垢的介质采用易检查、拆卸和清洗的结构；

⑤ 选用耐腐蚀性材料或增加管束壁厚的方式等。

2. 振动造成的故障

管子产生振动是一种常见故障，引起振动的原因包括：泵、压缩机振动引起管束的振动；旋转机械产生的脉动；流入管束的高速流体（高压水、蒸汽等）对管束的冲击，特别是流体横向穿过管束时产生的冲击；流速、管壁厚度、折流板间距、管束排列等综合因素而引起的振动，如振动现象严重，可能使管子与相邻管子或壳体之间发生碰撞；管子和壳内壁受磨损而出现裂缝；管子撞击折流板而被切断；管端与管板连接处振松而出现泄漏；管子产生疲劳损坏；增大壳程流体的流动阻力等。

采取的措施有以下几个方面：

① 尽量减少开停车次数；

② 在流体的入口处设置缓冲措施，减轻管束的振动，如安装调整槽等；

③ 减小折流板的间距，使管束的振幅减小；

④ 尽量减小管束穿过折流板时的间隙；

⑤ 适当加大管壁厚度和折流板的厚度，增加管子的刚性等。

3. 泄漏造成的故障

换热器内的流体多为高温、高压、有毒物质，一旦发生泄漏容易引发中毒和火灾事故，在日常工作中应特别注意。泄漏造成的故障主要是管子和法兰盘。由管子引发的泄漏事故居多，主要原因有介质的冲刷引起的磨损，导致管壁破裂；介质积垢腐蚀穿孔；管子振动引起管子与管板连接处泄漏。因此，在换热器投入使用后，需要对法兰螺栓重新紧固。

管子有泄漏现象时，根据泄漏管数的多少采取相应措施。

第三节 反 应 釜

一、反应釜的结构

现代化工物质都是通过两种或两种以上物质进行反应而获得，而为化学反应提供反应空间和反应条件的设备称为反应器。反应器在工业生产中应用很广，尤其是在化学工业中。

反应器的类型很多，按操作方式可分为间歇反应器、连续反应器、半连续反应器等，按反应器的结构可分为固定床反应器、流化床反应器及搅拌反应器等。而在化工生产和石油化工中，使用较为普遍的是带有动力搅拌装置的搅拌反应器，亦称反应釜。反应釜的主要特征是搅拌，搅拌可使参加反应的物料混合均匀，使气体在液相中很好地分散，使固体颗粒在液相中均匀悬浮，使液液相保持悬浮或乳化，强化相间的传热和传质。

由于工艺条件和介质的不同，反应釜所用的材料、搅拌装置、加热方法、轴封结构、容积大小、温度、压力等各有差异。根据结构不同，可分为立式容器反应釜、偏心反应釜、倾斜反应釜，其中立式容器反应釜是最典型、使用最普遍的结构形式，结构如图 7-38 所示，它包括釜体、传动装置、传热和搅拌装置、轴封装置、支承等，下面重点介绍立式容器中心反应釜。

二、釜体及传热装置

1. 釜体

釜体是一个容器，为物料进行化学反应提供一定的空间。由上封头、筒体、下封头构成，封头大多选用标准椭圆形封头，釜体通过支座固定在基础或平台上。

2. 传热装置

由于化学反应过程一般都伴有热效应，因此，在釜体的外部或内部需要设置供加热或冷却用的传热装置。加热或冷却都是为了时釜内温度控制在反应所需范围内。常用的传热装置是装在内筒壁外的夹套和装在釜内的蛇管，应用较多的是夹套传热。

① 夹套结构：夹套是在反应釜筒体外侧套上一个直径稍大的容器，使其与筒体外壁形成密闭的空间，在此空间内通入热载热体或冷载热体，以维持工艺要求的温度范围。

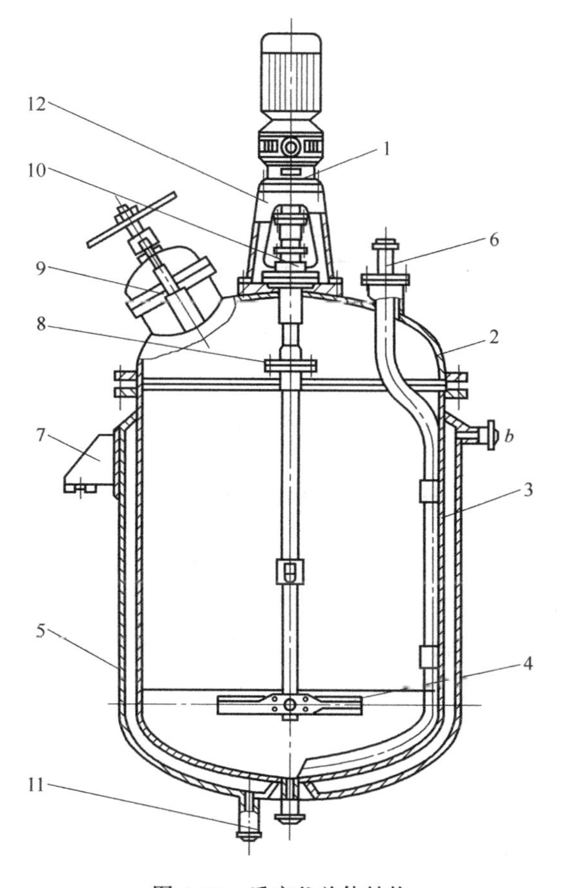

图 7-38 反应釜总体结构

1—传动装置；2—釜盖；3—釜体；4—搅拌装置；5—夹套；6—工艺接管；7—支座；8—联轴器；9—人孔；10—密封装置；11—蒸汽接管；12—加速器支架

夹套上设有蒸气、冷却水或其他加热、冷却介质的进出口。当加热介质是蒸汽时，进口管应靠近夹套上端，使冷凝液从底部排出；当加热或冷却介质是液体时，则进口管应设在底部，使液体下进上出，有利于气体排出和充满液体。

② 蛇管：在反应釜中，如果夹套传热不能满足工艺要求，或筒体不能采用夹套时，可采用蛇管传热。蛇管置于釜内，沉浸在物料之中，提高了物料的对流程度，增强了搅拌效果，能充分利用热能，传热效果比夹套好。

蛇管一般采用无缝钢管绕制而成，公称直径为 ϕ25～70mm，蛇管的管长和管径的最大比值可参考表 7-4 进行选取。

表 7-4 蛇管管长与管径的最大比值

蒸汽压力/MPa	0.045	0.125	0.2	0.3	0.5
管长与管径的最大比值	100	150	200	225	275

蛇管的常用结构形状有圆形螺旋状、平面环形、U 形立式、弹簧同心圆组并联形式等。

单排蛇管结构如图 7-39 所示。当单排蛇管的换热面积不够时，可以采用数排并联的同心圆蛇管组合，其结构尺寸如图 7-40 所示。这种蛇管组合的最外圈直径 D_0 一般比筒体内径 D_i 小 200～300mm，其内外圈距离一般为 $(2～3)d_0$，各圈垂直距离 h 为 $(1.5～2)d_0$。

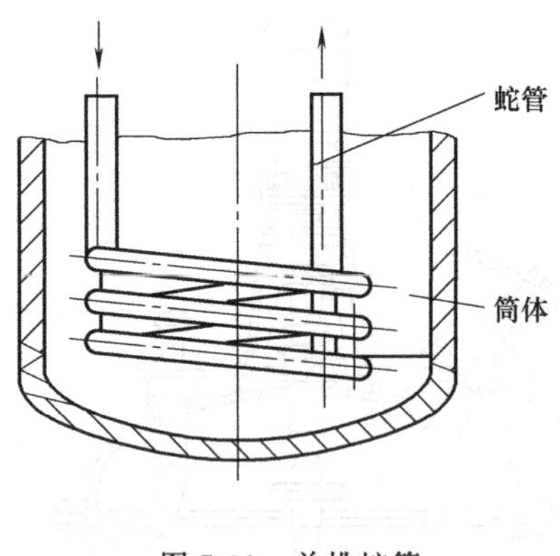

图 7-39　单排蛇管

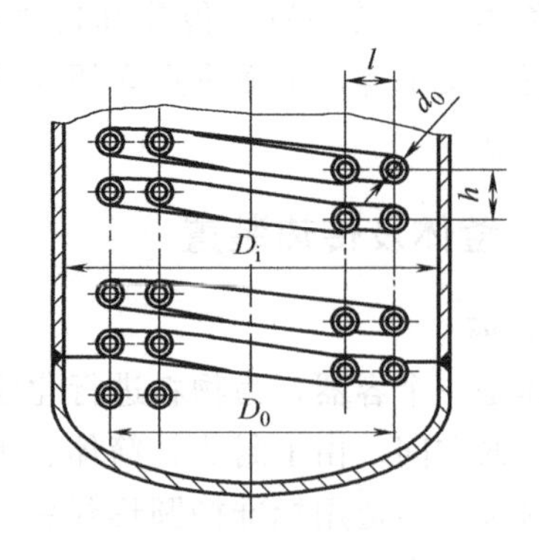

图 7-40　同心圆蛇管组合

三、反应釜的搅拌装置

搅拌装置是反应釜的关键部件，搅拌效果与搅拌装置的结构、类型、强度等密切相关，我国对搅拌装置的主要零部件均已实行标准化生产，供使用时选用。搅拌装置通常包括搅拌器、搅拌轴、支承结构以及挡板、导流筒等部件。

1. 搅拌器类型

① 推进式搅拌器：推进式搅拌器的形状如同船舶推进器，故又称船用推进器。桨叶上表面为螺旋面，一般为三瓣叶片，其结构形式如图 7-41 所示。搅拌器可以用轴套以平键或紧固螺钉与轴连接，制造时均应进行静平衡试验。搅拌时，流体由桨叶上方吸入，下方以圆筒状螺旋形排出，流体至容器底再沿筒壁返至桨叶上方，形成轴向流动。推进式搅拌器的优点是结构简单，制造方便（整体铸造），可在较小的功率下得到较好的搅拌效果，适用于黏度低、流量大的场合。

② 浆式搅拌器：浆式搅拌器是将 2～4 片桨叶，固定在搅拌轴上，如图 7-42 所示。桨叶的形状分为平直叶和折叶式两种，一般由扁钢或角钢加工而成，也可由合金钢、有色金属等制造。为使搅拌更有效，可装置数排桨叶，相邻两层桨叶交错成 90°排列。

平直叶的叶片与旋转方向垂直，主要使物料产生切线方向的流动，如加设挡板也可产生一定程度的轴向搅拌作用。折叶式则与旋转方向成一倾斜角度，产生的轴向分流比平直叶多，除了能使液体做圆周运动外，还能使液体做上下运动，起到充分搅拌作用。桨式搅拌器是结构最为简单的一种搅拌器，制造容易。缺点是旋转方向的液流较大，即使是折叶式搅拌器，所造成的轴向流动范围也不大。适用于流体的循环或黏度较高物料的搅拌。

③ 涡轮式搅拌器：涡轮式搅拌器形式较多，涡轮结构如同离心泵的翼轮，可分为开启式和带圆盘两大类，桨叶又分为平直叶、弯叶和折叶式三种，如图 7-43 所示。搅拌叶一般和圆盘焊接（或以螺栓连接），圆盘焊在轴套上。搅

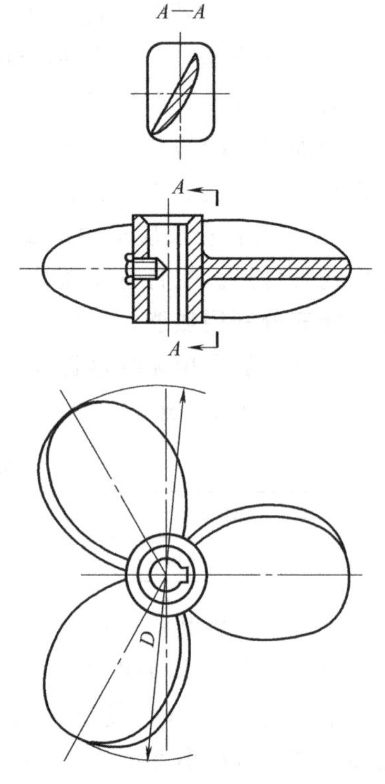

图 7-41　推进式搅拌器

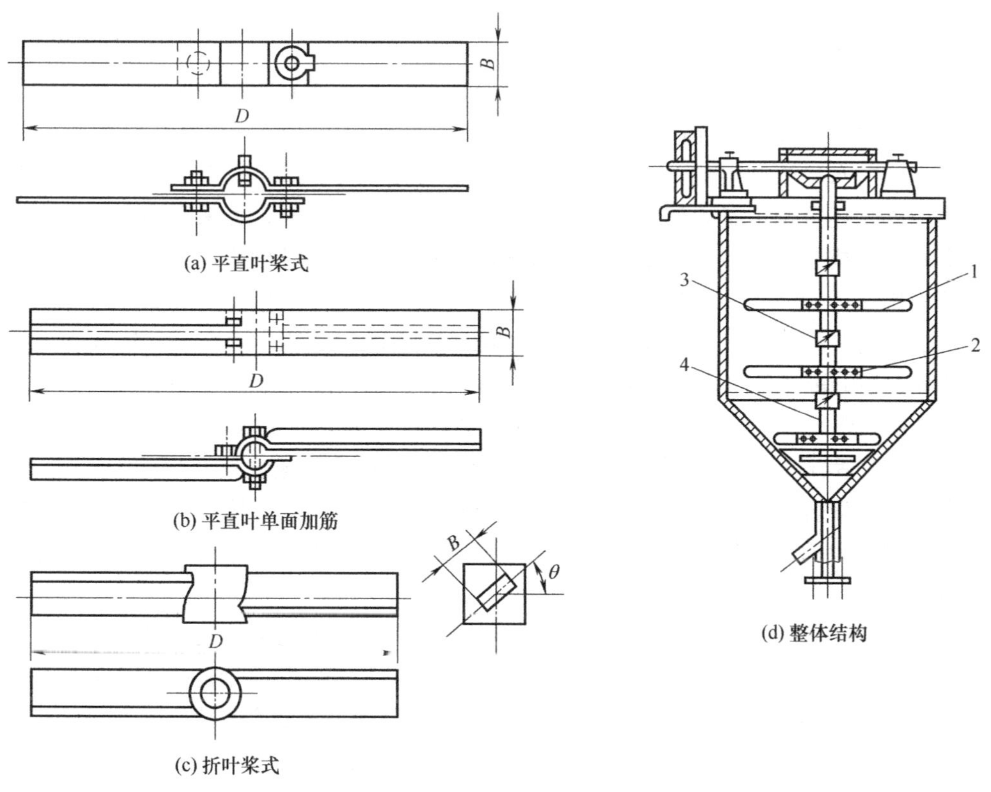

图 7-42　桨式搅拌器

1—桨叶；2—键；3—轴环；4—竖轴

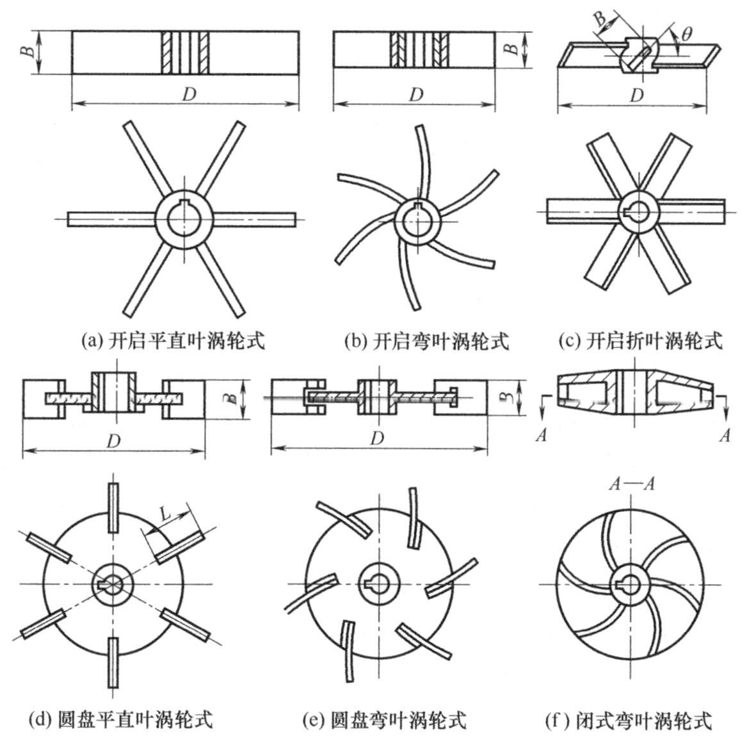

图 7-43　涡轮式搅拌器

拌器用轴套以平键和销钉与轴固定。搅拌器的结构及工作原理与离心泵相似，当涡轮旋转时，液体由轮心吸入，同时靠离心力从桨叶通道沿切线方向抛出，造成流体剧烈的搅拌。涡轮搅拌器的主要优点是能耗低，效率高，应用范围广，几乎能有效完成所有搅拌操作。

④ 锚式和框式搅拌器：锚式搅拌器的桨叶形状类似船上的锚，由垂直桨叶和形状与下封头形状相同的水平桨叶组成，如图 7-44 所示。搅拌器与釜内壁的距离在 5mm 以下时，除起搅拌作用外，还可刮去釜内壁上的沉积物。当釜体直径较小时，可采用不可拆结构，搅拌叶与轴套间焊接或整体铸造。当釜体直径较大时，搅拌器做成可拆式，即用螺栓连接各搅拌叶，方便检修时拆卸。主要用扁钢或角钢弯制，特殊情况下可采用管材焊制。

若在锚式搅拌器的桨叶上加固横梁即成为框式搅拌器，如图 7-45 所示。锚式和框式搅拌器的共同特点是旋转部分的直径较大，可达筒体内径的 0.9 倍以上。由于直径较大，搅动范围很大，不易形成死区，可使釜内整个液层形成湍动，减小沉淀或结块，对黏度在 100Pa·s 以下的流体搅拌较适合。但这类搅拌器转速较低，叶片顶部的圆周速度在 0.5～1.5m/s，基本不产生轴向液流，混合效果不太理想，只适用于对混合要求不太高的场合。又由于容器壁附近流速较大，有较大的表面传热系数，故常用于传热、晶析操作。也常用于搅拌高浓度淤浆和沉降性淤浆。

⑤ 螺带式搅拌器：螺带式搅拌器由螺旋带、轴套和与两者连接的支撑杆组成，如图 7-46 所示。其桨叶是一定宽度和一定螺矩的螺旋带，通过横向拉杆与搅拌轴连接。螺旋带外直径接近筒体内直径，搅动时液体呈现复杂运动，至上部再沿轴而下，混合和传质效果好。

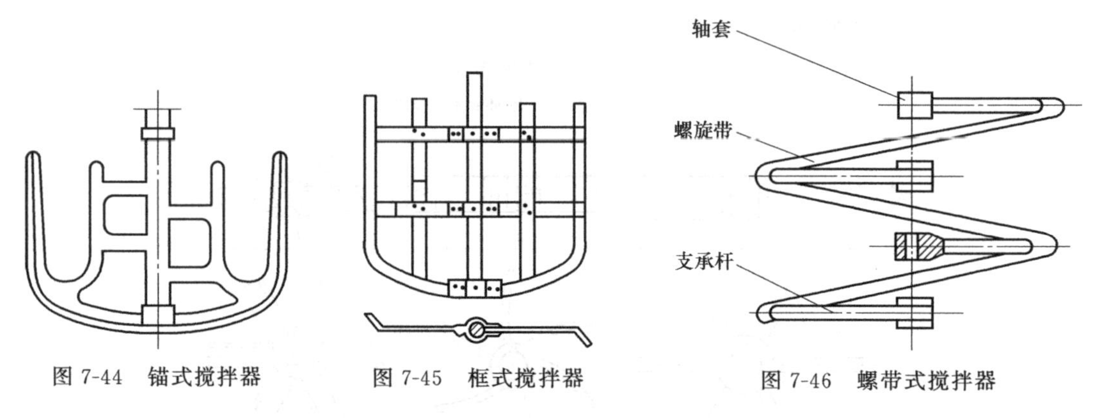

图 7-44　锚式搅拌器　　图 7-45　框式搅拌器　　图 7-46　螺带式搅拌器

螺带式搅拌器的主要特点是消耗功率较小，应用范围广，常用于高分子化合物的聚合反应釜内，并主要用于高黏度、低转速的情况。

2. 搅拌器附件

当液体黏度较低、搅拌器转速较高时，釜内液体易产生旋涡或称为“柱状回转区”，使搅拌效果降低，为了减少旋涡现象，通常在反应釜内增设挡板或导流筒，迫使流体改变流动形态。选用何种附件要综合考虑搅拌器的类型，从而达到预期的搅拌目的。但同时附件的增设会增大流体阻力，影响搅拌功率。

① 挡板：挡板的安装方式如图 7-47 所示，反应釜内安装挡板后，可以使流体的切向流动转为轴向和径向流动，轴向和径向流动能使釜内流体的对流扩散得到明显改善，同时增大釜内流体的湍动程度，从而改善搅拌效果。

② 导流筒：导流筒是一个圆筒，安装在搅拌器外面。涡轮式或桨叶式搅拌器，导流筒置于桨叶上方，如图 7-48 所示；推进式搅拌器，导流筒套在桨叶外面或略高于桨叶，如

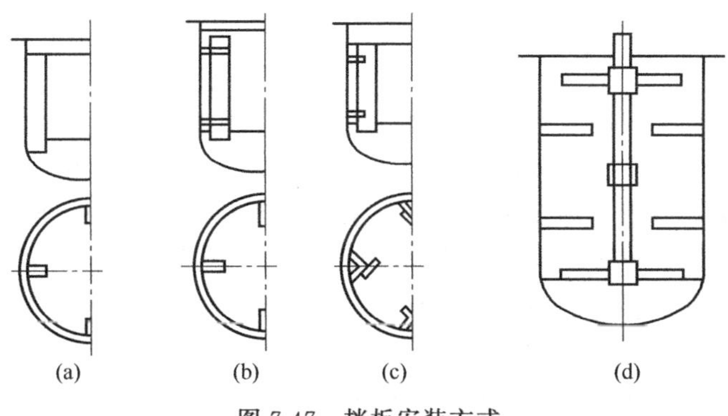

图 7-47　挡板安装方式

图 7-49 所示；流体在导流筒内部和外部可形成上下循环的流动，增加了流体的湍动程度，减少了短路机会，提高了混合效率。

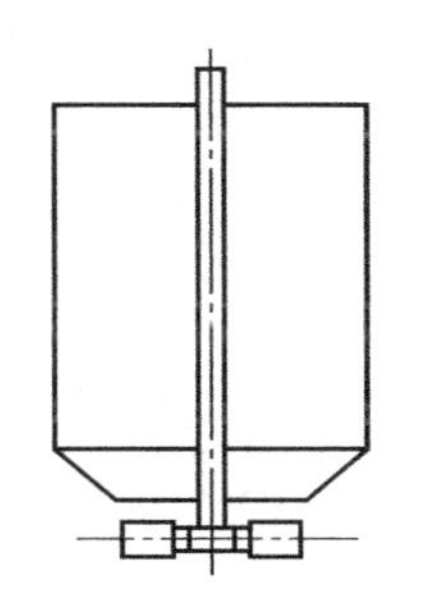

图 7-48　涡轮式搅拌器的导流筒

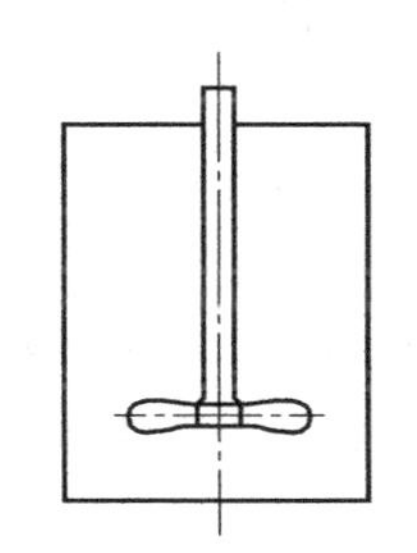

图 7-49　推进式搅拌器的导流筒

四、反应釜的传动与支承装置

反应釜传动装置通常设置在反应釜顶盖（上封头）上，主要作用是带动搅拌器运转，多采用立式布置。一般包括电动机、减速器、联轴器、搅拌轴及机座等，如图 7-50 所示。电动机通过减速器将转速减至工艺所需的搅拌转速，再通过联轴器带动搅拌轴旋转，从而带动搅拌器工作。

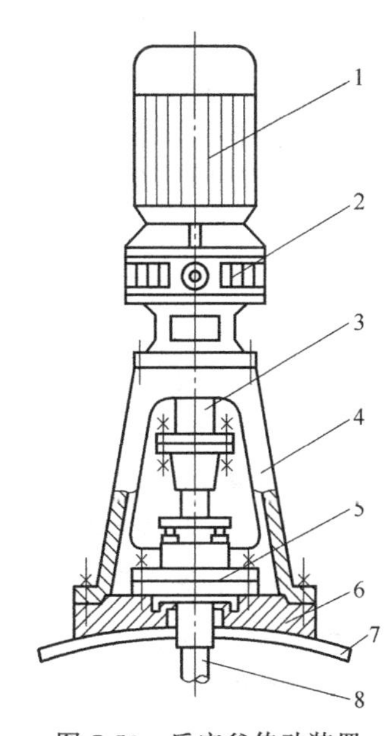

图 7-50　反应釜传动装置

1—电动机；2—减速器；3—联轴器；4—机座；5—轴封装置；6—底座；7—顶盖；8—搅拌轴

1. 电动机

电动机的选用是根据电动机的功率、转速、安装方式、防爆要求等因素选择，其中电动机的功率是选用的主要参数。电动机的功率主要根据搅拌所需的功率及传动装置的传动效率确定。

电动机的功率为

$$P_e = \frac{P + P_m}{\eta}$$

式中　P_e——工艺所要求的搅拌功率，kW；

P——轴封的摩擦损耗功率，kW；

P_m——传动系统的机械效率，可参阅有关资料选取；

η——传动装置的传动效率。

2. 减速器

减速器是工业生产中应用较普遍的典型装置，其作用是根据工艺条件的要求传递运动和改变转动速度。常用的反应釜用减速器有摆线针轮行星减速器、齿轮减速器、V 带减速器、圆柱蜗杆减速器及谐波减速器等多种形式，国家已制订了相应系列标准。使用时，可根据传动比、转速、载荷大小及性质，再结合效率、外廓尺寸、重量、价格和运行费用等各项指标，进行综合考虑，选定合适的类型与型号。

3. 机架

反应釜的传动装置是通过机架安装在釜体的顶盖上的。在机架上一般还需要有安装联轴器、轴封装置等部件及其安装操作所需的空间，有时机架中间还要安装中间轴承装置，以改善搅拌轴的支撑条件。选用时，应首先考虑上述要求，然后根据所选减速器的输出轴轴径及安装定位面的结构尺寸选配合适的机架。有些厂家将减速器与机架连成整体，配套供应，这样就不存在机架的选用问题了。反应釜专用机架的常见结构有单支点机架和双支点机架两种。

单支点机架用来支撑减速器和搅拌轴，适用于电动机或减速器可作为一个支点，或容器内可设置中间轴承和底轴承的情况。

当减速器中的轴承不能承受液体搅拌所产生的轴向力时，应选用双支点机架，机架上的两个支点承受全部轴向载荷。对于大型设备，或对搅拌密封要求较高的场合，一般都采用双支点机架。

五、反应釜的密封装置

反应釜除了要考虑各种工艺接管的静密封外，还要考虑搅拌轴与顶盖间的密封，以阻止釜内介质向外泄漏和外界空气进入釜内。反应釜中的搅拌轴是旋转运动的，而顶盖是静止固定的，所以搅拌轴与顶盖之间的密封为动密封。对动密封的基本要求是：密封可靠、结构简单、装拆方便、使用寿命长。反应釜常用的动密封形式有填料密封和机械密封。

小结

本章简要介绍了塔设备、换热器、反应釜的主要类型、结构特点、适用场合、常见故障和排除方式等内容。

① 塔设备由塔体、端盖、支座、接管和塔内外附件等构成。塔设备根据塔的内件结构分为板式塔和填料塔。板式塔内装有一定数量的塔盘，填料塔内装有一定高度的填料。板式塔内件包括塔盘、降液管、溢流堰，紧固件、支撑件和除沫器等。填料塔的内件包括填料、喷淋装置、栅板和液体再分配器等。

② 换热器是保持特定温度，提高能源利用率的主要设备。化工生产中间壁式换热器是主要的换热方式，以管壳式换热器应用居多。管壳式换热器主要由壳体、封头、管板、管子和折流挡板等构成，按结构类型可分为固定管板式、浮头式、U 形管式、填料函式、釜式五种。

③ 反应釜是为化学反应提供空间和条件的主要反应设备，其主要特征是搅拌，立式容器中心反应釜是最典型的结构形式，包括釜体、传热装置、传动和搅拌装置、轴封装置、支承等。传热装置的作用是保证反应必需的温度条件，常见的换热方式有夹套式和蛇管。搅拌装置是实现

搅拌的工作部件，包括搅拌器、搅拌轴等。搅拌形式一般有锚式、桨式、涡轮式、推进式或框式等。传动装置通常设置在反应釜顶盖（上封头）上，带动搅拌器运转，多采用立式布置。一般包括电动机、减速器、联轴器、搅拌轴及机座等。

同步练习

一、填空题

7-1　塔设备主体大致由________、________、________和________等构成。

7-2　溢流式塔盘一般由________、________、________、________、________和________等组成。

7-3　填料塔中的常用的喷淋装置有________、________和________等。多孔式喷淋装置有多种形式，常用的有________、________、________。

7-4　换热器管板与换热管的连接方式有________、________、________。

7-5　选择换热管直径要考虑换热介质在管内的________、________、________等因素。换热管在管板上常用的排列形式有________、________、________、________、________五种。

7-6　膨胀节的结构形式有________、________、________、________和________几种。

7-7　反应器按结构形式不同可分为________、________和________等。

7-8　夹套的主要结构形式有________、________、________、________。

二、选择题

7-9　分块式塔盘的数块塔板中方便拆装的塔板是（　　）。

a. 弓形板　　b. 矩形板　　c. 通道板

7-10　填料支撑装置在设计上要（　　）。

a. 有足够的强度和刚度　　b. 要有足够的通道

c. 通道不能过大　　d. 满足前面三点要求

7-11　丝网除沫器适用于（　　）。

a. 分离含有较大液滴或颗粒的气液混合物　　b. 清洁的气体

c. 液滴中含有或易析出固体物质的场合

7-12　下列换热器中管板与壳体的连接方式应采用可拆连接结构的有（　　），采用不可拆连接结构的有（　　）。

a. 浮头式换热器　　b. 固定管板式换热器

c. U形管式换热器　　c. 填料函式换热器

三、简答题

7-13　板式塔和填料塔比较有什么不同？有何优缺点？

7-14　何谓管壳式换热器？由哪几部分组成？各有何作用？

7-15　换热器常见故障有哪些？应采取哪些措施排除？

7-16　为什么要在搅拌反应釜内设置挡板和导流筒？

参考文献

[1] 王志斌，高朝祥．化工设备基础．北京：高等教育出版社，2011.
[2] 高朝祥．机械结构设计与维护．北京：化学工业出版社，2013.
[3] 边秀娟，庞思红．机械基础．北京：化学工业出版社，2018.
[4] 赵忠宪．化工设备基础．北京：化学工业出版社，2020.
[5] 潘传九．化工设备机械基础．北京：化学工业出版社，2018.
[6] 王志斌．压力容器结构与制造．北京：化学工业出版社，2009.
[7] 曾宗福．机械基础．北京：化学工业出版社，2016.
[8] 王绍良．化工设备基础．北京：化学工业出版社，2009.